"十二五"普通高等教育本科国家级规划教材

普通高等教育"十一五"国家级规划教材

机械制造技术基础课程设计指导教程

第2版

主编　邹　青　呼　咏

参编　贺秋伟　王晓军　张永亮

主审　于骏一　周晓勤

机械工业出版社

本书是根据机械工程类专业教学指导委员会推荐的指导性教学计划，结合近年高校"机械制造技术基础课程设计"（机械加工工艺规程设计与机床夹具设计）教学的实际情况和吉林大学课程设计教学改革的实际情况，在第 1 版教材的基础上修订编写的。

全书分设两篇，共十三章，内容包括"机械加工工艺规程设计"和"机床夹具设计"。

本书提供了机械工程类专业进行机械制造技术基础课程设计的一般指导原则、设计方法和设计示例；提供了以先进的三维设计软件"CATIA"为平台的机床夹具设计实用技巧与工程制图示例。

本书可供高等院校机械设计制造及其自动化、机械工程及自动化、工业工程、车辆工程、热能与动力工程、农业机械化工程等专业师生使用，也可供工厂企业、科研院所从事机械制造、机械设计工作的工程技术人员和高等职业技术教育院校、夜大、函授大学相近专业的师生参考。

图书在版编目（CIP）数据

机械制造技术基础课程设计指导教程 / 邹青，呼咏主编. —2 版. —北京：机械工业出版社，2011.6（2026.1 重印）
普通高等教育"十一五"国家级规划教材
ISBN 978-7-111-34373-8

Ⅰ. ①机… Ⅱ. ①邹…②呼… Ⅲ. ①机械制造工艺—高等学校—教学参考资料 Ⅳ. ①TH16
中国版本图书馆 CIP 数据核字（2011）第 078344 号

机械工业出版社（北京市百万庄大街 22 号 邮政编码 100037）
策划编辑：刘小慧 责任编辑：刘小慧 王勇哲 王 婧 邓海平
版式设计：张世琴 责任校对：刘志文
封面设计：张 静 责任印制：邓 博
三河市骏杰印刷有限公司印刷

2026 年 1 月第 2 版第 29 次印刷
184mm×260mm · 19.5 印张 · 479 千字
标准书号：ISBN 978 7-111-34373-8
定价：55.00 元

电话服务　　　　　　　　　　网络服务
客服电话：010-88361066　　机 工 官 网：www.cmpbook.com
　　　　　010-88379833　　机 工 官 博：weibo.com/cmp1952
　　　　　010-68326294　　金 书 网：www.golden-book.com
封底无防伪标均为盗版　　机工教育服务网：www.cmpedu.com

前　言

"机械制造技术基础课程设计"是机械类专业重要的实践教学环节，旨在培养学生设计"机械加工工艺规程"和"机床夹具"的工程实践能力。

本书为"十二五"普通高等教育本科国家级规划教材，普通高等教育"十一五"国家级规划教材。此书是在《机械制造技术基础课程设计指导教程》第 1 版教材的基础上，根据机械工程类专业教学指导委员会推荐的指导性教学计划，结合这几年高校"机械制造技术基础课程设计"教学的实际情况和吉林大学课程设计教学改革的实践经验修订编写的。

全书分设两篇。第一篇为机械加工工艺规程制订，内容包括制订机械加工工艺规程的步骤和内容，加工余量和工序尺寸的确定，金属切削刀具和量具的选择，金属切削机床的选择，切削用量的选择和时间定额的计算以及机械加工工艺规程设计实例等；第二篇为机床夹具设计，内容包括定位方案设计，对刀及导向装置设计，夹紧装置设计，夹具体的设计，专用机床夹具总装配图绘制和基于 CATIA 的机床夹具三维设计实例及设计技巧等。

第 2 版教材主要进行了如下修订工作：

1）修订"机械加工工艺规程的制订"的部分内容，包括修订"确定毛坯种类及其制造方法"、"确定加工余量"、"金属切削刀具"、"金属切削机床"等内容；删除陈旧内容并增加"新型刀具"、"数控机床"和"数控工艺"制订等内容；重新编写"切削用量和时间定额的确定"和"机械加工工艺规程设计实例"等内容。本次修订力求使内容先进、充实，实例示范性强，表格简明，方便使用。

2）修订"机床夹具设计"的部分内容，包括修订定位、夹紧和导向装置设计的部分内容，对各设计示例进行补充和修改，加强了示例分析；根据课程设计的需要补充部分标准零、部件。

3）重写"在 CATIA、AutoCAD 等软件环境下进行机床夹具设计"的有关内容，通过两个典型的机床夹具设计实例，介绍基于 CATIA 的机床夹具三维设计方法和技巧，使教材适应教学改革要求的课程设计方式，落实课程组提出的现代化的课程设计内容和要求。作者力求引导读者树立三维设计理念，掌握机床夹具三维设计方法。

4）全书按国家最新标准修订各有关内容。

本书由邹青、呼咏主编。第一篇由呼咏、贺秋伟、邹青、张永亮编写，第二篇由邹青、呼咏、王晓军编写，附录由呼咏编写。参加本书部分图形绘制工作的还有巫光亮、王向彬、马宏垒和朱可等，在此表示感谢！全书由于骏一教授和周晓勤教授主审，他们对教材书稿提出了许多宝贵意见，谨向他们表示衷心感谢！

由于编者水平有限，书中难免有误漏欠妥之处，恳请广大读者批评指正。

编　者
于吉林大学

目　　录

第二篇　机床夹具设计

第一篇　机械加工工艺规程的制订

　　采用机械加工的方法，改变毛坯的形状、尺寸、相互位置关系和表面质量，使其成为可完成某种使用要求的零件的过程，称为机械加工工艺过程。机械加工工艺规程是规定产品或零部件机械加工工艺过程和操作方法等的工艺文件。机械加工工艺规程是指导生产活动的重要文件，必须认真贯彻、严格执行。

第一章 制订机械加工工艺规程的步骤和内容

设计零件的机械加工工艺规程应按如下步骤进行：

1）根据零件图和产品装配图，对零件进行工艺分析。

2）计算零件的生产纲领，确定生产类型。

3）确定毛坯的种类和制造方法。

4）确定毛坯的尺寸和公差。

5）拟定工艺路线。

6）确定各工序的加工余量，计算工序尺寸及公差。

7）选择各工序的机床设备及刀具、量具等工艺装备。

8）确定各工序的切削用量和时间定额。

9）编制工艺文件。

第一节 零件的工艺分析

一、了解零件的用途

设计工艺规程时，首先应分析零件图以及该零件所在部件或总成的装配图，掌握该零件在部件或总成中的位置、功用以及部件或总成对该零件提出的技术要求，明确零件的主要工作表面，以便在拟定工艺规程时采取措施予以保证。

二、分析零件的技术要求

保证零件的各项技术要求，是制订工艺规程的主要目的。对零件的技术要求进行分析，应包括如下内容：

1）掌握零件的结构形状、材料、硬度及热处理等情况，了解该零件的主要工艺特点，形成工艺规程设计的总体构想。

2）分析零件上有哪些表面需要加工，以及各加工表面的尺寸精度、形状精度、位置精度、表面粗糙度及热处理等方面的技术要求；明确哪些表面是主要加工表面，以便在选择表面加工方法及拟定工艺路线时重点考虑；对全部技术要求应进行归纳整理，并填写如表 1-1 形式的零件技术要求表。

表 1-1 ××零件技术要求表

加 工 表 面	尺寸及偏差/mm	公差/mm 及精度	表面粗糙度/μm	形位公差/mm
叉部端面	$20^{+0.035}_{0}$	0.035，IT8	$Ra1.6$	⊥ 0.015 B
$\phi18$ 孔	$\phi8^{+0.015}_{0}$	0.015，IT7	$Ra1.6$	⊕ $\phi0.15$ B
...	...	...	...	...

3）从零件的设计角度，分析零件的技术要求制订是否合理。

三、审查零件的工艺性

根据零件的技术要求及其在产品中的装配要求，结合生产类型和生产条件，从工艺角度出发，对零件图样进行工艺性审查，其审查内容和审查原则参见表1-2。

表1-2　零件工艺性审查原则

类　　别	零件工艺性审查内容及审查原则
零件图样	a. 零件图样上的各视图表达清楚，符合机械制图标准 b. 尺寸公差、形位公差和表面粗糙度标注正确、统一、完整
铸造	a. 铸件的壁厚：保证铸造时组织结构均匀，减小内应力；厚度合适、均匀，不得有突然变化 b. 铸造圆角：防止产生浇注缺陷和应力集中；圆角尺寸适当，不得有尖棱尖角 c. 铸件结构：减少分型面、型芯和便于起模；结构尽可能简化，有合理的起模斜度 d. 加强肋：防止冷却时铸件变形或产生裂纹；加强肋布置适当，厚度尺寸适当 e. 铸件材料：有较好的可铸性
锻造	a. 模锻件结构：尽量简单对称，横截面尺寸不得有突然变化，弯曲处的截面应适当增大 b. 模锻件圆角半径：圆角尺寸适当，不得有尖棱尖角 c. 起模斜度：外表面的起模斜度取 $1:10 \sim 1:7$；内表面的起模斜度取 $1:7 \sim 1:5$；对高精度的模锻件，起模斜度可适当减小 d. 锻件材料：有良好的可锻性
热处理	a. 热处理的技术要求合理，零件材料选择符合所要求的物理、力学性能 b. 热处理零件尽量避免尖角、锐边和盲孔，截面尽量均匀、对称
切削加工	a. 尺寸公差、形位公差和表面粗糙度的要求应尽量经济合理 b. 零件具有合理的工艺基准（或辅助基准），工艺基准与设计基准尽量重合 c. 零件的结构要素尽量统一并标准化，便于采用标准刀具进行加工 d. 零件各加工表面的几何形状应尽量简单，尽量减少切削加工表面面积 e. 零件结构上有便于装夹的表面，对于相互位置精度要求高的表面可尽量在一次装夹中完成加工 f. 成批大量生产，零件的结构应尽量便于多面或多件同时加工，提高生产效率

第二节　确定零件的生产类型

零件的生产类型是指企业（或车间、工段、班组、工作地等）生产专业化程度的分类，它对工艺规程的制订具有决定性的影响。零件的生产类型一般可分为大量生产、成批生产和单件生产三种，不同的生产类型有着完全不同的工艺特征。零件的生产类型是按零件的生产纲领来确定的。生产纲领是指企业在计划期内应当生产的产品产量和进度计划。年生产纲领是包括备品和废品在内的某产品的年产量。零件的年生产纲领 N 为

$$N = Qm(1 + a\%)(1 + b\%) \tag{1-1}$$

式中　N ——零件的生产纲领（件/年）；

　　　Q ——产品的年产量（台、辆/年）；

　　　m ——每台（辆）产品中该零件的数量（件/台、辆）；

　　　$a\%$ ——备品率，一般取 $2\% \sim 4\%$；

　　　$b\%$ ——废品率，一般取 $0.3\% \sim 0.7\%$。

根据式（1-1）可计算求得零件的年生产纲领，再通过查表，就能确定该零件的生产类型。表1-3为汽车制造厂机械加工车间生产类型的划分表，表1-4和表1-5为划分其他机械加工产品的生产类型时所需查阅的表格。

表 1-3　汽车制造厂机械加工车间生产类型的划分

生产类型	年产量/辆 汽车特征	轿车 或 1.5t 以下载货汽车	载货汽车或自卸汽车	
			2～6t 汽车	8～15t 汽车
成批生产	小批	2000 以下	1000 以下	500 以下
	中批	2000～20000	1000～10000	500～5000
	大批	20000～50000	10000～50000	5000～10000
大量生产		50000 以上	50000 以上	10000 以上

例 1-1　某轿车变速箱中的变速拨叉质量为 0.4kg，若该汽车的年产量 $Q = 8000$ 台/年，$m = 1$ 件/辆，$a\% = 3\%$，$b\% = 0.5\%$，试计算该拨叉的生产纲领，并确定其生产类型。

解：　$N = Qm(1 + a\%)(1 + b\%) = 8000 \times 1 \times (1 + 3\%)(1 + 0.5\%)$ 件/年 $= 8282$ 件/年

查表 1-4 可知，该拨叉为轻型零件；查表 1-5 可知，该拨叉的生产类型为大批生产。

表 1-4　不同机械产品的零件质量型别表

机械产品类别	加工零件的质量/kg		
	重型零件	中型零件	轻型零件
电子工业机械	>30	4～30	<4
中、小型机械	>50	15～50	<15
重型机械	>2000	100～2000	<100

表 1-5　机械加工零件生产类型的划分

生产类型	年生产纲领 零件特征	产品类型		
		重型零件	中型零件	轻型零件
单件生产		5 以下	20 以下	100 以下
成批生产	小批	5～10	20～200	100～500
	中批	100～300	200～500	500～5000
	大批	300～1000	500～5000	5000～50000
大量生产		1000 以上	5000 以上	50000 以上

第三节　确定毛坯的种类和制造方法

零件的材料在产品设计时已经确定，在制订零件机械加工工艺规程时，毛坯的选择主要是选定毛坯的制造方法。

机械加工中毛坯的种类很多，如铸件、锻件、型材、挤压件、冲压件及焊接组合件等，同一种毛坯又可能有不同的制造方法。各种毛坯制造方法的特点及应用范围见表 1-6。

提高毛坯制造质量，可以减少机械加工劳动量，降低机械加工成本，但往往会增加毛坯的制造成本。选择毛坯的制造方法应考虑以下几个因素。

表1-6　各种毛坯制造方法的特点及应用范围

毛坯类型	制造精度（IT）	加工余量	原材料	工件外形尺寸	工件形状	适用生产类型	生产成本
型材		大	各种材料	小	简单	各种类型	低
型材焊接件		一般	钢	中、大	较复杂	单件生产	低
砂型铸造	13级以下	大	铸铁、青铜	各种尺寸	复杂	各种类型	较低
自由铸造	13级以下	大	钢	各种尺寸	较简单	单件小批生产	较低
普通模锻	11～13	一般	钢、锻铝	小、中	一般	中大批生产	一般
钢模铸造	10～12	较小	铸铝	小、中	较复杂	中大批生产	一般
精密铸造	8～11	较小	钢、铝合金	小	较复杂	大批生产	较高
压力铸造	8～11	小	铸铁、铸钢、铝合金	小、中	复杂	中大批生产	较高
熔模铸造	7～10	很小	铸铁、铸钢、青铜	小	复杂	中大批生产	高

1．材料的工艺性能

材料的工艺性能在很大程度上决定了毛坯的种类和制造方法。例如，低碳钢的铸造性能差，但其可锻性、可焊性均好，因此，低碳钢广泛用于制造锻件、型材、冲压件、挤压件及组合毛坯等。

2．毛坯的尺寸、形状和精度要求

毛坯的尺寸大小和形状复杂程度是选择毛坯的重要依据。直径相差不大的阶梯轴宜采用棒料；直径相差较大的阶梯轴宜采用锻件。尺寸很大的毛坯，通常不宜采用模锻或压铸、特种铸造等方法，而宜采用自由锻造或砂型铸造。形状复杂的毛坯，不宜采用型材或自由锻件，可采用铸件、模锻件、冲压件或组合毛坯。

3．零件的生产纲领

毛坯的制造方法要与零件的生产纲领相适应，以求获得最佳的经济效益。生产纲领大时宜采用高精度和高生产率的毛坯制造方法，如模锻及熔模铸造等；生产纲领小时，宜采用设备投资少的毛坯制造方法，如木模砂型铸造及自由锻造。

4．采用新材料、新工艺、新技术的可能性

确定了毛坯的种类和制造方法后，即可通过查表求得毛坯的尺寸和公差。有关详细内容见第二章第二节。

第四节　拟定工艺路线

工艺路线的拟定包括：①定位基准的选择；②各表面加工方法的确定；③加工阶段的划分；④工序集中程度的确定；⑤工序顺序的安排等。

一、选择定位基准

工件在加工时，用作定位的基准称为定位基准。正确选择定位基准，对保证零件技术要求、确定加工先后顺序有着至关重要的影响。定位基准可分为粗基准和精基准，用毛坯上未经加工的表面作定位基准，称为粗基准；在后续的加工工序中，采用已加工的表面作定位基准，称为精基准。为使所选的定位基准能保证整个机械加工工艺过程顺利进行，在选择定位基准时，一般先根据零件的加工要求选择精基准，然后再考虑用哪一组表面作粗基准才能将精基准的表面加工出来，从而确定粗基准。

1．精基准的选择原则

选择精基准一般应遵循下列原则：

（1）基准重合原则　应尽可能选择被加工表面的设计基准为精基准，这样可避免由于基准不重合而引起的误差。

（2）基准统一原则　若工件以某一组表面作为精基准定位，可以比较方便地加工大多数其他表面，则应尽早地把这一组基准表面加工出来，并达到一定精度，在后续工序均以其作为精基准加工其他表面，这称之为基准统一原则。采用基准统一原则可以避免基准转换所产生的误差；可以减少夹具数量和简化夹具设计；可以减少装夹次数，便于工序集中，简化工艺过程，提高生产率。

（3）互为基准原则　对于某些位置精度要求很高的表面，常采用互为基准反复加工的方法来保证其位置精度，这就是互为基准原则。

（4）自为基准原则　有些精加工或光整加工工序要求余量小而均匀，在加工时就应尽量选择加工表面本身作为精基准，这就是自为基准原则。该加工表面与其他表面间的位置精度要求由先行工序保证。

2．粗基准的选择原则

选择粗基准主要是选择第一道机械加工工序的定位基准，以便为后续工序提供精基准。在选择粗基准时，一般应遵循下列原则：

（1）保证相互位置要求原则　对于同时具有加工表面与不加工表面的工件，为了保证不加工表面与加工表面之间的位置要求，应选择不加工表面作粗基准。如果零件上有多个不加工表面，则应以其中与加工表面相互位置要求较高的表面作粗基准。

（2）保证加工表面加工余量合理分配的原则　如果首先要求保证工件某重要表面加工余量均匀时，应选择该表面的毛坯面作为粗基准。

（3）便于工件装夹原则　选择粗基准应使定位准确，夹紧可靠，夹具结构简单，操作方便。为此要求选用的粗基准尽可能平整、光洁，且有足够大的尺寸，不允许有锻造飞边、铸造浇口、铸造冒口或其他缺陷。

（4）粗基准在同一尺寸方向上一般只能使用一次的原则　因为粗基准本身是毛坯面，精度和表面粗糙度均较差，若在两次装夹中重复使用同一粗基准，所加工的两组表面之间的位置误差会相当大。

3．机械加工定位与夹紧符号

机械加工定位支承符号与辅助支承符号的画法见图 1-1。定位、夹紧符号和常用装置符号标注示例见表 1-7。

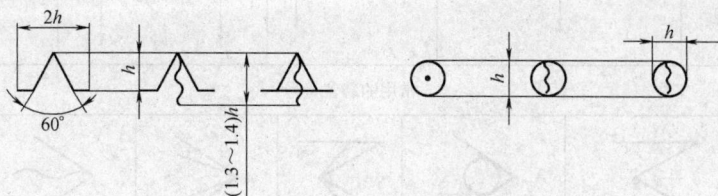

图 1-1　定位支承符号与辅助支承符号的画法（摘自 JB/T 5061－2006）

定位支承符号与辅助支承符号的线宽按 GB/T 4457.4—2002 中规定的线型宽度 $d/2$，符号高度 h 应为工艺图中数字高度的 1～1.5 倍。

二、表面加工方法的选择

工件上的加工表面往往需要通过粗加工、半精加工、精加工等才能逐步达到质量要求。加工方法的选择一般应根据每个表面的精度要求，先选择能够保证该要求的最终加工方法，然后再选择前面一系列预备工序的加工方法和顺序。设计时，可提出几个方案进行比较，再结合其他条件选择其中一个比较合理的方案。

表 1-7 机械加工定位、夹紧符号（摘自 JB/T 5061－2006）

	1. 定位、夹紧符号				
分类	标注位置	独立定位		联合定位	
		标注在视图轮廓线上	标注在视图正面	标注在视图轮廓线上	标注在视图正面
定位支承符号	固定式				
	活动式				
辅助支承符号					
夹紧符号	手动夹紧				
	液压夹紧	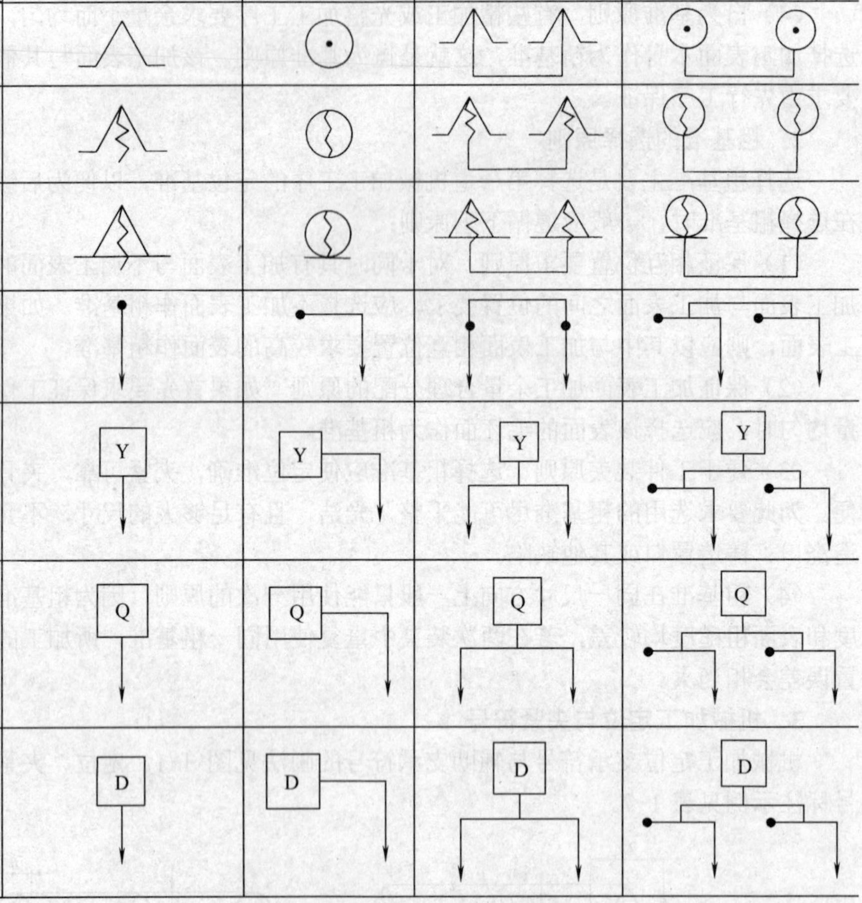 Y	Y	Y	Y
	气动夹紧	Q	Q	Q	Q
	电磁夹紧	D	D	D	D
	2. 常用的装置符号				

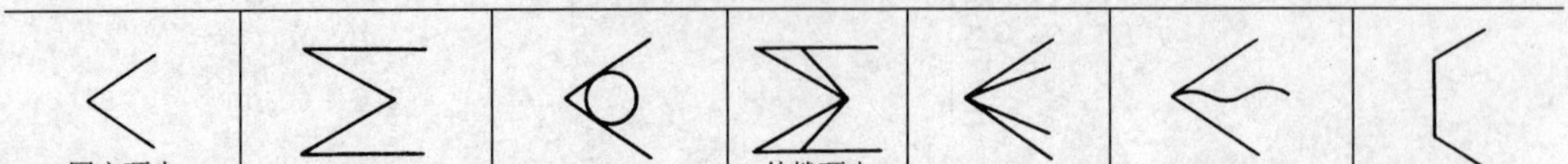

固定顶尖	内顶尖	回转顶尖	外拨顶尖	内拨顶尖	浮动顶尖	伞形顶尖

（续）

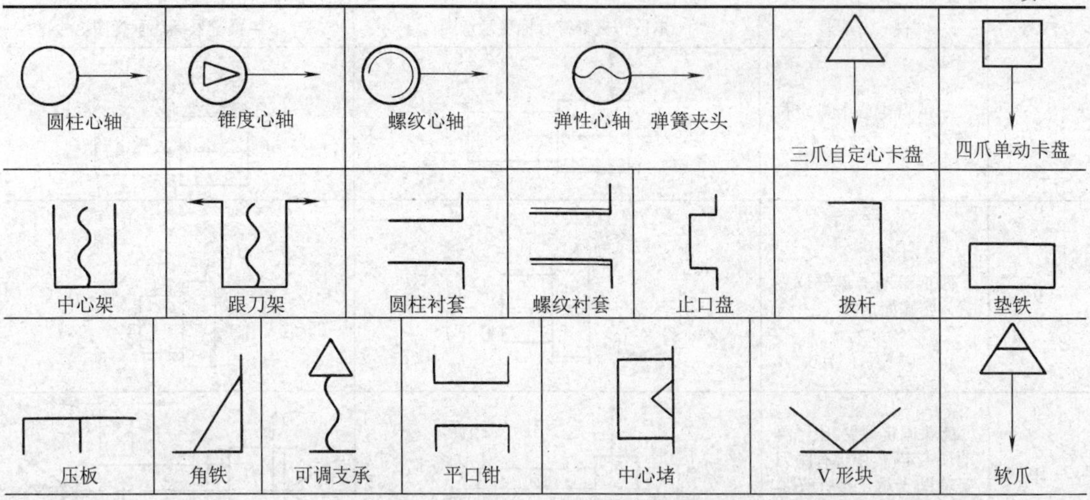
圆柱心轴
锥度心轴
螺纹心轴
弹性心轴　弹簧夹头
三爪自定心卡盘
四爪单动卡盘
中心架
跟刀架
圆柱衬套
螺纹衬套
止口盘
拨杆
垫铁
压板
角铁
可调支承
平口钳
中心堵
V形块
软爪

3．定位、夹紧符号与装置符号综合标注示例

序号	说　明	定位、夹紧符号标注示意图	装置符号标注示意图
1	床头固定顶尖、床尾固定顶尖定位拨杆夹紧	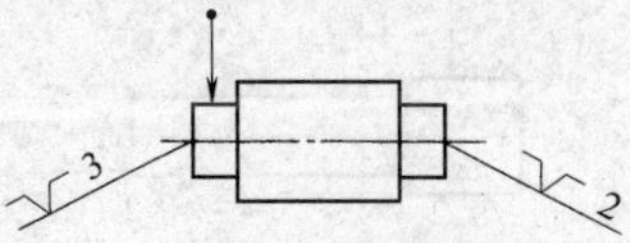	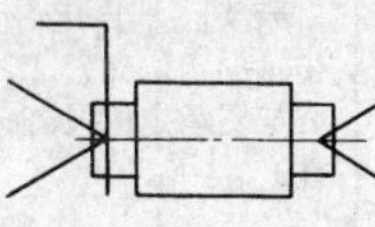
2	床头内拨顶尖、床尾回转顶尖定位夹紧	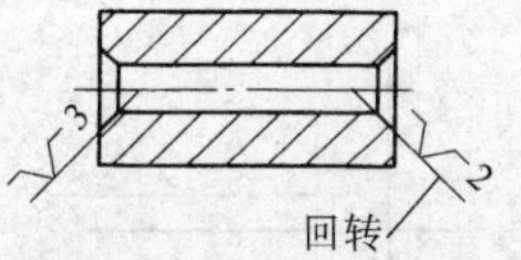3 2 回转	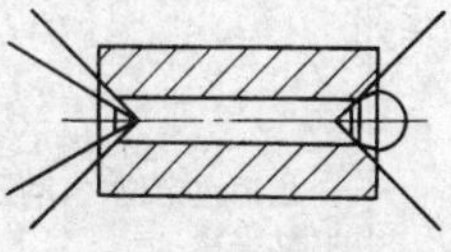
3	床头外拨顶尖、床尾回转顶尖定位夹紧	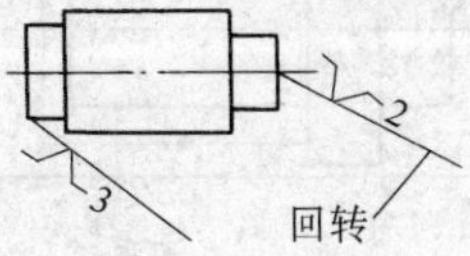2 3 回转	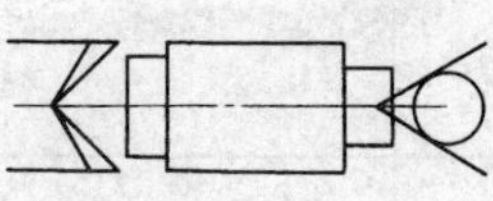
4	床头弹簧夹头定位夹紧，夹头内带有轴向定位，床尾内顶尖定位	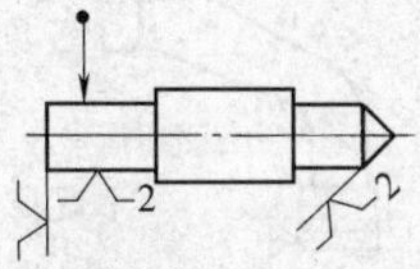2 2	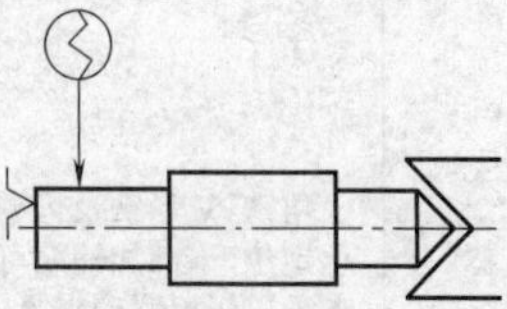
5	弹性心轴定位夹紧	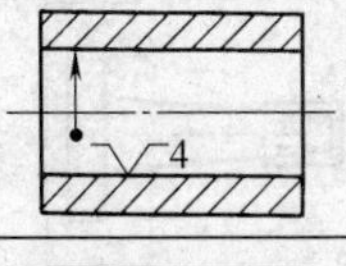4	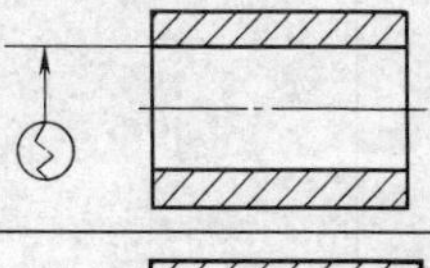
6	锥度心轴定位夹紧	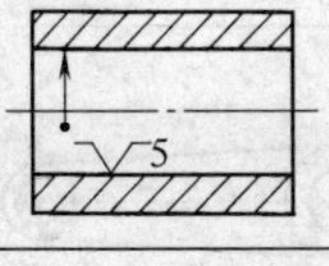5	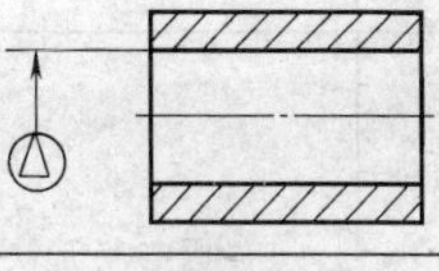
7	圆柱心轴定位夹紧、带端面定位	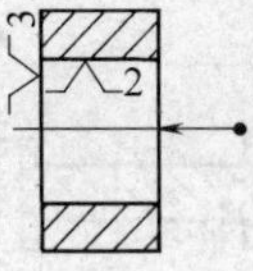3 2	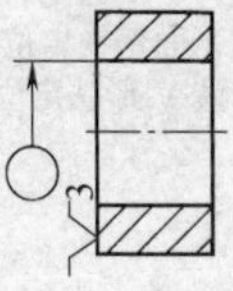3

（续）

序号	说　明	定位、夹紧符号标注示意图	装置符号标注示意图
8	三爪自定心卡盘定位夹紧		
9	四爪单动卡盘定位夹紧，带端面定位		
10	床头固定顶尖，床尾浮动顶尖定位，中部有跟刀架辅助支承，拨杆夹紧（细长轴类零件）		
11	床头三爪自定心卡盘带轴向定位夹紧，床尾中心架支承定位（长轴类零件）		
12	止口盘定位，气动压板联动夹紧		
13	角铁、V形铁及可调支承定位，下部加辅助可调支承，压板联动夹紧		
14	一端固定V形铁，下平面垫铁定位，另一端可调V形铁定位夹紧		

1．加工方法的选择原则

1）所选加工方法的加工经济精度范围要与加工表面所要求的精度、粗糙度相适应。

2）所选加工方法能确保加工面的几何形状精度、表面相互位置精度的要求。

3）所选加工方法要与零件材料的可加工性相适应。例如，淬火钢的精加工一般都用磨削；非铁金属的精加工因材料过软容易堵塞砂轮而不宜采用磨削，需要用高速精细车削和精细镗削等高速切削的方法。

4）所选加工方法要与零件的生产类型相适应。大量生产应选用生产率高和质量稳定的加工方法，例如加工孔、内键槽等可以采用拉削的方法；单件小批生产则采用刨削、铣削平面和钻、扩、铰孔等加工方法。

5）所选加工方法要与企业现有设备条件和工人技术水平相适应。

2．典型表面加工方案及其加工的经济精度和表面粗糙度

加工经济精度是指在正常的加工条件下（使用符合质量标准的设备、工艺装备和标准技术等级的工人、合理的工时定额）所能达到的加工精度和表面粗糙度。

1）各种加工方法的加工经济精度见表 1-8。

表 1-8 各种加工方法的加工经济精度

加 工 方 法		经 济 精 度	加 工 方 法		经 济 精 度
外圆表面	粗车	IT12～IT14	内孔表面	钻孔	IT12～IT13
	半精车	IT11～IT12		钻头扩孔	IT11
	精车	IT9～IT10		粗扩	IT12～IT13
	细车	IT7～IT9		精扩	IT10～IT11
	粗磨	IT9		一般铰孔	IT10～IT11
	精磨	IT6～IT7		精铰	IT7～IT9
	细磨	IT5～IT6		细铰	IT6～IT7
	研磨	IT5		粗拉毛孔	IT10～IT11
平面	粗车端面	IT11～IT15		精拉	IT8～IT9
	精车端面	IT9～IT13		粗镗	IT11～IT13
	细车端面	IT7～IT9		精镗	IT8～IT10
	粗铣	IT9～IT13		金刚镗	IT6～IT8
	精铣	IT7～IT11		粗磨	IT9
	细铣	IT6～IT9		精磨	IT7～IT8
	拉	IT7～IT10		细磨	IT6
	粗磨	IT7～IT10		研磨、珩磨	IT6
	精磨	IT6～IT9			
	细磨	IT5～IT7			
	研磨	IT5			

2）典型表面的主要加工方案及其所能达到的经济精度和表面粗糙度，见表 1-9～表 1-12。

表 1-9　外圆表面加工方案的经济精度和表面粗糙度

序号	加 工 方 案	经济精度等级	表面粗糙度 Ra /μm	适用范围
1	粗车	IT11～IT12	50～12.5	适用于加工淬火钢以外的各种金属
2	粗车—半精车	IT8～IT10	6.3～3.2	
3	粗车—半精车—精车	IT6～IT7	1.6～0.8	
4	粗车—半精车—精车—滚压（或抛光）	IT5～IT6	0.2～0.025	
5	粗车—半精车—磨削	IT6～IT7	0.8～0.4	主要用于加工淬火钢，也用于加工未淬火钢，但不宜用于加工非铁金属
6	粗车—半精车—粗磨—精磨	IT5～IT6	0.4～0.1	
7	粗车—半精车—粗磨—精磨—超精加工（或超精磨）	IT5～IT6	0.1～0.012	
8	精车—半精车—粗磨—精磨—研磨	IT5 级以上	<0.1	
9	粗车—半精车—粗磨—精磨—超精磨（镜面磨削）	IT5 级以上	<0.025	
10	粗车—半精车—精车—金刚石车	IT5～IT6	0.4～0.025	用于加工要求较高的非铁金属

表 1-10　孔加工方案的经济精度和表面粗糙度

序号	加 工 方 案	经济精度等级	表面粗糙度 Ra /μm	适 用 范 围
1	钻	IT11～IT12	12.5	加工未淬火钢及铸铁的实心毛坯，也用于加工孔径小于 15mm～20mm 的非铁金属
2	钻—铰	IT8～IT10	3.2～1.6	
3	钻—粗铰—精铰	IT7～IT9	1.6～0.8	
4	钻—扩	IT10～IT11	12.5～6.3	同上，但孔径大于 15mm～20mm
5	钻—扩—铰	IT8～IT9	3.2～1.6	
6	钻—扩—粗铰—精铰	IT7～IT8	1.6～0.8	
7	钻—扩—机铰—手铰	IT6～IT7	0.4～0.1	
8	钻—（扩）—拉	IT7～IT9	1.6～0.1	大批量生产中小零件的通孔（精度由拉刀的精度而定）
9	粗镗（或扩孔）	IT11～IT12	12.5～6.3	除淬火钢外的各种材料，毛坯有铸出孔或锻出孔
10	粗镗（粗扩）—半精镗（精扩）	IT9～IT10	3.2～1.6	
11	粗镗（粗扩）—半精镗（精扩）—精镗（铰）	IT7～IT8	1.6～0.8	
12	粗镗（扩）—半精镗（精扩）—精镗—浮动镗刀块精镗	IT6～IT7	0.8～0.4	
13	粗镗（扩）—半精镗—磨孔	IT7～IT8	0.8～0.2	主要用于加工淬火钢，也可用于加工未淬火钢，但不宜用于加工非铁金属
14	粗镗（扩）—半精镗—粗磨—精磨	IT6～IT7	0.2～0.1	
15	粗镗—半精镗—精镗—金刚镗	IT6～IT7	0.4～0.05	主要用于加工精度要求高的情况及非铁金属加工
16	钻—（扩）—粗铰—精铰—珩磨	IT6～IT7	0.2～0.025	加工钢铁材料精度要求很高的孔
17	钻—（扩）—拉—珩磨			
18	粗镗—半精镗—精镗—珩磨			
19	以研磨代替上述方案中的珩磨	IT5～IT6	<0.1	

表 1-11　平面加工方案的经济精度和表面粗糙度

序　号	加 工 方 案	经济精度等级	表面粗糙度 Ra/μm	适 用 范 围
1	粗车	IT10～IT11	12.5～6.3	未淬硬钢、铸铁、非铁金属端面加工
2	粗车—半精车	IT8～IT9	6.3～3.2	
3	粗车—半精车—精车	IT6～IT7	1.6～0.8	
4	粗车—半精车—磨削	IT7～IT9	0.8～0.2	钢、铸铁端面加工
5	粗刨（粗铣）	IT12～IT14	12.5～6.3	未淬硬的平面加工
6	粗刨（粗铣）—半精刨（半精铣）	IT11～IT12	6.3～1.6	
7	粗刨（粗铣）—精刨（精铣）	IT7～IT9	6.3～1.6	
8	粗刨（粗铣）—半精刨（半精铣）—精刨（精铣）	IT7～IT8	3.2～1.6	
9	粗铣—拉	IT6～IT9	0.8～0.2	大量生产中未淬硬的小平面加工（精度视拉刀精度而定）
10	粗刨（粗铣）—精刨（精铣）—宽刃刀精刨	IT6～IT7	0.8～0.2	未淬硬的钢、铸铁及非铁金属工件，批量较大时宜采用宽刃精刨方案
11	粗刨（粗铣）—半精刨（半精铣）—精刨（精铣）—宽刃刀低速精刨	IT5	0.8～0.2	
12	粗刨（粗铣）—精刨（精铣）—刮研	IT5～IT6	0.8～0.1	
13	粗刨（粗铣）—半精刨（半精铣）—精刨（精铣）—刮研			
14	粗刨（粗铣）—精刨（精铣）—磨削	IT6～IT7	0.8～0.2	淬硬或未淬硬的钢铁材料工件
15	粗刨（粗铣）—半精刨（半精铣）—精刨（精铣）—磨削	IT5～IT6	0.4～0.2	
16	粗铣—精铣—磨削—研磨	IT5 级以上	＜0.1	

表 1-12　米制螺纹加工的经济精度

加 工 方 法		螺纹公差带（GB/T 197—2003）	加 工 方 法		螺纹公差带（GB/T 197—2003）
车螺纹	外螺纹	4h～6h	梳形刀车螺纹	外螺纹	4h～6h
	内螺纹	5H、6H、7H		内螺纹	5H、6H、7H
圆板牙套螺纹		6h～8h	梳形铣刀铣螺纹		6h～8h
丝锥攻内螺纹		4H、5H～7H	旋风铣螺纹		6h～8h
带圆梳刀自动张开式板牙		4h～6h	搓丝板搓螺纹		6h
带径向或切向梳刀自动张开式板牙		6h	滚丝模滚螺纹		4h～6h
			砂轮磨螺纹		4h 以上
			研磨螺纹		4h

3）常用机床所能达到的形状、位置加工经济精度，见表 1-13～表 1-15。

表 1-13　车床加工的经济精度

机床类型	最大加工直径/mm	圆　度/mm	圆柱度/（mm/mm 长度）	平面度（凹入）/（mm/mm 直径）
卧式车床	250 320 400	0.01	0.0075/100	0.015/≤200 0.02/≤300 0.025/≤400

（续）

机床类型	最大加工直径 /mm	圆　度 /mm	圆柱度 /（mm/mm 长度）	平面度（凹入）/（mm/mm 直径）
	500 630 800	0.015	0.025/300	0.03/≤500 0.04/≤600 0.05/≤700
精密车床	250　400 320　500	0.005	0.01/150	0.01/200
高精度车床	250 320 400	0.001	0.002/100	0.002/100
转塔车床	≤12	0.007	0.007/300	0.02/300
	>12~32	0.01	0.01/300	0.03/300
	>32~80	0.01	0.04/300	0.04/300
	>80	0.02	0.025/300	0.05/300
立式车床	≤1000	0.01	0.02	0.04
仿形车床	≥50	0.008	（仿形尺寸误差）0.02	0.04

表 1-14　钻床加工的经济精度　　　　（单位：mm）

加工方法＼加工精度	垂直孔轴心线的垂直度	垂直孔轴心线的位置度	两平行孔轴心线的距离误差或自孔轴心线到平面的距离误差	钻孔与端面的垂直度
按划线钻孔	0.5~1.0/100	0.5~2	0.5~1.0	0.3/100
用钻模钻孔	0.1/100	0.5	0.1~0.2	0.1/100

表 1-15　铣床加工的经济精度

机 床 类 型			平面度 /（mm/mm 直径）	平行度（加工面对基面）/（mm/mm）	垂直度（加工面相互间）/（mm/mm）
卧式铣床			0.06/300	0.06/300	0.05/300
立式铣床			0.06/300	0.06/300	0.05/300
龙门铣床	最大加工宽度 /mm	≤2000	0.05/1000	0.03/1000 0.05/2000	0.06/300
		>2000		0.06/3000 0.07/4000	0.10/500
		≤2000	0.03/1000	0.03/1000 0.05/2000	0.03/300
		>2000		0.06/3000 0.07/4000	0.05/500

三、加工阶段的划分

根据加工表面精度要求的不同，加工阶段一般可以划分为：

（1）粗加工阶段　此阶段的主要任务是切除各加工表面上的大部分余量，并加工出精基准。

（2）半精加工阶段　消除主要表面粗加工后留下的误差，使其达到一定的精度；为精加工做好准备，并完成一些精度要求不高表面的加工（如钻孔、攻螺纹、铣键槽等）。

（3）精加工阶段　保证零件的尺寸、形状、位置精度及表面粗糙度达到或基本达到图样上所规定的要求。精加工切除的余量很小。

（4）光整加工阶段　对于精度要求很高（IT5以上）、表面粗糙度值要求很小（$Ra \leqslant 0.2 \mu m$）的表面，需设置光整加工阶段，目的是降低表面粗糙度值和进一步提高尺寸、形状精度，但其一般不能提高表面间的位置精度。

应当指出：加工阶段的划分不是绝对的，在应用时要灵活掌握。例如，在自动化生产中，要求在工件一次安装下尽可能加工多个表面，加工阶段就难免交叉；有些刚性好的重型工件，由于装夹及运输都很费时费力，也常在一次装夹下完成全部粗、精加工；定位基准表面即使在粗加工阶段加工，也应达到较高的精度，以保证定位准确。

四、工序集中与分散

工序集中与工序分散是拟定工艺路线时，确定工序数目（或工序内容多少）的两种不同的原则。工序数目少而各工序的加工内容多，称为工序集中。工序数目多而各工序的加工内容少，称之为工序分散。

工序集中的特点：①有利于采用高生产率机床；②减少工件装夹次数，节省装夹工作时间；③有利于保证各加工面的相互位置精度；④减少工序数目，缩短了工艺路线，也简化了生产计划和组织工作；⑤专用设备和工艺装备较复杂，生产准备周期长，更换产品较困难。

工序分散的特点：①可使每个工序使用的设备和夹具比较简单，调整比较容易；②工艺路线长，设备和工人数量多，生产占地面积较大；③有利于选择合理的切削用量。

工序集中与工序分散各有特点，究竟按何种原则确定工序数量，要根据生产类型、机床设备、零件结构和技术要求等进行综合分析后选用。

五、工序顺序的安排

在安排工序顺序时，不仅要考虑机械加工工序，还应考虑热处理工序和辅助工序。

1. 机械加工工序的安排

在安排机械加工工序顺序时，应根据加工阶段的划分、基准的选择和被加工表面的主次来决定，一般应遵循以下几个原则：

（1）先基准后其他　即首先应加工用作精基准的表面，再以加工出的精基准为定位基准加工其他表面。如果定位基准面不只一个，则应按照基准面转换的顺序和逐步提高加工精度的原则来安排基准面和主要表面的加工，以便为后续工序提供适合定位的基准。

（2）先修正后加工　在重要表面加工前应对精基准进行修正。

（3）先主后次、先粗后精　先加工主要表面，再加工次要表面。对于与主要表面有位置要求的次要表面应安排在主要表面加工之后加工。先安排粗加工工序，后安排精加工工序。

（4）先面后孔　先加工平面，后加工孔。因为平面定位比较稳定、可靠，所以像箱体、支架、连杆等平面轮廓尺寸较大的零件，常先加工平面，然后再加工该平面上的孔，以保证加工质量。

（5）精加工与光整加工　一般情况，主要表面的精加工与光整加工应放在最后阶段进行，对于易出现废品的工序，精加工和光整加工可适当提前。

2. 热处理工序及表面处理工序的安排

机械零件中常用的热处理工艺有退火、正火、调质、时效、氮化等。热处理的方法、次数和在工艺过程中的位置，应根据材料和热处理的目的而定：

1）为改善工件材料切削性能和消除毛坯内应力而安排的热处理工序，例如退火、正火、调质和时效处理等，通常安排在粗加工之前进行。

2）为了消除工件的内应力，对于尺寸大、结构复杂的铸件，需在粗加工前、后各安排一次时效处理；对于一般铸件在铸造后或粗加工后安排一次时效处理；对于精度要求高的铸件，在半精加工前、后各安排一次时效处理；对于精度高、刚度低的零件，在粗车、粗磨、半精磨后需各安排一次时效处理。

3）为改善工件材料力学性能而采用的热处理工序，例如淬火、渗碳等，通常安排在半精加工和精加工之间进行。淬火和渗碳处理后工件有较大的变形产生，需要安排精加工工序，以修正淬硬处理产生的变形。铣槽、钻孔、攻螺纹、去毛刺等次要表面的加工须安排在淬火工序前进行，以防工件淬硬后无法加工。当工件需要作渗碳处理时，由于渗碳处理工序会使工件产生较大的变形，因此常将渗碳工序放在次要表面加工之前进行，待次要表面加工完之后再作淬火处理，这样可以减少次要表面与淬硬表面之间的位置误差；此外，为控制渗碳层厚度，渗碳表面在渗碳工序前应安排半精加工。

4）为提高工件表面耐磨性、耐蚀性而采用的镀铬、镀锌、发蓝等热处理工序，通常都安排在工艺过程的最后阶段进行。

3. 辅助工序的安排

辅助工序是指不直接加工，也不改变工件的尺寸和性能的工序，但它对保证加工质量起着重要的作用。

（1）检验工序　为保证零件制造质量，防止产生废品，需在下列场合安排检验工序：①粗加工全部结束之后；②零件从一个车间送往另一个车间的前后；③工时较长和重要工序的前后；④全部加工完成后，即工艺过程最后。除了安排几何尺寸检验（包括形位误差检验）工序之外，有的零件还要安排特殊检验。用于检验工件内部质量的超声波检验、X射线检查，一般都安排在机械加工开始阶段进行；用于检验工件表面质量的磁力探伤、荧光检验，一般都安排在精加工阶段进行；荧光检验如用于检查毛坯的裂纹，则安排在机械加工前进行。

（2）去毛刺及清洗　零件表层或内腔的毛刺对机器装配质量影响甚大，切削加工之后，应安排去毛刺工序。零件在进入装配之前，一般都安排清洗工序。工件内孔、箱体内腔容易存留切屑，研磨、珩磨等光整加工工序之后，微小磨粒易附着在工件表面上，也要注意清洗，否则会加剧零件在使用中的磨损。

（3）其他辅助的工序　在用磁力夹紧工件的工序之后，例如，在平面磨床上用电磁吸盘夹紧工件，要安排去磁工序，不让带有剩磁的工件进入装配线。平衡、渗漏等工序应安排在精加工之后进行。

4. 数控加工工序的安排

（1）数控加工对象　数控加工适于加工形状比较复杂、在一次装夹中可完成铣、钻、扩、铰、镗和攻螺纹等多工步且加工精度较高的零件，尤其适于加工带有可用数学模型描述的复杂曲线或曲面轮廓的零件。数控机床适于加工的主要零件类型见表 1-16。

表 1-16　数控机床加工的主要零件类型

类　型	加 工 零 件 类 型
数控车床	加工精度与表面粗糙度要求高的回转体零件，表面形状复杂的回转体零件，带特殊螺纹的回转体零件
数控铣床	各种平面类零件，变斜角类零件，曲面类零件
钻削中心	多孔类零件，以孔为主的钻、铣联合加工类零件，阀体类零件，多工步凸轮类零件
加工中心	铣、镗、钻联合加工类零件，结构形状复杂的零件，外形不规则的异形零件，加工精度要求较高的中小批量零件，新产品试制中的零件

（2）确定数控加工进给路线、对刀点与换刀点的原则　见表 1-17。

表 1-17　确定数控加工进给路线、对刀点与换刀点的原则

工 作 方 式	确 定 原 则
进给路线 的确定	a. 保证加工精度和表面粗糙度 b. 采用最短路线，提高生产效率 c. 采用切向切入、切出原则，保证轮廓表面平滑和尺寸精度 d. 方便数值计算、简化程序编制
对刀点与换刀点的 确定	a. 保证加工精度，减小加工误差 b. 使机床或夹具易于找正 c. 设在被加工零件之外，防止换刀时刀具碰伤工件 d. 方便程序编制

（3）加工中心刀具装夹　常采用 TSG82 工具系统，如图 1-2 所示。

例 1-2　小批量生产某一盖板零件，其加工要求如图 1-3 所示。

解：根据零件结构特点和加工精度，选择采用加工中心加工。

首先进行数控加工工艺设计，详见表 1-18；然后按照数控加工进给路线、对刀点与换刀点的确定原则（见表 1-17）确定各加工表面的进给路线，图 1-4 所示为以 ϕ12H8 和 M16 为例确定的加工进给路线；接着确定各工步内容，选择刀具及切削用量，制定数控加工工序卡片和刀具卡片，盖板工件数控加工工序卡片见表 1-19，盖板工件数控加工刀具卡片见表 1-20。

表 1-18　盖板工件加工中心加工工艺设计

步　骤	工 艺 设 计
图样分析	工件所需加工的是 A、B 平面和全部孔，最高加工精度为 IT7，选择 A 平面为主要定位基准（已加工），在加工中心上加工剩余表面
加工中心	依据图样分析，选择 ZH7640 立式加工中心
加工方法的选择	B 面的表面粗糙度 Ra6.3μm，采用粗铣—精铣方案；ϕ60H7 的表面粗糙度为 Ra0.8μm，采用粗镗—半精镗—精镗方案；ϕ12H8 的表面粗糙度为 Ra0.8μm，采用钻孔—扩孔—粗铰—精铰方案
确定加工顺序	先加工 B 平面，然后镗 ϕ60H7 孔，最后加工各个小孔。数控加工工序卡片见表 1-19
装夹方案和夹具的选择	以底面 A 和两个侧面定位，用通用台钳从侧面夹紧
刀具的选择	刀具切削部分几何参数的选择原则同传统工艺，ZH7640 立式加工中心的刀库允许装刀直径 ϕ80mm（无相邻刀具为 ϕ150mm），主轴锥孔适用刀柄 BT40，刀具卡片见表 1-20
进给路线的确定	各小孔加工进给路线见图 1-4
切削用量的选择	见表 1-19

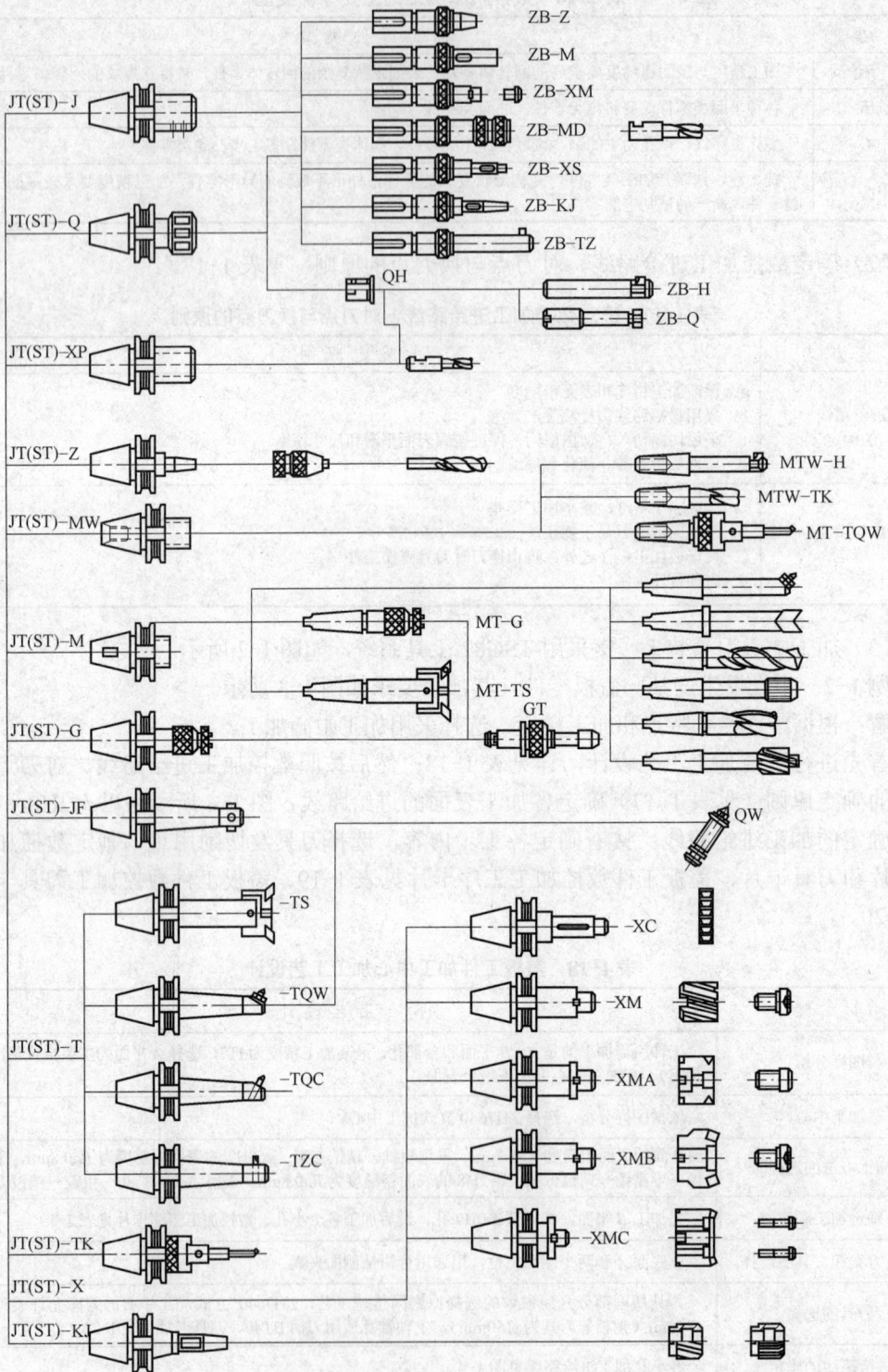

图1-2　TSG82工具系统

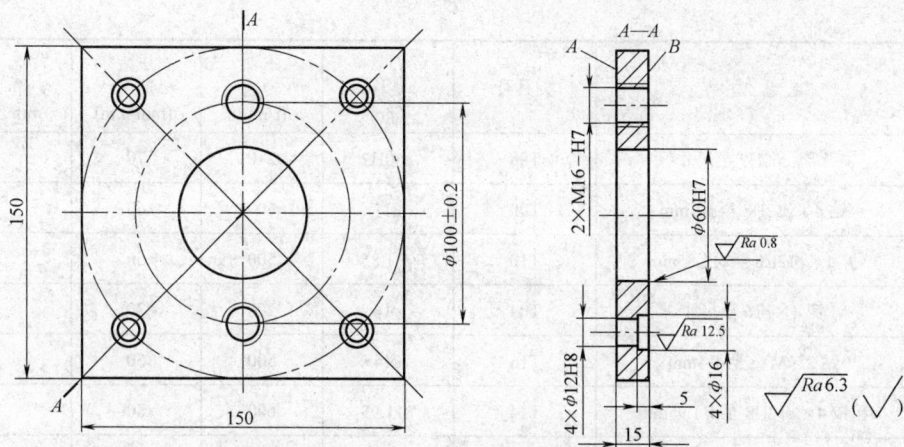

图 1-3 盖板零件图

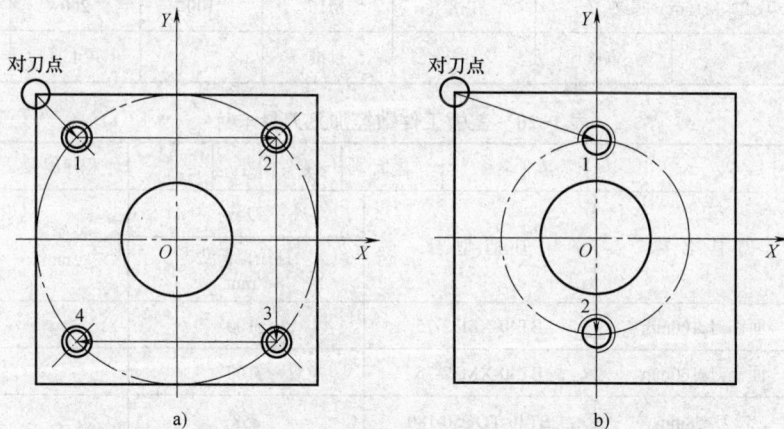

图 1-4 加工 ϕ12H8 和 M16 的进给路线图

a) 钻、扩、铰 ϕ12H8 孔进给路线 b) 钻、攻螺纹 M16 进给路线

表 1-19 盖板工件数控加工工序卡片

（工厂）	数控加工工序卡片		产品名称或代号	零件名称		材料		零件图号
				盖板		HT200		
工序号	程序编号	夹具名称	夹具编号	使用设备				车间
		台钳		ZH7640				
工步号	工 步 内 容		刀具号	刀具规格/mm	主轴转速/(r/min)	进给速度/(mm/min)	背吃刀量/mm	备注
1	粗铣 B 平面留余量 0.5mm		T02	ϕ100	80	50	3.5	
2	精铣 B 平面至尺寸		T12	ϕ100	300	30	0.5	
3	粗镗 ϕ60H7 孔至 ϕ58mm		T06	ϕ58	140	70		
4	半精镗 ϕ60H7 至 ϕ59.95mm		T07	ϕ59.95	175	90		

19

（续）

工步号	工 步 内 容	刀具号	刀具规格/mm	主轴转速/(r/min)	进给速度/(mm/min)	背吃刀量/mm	备注
5	精镗ϕ60H7 至尺寸	T08	ϕ60H7	210	70		
6	钻 4×ϕ12H8 至ϕ11mm	T09	ϕ11	600	60		
7	扩 4×ϕ12H8 至ϕ11.85mm	T10	ϕ11.85	500	50		
8	锪 4×ϕ16 至尺寸	T04	ϕ16	200	30		
9	钻 2×M16 至ϕ14mm	T16	ϕ14	500	50		
10	粗铰 4×ϕ12H8 至ϕ11.95mm	T14	ϕ11.95	600	80		
11	精铰 4×ϕ12H8 至尺寸	T15	ϕ12H8	300	60		
12	倒 2×M16mm 底孔端角	T17	ϕ18	250	40		
13	攻 2×M16mm 螺纹	T18	M16	100	200		
编制		审核		批准		共1页	第1页

表 1-20　盖板工件数控加工刀具卡片

产品名称或代号			零件名称	盖板	零件图号		程序编号	
工步号	刀具号	刀 具 名 称	刀 柄 型 号	刀具		补偿量/mm	备注	
				直径、长度/mm				
1	T02	面铣刀ϕ100mm	BT40-XM32-75	ϕ100				
2	T12	面铣刀ϕ100mm	BT40-XM32-75	ϕ100				
3	T06	镗刀ϕ58mm	BT40-TQC50-180	ϕ58				
4	T07	镗刀ϕ59.95mm	BT40-TQC50-180	ϕ59.95				
5	T08	镗刀ϕ60H7	BT40-TW50-180	ϕ60H7				
6	T09	麻花钻ϕ11mm	BT40-M1-45	ϕ11				
7	T10	扩孔钻ϕ11.85mm	BT40-M1-45	ϕ11.85				
8	T04	阶梯铣刀ϕ16mm	BT40-MW2-55	ϕ16				
9	T16	麻花钻ϕ14mm	BT40-M1-45	ϕ14				
10	T14	铰刀ϕ11.95mm	BT40-M1-45	ϕ11.95				
11	T15	铰刀ϕ12H8	BT40-M1-45	ϕ12H8				
12	T17	麻花钻ϕ18mm	BT40-M1-45	ϕ18			倒角	
13	T18	机用丝锥 M16mm	BT40-G12-130	ϕ16				
编制		审核		批准		共1页	第1页	

六、绘制工序简图

工序简图简称工序图，是机械加工工序卡片上附加的工艺简图，用以说明被加工零件的加工要求。工序简图的绘制应满足下列要求：

1）工序简图以适当的比例、最少的视图，表示出工件在加工时所处的位置状态，与本工序无关的部位可不必表示。一般以工件在加工时正对着操作者的实际位置为主视图。

2）工序图上应标明定位、夹紧符号，以表示该工序的定位基准（面）、夹紧力的作用点及作用方向。

3）本工序的加工表面，用粗黑实线或粗红实线表示，其他部位用细实线表示。

4）加工表面上应标注出相应的尺寸、形状、位置精度要求和表面粗糙度要求。与本工序加工无关的技术要求一律不标。

第五节　编制工艺文件

工艺路线拟定之后，就要确定各工序的具体内容，其中包括工序余量、工序尺寸及公差的确定；工艺装备的选择；切削用量、时间定额的计算等。在此基础上，设计人员还需将上述零件工艺规程设计的结果以图表、卡片和文字材料的形式固定下来，以便贯彻执行。这些图表、卡片和文字材料统称为工艺文件。在生产中使用的工艺文件种类很多，归纳起来，常用的工艺文件有三种。

一、机械加工工艺过程卡片

机械加工工艺过程卡是以工序为单位，简要说明工件的加工工艺路线的一种工艺文件。卡片中包括工序号、工序名称、工序内容、完成各工序的车间和工段、所用机床与工艺装备的名称及时间定额等内容。它主要用来表示工件的加工流向，供安排生产计划、组织生产使用。在单件小批量生产中，一般只用工艺过程卡片。

二、机械加工工序卡片

机械加工工序卡片是在工艺过程卡片的基础上，分别为每道工序所编写的一种工艺文件。它用来具体指导工人进行生产，其内容较为详细。卡片中附有工序简图，并详细说明该工序每个工步的加工内容、工艺参数（切削用量、时间定额等）以及所用的设备和工艺装备等。工序简图使用定位夹紧符号表示定位基准、夹压位置和夹压方式；用粗实线指出本工序的加工表面；给出工序尺寸公差及其技术要求。对于多刀加工和多工位加工，还应给出工序布置图，以表明每个工位刀具和工件的相对位置和加工要求。

三、检验卡片

检验卡是检验人员使用的工艺文件，检验卡中应指明该工序所需检验的表面和应该达到的技术要求。

机械工业部颁布的机械加工工艺过程卡片、机械加工工序卡片和检验卡片的标准格式见表 1-21、表 1-22 和表 1-23。

表 1-21 机械加工工艺过程卡片格式（JB/T 9165.2—1998）

（厂　名）	机械加工工艺过程卡片		产品型号		零件图号			
			产品名称		零件名称		共　页	第　页
材料牌号		毛坯种类		毛坯外形尺寸		每毛坯可制件数	每台件数	备注
工序号	工序名称	工　序　内　容		车间	工段	设备	工艺装备	工时 准终 / 单件
描　图						设计(日期)	审核(日期)	标准化(日期)	会签(日期)
描　校									
底图号									
装订号									
	标记	处数	更改文件号	签字	日期	标记	处数	更改文件号	签字	日期

表1-22 机械加工工序卡片格式（JB/T 9165.2—1998）

（厂 名）	机械加工工序卡片	产品型号		零件图号			
		产品名称		零件名称		共 页	第 页
		车间	工序号	工序名	材料牌号		
		毛坯种类	毛坯外形尺寸	每毛坯可制件数	每台件数		
		设备名称	设备型号	设备编号	同时加工件数		
		夹具编号	夹具名称		切削液		
		工位器具编号	工位器具名称		工序工时	准终	单件

工步号	工步内容	工艺装备	主轴转速 r/min	切削速度 m/min	进给量 mm/r	切削深度 mm	进给次数	工步工时	
								机动	辅助

				设计(日期)	审核(日期)	标准化(日期)	会签(日期)

描图							
描校							
底图号							
装订号	标记	处数	更改文件号	签字	日期	标记 处数 更改文件号	签字 日期

表 1-23 检验卡片格式（JB/T 9165.2—1998）

（厂 名）	检验卡片		产品型号		零件图号		共 页	第 页
			产品名称		零件名称			
工序号	工序名称	车间	检验项目	技术要求	检测手段	检验方法	检验装夹要求	
简图:								
							设计(日期)	审核(日期)	标准化(日期)	会签(日期)
描 图								
描 校			标记	处数	更改文件号	签字	日期	标记	处数	更改文件号	签字	日期
底图号								
装订号								

第二章 加工余量和工序尺寸的确定

第一节 概　述

一、加工余量的概念

为保证零件加工质量，一般都要从毛坯上切除一层材料。毛坯上留作加工用的材料层，称为加工余量。

二、加工余量的分类

1. 总余量和工序余量

加工余量有总余量和工序余量之分。总余量是指某一表面毛坯尺寸与零件设计尺寸之差。工序余量是指每道工序切除的金属层厚度，即相邻两道工序尺寸之差。

2. 单边余量和双边余量

工序余量有单边余量与双边余量之分。对于非对称表面，工序余量是单边的，称单边余量。以一个表面为基准加工另一个表面时相邻两工序尺寸之差就是该工序的工序余量。对于外圆与内圆这样具有对称结构的对称表面，工序余量是双边的，称双边余量，相邻两工序的直径尺寸之差就是加工外圆（内孔）表面的双边余量。

3. 最大余量和最小余量

由于各工序尺寸都有公差，所以各工序实际切除的余量值是变化的，因此工序余量有公称余量、最大余量、最小余量之分。相邻两工序的基本尺寸之差即是公称余量。公称余量的变动范围称为余量公差。

工序尺寸公差一般按"入体原则"标注。即对被包容尺寸（轴径），上偏差为0，其最大尺寸为基本尺寸；对包容尺寸（孔径、槽宽），下偏差为0，其最小尺寸为基本尺寸。

三、确定加工余量的方法

合理确定加工余量，对确保加工质量、提高生产率和降低成本都有重要的意义。余量规定得过小，不能完全切除上工序留在加工表面上的缺陷层和各种误差；余量规定得过大，不仅增加了机械加工量，降低了生产率，而且浪费原材料和能源，增加刀具消耗，使加工成本升高。确定加工余量的方法有计算法、查表法和经验估计法三种。

1. 计算法

首先分析影响加工余量大小的因素，确定各因素原始数值，再采用相应的计算公式求出加工余量。此种方法考虑问题全面，确定的加工余量合理。可惜的是，目前所积累的统计资料尚不多，计算有困难，在应用上受到一定的限制，仅在大批大量生产中，对某些重要表面或贵重材料零件的加工用计算法确定或核算加工余量。

2．查表法

以工厂生产实践和实验研究积累的经验为基础制成的各种表格为依据，再结合实际加工情况加以修正。这种方法简便、比较接近实际，在生产上广泛应用。

3．经验估算法

加工余量由一些有经验的工程技术人员或工人根据经验确定。这种方法虽然简单，但不够科学，不够准确，为防止余量过小而产生废品，一般确定出的余量值偏大，只适用于单件小批生产。

第二节　确定毛坯尺寸公差与加工余量

一、铸件尺寸公差与机械加工余量（摘自 GB/T 6414—1999）

1．基本概念

（1）铸件基本尺寸　机械加工前毛坯铸件的尺寸，包括必要的机械加工余量（图 2-1）。

（2）铸件尺寸公差　铸件尺寸允许的变动量。铸件尺寸公差为铸件最大极限尺寸与铸件最小极限尺寸之代数差的绝对值。

（3）错型（错箱）　由于合型时错位，铸件的一部分与另一部分在分型面处相互错开（图 2-2）。

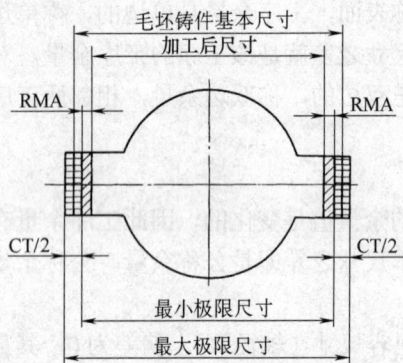

图 2-1　尺寸公差与极限尺寸　　　　　　图 2-2　错型

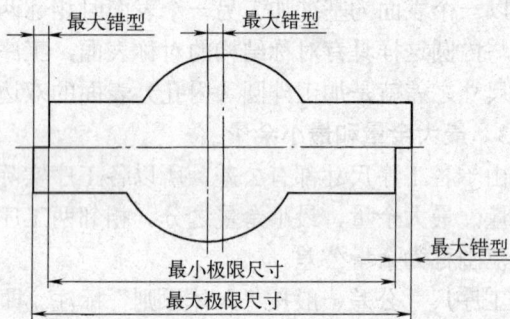

（4）机械加工余量（RMA）　图 2-3 所示外圆面进行机械加工时，RMA 与铸件其他尺寸之间的关系可由式（2-1）表示；图 2-4 所示内腔进行机械加工相对应的表达式为式（2-2）。

$$R = F + 2RMA + CT/2 \qquad\qquad (2-1)$$

$$R = F - 2RMA - CT/2 \qquad\qquad (2-2)$$

2．公差等级

铸件公差有 16 级，代号为 CT1～CT16，常用的为 CT4～CT13，表 2-1 和表 2-2 列出了各种铸造方法通常能够达到的公差等级。

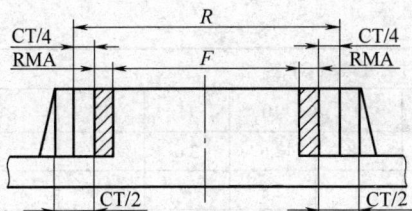

图 2-3 外圆面进行机械加工 RMA 示意图

R—铸件毛坯的基本尺寸

F—最终机械加工后的尺寸

CT—铸件公差

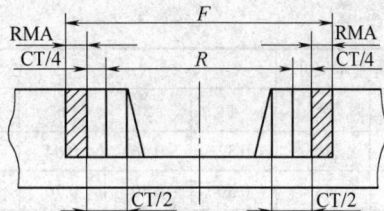

图 2-4 内腔进行机械加工 RMA 示意图

R—铸件毛坯的基本尺寸

F—最终机械加工后的尺寸

CT—铸件公差

表 2-1 大批量生产的毛坯铸件的公差等级

方　法	公　差　等　级 CT			
	钢	灰铸铁	球墨铸铁	可锻铸铁
砂型铸造、手工造型	11～14	11～14	11～14	11～14
砂型铸造、机器造型和壳型	8～12	8～12	8～12	8～12
金属型铸造	—	8～10	8～10	8～10

注：本表数据是指在大批量生产下且影响铸件精度的生产因素已得到充分改进时铸件通常能够达到的公差等级。

对于大批量生产方式，有可能通过精心调整和控制型芯的位置达到比表 2-1 所示更为精确的公差等级。

在用砂型铸造方法进行小批量和单个铸件生产时，通过采用金属模和研制开发新的装备及铸造工艺来达到小公差的做法，通常是不切实际且不经济的。表 2-2 给出了适用于这种生产方式的较宽的公差等级。

表 2-2 小批量生产或单件生产的毛坯铸件的公差等级

方　法	造型材料	公　差　等　级 CT			
		钢	灰铸铁	球墨铸铁	可锻铸铁
砂型铸造手工造型	黏土砂	13～15	13～15	13～15	13～15
	化学粘结剂砂	12～14	11～13	11～13	11～13

注：表中的数值一般适用于基本尺寸 *L*>25mm 的情况。对于较小的尺寸，通常能经济实用地保证下列较小的公差：*L*≤10mm：提高三级；10mm<*L*≤16mm：提高二级；16mm<*L*≤25mm：提高一级。

铸件的尺寸公差可由表 2-3 查出。

表 2-3 铸件尺寸公差　　　　　　　　（单位：mm）

毛坯铸件基本尺寸		铸件尺寸公差等级 CT									
大于	至	4	5	6	7	8	9	10	11	12	13
	10	0.26	0.36	0.52	0.74	1	1.5	2	2.8	4.2	
10	16	0.28	0.38	0.54	0.78	1.1	1.6	2.2	3.0	4.4	
16	25	0.30	0.42	0.58	0.82	1.2	1.7	2.4	3.2	4.6	6

（续）

毛坯铸件基本尺寸		铸件尺寸公差等级 CT									
大于	至	4	5	6	7	8	9	10	11	12	13
25	40	0.32	0.46	0.64	0.9	1.3	1.8	2.6	3.6	5	7
40	63	0.36	0.50	0.70	1	1.4	2	2.8	4	5.6	8
63	100	0.40	0.56	0.78	1.1	1.6	2.2	3.2	4.4	6	9
100	160	0.44	0.62	0.88	1.2	1.8	2.5	3.6	5	7	10
160	250	0.50	0.72	1	1.4	2	2.8	4	5.6	8	11
250	400	0.56	0.78	1.1	1.6	2.2	3.2	4.4	6.2	9	12
400	630	0.64	0.9	1.2	1.8	2.6	3.6	5	7	10	14

注：1. 对于壁厚尺寸，应比表中公差等级降一级；

　　2. 对于不超过 16mm 的尺寸，不采用 CT13～CT16 的公差，而标注个别公差。

3. 公差带的位置

除非另有规定，公差带应相对于基本尺寸对称分布，即一半在基本尺寸之上，一半在基本尺寸之下，如图 2-1 所示。

4. 机械加工余量

1）除非另有规定，要求的机械加工余量适用于整个毛坯铸件，即对所有需机械加工的表面只规定一个值，且该值应根据铸件的最大轮廓尺寸，在相应的尺寸范围内选取。

2）机械加工余量等级。要求的机械加工余量等级有 10 级，称之为 A、B、C、D、E、F、G、H、J 和 K 级，其中 A、B 级仅用于特殊场合。表 2-4 列出了 C～K 级的机械加工余量数值。推荐用于各种铸造方法的机械加工余量等级列在表 2-5 中，供参考。

表 2-4　铸件的 C～K 级机械加工余量（RMA）　　　　　（单位：mm）

最大尺寸[①]		要求的机械加工余量等级							
大于	至	C	D	E	F	G	H	J	K
	40	0.2	0.3	0.4	0.5	0.5	0.7	1	1.4
40	63	0.3	0.3	0.4	0.5	0.7	1	1.4	2
63	100	0.4	0.5	0.7	1	1.4	2	2.8	4
100	160	0.5	0.8	1.1	1.5	2.2	3	4	6
160	250	0.7	1	1.4	2	2.8	4	5.5	8
250	400	0.9	1.3	1.4	2.5	3.5	5	7	10
400	630	1.1	1.5	2.2	3	4	6	9	12

① 最终机械加工后铸件的最大轮廓尺寸。

表 2-5　毛坯铸件典型的机械加工余量等级（摘自 GB/T 6414—1999）

方　　法	要求的机械加工余量等级			
	铸件材料			
	钢	灰 铸 铁	球 墨 铸 铁	可 锻 铸 铁
砂型铸造手工造型	G～K	F～H	F～H	F～H
砂型铸造机器造型和壳型	F～H	E～G	E～G	E～G
金属型铸造		D～F	D～F	D～F

28

5．在图样上的标注

（1）铸造公差的标注

1）用公差代号统一标注，例如："一般公差 GB/T 6414—CT12"。

2）如果需要，在基本尺寸后面标注上下偏差，例如："95±3"或"200^{+5}_{-3}"。

（2）机械加工余量的标注　应在图样上标出机械加工表面的机械加工余量值，并在括号内标出要求的机械加工余量等级。

1）用公差和要求的机械加工余量代号统一标注，例如：对于轮廓最大尺寸在 400～630mm 范围内的铸件，如要求的机械加工余量等级为 H，机械加工余量值为 6mm，铸件公差为 GB/T 6414—CT12，则可标为"GB/T 6414— CT12— RMA6（H）"，也可以在图样上直接标注经计算后得出的尺寸值。

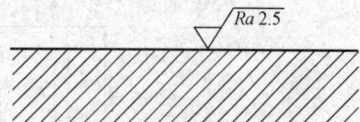

2）对于个别要求的机械加工余量，则应标注在图样的特定表面上（图 2-5）。

图 2-5　要求机械加工余量在特定表面上的标注

二、钢质模锻件公差及机械加工余量（摘自 GB/T 12362—2003）

1．适用范围

此标准适用于模锻锤、热模锻压力机、螺旋压力机和平锻机等锻压设备生产的结构钢锻件，其他钢种的锻件也可参照使用。适用于此标准的锻件的质量应小于或等于 250kg，长度（最大尺寸）应小于或等于 2500mm。

2．公差及机械加工余量等级

1）国标中规定钢质模锻件的公差分为两级，即普通级和精密级。普通级公差指按一般模锻方法能达到的精度公差。精密级公差有较高的尺寸精度，适用于精密锻件。精密级公差可用于某个锻件的全部尺寸，也可用于某个锻件的局部尺寸。平锻件的公差只有普通级。

2）机械加工余量只采用一级。

3．确定锻件公差和机械加工余量的主要因素

（1）锻件质量 m_t　锻件质量的估算按下列程序进行：零件图基本尺寸→估计机械加工余量→绘制锻件图→估算锻件质量→按此质量查表确定公差和机械加工余量。

局部成形的平锻件，当一端镦锻时只计入镦锻部分质量（图 2-6）。两端均镦锻时，分别计算镦锻部分质量。当不成形部分长度小于该部分直径两倍时，应视为完整锻件（图 2-7）。

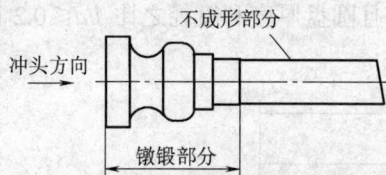

图 2-6　一端镦锻示意图　　　　图 2-7　两端镦锻示意图

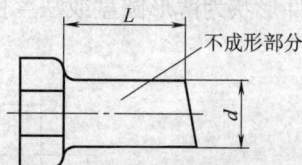

（2）锻件形状复杂系数 S　锻件形状复杂系数是锻件质量 m_t 与相应的锻件外廓包容体质量 m_N 之比，见式（2-3）。

$$S = \frac{m_t}{m_N}$$ 　　　　（2-3）

图 2-8 和图 2-9 分别为圆形锻件和非圆形锻件的外廓包容体示意图。锻件外廓包容体质量 m_N 以包容锻件最大轮廓的圆柱体或长方体作为实体计算质量，其中圆形锻件按式（2-4）计算，非圆形锻件按式（2-5）计算。

$$m_N = \frac{\pi}{4}d^2 h\rho \qquad (2-4)$$

$$m_N = lbh\rho \qquad (2-5)$$

式中　ρ——锻件材料密度。

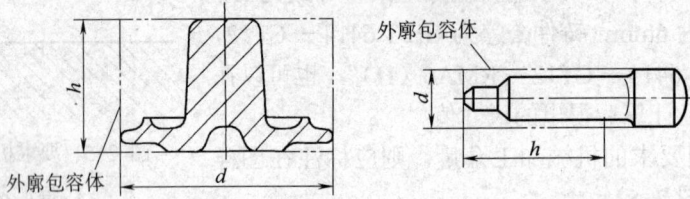

图 2-8　圆形锻件外廓包容体示意图

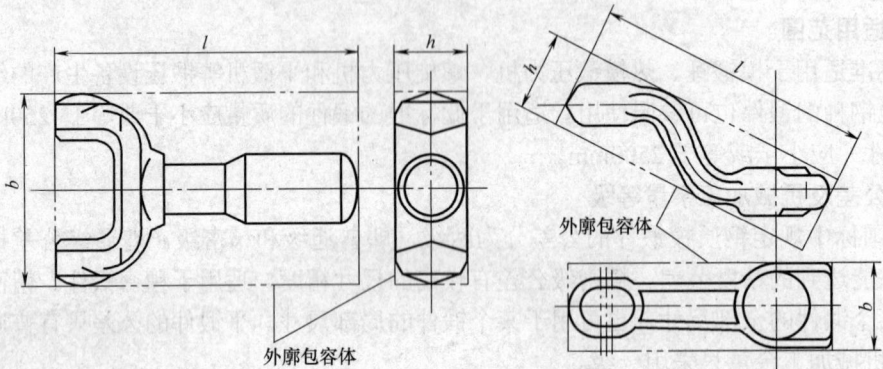

图 2-9　非圆形锻件外廓包容体示意图

根据 S 值的大小，锻件形状复杂系数分为 4 级：

S_1 级（简单）：$0.63 < S \leqslant 1$；　　　　　　　S_2 级（一般）：$0.32 < S \leqslant 0.63$；

S_3 级（较复杂）：$0.16 < S \leqslant 0.32$；　　　　S_4 级（复杂）：$0 < S \leqslant 0.16$。

当锻件形状为薄形圆盘或法兰件（图 2-10），且圆盘厚度和直径之比 $l/d \leqslant 0.2$ 时，采用 S_4 级。

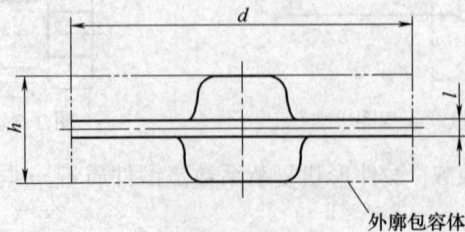

图 2-10　锻件形状为薄形圆盘或法兰件示意图

（3）锻件材质系数 M　锻件材质系数分为 M_1 和 M_2 两级。

M_1 级：碳的质量分数小于 0.65% 的碳素钢或合金元素总质量分数小于 3.0% 的合金钢。

M_2 级：碳的质量分数大于或等于 0.65% 的碳素钢或合金元素总质量分数大于或等于 3.0% 的合金钢。

（4）锻件分模线形状　锻件分模线形状分为两类：

1）平直分模线或对称弯曲分模线，如图 2-11a、b 所示。

2）不对称弯曲分模线，如图 2-11c 所示。

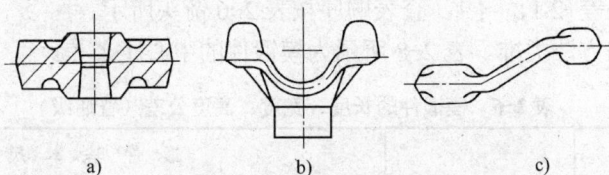

a)　　　　　　　　b)　　　　　　　　c)

图 2-11　分模线形状示意图

（5）零件表面粗糙度　按 Ra 数值大小分为 $Ra \geqslant 1.6\mu m$ 和 $Ra \leqslant 1.6\mu m$ 两类。

GB/T 12361—1990 适用于机械加工表面粗糙度 $Ra \geqslant 1.6\mu m$ 的表面。当 $Ra \leqslant 1.6\mu m$ 时，其余量要适当加大。

4. 确定锻件公差

（1）长度、宽度和高度尺寸公差

1）长度、宽度和高度尺寸公差是指在分模线一侧同一块模具上沿长度、宽度、高度方向上的尺寸公差。如图 2-12 所示，l 为长度方向尺寸，b 为宽度方向尺寸，h 为高度方向尺寸，f 为落差尺寸，t 为跨越分模线的厚度尺寸。

此类公差根据锻件基本尺寸、质量、形状复杂系数以及材质系数，查表 2-6 确定。

2）孔径尺寸公差按孔径尺寸由表 2-6 确定公差值，其上下偏差按 +1/4、−3/4 比例分配。

3）落差尺寸公差是高度尺寸公差的一种形式（图 2-12 中的 f），其数值比相应高度尺寸公差放宽一档，上下偏差值按 ±1/2 比例分配。

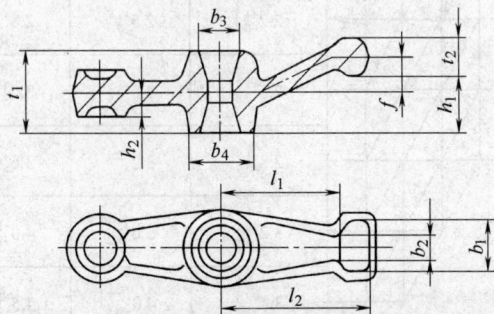

图 2-12　长度、宽度和高度尺寸公差示意图

（2）厚度尺寸公差　厚度尺寸公差指跨越分模线的厚度尺寸的公差（图 2-12 中的 t_1、t_2）。锻件所有厚度尺寸取同一公差，其数值按锻件最大厚度尺寸由表 2-7 确定。

（3）中心距公差　对于平面直线分模，且位于同一块模具内的中心距公差由表 2-8 确定；

弯曲轴线及其他类型锻件的中心距公差根据生产条件确定。

（4）公差表使用方法　由表 2-6 或表 2-7 确定锻件长度、宽度或高度尺寸公差时，应根据锻件质量选定相应范围，然后沿水平线向右移动。若材质系数为 M_1，则沿同一水平线继续向右移动；若材质系数为 M_2，则沿倾斜线向右下移动到与 M_2 垂线的交点。对于形状复杂系数 S，用同样方法，沿水平或倾斜线移动到 S_1 或 S_2、S_3、S_4 格的位置，并继续向右移动，直到所需尺寸的垂直栏中，即可查得所需的公差值。

例如：某锻件 6kg，长度尺寸为 160mm，材质系数 M_1，形状复杂系数 S_2，平直分模线，由表 2-6 查得极限偏差+2.1，–1.1，查表顺序按表 2-6 箭头所示。

其余公差表使用方法类推。表 2-8 所示为模锻件的中心距公差。

表 2-6　模锻件的长度、宽度、高度公差（普通级）　（单位：mm）

锻件质量 kg		材质系数	形状复杂系数	锻件基本尺寸				
				大于 0　至 30	大于 30　至 80	大于 80　至 120	大于 120　至 180	大于 180　至 315
大于	至	M_1　M_2	S_1　S_2　S_3　S_4	公差值及极限偏差				
0	0.4			$1.1^{+0.8}_{-0.3}$	$1.2^{+0.8}_{-0.4}$	$1.4^{+0.9}_{-0.5}$	$1.6^{+1.1}_{-0.5}$	$1.8^{+1.2}_{-0.6}$
0.4	1.0			$1.2^{+0.8}_{-0.4}$	$1.4^{+0.9}_{-0.5}$	$1.6^{+1.1}_{-0.5}$	$1.8^{+1.2}_{-0.6}$	$2.0^{+1.3}_{-0.7}$
1.0	1.8			$1.4^{+0.9}_{-0.5}$	$1.6^{+1.1}_{-0.5}$	$1.8^{+1.2}_{-0.6}$	$2.0^{+1.3}_{-0.7}$	$2.2^{+1.5}_{-0.7}$
1.8	3.2			$1.6^{+1.1}_{-0.5}$	$1.8^{+1.2}_{-0.6}$	$2.0^{+1.3}_{-0.7}$	$2.2^{+1.5}_{-0.7}$	$2.5^{+1.7}_{-0.8}$
3.2	5.6			$1.8^{+1.2}_{-0.6}$	$2.0^{+1.3}_{-0.7}$	$2.2^{+1.5}_{-0.7}$	$2.5^{+1.7}_{-0.8}$	$2.8^{+1.9}_{-0.9}$
5.6	10			$2.0^{+1.3}_{-0.7}$	$2.2^{+1.5}_{-0.7}$	$2.5^{+1.7}_{-0.8}$	$2.8^{+1.9}_{-0.9}$	$3.2^{+2.1}_{-1.1}$
10	20			$2.2^{+1.5}_{-0.7}$	$2.5^{+1.7}_{-0.8}$	$2.8^{+1.9}_{-0.9}$	$3.2^{+2.1}_{-1.1}$	$3.6^{+2.4}_{-1.2}$
				$2.5^{+1.7}_{-0.8}$	$2.8^{+1.9}_{-0.9}$	$3.2^{+2.1}_{-1.1}$	$3.6^{+2.4}_{-1.2}$	$4.0^{+2.7}_{-1.3}$
				$2.8^{+1.9}_{-0.9}$	$3.2^{+2.1}_{-1.1}$	$3.6^{+2.4}_{-1.2}$	$4.0^{+2.7}_{-1.3}$	$4.5^{+3.0}_{-1.5}$
				$3.2^{+2.1}_{-1.1}$	$3.6^{+2.4}_{-1.2}$	$4.0^{+2.7}_{-1.3}$	$4.5^{+3.0}_{-1.5}$	$5.0^{+3.3}_{-1.7}$
				$3.6^{+2.4}_{-1.2}$	$4.0^{+2.7}_{-1.3}$	$4.5^{+3.0}_{-1.5}$	$5.0^{+3.3}_{-1.7}$	$5.6^{+3.7}_{-1.9}$
				$4.0^{+2.7}_{-1.3}$	$4.5^{+3.0}_{-1.5}$	$5.0^{+3.3}_{-1.7}$	$5.6^{+3.7}_{-1.9}$	$6.3^{+4.2}_{-2.1}$

注：锻件的高度或台阶尺寸及中心到边缘尺寸公差，按±1/2 的比例分配。内表面尺寸的允许偏差，其正负符号与表中相反。

　　长度、宽度尺寸的上、下偏差按±2/3，±1/3 比例分配。

表 2-7　模锻件的厚度公差（普通级）　　　　　　　（单位：mm）

锻件质量 kg 大于	至	材质系数 M_1 M_2	形状复杂系数 S_1 S_2 S_3 S_4	锻件基本尺寸 大于 0 至 18	大于 18 至 30	大于 30 至 50	大于 50 至 80	大于 80 至 120
				公差值及允许偏差				
0	0.4			$1.0^{+0.8}_{-0.2}$	$1.1^{+0.8}_{-0.3}$	$1.2^{+0.9}_{-0.3}$	$1.4^{+1.0}_{-0.4}$	$1.6^{+1.2}_{-0.4}$
0.4	1.0			$1.1^{+0.8}_{-0.3}$	$1.2^{+0.9}_{-0.3}$	$1.4^{+1.0}_{-0.4}$	$1.6^{+1.2}_{-0.4}$	$1.8^{+1.4}_{-0.4}$
1.0	1.8			$1.2^{+0.9}_{-0.3}$	$1.4^{+1.0}_{-0.4}$	$1.6^{+1.2}_{-0.4}$	$1.8^{+1.4}_{-0.4}$	$2.0^{+1.5}_{-0.5}$
1.8	3.2			$1.4^{+1.0}_{-0.4}$	$1.6^{+1.2}_{-0.4}$	$1.8^{+1.4}_{-0.4}$	$2.0^{+1.5}_{-0.5}$	$2.2^{+1.7}_{-0.5}$
3.2	5.6			$1.6^{+1.2}_{-0.4}$	$1.8^{+1.4}_{-0.4}$	$2.0^{+1.5}_{-0.5}$	$2.2^{+1.7}_{-0.5}$	$2.5^{+1.9}_{-0.6}$
5.6	10			$1.8^{+1.4}_{-0.4}$	$2.0^{+1.5}_{-0.5}$	$2.2^{+1.7}_{-0.5}$	$2.5^{+1.9}_{-0.6}$	$2.8^{+2.1}_{-0.7}$
10	20			$2.0^{+1.5}_{-0.5}$	$2.2^{+1.7}_{-0.5}$	$2.5^{+1.9}_{-0.6}$	$2.8^{+2.1}_{-0.7}$	$3.2^{+2.4}_{-0.8}$
				$2.2^{+1.7}_{-0.5}$	$2.5^{+1.7}_{-0.6}$	$2.8^{+2.1}_{-0.7}$	$3.2^{+2.4}_{-0.8}$	$3.6^{+2.7}_{-0.9}$
				$2.5^{+1.9}_{-0.6}$	$2.8^{+2.1}_{-0.7}$	$3.2^{+2.4}_{-0.8}$	$3.6^{+2.7}_{-0.9}$	$4.0^{+3.0}_{-1.0}$
				$2.8^{+2.1}_{-0.7}$	$3.2^{+2.4}_{-0.8}$	$3.6^{+2.7}_{-0.9}$	$4.0^{+3.0}_{-1.0}$	$4.5^{+3.4}_{-1.1}$
				$3.2^{+2.4}_{-0.8}$	$3.6^{+2.7}_{-0.9}$	$4.0^{+3.0}_{-1.0}$	$4.5^{+3.4}_{-1.1}$	$5.0^{+3.8}_{-1.2}$
				$3.6^{+2.7}_{-0.9}$	$4.0^{+3.0}_{-1.0}$	$4.5^{+3.4}_{-1.1}$	$5.0^{+3.8}_{-1.2}$	$5.6^{+4.2}_{-1.4}$

注：在"大于30至50"列、锻件质量"3.2~5.6"行处另列有 $2.0^{+1.5}_{-0.5}$。

例：锻件质量 3kg，材质系数为 M_1，形状复杂系数为 S_3，最大厚度尺寸为 45mm 时各类公差查法。

注：上、下偏差按 +3/4，−1/4 的比例分配。若有需要也可按 +2/3，−1/3 比例分配。

表 2-8 模锻件的中心距公差 （单位：mm）

中心距	大于	0	30	80	120	180	250
	至	30	80	120	180	250	315
一般锻件 有一道校正或精压工序 同时有校正及精压工序							
极限 偏差	普通级	±0.3	±0.4	±0.5	±0.6	±0.8	±1.0	±1.2
	精密级	±0.25	±0.3	±0.4	±0.5	±0.6	±0.8	±1.0

例：当锻件中心距尺寸为 300mm，有一道校正或精压工序，查得中心距极限偏差为普通级 ±1.0mm，精密级 ±0.8mm。

5．确定锻件机械加工余量

锻件机械加工余量根据估算锻件质量、零件表面粗糙度及形状复杂系数由表 2-9、表 2-10 确定。对于扁薄截面或锻件相邻部位截面变化较大的部分应适当增大局部余量。

表 2-9 模锻件内外表面加工余量

锻件质量/kg		零件表面 粗糙度 Ra/μm	形状 复杂系数	单 边 余 量 /mm				
				厚度方向	水 平 方 向			
					大于	0	315	400	630
大于	至	≥1.6,≤1.6	S_1 S_2 S_3 S_4		至	315	400	630	800
0	0.4			1.0~1.5	1.0~1.5	1.5~2.0	2.0~2.5	—
0.4	1.0			1.5~2.0	1.5~2.0	1.5~2.0	2.0~2.5	2.0~3.0
1.0	1.8			1.5~2.0	1.5~2.0	1.5~2.0	2.0~2.7	2.0~3.0
1.8	3.2			1.7~2.2	1.7~2.2	2.0~2.5	2.0~2.7	2.0~3.0
3.2	5.6			1.7~2.2	1.7~2.2	2.0~2.5	2.0~2.7	2.5~3.5
5.6	10			2.0~2.5	2.0~2.5	2.0~2.5	2.3~3.0	2.5~3.5
10	20			2.0~2.5	2.0~2.5	2.0~2.7	2.3~3.0	2.5~3.5
				2.3~3.0	2.3~3.0	2.5~3.0	2.5~3.5	2.7~4.0
				2.5~3.2	2.5~3.5	2.5~3.5	2.7~3.5	2.7~4.0

例：当锻件质量为 3kg，零件表面粗糙度参数 Ra=3.2μm，形状复杂系数为 S_3，长度为 480mm 时查出该锻件余量是：厚度方向为 1.7~2.2mm，水平方向为 2.0~2.7mm。

表 2-10　锻件内孔直径的单面机械加工余量　　　（单位：mm）

孔　　径		孔　　深				
大于	至	大于	0	63	100	140	200
		至	63	100	140	200	280
—	25	2.0	—	—	—	—
25	40	2.0	2.6	—	—	—
40	63	2.0	2.6	3.0	—	—
63	100	2.5	3.0	3.0	4.0	—
100	160	2.6	3.4	4.0	4.6	
160	250	3.0	3.0	3.4	4.0	4.6

第三节　确定工序余量

一、工序余量的选用原则

工序余量按查表法确定，其选用原则为：

1）为缩短加工时间，降低制造成本，应采用最小的加工余量。

2）加工余量应保证得到工序图上规定的精度和表面粗糙度。

本工序余量要综合考虑以下四种因素的影响：上工序留下的表面粗糙度 R_z 和表面缺陷层深度 H_a、上工序的尺寸公差 T_a 以及 T_a 值中没有包括的上工序留下的空间位置误差 e_a 和本工序的装夹误差 ε_b。

二、轴的加工余量

1. 轴的外圆加工余量及偏差

轴的外圆加工余量及偏差见表 2-11～表 2-12。

表 2-11　粗车及半精车外圆加工余量及偏差　　　（单位：mm）

零件基本尺寸	直　径　余　量						直　径　偏　差	
	经或未经热处理零件的粗车		半精车				荒车(h14)	粗车(h12～h13)
			未经热处理		经热处理			
	轴的折算长度 L							
	≤200	>200～400	≤200	>200～400	≤200	>200～400		
>6～10	1.5	1.7	0.8	1.0	1.0	1.3	−0.36	−0.15～−0.22
>10～18	1.5	1.7	1.0	1.3	1.3	1.5	−0.43	−0.18～−0.27
>18～30	2.0	2.2	1.3	1.3	1.3	1.5	−0.52	−0.21～−0.33
>30～50	2.0	2.2	1.4	1.5	1.5	1.9	−0.62	−0.25～−0.39
>50～80	2.3	2.5	1.5	1.8	1.8	2.0	−0.74	−0.30～−0.45
>80～120	2.5	2.8	1.5	1.8	1.8	2.0	−0.87	−0.35～−0.54
>120～180	2.5	2.8	1.8	2.0	2.0	2.3	−1.00	−0.40～−0.63
>180～250	2.8	3.0	2.0	2.3	2.3	2.5	−1.15	−0.46～−0.72
>250～315	3.0	3.3	2.0	2.3	2.3	2.5	−1.30	−0.52～−0.81

注：加工带凸台的零件时，其加工余量要根据零件的最大直径来确定。

表 2-11 中轴长的折算长度 L 有五种情形（参见表 2-13）。"（1）、（2）、（3）"中轴件装在顶尖间或装在卡盘与顶尖间，相当两支梁，其中"（2）"为加工轴的中段，"（3）"为加工轴的边缘（靠近端部的两段）。轴的折算长度 L 是轴的端面到加工部分最远一端之间距离的 2 倍。"（4）、（5）"轴件仅一端夹紧在卡盘内，相当悬臂梁，其折算长度是卡爪端面到加工部分最远一端之间距离的 2 倍。

表 2-12　半精车后磨外圆加工余量及偏差 （单位：mm）

零件基本尺寸	直 径 余 量										直 径 偏 差	
	第 一 种		第 二 种				第 三 种				第一种磨削前半精车或第三种粗磨（h10～h11）	第二种粗磨（h8～h9）
	经或未经热处理零件的终磨		热处理后				热处理前粗磨		热处理后半精磨			
			粗磨		半精磨							
	轴的折算长度 L											
	≤200	>200～400	≤200	>200～400	≤200	>200～400	≤200	>200～400	≤200	>200～400		
>6～10	0.20	0.30	0.12	0.20	0.08	0.10	0.12	0.20	0.20	0.30	−0.058～−0.090	−0.022～−0.036
>10～18	0.20	0.30	0.12	0.20	0.08	0.10	0.12	0.20	0.20	0.30	−0.070～−0.110	−0.027～−0.043
>18～30	0.20	0.30	0.12	0.20	0.08	0.10	0.12	0.20	0.20	0.30	−0.084～−0.130	−0.033～−0.052
>30～50	0.30	0.40	0.20	0.25	0.08	0.15	0.20	0.25	0.30	0.40	−0.100～−0.160	−0.039～−0.062
>50～80	0.40	0.50	0.25	0.30	0.15	0.20	0.25	0.30	0.40	0.50	−0.120～−0.190	−0.064～−0.074
>80～120	0.40	0.50	0.25	0.30	0.15	0.20	0.25	0.30	0.40	0.50	−0.140～−0.220	−0.054～−0.087
>120～180	0.50	0.80	0.30	0.50	0.20	0.30	0.50	0.50	0.50	0.80	−0.160～−0.250	−0.063～−0.100
>180～250	0.50	0.80	0.30	0.50	0.20	0.30	0.50	0.50	0.50	0.80	−0.185～−0.290	−0.072～−0.115
>250～315	0.50	0.80	0.30	0.50	0.30	0.50	0.50	0.50	0.50	0.80	−0.210～−0.320	−0.081～−0.130

表 2-13　轴的折算长度

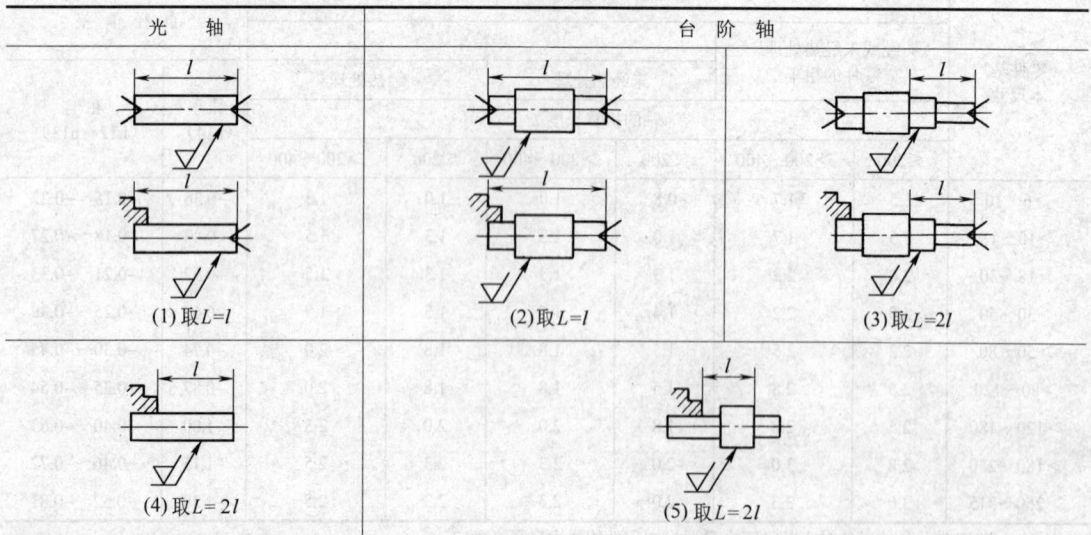

光 轴	台 阶 轴	
（1）取 $L=l$	（2）取 $L=l$	（3）取 $L=2l$
（4）取 $L=2l$	（5）取 $L=2l$	

2. 轴端面加工余量

轴的端面加工余量见表 2-14～表 2-17。

表 2-14　粗车端面后，正火调质的端面精加工余量　　　　　　（单位：mm）

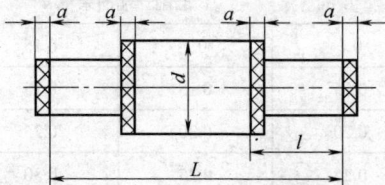

零件直径 d	零件全长 L					
	≤18	>18～50	>50～120	>120～260	>260～500	>500
	精车一端面余量 a					
≤30	0.8	1.0	1.4	1.6	2.0	2.4
>30～50	1.0	1.2	1.4	1.6	2.0	2.4
>50～120	1.2	1.4	1.6	2.0	2.4	2.4
>120～260	1.4	1.6	2.0	2.0	2.4	2.8
>260	1.6	1.8	2.0	2.0	2.8	3.0
长度偏差	0.18	0.21～0.25	0.30～0.35	0.40～0.46	0.52～0.63	0.70～1.50

注：1. 粗车不需正火调质的零件，其端面余量按上表 1/2～1/3 选用。

　　2. 对薄形工件，如齿轮，垫圈等，按上表余量加 50%～100%。

表 2-15　精车端面的加工余量　　　　　　（单位：mm）

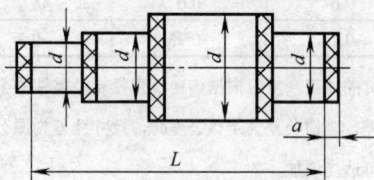

零件直径 d	零件全长 L					
	≤18	>18～25	>50～120	>120～260	>260～500	>500
	余量 a					
≤30	0.4	0.5	0.7	0.8	1.0	1.2
>30～50	0.5	0.6	0.7	0.8	1.0	1.2
>50～120	0.6	0.7	0.8	1.0	1.2	1.2
>120～260	0.7	0.8	1.0	1.0	1.2	1.4
>260～500	0.9	1.0	1.2	1.2	1.4	1.5
>500	1.2	1.2	1.4	1.4	1.5	1.7
长度公差	-0.2	-0.3	-0.4	-0.5	-0.6	-0.8

注：1. 加工有台阶的轴时，每个台阶的加工余量应根据该台阶的直径 d 及零件的全长分别选取。

　　2. 表中的公差系指尺寸 L 的公差。当原公差大于该公差时，尺寸公差为原公差数值。

表 2-16　精车端面后，经淬火的端面磨削加工余量　　（单位：mm）

零件直径 d	零件全长 L					
	≤18	>18~50	>50~120	>120~260	>260~500	>500
	磨削一端面余量 a					
≤30	0.1	0.1	0.1	0.15	0.15	0.20
>30~50	0.15	0.15	0.15	0.15	0.20	0.25
>50~120	0.2	0.20	0.20	0.25	0.25	0.30
>120~260	0.25	0.25	0.25	0.30	0.30	0.35
>260	0.25	0.25	0.25	0.30	0.30	0.40
长度公差	0.06~0.13	0.13~0.16	0.19~0.22	0.25~0.29	0.32~0.40	0.44~1.10

注：1. 在加工有阶梯的轴时，每个阶梯的加工余量应根据其直径 d 及零件阶梯长 l 分别选用。

2. 在加工过程中，当一次精磨至尺寸时，其余量按上表减半选用。

表 2-17　磨端面的加工余量　　（单位：mm）

零件直径 d	零件全长 L					
	≤18	>18~50	>50~120	>120~260	>260~500	>500
	余量 a					
≤30	0.2	0.3	0.3	0.4	0.5	0.6
>30~50	0.3	0.3	0.4	0.4	0.5	0.6
>50~120	0.3	0.4	0.4	0.5	0.6	0.6
>120~260	0.4	0.4	0.5	0.5	0.6	0.7
>260~500	0.5	0.5	0.5	0.6	0.7	0.7
>500	0.6	0.6	0.6	0.7	0.8	0.8
长度公差	-0.12	-0.17	-0.23	-0.3	-0.4	-0.5

注：1. 加工有台阶的轴时，每个台阶的加工余量应根据该台阶直径 d 及零件的全长 L 分别选用。

2. 表中的公差系指尺寸 L 的公差，当原公差大于该公差时，尺寸公差为原公差值。

3. 加工套类零件时，其余量值可适当增加。

3. 槽的加工余量

槽的加工余量见表 2-18、表 2-19。

表 2-18　精车（铣、刨）槽余量　　（单位：mm）

槽宽 B	<10	<18	<30	<50
加工余量 a	1	1.5	2	3
公差	0.20	0.20	0.30	0.30

注：本表适用于槽长<80mm，槽深<60mm 的槽。

表 2-19　精车（铣、刨）后磨槽余量　　　　　　（单位：mm）

槽宽 B	<10	<18	<30	<50
加工余量 a	0.30	0.35	0.40	0.45
公差	0.10	0.10	0.15	0.15

注：1. 靠磨槽时，适当减小加工余量，一般加工余量为 0.10～0.20mm。

2. 本表适用于槽长<80mm，槽深<60mm 的槽。

三、孔的加工余量

孔的加工余量见表 2-20～表 2-23。

表 2-20　基孔制 7 级（H7）孔的加工余量　　　　　　（单位：mm）

加工孔的直径	直径						加工孔的直径	直径					
	钻		用车刀镗以后	扩孔钻	粗铰	精铰 H7		钻		用车刀镗以后	扩孔钻	粗铰	精铰 H7
	第一次	第二次						第一次	第二次				
3	2.9	—	—	—	—	3	30	15.0	28	29.8	29.8	29.93	30
4	3.9	—	—	—	—	4	32	15.0	30.0	31.7	31.75	31.93	32
5	4.8	—	—	—	—	5	35	20.0	33.0	34.7	34.75	34.93	35
6	5.8	—	—	—	—	6	38	20.0	36.0	37.7	37.75	37.93	38
8	7.8	—	—	—	7.96	8	40	25.0	38.0	39.7	39.75	39.93	40
10	9.8	—	—	—	9.96	10	42	25.0	40.0	41.7	41.75	41.93	42
12	11.0	—	—	11.85	11.95	12	45	25.0	43.0	44.7	44.75	44.93	45
13	12.0	—	—	12.85	12.95	13	48	25.0	46.0	47.7	47.75	47.93	48
14	13.0	—	—	13.85	13.95	14	50	25.0	48.0	49.7	49.75	49.93	50
15	14.0	—	—	14.85	14.95	15	60	30	55.0	59.5	59.5	59.9	60
16	15.0	—	—	15.85	15.95	16	70	30	65.0	69.5	69.5	69.9	70
18	17.0	—	—	17.85	17.94	18	80	30	75.0	79.5	79.5	79.9	80
20	18.0	—	19.8	19.8	19.94	20	90	30	80.0	89.3	—	89.9	90
22	20.0	—	21.8	21.8	21.94	22	100	30	80.0	99.3	—	99.8	100
24	22.0	—	23.8	23.8	23.94	24	120	30	80.0	119.3	—	119.8	120
25	23.0	—	24.8	24.8	24.94	25	140	30	80.0	139.3	—	139.8	140
26	24.0	—	25.8	25.8	25.94	26	160	30	80.0	159.3	—	159.8	160
28	26.0	—	27.8	27.8	27.94	28	180	30	80.0	179.3	—	179.8	180

注：1. 在铸铁上加工直径小于 15mm 的孔时，不用扩孔钻和镗孔。

2. 在铸铁上加工直径为 30mm 与 32mm 的孔时，仅用直径为 28mm 与 30mm 的钻头各钻一次。

3. 如仅用一次铰孔，则铰孔的加工余量为本表中粗铰与精铰的加工余量之和。

4. 钻头直径大于 75mm 时，采用环口钻。

表 2-21　基孔制 8 级（H8）孔的加工余量　　　　　　（单位：mm）

加工孔的直径	直径					加工孔的直径	直径				
	钻		用车刀镗以后	扩孔钻	铰 H8		钻		用车刀镗以后	扩孔钻	铰 H8
	第一次	第二次					第一次	第二次			
3	2.9	—	—	—	3	25	23.0	—	24.8	24.8	25
4	3.9	—	—	—	4	26	24.0	—	25.8	25.8	26
5	4.8	—	—	—	5	28	26.0	—	27.8	27.8	28
6	5.8	—	—	—	6	30	15.0	28.0	29.8	29.8	30
8	7.8	—	—	—	8	32	15.0	30.0	31.7	31.75	32
10	9.8	—	—	—	10	35	20.0	33.0	34.7	34.75	35
12	11.8	—	—	—	12	38	20.0	36.0	37.7	37.75	38
13	12.8	—	—	—	13	40	25.0	38.0	39.7	39.75	40
14	13.8	—	—	—	14	42	25.0	40.0	41.7	41.75	42
15	14.8	—	—	—	15	45	25.0	43.0	44.7	44.75	45
16	15.0	—	—	15.85	16	48	25.0	46.0	47.7	47.75	48
18	17.0	—	—	17.85	18	50	25.0	48.0	49.7	49.75	50
20	18.0	—	19.8	19.8	20	60	30.0	55.0	59.5	—	60
22	20.0	—	21.8	21.8	22	70	30.0	65.0	69.5	—	70
24	22.0	—	23.8	23.8	24	80	30.0	75.0	79.5	—	80

注：1. 在铸铁上加工直径为 30mm 与 32mm 的孔时，仅用直径为 28mm 与 30mm 的钻头各钻一次。

　　2. 钻头直径大于 75mm 时，采用环口钻。

表 2-22　按照 7 级或 8 级、9 级精度加工预先铸出或冲出的孔　　　　　（单位：mm）

加工孔的直径	直径					
	粗镗		精镗		粗铰	精铰
	第一次	第二次	镗以后的直径	按照 H11 公差		
30	—	28.0	29.8	+0.13	29.93	30
35	—	33.0	34.7	+0.16	34.93	35
40	—	38.0	39.7	+0.16	39.93	40
45	—	43.0	44.7	+0.16	44.93	45
50	45	48.0	49.7	+0.16	49.93	50
55	51	53.0	54.5	+0.19	54.92	55
60	56	58.0	59.5	+0.19	59.92	60
65	61	63.0	64.5	+0.19	64.92	65
70	66	68.0	69.5	+0.19	69.90	70
75	71	73.0	74.5	+0.19	74.90	75
80	75	78.0	79.5	+0.19	79.9	80
85	80	83.0	84.3	+0.22	84.85	85
90	85	88.0	89.3	+0.22	89.75	90
95	90	93.0	94.3	+0.22	94.85	95
100	95	98.0	99.3	+0.22	99.85	100

注：1. 当仅用一次铰孔时，则铰孔的加工余量为粗铰与精铰加工余量之和。

　　2. 当铸出的孔有最大加工余量时，则第一次粗镗可以分成两次或多次进行。

表 2-23 拉孔加工余量（用于 H7～H11 级精度孔）　（单位：mm）

零件基本尺寸	拉孔长度			上工序偏差（H11）
	16～25	25～45	45～120	
	直径余量			
10～18	0.5	0.5	—	+0.11
>18～30	0.5	0.5	0.5	+0.13
>30～38	0.5	0.7	0.7	+0.16
>38～50	0.7	0.7	1.0	+0.16
>50～60	—	1.0	1.0	+0.19

四、平面加工余量

平面加工余量见表 2-24～表 2-28。

表 2-24 平面第一次粗加工余量　（单位：mm）

平面最大尺寸	毛坯制造方法			
	铸件			锻造
	灰铸铁	青铜	可锻铸铁	
≤50	1.0～1.5	1.0～1.3	0.8～1.0	1.0～1.4
>50～100	1.5～2.0	1.3～1.7	1.0～1.4	1.4～1.8
>120～260	2.0～2.7	1.7～2.2	1.4～1.8	1.5～2.5
>260～500	2.7～3.5	2.2～3.0	2.0～2.5	2.2～3.0
>500	4.0～6.0	3.5～4.5	3.0～4.0	3.5～4.5

表 2-25 铣平面加工余量　（单位：mm）

零件厚度	荒铣后粗铣						粗铣后半精铣					
	宽度≤200			200<宽度<400			宽度≤200			200<宽度<400		
	平面长度											
	≤100	100～250	250～400	≤100	100～250	250～400	≤100	100～250	250～400	≤100	100～250	250～400
>6～30	1.0	1.2	1.5	1.2	1.5	1.7	0.7	1.0	1.0	1.0	1.0	1.0
>30～50	1.0	1.5	1.7	1.5	1.5	2.0	1.0	1.0	1.2	1.0	1.2	1.2
>50	1.5	1.7	2.0	1.7	2.0	2.5	1.0	1.3	1.5	1.3	1.5	1.5

表 2-26 磨平面加工余量　（单位：mm）

零件厚度	第一种						第二种											
	经热处理或未经热处理零件的终磨						热处理后											
							粗磨						半精磨					
	宽度≤200			宽度>200～400			宽度≤200			宽度>200～400			宽度≤200			宽度>200～400		
	平面长度																	
	≤100	>100～250	>250～400	≤100	>100～250	>250～400	≤100	>100～250	>250～400	≤100	>100～250	>250～400	≤100	>100～250	>250～400	≤100	>100～250	>250～400
>6～30	0.3	0.3	0.5	0.3	0.5	0.5	0.2	0.2	0.3	0.2	0.3	0.3	0.1	0.1	0.2	0.1	0.2	0.2
>30～50	0.5	0.5	0.5	0.5	0.5	0.5	0.3	0.3	0.3	0.3	0.3	0.3	0.2	0.2	0.2	0.2	0.2	0.2
>50	0.5	0.5	0.5	0.5	0.5	0.5	0.3	0.3	0.3	0.3	0.3	0.3	0.2	0.2	0.2	0.2	0.2	0.2

表 2-27　铣及磨平面时的厚度偏差　　　　　　　　（单位：mm）

零件厚度	荒铣（IT14）	粗铣（IT12～IT13）	半精铣（IT11）	精磨（IT18～IT9）
>3～6	−0.30	−0.12～−0.18	−0.075	−0.018～−0.030
>6～10	−0.36	−0.15～−0.22	−0.090	−0.022～−0.036
>10～18	−0.43	−0.18～−0.27	−0.110	−0.027～−0.043
>18～30	−0.52	−0.21～−0.33	−0.130	−0.033～−0.052
>30～50	−0.62	−0.25～−0.39	−0.160	−0.039～−0.062
>50～80	−0.74	−0.30～−0.46	−0.190	−0.046～−0.074
>80～120	−0.87	−0.35～−0.54	−0.220	−0.054～−0.087
>120～180	−1.00	−0.40～−0.63	−0.250	−0.063～−0.100

表 2-28　凹槽加工余量及偏差　　　　　　　　（单位：mm）

凹 槽 尺 寸			宽 度 余 量		宽 度 偏 差	
长	深	宽	粗铣后半精铣	半精铣后磨	粗铣（IT12～IT13）	半精铣（IT11）
≤80	≤60	>3～6	1.5	0.5	+0.12～+0.18	+0.075
		>6～10	2.0	0.7	+0.15～+0.22	+0.090
		>10～18	3.0	1.0	+0.18～+0.27	+0.110
		>18～30	3.0	1.0	+0.21～+0.33	+0.130
		>30～50	3.0	1.0	+0.25～+0.39	+0.160
		>50～80	4.0	1.0	+0.30～+0.46	+0.190
		>80～120	4.0	1.0	+0.35～+0.54	+0.220

五、螺纹底孔尺寸确定

钻螺纹底孔的直径可按 GB/T 20330—2006 选取或按下面的经验公式计算：

脆性材料（铸铁、青铜等）：　　　　钻孔直径 $d_0 = d_{螺纹大径} - 1.1P$

韧性材料（钢、紫铜）：　　　　　　钻孔直径 $d_0 = d_{螺纹大径} - P$

　　　　　　　　　　　　　　　　钻孔深度 = 螺纹长度 + $0.7 d_{螺纹大径}$

式中　P——螺纹的螺距，单位为 mm。

攻螺纹前钻孔用麻花钻直径可参考表 2-29 选取。

表 2-29　攻螺纹前钻孔用麻花钻直径　　　　　　　　（单位：mm）

公称直径		攻螺纹前钻孔用麻花钻头直径									英制螺纹		管螺纹
		粗牙普通螺纹	细牙普通螺纹										
			螺 距										
mm	in		0.2	0.25	0.35	0.5	0.75	1.0	1.25	1.5	2	I	II
2.0		1.60		1.75									
3.0		2.50			2.65								
	1/8"	—			—								8.8
3.5		2.90			3.10								—

（续）

公称直径		攻螺纹前钻孔用麻花钻头直径											
		粗牙普通螺纹	细牙普通螺纹									英制螺纹		管螺纹
			螺距									I	II	
mm	in		0.2	0.25	0.35	0.5	0.75	1.0	1.25	1.5	2			
4.0		3.30				3.50								—
4.5		3.70				4.00								
	3/16"	—				—						3.7	3.7	—
5.0		4.20				4.50								
5.5						5.00								
6.0		5.00					5.20							—
	1/4"	—					—					5.1	5.1	11.7
7.0		6.00					6.20							
	5/16"	—										6.4	6.5	
8.0		6.80					7.20	7.00						
9.0		7.80					8.20	8.00						
	3/8"	—										7.8	7.9	15.2
10.0		8.50					9.20	9.00	8.80	—				
	7/16"	—						—	—	—		9.2	9.2	
12.0		10.20						11.00	10.80	10.50				
	1/2"	—						—	—	—		10.4	10.5	18.9
14.0		12.00						13.00	12.80	12.50				
	5/8"	—										13.3	13.5	20.8
16.0		14.00						15.00	—	14.50				
18.0		15.50						17.00	—	16.50	16.00			
	3/4"	—								—	—	16.3	16.4	24.3
20.0		17.50						19.00	—	18.50	18.00			
22.0		19.50						21.00	—	20.50	20.00			
	7/8"	—										19.1	19.3	28.1
24.0		21.00						23.00	—	22.50	22.00			
	1"	—						—	—	—	—	21.9	22	30.5

公称直径		攻螺纹前钻孔用麻花钻头直径											
		粗牙普通螺纹	细牙普通螺纹									英制螺纹		管螺纹
			螺距									I	II	
mm	in		0.5	0.75	1.0	1.25	1.5	2	3	4			
26.0		—			—	24.50	—						—
28.0		—			27.00	—	26.50	26.00					—
	1⅛"				—	—	—				24.6	24.7	35.2
30.0		26.50			29.00	—	28.50	28.00	27.00				—

注: 1. 本表所列麻花钻直径适用于一般生产条件下的钻孔。随生产条件的不同，可按实际需要，在麻花钻标准系列中选用相
近的尺寸。在螺纹孔小径公差范围内，尽可能选用较大尺寸的麻花钻，以减轻攻螺纹工序的载荷，提高丝锥耐用度。

2. "攻螺纹前钻孔英制螺纹"一栏中，I栏所示的直径，适用于攻螺纹时在螺纹的牙尖挤高不大的材料上钻孔；II栏
所示的直径适用于攻螺纹时在螺纹的牙尖挤高较大的材料上钻孔。

第四节　工序尺寸及其公差的确定

工序尺寸是工件在加工过程中各工序应保证的加工尺寸。因此，正确地确定工序尺寸及其公差，是制订工艺规程的一项重要工作。

工序尺寸的计算要根据零件图上的设计尺寸、已确定的各工序的加工余量及定位基准的转换关系来进行。工序尺寸公差则按各工序加工方法的经济精度选定。工序尺寸及其公差的确定有两种情况：一种是对于定位基准、工序基准与设计基准重合时的同一表面的多次加工，其工序尺寸的计算比较简单，只要根据零件图上的设计尺寸、各工序的加工余量、各工序所能达到的精度，由最后一道工序开始依次向前推算，直至毛坯为止，就可将各个工序的工序尺寸及其公差确定出来。另一种是定位基准、工序基准与设计基准不重合或零件在加工过程中需要多次转换工艺基准时，或工序尺寸尚需从继续加工的表面标注时，其工序尺寸的计算需在确定了工序余量之后，通过工艺尺寸链进行工序尺寸和公差的换算。

1. 定位基准、工序基准与设计基准重合时，工序尺寸与公差的确定

（1）确定各加工工序的加工余量　用查表法确定各工序的加工余量（参考表 2-1～表 2-29）。

（2）计算各加工工序基本尺寸　从终加工工序开始，即从设计尺寸开始，到第一道加工工序，逐次加上（对被包容面）或减去（对包容面）每道加工工序的基本余量，便可得到各工序基本尺寸（包括毛坯尺寸）。

（3）确定各工序尺寸公差　除终加工工序以外，根据各工序所采用的加工方法及其加工经济精度，确定各工序的工序尺寸公差（终加工工序的公差按设计要求确定）。

（4）填写工序尺寸　填写工序尺寸并按"入体原则"标注工序尺寸公差，必要时可作适当调整。

例 2-1　大批大量生产铸铁轴承座孔，其尺寸为 $\phi100^{+0.054}_{0}$ mm，表面粗糙度为 Ra 1.25μm，试确定其加工方案并求解有关工序尺寸及公差。

解：1）确定加工方案。轴承孔基本尺寸为 $\phi100$mm，公差为 0.054mm，查标准公差数值表 2-30 知其精度等级为 IT8。由表 1-10 知，该孔加工应选用粗镗—半精镗—精镗的加工方案进行。

表 2-30　标准公差数值（摘自 GB/T 1800.1—2009）

基本尺寸 mm		标准公差等级								
大于	至	IT5	IT6	IT7	IT8	IT9	IT10	IT11	IT12	IT13
		μm							mm	
—	3	4	6	10	14	25	40	60	0.1	0.14
3	6	5	8	12	18	30	48	75	0.12	0.18
6	10	6	9	15	22	36	58	90	0.15	0.22
10	18	8	11	18	27	43	70	110	0.18	0.27
18	30	9	13	21	33	52	84	130	0.21	0.33
30	50	11	16	25	39	62	100	160	0.25	0.39

（续）

基本尺寸 mm		标准公差等级								
		IT5	IT6	IT7	IT8	IT9	IT10	IT11	IT12	IT13
大于	至	μm							mm	
50	80	13	19	30	46	74	120	190	0.3	0.46
80	120	15	22	35	54	87	140	220	0.35	0.54
120	180	18	25	40	63	100	160	250	0.4	0.63
180	250	20	29	46	72	115	185	290	0.46	0.72
250	315	23	32	52	81	130	210	320	0.52	0.81
315	400	25	36	57	89	140	230	360	0.57	0.89

2）用查表法确定毛坯尺寸。对于大批大量生产，可采用砂型机器造型，查表 2-1 知毛坯尺寸公差等级为 10 级，由表 2-5 知底面、侧面的加工余量等级为 G 级，砂型铸造孔的加工余量等级需降低一级选用，则其加工余量等级为 H 级。再由表 2-4 查得，每侧的加工余量数值为 2mm，故毛坯孔的机械加工总余量 $Z_总$=4mm。

查表 2-3，毛坯孔的尺寸公差取 3.2 mm，故得毛坯孔尺寸为 $\phi96\pm1.6$ mm。

3）确定各工序尺寸的基本尺寸。精镗后工序基本尺寸 $d_3 = d = \phi100$mm（设计尺寸）。查表 2-22，其他各工序基本尺寸分别为：

半精镗　　$d_2 = \phi99.3$mm；

粗镗　　　$d_1 = \phi98$mm。

各工序加工余量分别为：

精镗余量　　$Z_精 = (100 - 99.3)$mm = 0.7mm；

半精镗余量　$Z_半精 = (99.3 - 98)$mm = 1.3mm；

粗镗余量　　$Z_粗 = (4 - 1.3 - 0.7)$mm = 2mm。

4）确定各工序尺寸的公差及其偏差。工序尺寸的公差按加工经济精度确定。

查表 1-10 和表 2-30：精镗工序公差取为 IT8，公差值为 0.054mm；半精镗工序公差取为 IT9，公差值为 0.087mm；粗镗工序公差取为 IT11，公差值为 0.22mm。

工序尺寸偏差按"入体原则"标注，求得各工序尺寸分别为：

精镗：$d_3 = \phi100^{+0.054}_{0}$ mm　半精镗：$d_2 = \phi99.3^{+0.087}_{0}$ mm　粗镗：$d_1 = \phi98^{+0.22}_{0}$ mm

2. 工序基准与设计基准不重合时，工序尺寸及公差的确定

当工序基准与设计基准不重合或零件在加工过程中多次转换工序基准、工序数目多、工序之间的关系较为复杂时，可采用工艺尺寸链的综合图解跟踪法来确定工序尺寸及公差。

第三章　金属切削刀具和量具的选择

第一节　常用金属切削刀具

金属切削刀具种类可以按照加工方法分类。常用的刀具有钻头、铰刀、丝锥、铣刀、车刀、齿轮刀具和砂轮等。在单件、成批生产中，一般应尽量选用标准刀具；在大批大量生产和加工特殊形状零件时，一般采用高效专用刀具、组合刀具和特殊刀具。本书结合机械类专业课程设计的特点，仅对钻头、铰刀、丝锥和铣刀等刀具进行介绍，供设计时参考。

一、钻头

1．麻花钻

麻花钻是孔加工刀具中应用最广泛的刀具，特别适用于 ϕ30mm 以下孔的粗加工，有时也可用于扩孔。根据制造材料可将其分为高速钢麻花钻和硬质合金麻花钻。表 3-1 列出了几种不同结构形式麻花钻的应用范围。

表 3-1　不同结构形式麻花钻的应用范围

类　型	用　途
直柄短麻花钻	适于自动机床、六角车床或手动工具上钻浅孔或打中心孔
直柄麻花钻	适于各种机床上用钻模或不用钻模钻孔
锥柄麻花钻	适于各种机床上用钻模或不用钻模钻孔

（1）直柄短麻花钻　直柄短麻花钻的标准见表 3-2。

表 3-2　直柄短麻花钻（摘自 GB/T 6135.2—2008）

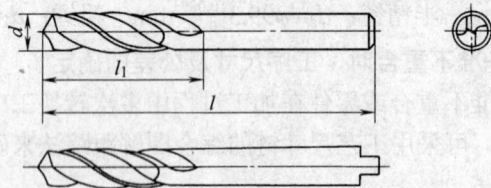

标记示例:
a. 钻头直径 d=15.00 mm 的右旋直柄短麻花钻：直柄短麻花钻 15　GB/T 6135.2—2008
b. 钻头直径 d=15.00 mm 的左旋直柄短麻花钻：直柄短麻花钻 15-L　GB/T 6135.2—2008

（单位：mm）

d(h8)	l	l_1	d(h8)	l	l_1	d(h8)	l	l_1
1.00	26	6	5.50	66	28	12.00	102	51
2.00	38	12	6.00			13.50	107	54
3.00	46	16	7.00	74	34	16.00	115	58

46

（续）

d(h8)	l	l₁	d(h8)	l	l₁	d(h8)	l	l₁
3.50	52	20	8.00	79	37	17.00	119	60
4.00	55	22	9.00	84	40	18.00	123	62
4.50	58	24	10.00	89	43	19.00	127	64
5.00	62	26	11.00	95	47	20.00	131	66

（2）直柄麻花钻　直柄麻花钻的标准见表 3-3。

表 3-3　直柄麻花钻（摘自 GB/T 6135.3—2008）

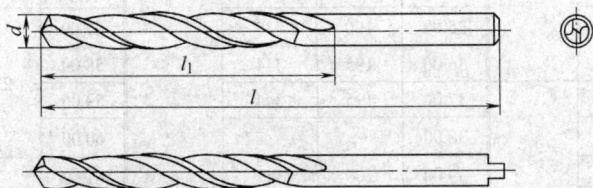

标记示例：
a. 钻头直径 d=10.00mm 的右旋直柄麻花钻：直柄麻花钻 10　GB/T 6135.2—2008
b. 钻头直径 d=10.00mm 的左旋直柄麻花钻：直柄麻花钻 10-L　GB/T 6135.2—2008

（单位：mm）

d(h8)	l	l₁	d(h8)	l	l₁	d(h8)	l	l₁
0.50	22	6	5.00	86	52	12.00	151	101
0.80	30	10	6.00	93	57	13.00		
1.00	34	12	7.00	109	69	14.00	160	108
1.50	40	18	8.00	117	75	15.00	169	114
2.00	49	24	9.00	125	81	16.00	178	120
3.00	61	33	10.00	133	87	17.00	184	125
4.00	75	43	11.00	142	94	18.00	191	130

（3）莫氏锥柄麻花钻　莫氏锥柄麻花钻的标准见表 3-4。

表 3-4　莫氏锥柄麻花钻（摘自 GB/T 1438.1—2008）

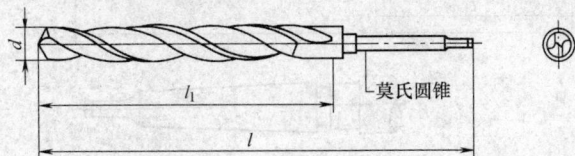

标记示例：
a. 钻头直径 d=10mm，标准柄的右旋莫氏锥柄麻花钻为：莫氏锥柄麻花钻 10　GB/T 1438.1—2008
b. 钻头直径 d=10mm，标准柄的左旋莫氏锥柄麻花钻为：莫氏锥柄麻花钻 10-L　GB/T 1438.1—2008

（单位：mm）

d	l₁	标准柄		d	l₁	标准柄		d	l₁	标准柄	
		l	莫氏锥柄号			l	莫氏锥柄号			l	莫氏锥柄号
4.00	43	124	1	26.00	165	286	3	48.00	220	369	4
5.00	52	133		27.00	170	291		49.00			

（续）

d	l_1	标准柄 l	莫氏锥柄号	d	l_1	标准柄 l	莫氏锥柄号	d	l_1	标准柄 l	莫氏锥柄号
6.00	57	138		28.00	170	291		50.00	220	369	4
7.00	69	150		29.00	175	296		51.00			
8.00	75	156		30.00				52.00	225	412	
9.00	81	162		31.00	180	301	3	53.00			
10.00	87	168	1	32.00	185	334		54.00			
11.00	94	175		33.00	185	334		55.00	230	417	
12.00	101	182		34.00	190	339		56.00			
13.00	101	182		35.00	190	339		57.00			
14.00	108	189		36.00	195	344		58.00	235	422	
15.00	114	212		37.00	195	344		59.00			
16.00	120	218		38.00				60.00			
17.00	125	223		39.00	200	349		61.00			5
18.00	130	228		40.00	200	349	4	62.00	240	427	
19.00	135	233	2	41.00	205	354		63.00			
20.00	140	238		42.00	205	354		64.00			
21.00	145	243		43.00	210	359		65.00			
22.00	150	248		44.00	210	359		66.00	245	432	
23.00	155	253		45.00				67.00			
24.00	160	281	3	46.00	215	364		68.00			
25.00	160	281		47.00	215	364		69.00	250	437	

注：d—麻花钻直径；l—总长；l_1—沟槽长度。

（4）硬质合金锥柄麻花钻　硬质合金锥柄麻花钻的标准见表 3-5。

表 3-5　硬质合金锥柄麻花钻（摘自 GB/T 10946—1989）

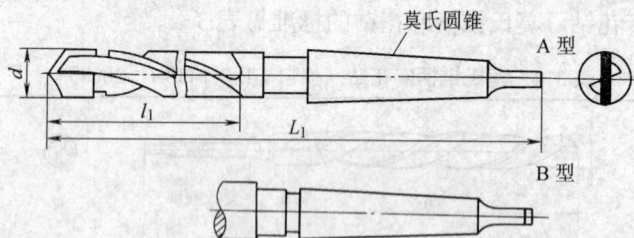

标记示例：

直径 d=20mm，镶有 K30 硬质合金刀片的麻花钻为：硬质合金锥柄麻花钻 20K30 GB/T 10946—1989

（单位：mm）

d	L_1 短型/长型	莫氏锥柄号	型式	d	L_1 短型/长型	莫氏锥柄号	型式	d	L_1 短型/长型	莫氏锥柄号	型式
10.00	140			17.50	190			24.00	235		A
10.50	168	1	A	18.00	228	2	A	24.50	281	3	A 或 B

（续）

d	L_1 短型 长型	莫氏锥柄号	型式	d	L_1 短型 长型	莫氏锥柄号	型式	d	L_1 短型 长型	莫氏锥柄号	型式
11.00	145	1		18.50	195		A 或 B	25.00	235 281		A 或 B
11.50	175			19.00	256			25.50	235	3	
12.00	170			19.50	220			26.00	286		
12.50	199			20.00	261			26.50			
13.00	199			20.50	225			27.00	240 291		B
13.50	170			21.00	266			27.50	270		
14.00	206		A	21.50	230	3	A	28.00	319		
14.50	175	2		22.00	271			28.50	275	4	A
15.00	212			22.50	230			29.00			
15.50	180			23.00	276			29.50	324		
16.00	218			23.50				30.00			
16.50	185										
17.00	223										

（5）攻螺纹前钻孔用阶梯麻花钻　攻螺纹前钻孔用阶梯麻花钻的标准见表 3-6。

表 3-6　莫氏锥柄阶梯麻花钻（摘自 GB/T 6138.2—2007）

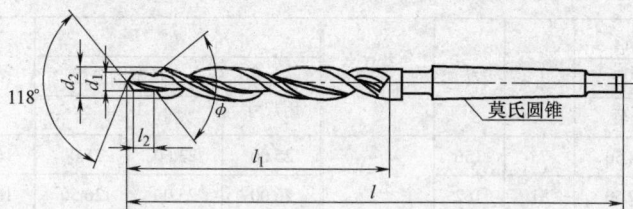

标记示例：

a. 钻孔部分直径 d_1=14.0mm，钻孔部分长度 l_2=38.5mm，右旋攻螺纹前钻孔用莫氏锥柄阶梯麻花钻：锥柄阶梯麻花钻 14×38.5 GB/T 6138.2—2007

b. 钻孔部分直径 d_1=14.0mm，钻孔部分长度 l_2=38.5mm，左旋攻螺纹前钻孔用莫氏锥柄阶梯麻花钻：锥柄阶梯麻花钻 14×38.5-L GB/T 6138.2—2007

（单位：mm）

d_1[①]	d_2[①]	l	l_1	l_2	ϕ	莫氏锥柄号	适用的螺纹孔
7.0	9.0	162	81	21.0		1	M8×1
8.8	11.0	175	94	25.5			M10×1.25
10.5	14.0	189	108	30.0			M12×1.5
12.5	16.0	218	120	34.5	90°（120°）（180°）		M14×1.5
14.5	18.0	228	130	38.5		2	M16×1.5
16.0	20.0	238	140	43.5			M18×2
18.0	22.0	248	150	47.5			M20×2
20.0	24.0	281	160	51.5		3	M22×2

（续）

$d_1$①	$d_2$①	l	l_1	l_2	ϕ	莫氏锥柄号	适用的螺纹孔
22.0	26.0	286	165	56.5	90°（120°）（180°）	3	M24×2
25.0	30.0	296	175	62.5			M27×2
28.0	33 .0	334	185	70.0		4	M30×2

注：根据用户需要选择括号内的角度。

① 阶梯麻花钻钻孔部分直径 d_1 的公差为：普通级 h9，精密级 h8；锪孔部分直径 d_2 的公差为：普通级 h9，精密级 h8。

2．扩孔钻

扩孔钻通常用作铰孔或磨孔前的预加工及毛坯孔的扩孔加工。与麻花钻相比，刀体强度及刚性都比较好，齿数多，切削平稳，因此扩孔的效率和精度均比麻花钻高，一般其加工精度可达 IT10～IT11，加工表面粗糙度 Ra 为 6.3～3.2μm。

扩孔钻常见的结构形式有高速钢整体式、镶齿套式和镶硬质合金可转位式等。

（1）锥柄扩孔钻 锥柄扩孔钻的标准见表 3-7。

表 3-7 锥柄扩孔钻（摘自 GB/T 4256—2004）

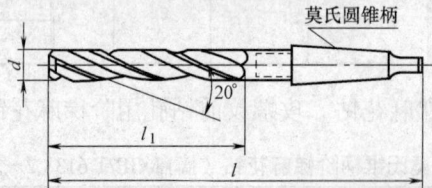

（单位：mm）

优先采用尺寸	直径范围分段		l_1	l	莫氏锥柄号	优先采用尺寸	直径范围分段		l_1	l	莫氏锥柄号
	大于	至					大于	至			
8.00	7.50	8.50	75	156	1	25.00	23.60	25.00	160	281	3
9.00	8.50	9.50	81	162		26.00	25.00	26.50	165	286	
9.80	9.50	10.60	87	168		27.70	26.50	28.00	170	291	
10.00						28.00					
10.75	10.60	11.80	94	175		29.70	28.00	30.00	175	296	
11.00						30.00					
12.00	11.80	13.20	101	182		—	30.00	31.50	180	301	
13.00						31.60	31.50	31.75	185	306	
14.00	13.20	14.00	108	189		32.00	31.75	33.50	185	334	4
15.00	14.00	15.00	114	212		34.00	33.50	35.50	190	339	
15.75	15.00	16.00	120	218		35.00					
16.00						36.00	35.50	37.50	195	344	
17.00	16.00	17.00	125	223	2	38.00	37.50	40.00	200	349	
18.00	17.00	18.00	130	228		40.00					
19.00	18.00	19.00	135	233		42.00	40.00	42.50	205	354	
20.00	19.00	20.00	140	238		44.00	42.50	45.00	210	359	

（续）

优先采用尺寸	d 大于	d 至	l_1	l	莫氏锥柄号	优先采用尺寸	d 大于	d 至	l_1	l	莫氏锥柄号
21.00	20.00	21.20	145	243		45.00	42.50	45.00	210	359	
22.00	21.20	22.40	150	248	2	46.00	45.00	47.50	215	364	
23.00	22.40	23.02	155	253		47.60					
23.70	23.02	23.60	155	276		48.00	47.50	50.00	220	369	4
24.00	23.60	25.00	160	281	3	49.60					
24.70						50.00					

（2）直柄扩孔钻　直柄扩孔钻的标准见表3-8。

表3-8　直柄扩孔钻（摘自 GB/T 4256—2004）

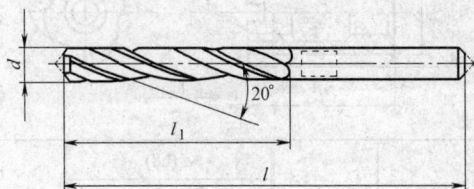

（单位：mm）

优先采用尺寸	d(h8) 大于	d(h8) 至	相应长度 l_1	相应长度 l	优先采用尺寸	d(h8) 大于	d(h8) 至	相应长度 l_1	相应长度 l
3.00	—	3.00	33	61	9.80	9.50	10.60	87	133
					10.00				
3.30	3.00	3.35	36	65	10.75	10.60	11.80	94	142
					11.00				
					11.75				
3.50	3.35	3.75	39	70	12.00	11.80	13.20	101	151
					12.75				
					13.00				
3.80	3.75	4.25	43	75	13.75	13.20	14.00	108	160
4.00					14.00				
4.30	4.25	4.75	47	80	14.75	14.00	15.00	114	169
4.50					15.00				
4.80	4.75	5.30	52	86	15.75	15.00	16.00	120	178
5.00					16.00				
5.80	5.30	6.00	57	93	16.75	16.00	17.00	125	184
6.00					17.00				
—	6.00	6.70	63	101	17.75	17.00	18.00	130	191
					18.00				
6.80	6.70	7.50	69	109	18.70	18.00	19.00	135	198
7.00					19.00				

（续）

d(h8) 优先采用尺寸	直径范围分段 大于	至	l_1	l	d(h8) 优先采用尺寸	直径范围分段 大于	至	l_1	l
7.80 8.00	7.50	8.50	75	117	19.70	19.00	20.00	140	205
8.80 9.00	8.50	9.50	81	125					

（3）套式扩孔钻　套式扩孔钻的标准见表3-9。

表3-9　套式扩孔钻（摘自 GB/T 1142—2004）

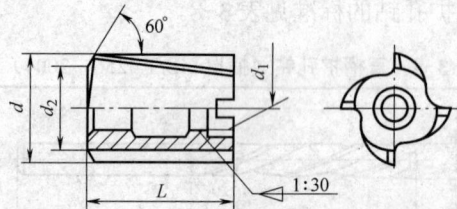

（单位：mm）

d(h8) 推荐值	直径范围 大于	至	L	d_1	d_2	d(h8) 推荐值	直径范围 大于	至	L	d_1	d_2
25						46					
26						47					
27						48	45	53	56	19	$d-8$
28						50					
29						52					
30	23.6	35.5	45	13	$d-5$	55					
31						58	53	63	63	22	$d-9$
32						60					
33						62					
34						65					
35						70	63	75	71	27	$d-11$
36						72					
37						75					
38						80					
39	35.5	45.0	50	16	$d-6$	85	75	90	80	32	$d-13$
40						90					
42						95					
44						100	90	101.6	90	40	$d-15$
45											

3．锪钻

锪钻形式：①平面锪钻，用于锪沉孔或锪平面（见图 3-1a、b）；②外锥面锪钻，用于孔口倒角或去毛刺（见图 3-1c）；③内锥面锪钻，用于倒螺栓外角。前一种形式的锪钻有高速钢和焊接硬质合金刀片两种类型，后两种锪钻一般均采用高速钢制造。

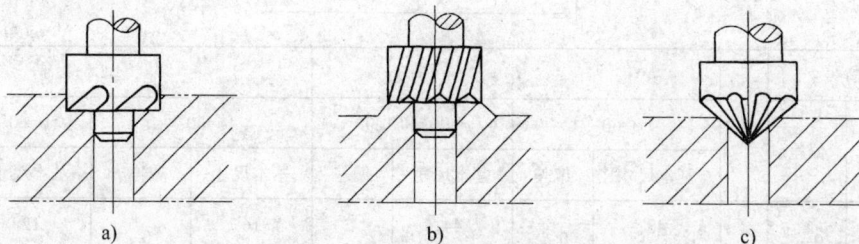

图 3-1　锪钻加工示意图

a) 沉头孔　b) 端面　c) 倒角

（1）锥柄锥面锪钻　60°、90°、120°锥柄锥面锪钻的标准见表 3-10。

表 3-10　60°、90°、120°锥柄锥面锪钻（摘自 GB/T 1143—2004/ISO 3293:1975）

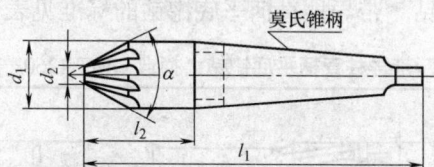

$\alpha = 60°$、90°或120°（偏差：$^{\ 0}_{-1°}$）

（单位：mm）

公称尺寸 d_1	小端直径 d_2[①]	总长 l_1		钻体长 l_2		莫氏锥柄号
		$\alpha = 60°$	$\alpha = 90°$ 或 120°	$\alpha = 60°$	$\alpha = 90°$ 或 120°	
16	3.2	97	93	24	20	1
20	4	120	116	28	24	
25	7	125	121	33	29	2
31.5	9	132	124	40	32	
40	12.5	160	150	45	35	
50	16	165	153	50	38	3
63	20	200	185	58	43	
80	25	215	196	73	54	4

① 前端部结构不做规定。

（2）60°、90°、120°直柄锥面锪钻　60°、90°、120°直柄锥面锪钻的标准见表 3-11。

表 3-11　60°、90°、120°直柄锥面锪钻（摘自 GB/T 4258—2004/ISO 3294:1975）

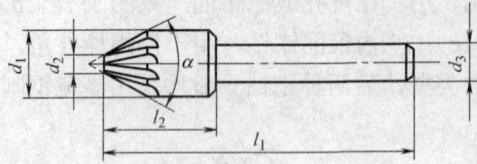

（单位：mm）

d(h12)		d_1	l_1				l_2			
			$\varphi=60°$		$\varphi=90°$ 和 120°		$\varphi=60°$		$\varphi=60°$ 和 120°	
基本尺寸	偏差		基本尺寸	偏差	基本尺寸	偏差	基本尺寸	偏差	基本尺寸	偏差
8	0 −0.15	8	48	0 −0.16	44	0 −1.6	16	0 −1.1	12	0 −1.1
10			50		46		18		14	
12.5	0 −0.18	10	52	0 −1.9	48	0 −1.9	20	0 −1.3	16	0 −1.3
16			60		56		24		20	
20	0 −0.21		64		60		28		24	
25			69		65		33	0 −1.6	29	

（3）带导柱直柄平底锪钻　带导柱直柄平底锪钻的标准见表 3-12。

表 3-12　带导柱直柄平底锪钻（摘自 GB/T 4260—2004）

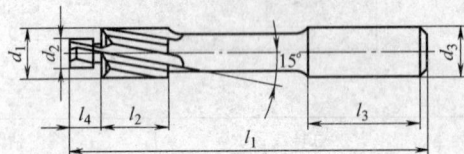

标记示例：
直径 d_1 = 10mm，导柱直径 d_2 = 5.5mm 的带整体导柱的直柄平底锪钻：
直柄平底锪钻 10×5.5　GB/T 4260—2004

（单位：mm）

切削直径 d_1 (z9)	导柱直径 d_2 (e8)	柄部直径 d_3 (h9)	总长 l_1	刃长 l_2	柄长 l_3 ≈	导柱长 l_4
2≤d_1≤3.15	按引导孔直径配套要求规定（最小直径为：d_2=d_1/3）	= d_1	45	7	—	≈d_2
3.15<d_1≤5			56	10		
5<d_1≤8			71	14	31.5	
8<d_1≤10			80	18	35.5	
10<d_1≤12.5		10				
12.5<d_1≤20		12.5	100	22	40	

　　下表给出了常用的直柄平底锪钻的切削直径、导柱直径和适用的螺钉或螺栓规格。这些尺寸的锪钻适用于加工 GB/T 152.3—1988《紧固件　圆柱头用沉孔》、GB/T 152.4—1988《紧固件　六角头螺栓和六角头螺母用沉孔》的沉头座。

（单位：mm）

切削直径 d_1	导柱直径 d_2	适用的螺钉或螺栓规格	切削直径 d_1	导柱直径 d_2	适用的螺钉或螺栓规格
3.3	1.8	M1.6	10	4.5	M4
4.3	2.4	M2		5.5	M5
5	1.8	M1.6	11	5.5	M5
	2.9	M2.5		6.6	M6
6	2.4	M2	13	6.6	M6
	3.4	M3	15	9	M8
8	2.9	M2.5	18	9	M8
	4.5	M4		11	M10
9	3.4	M3	20	13.5	M12

4．中心钻

中心钻用于加工轴类工件的中心孔。钻孔前，先打中心孔，有利于钻头的导向，可防止孔的偏斜。表 3-13 为不带护锥的 A 型中心钻的基本尺寸和极限偏差。

表 3-13　中心钻（摘自 GB/T 6078.1—1998）

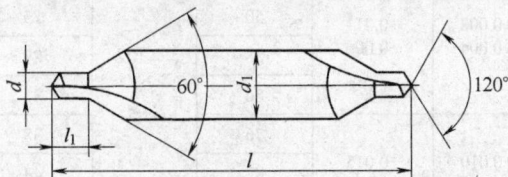

标记示例：

直径 d=2.5mm，d_1=6.3mm 的直槽 A 型中心钻：中心钻 A2.5/6.3　GB/T 6078.1—1998

（单位：mm）

d (k12)	d_1 (h9)	l 基本尺寸	l 极限偏差	l_1 基本尺寸	l_1 极限偏差
1.00	3.15	31.5		1.3	+0.6 0
1.60	4.0	35.5		2.0	+0.8 0
2.00	5.0	40.0	±2	2.5	
2.50	6.3	45.0		3.1	+1.0 0
3.15	8.0	50.0		3.9	
4.00	10.0	56.0		5.0	+1.2 0
6.30	16.0	71.0	±3	8.0	
10.00	25.0	100.0		12.8	+1.4 0

二、铰刀

铰刀用于孔的精加工与半精加工，是目前常用的精加工孔刀具。由于加工余量小，齿数多，又有较长的修光刃等原因，因此加工精度及表面质量都很高，精度可达 IT6～IT11，表面粗糙度 Ra 可达 1.6～0.2μm。

　　铰刀一般分为手用铰刀及机用铰刀两种。手用铰刀又分为整体式和可调整式；机用铰刀可分为直柄的、锥柄的和套式的三种。铰刀不仅可用来加工柱形孔，也可用来加工锥形孔，加工锥形孔的铰刀，称为锥度铰刀。

1. 手用铰刀

　　手用铰刀的标准见表 3-14。

表 3-14　手用铰刀（摘自 GB/T 1131.1—2004）

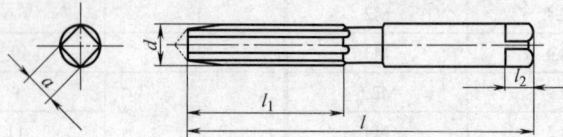

标记示例：
直径 d=10mm，公差为 m6 的手用铰刀：手用铰刀 10　GB/T 1131.1—2004
直径 d=10mm，加工 H8 级精度孔的手用铰刀：手用铰刀 10　H8　GB/T 1131.1—2004

（单位：mm）

推荐值	d			l		l_1		a	l_2
	直径分段	铰刀直径公差		基本尺寸	公差	基本尺寸	公差		
		H7	H8						
1.8	>1.70～1.90			47		23		1.40	
2.0	>1.90～2.12	+0.008 +0.004	+0.011 +0.006	50		25	±1	1.60	4
2.5	>2.36～2.65			58		29		2.00	
3.0	>3.00～3.35			66	±1.5	33		2.24	5
4.0	>3.75～4.25			76		38		3.15	6
5.0	>4.75～5.30	+0.010 +0.005	+0.015 +0.008	87		44		4.00	7
6.0	>6.00～6.70			100		50		4.50	
8.0	>7.50～8.50			115		58		6.30	9
9.0	>8.50～9.50	+0.012 +0.006	+0.018 +0.010	124		62		7.10	10
10.0	>9.50～10.6			133		66		8.00	11
11.0	>10.60～11.80			142		71	±2	9.00	12
12.0	>11.80～13.20			152		76		10.00	13
14.0	>13.20～15.00	+0.015 +0.008	+0.022 +0.012	163		81		11.20	14
16.0	>15.00～17.00			175		87		12.50	16
18.0	>17.00～19.00			188	±2	93		14.00	18
20.0	>19.00～21.20			201		100		16.00	20
22.0	>21.20～23.60	+0.017 +0.009	+0.028 +0.016	215		107		18.00	22
25.0	>23.60～26.50			231		115		20.00	24
28.0	>26.50～30.00			247		124		22.40	26
32.0	>30.00～33.50			265		133		25.00	28
36.0	>33.50～37.50			284		142		28.00	31
40.0	>37.50～42.50	+0.021 +0.012	+0.033 +0.019	305		152	±3	31.50	34
45.0	>42.50～47.50			326	±3	163		35.50	38
50.0	>47.50～53.00			347		174		40.00	42

2．机用铰刀

（1）直柄机用铰刀　直柄机用铰刀的标准见表 3-15。

表 3-15　直柄机用铰刀（摘自 GB/T 1132—2004）

直径d小于或等于3.75mm

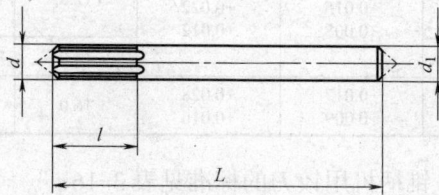

直径d大于3.75mm

缩柄部分的直径是任选的

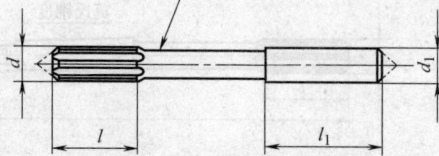

标记示例：
直径 $d=10$mm，公差为 m6 的直柄机用铰刀为：直柄机用铰刀 10　GB/T 1132—2004
直径 $d=10$mm，加工 H8 级精度孔的直柄机用铰刀为：直柄机用铰刀 10　H8　GB/T 1132—2004

（单位：mm）

d				d_1 (h9)	L	l	l_1
优先采用尺寸	直径范围	铰刀直径公差					
		H7	H8				
1.8	>1.70～1.90			1.8	46	10	
2.0	>1.90～2.12			2.0	49	11	
2.2	>2.12～2.36	+0.008 +0.004	+0.011 +0.006	2.2	53	12	
2.5	>2.36～2.65			2.5	57	14	—
3.0	>2.65～3.00			3.0	61	15	
3.2	>3.00～3.35			3.2	65	16	
3.5	>3.35～3.75			3.5	70	18	
4.0	>3.75～4.25			4.0	75	19	32
4.5	>4.25～4.75	+0.010 +0.005	+0.015 +0.008	4.5	80	21	33
5.0	>4.75～5.30			5.0	86	23	34
5.5	>5.30～6.00			5.6	93	26	36
6.0							
7.0	>6.70～7.50			7.1	109	31	40
8.0	>7.50～8.50	+0.012 +0.006	+0.018 +0.010	8.0	117	33	42
9.0	>8.50～9.50			9.0	125	36	44
10.0	>9.50～10.6				133	38	
11.0	>10.6～11.8	+0.015 +0.008	+0.022 +0.012	10.0	142	41	46
12.0	>11.8～13.2				151	44	

（续）

d				d_1 (h9)	L	l	l_1
优先采用尺寸	直径范围	铰刀直径公差					
		H7	H8				
14.0	>13.2~14.00	+0.015 +0.008	+0.022 +0.012	12.5	160	47	50
16.0	>15.00~16.00				170	52	
18.0	>17.00~18.00			14.0	182	56	52
20.0	>19.00~20.00	+0.017 +0.009	+0.028 +0.016	16.0	195	60	58

（2）锥柄机用铰刀　锥柄机用铰刀的标准见表 3-16。

表 3-16　锥柄机用铰刀（摘自 GB/T 1132—2004）

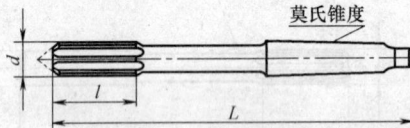

标记示例：

直径 d=10mm，公差为 m6 的莫氏锥柄机用铰刀为：莫氏锥柄机用铰刀 10　GB/T 1132—2004

直径 d=10mm，加工 H8 级精度孔的莫氏锥柄机用铰刀为：莫氏锥柄机用铰刀 10　H8　GB/T 1132—2004

（单位：mm）

d				L		l		莫氏锥柄号
优先采用尺寸	直径范围	铰刀直径公差		基本尺寸	偏差	基本尺寸	偏差	
		H7	H8					
5.5	>5.30~6.00	+0.010 +0.005	+0.015 +0.008	138		26	±1	
6								
7	>6.70~7.50	+0.012 +0.006	+0.018 +0.010	150		31		1
8	>7.50~8.50			156		33		
9	>8.50~9.50			162		36		
10	>9.50~10.60			168		38		
11	>10.60~11.80			175		41		
12	>11.80~13.20			182	±2	44		
14	>13.20~14.00	+0.015 +0.008	+0.022 +0.012	189		47		
16	>15.00~16.00			210		52		
18	>17.00~18.00			219		56	±1.5	2
20	>19.00~20.00			228		60		
22	>21.20~22.40	+0.017 +0.009	+0.028 +0.016	237		64		
25	>23.60~25.00			268		68		3
28	>26.50~28.00			277		71		
32	>31.75~33.50			317		77		
36	>35.50~37.50	+0.021 +0.012	+0.033 +0.019	325	±3	79		4
40	>37.50~40.00			329		81		
50	>47.50~50.00			344		86		

（3）高速钢整体套式机用铰刀　套式机用铰刀的标准见表 3-17。

表 3-17　套式机用铰刀（摘自 GB/T 1135—2004）

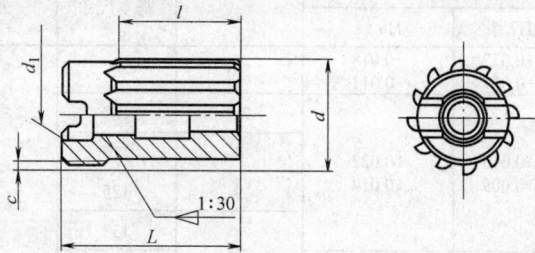

（单位：mm）

直径范围 d				d_1	l	L	c
推荐值	直径范围	铰刀直径公差					
		H7	H8				
20	>19.9~23.6	+0.017 +0.009	+0.028 +0.016	10	28	40	1.0
22							
25	>23.6~30.0			13	32	45	
28							
32	>30.0~35.5	+0.021 +0.012	+0.033 +0.019	16	36	50	1.5
36	>35.5~42.5			19	40	56	
40							
45	>42.5~50.8			22	45	63	
50							
56	>50.8~60.0			27	50	71	2.0
63	>60.0~71.0	+0.025 +0.014	+0.039 +0.022	32	56	80	
71							
80	>71.0~80.0			40	63	90	
90	>85.0~101.6	+0.029 +0.016	+0.045 +0.026	50	71	100	2.5
100							

（4）硬质合金直柄机用铰刀　硬质合金直柄机用铰刀的标准见表 3-18。

表 3-18　硬质合金直柄机用铰刀（摘自 GB/T 4251—2008）

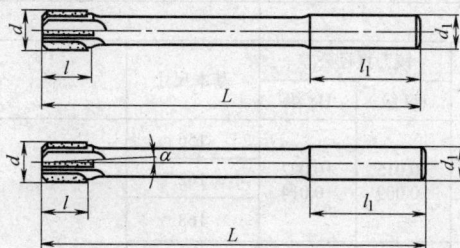

α 根据使用情况设计时确定

标记示例：
直径 d = 20mm，加工 H7 级精度孔，焊有用途分类代号为 P20 硬质合金刀片的直柄机用铰刀为：硬质合金直柄机用铰刀 20 H7-P20 GB/T 4251—2008

（单位：mm）

（续）

d				d_1(h9)	L		l	l_1
优先采用尺寸	直径范围	铰刀直径公差			基本尺寸	公差		
		H7 级	H8 级					
6	>5.3~6	+0.012 +0.007	+0.018 +0.011	5.6	93	±1.5	17	36
7	>6.7~7.5			7.1	109			40
8	>7.5~8.5	+0.015 +0.009	+0.022 +0.014	8	117			42
9	>8.5~9.5			9	125			44
10	>9.5~10.6				133			
11	>10.6~11.8			10	142			46
12	>11.8~13.2	+0.018 +0.011	+0.027 +0.017		151	±2.0	20	
14	>13.2~14			12.5	160			50
16	>15~16				170			
18	>17~18			14	182		25	52
20	>19~20	+0.021 +0.013	+0.033 +0.021	16	195			58

（5）硬质合金锥柄机用铰刀　硬质合金锥柄机用铰刀的标准见表 3-19。

表 3-19　硬质合金锥柄机用铰刀（摘自 GB/T 4251—2008）

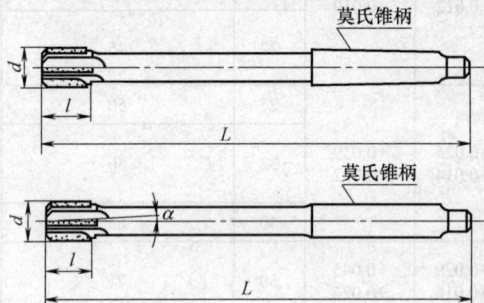

α根据使用情况设计时确定

标记示例：

直径 d = 20mm，加工 H7 级精度孔，焊有用途分类代号为 P20 硬质合金刀片的莫氏锥柄机用铰刀为：

硬质合金莫氏锥柄机用铰刀 20 H7-P20　GB/T 4251—2008

（单位：mm）

d				L		l	莫氏锥柄号
优先采用尺寸	直径范围	铰刀直径公差		基本尺寸	公差		
		H7 级	H8 级				
8	>7.5~8.5	+0.015 +0.009	+0.022 +0.014	156		17	1
9	>8.5~9.5			162			
10	>9.5~10.0			168	±2.0		
11	>10.6~11.8	+0.018 +0.011	+0.027 +0.017	175			
12	>11.8~13.2			182		20	
14	>13.2~14			189			
16	>15~16			210		25	2

（续）

d				L		l	莫氏锥柄号
优先采用尺寸	直径范围	铰刀直径公差		基本尺寸	公差		
		H7 级	H8 级				
18	>17～18	+0.018 +0.011	+0.027 +0.017	219		25	
20	>19～20			228			
21	>20～21.2			232			2
22	>21.2～22.4	+0.021 +0.013	+0.033 +0.021	237	±2.0	28	
23	>22.4～23.02			241			
25	>23.6～25.0			268			3
28	>26.5～28			277			
32	>31.5～33.5			317		32	
36	>35.5～37.5	+0.025 +0.016	+0.039 +0.025	325	±3.0		4
40	>37.5～40			329			

三、丝锥

丝锥是加工各种中、小尺寸内螺纹的刀具，它结构简单，使用方便，既可手工操作，也可以在机床上工作，丝锥在生产中应用十分广泛。对于小尺寸的内螺纹来说，丝锥几乎是唯一的加工工具。按其功用来分类，有手用丝锥、机用丝锥、锥形螺纹丝锥、梯形螺纹丝锥等。

手用丝锥是用手操作切削内螺纹的标准刀具，常用于单件、小批生产或修配工作；机用丝锥是用在机床上加工内螺纹的刀具。粗柄机用和手用丝锥以及细柄机用和手用丝锥的标准见表 3-20 和表 3-21。

表 3-20 粗柄机用和手用丝锥（摘自 GB/T 3464.1—2007）

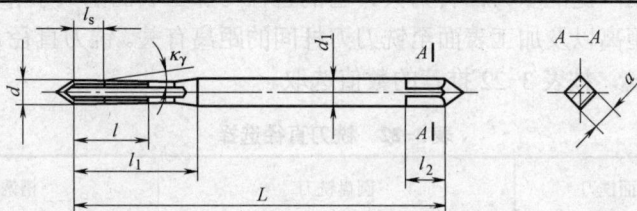

（单位：mm）

代号	公称直径 d	螺距 P	d_1	l	L	l_1	方头	
							a	l_2
M1	1							
M1.1	1.1	0.25		5.5	38.5	10		
M1.2	1.2		2.5				2	4
M1.4	1.4	0.3		7	40	12		
M1.6	1.6	0.35				13		
M1.8	1.8			8	41			
M2	2	0.4				13.5		
M2.2	2.2	0.45	2.8	9.5	44.5	15.5	2.24	5
M2.5	2.5							

表 3-21 细柄机用和手用丝锥（摘自 GB/T 3464.1—2007）

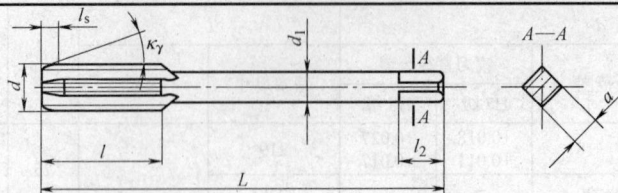

（单位：mm）

代号	公称直径 d	螺距 P	d_1	l	L	方头	
						a	l_2
M3	3.0	0.50	2.24	11.0	48	1.80	4
M3.5	3.5	(0.60)	2.50	13.0	50	2.00	
M4	4.0	0.70	3.15		53	2.50	5
M5	5.0	0.80	4.00	16.0	58	3.15	6
M6	6.0	1.00	4.5	19.0	66	3.55	
M8	8.0	1.25	6.30	22.0	72	5.00	8
M10	10.0	1.50	8.00	24.0	80	6.30	9
M12	12.0	1.75	9.00	29.0	89	7.10	10
M16	16.0	2.00	12.50	32.0	102	10.00	13
M20	20.0	2.50	14.00	37.0	112	11.20	14
M24	24.0	3.00	18.00	45.0	130	14.00	18

四、铣刀

铣刀是一种应用广泛的多刃回转刀具，它的直径与加工表面的大小和分布位置、加工表面至夹具夹紧件间距离以及加工表面至铣刀刀杆间的距离有关。铣刀直径 d_0 可根据铣削背吃刀量 a_p、铣削宽度 a_e，按表 3-22 推荐的数值选取。

表 3-22 铣刀直径选择 （单位：mm）

铣刀名称	硬质合金面铣刀			圆盘铣刀				槽铣刀及切断刀			
a_p	≤4	~5	~6	≤8	~12	~20	~40	≤5	~10	~12	~25
a_e	≤60	~90	~120	~20	~25	~35	~50	≤4	≤4	~5	~10
铣刀直径	~80	100~125	160~200	~80	80~100	100~160	160~200	~63	63~80	80~100	100~125

注：如铣削背吃刀量 a_p 和铣削宽度 a_e 不能同时满足表中数值时，面铣刀应主要根据 a_e 来选择铣刀直径。

铣刀的种类很多，按用途分有：① 加工平面用的，如圆柱平面铣刀、面铣刀等；② 加工沟槽用的，如立铣刀、两面刃或三面刃铣刀、锯片铣刀、角度铣刀等；③ 加工成形表面用的，如凸半圆铣刀、凹半圆铣刀和加工其他复杂成形表面用的铣刀。

1．立铣刀

立铣刀主要用于加工平面、台阶、槽和相互垂直的平面，利用锥柄或直柄紧固在机床主轴中。用立铣刀铣槽时槽宽有扩张，故应取直径比槽宽略小（0.1mm 以内）的铣刀。

（1）莫氏锥柄立铣刀 莫氏锥柄立铣刀的标准见表 3-23。

表 3-23 莫氏锥柄立铣刀（摘自 GB/T 6117.2—2010）

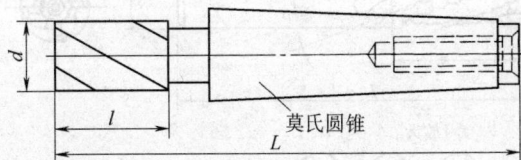

标记示例：
直径 d=12mm，总长 L=96mm 的标准系列中齿莫氏锥柄立铣刀为：
中齿 莫氏锥柄立铣刀 12×96 GB/T 6117.2—2010
直径 d=50mm，总长 L=200mm 的标准系列 I 组中齿莫氏锥柄立铣刀为:
中齿 莫氏锥柄立铣刀 50×200 GB/T 6117.2—2010

（单位：mm）

直径范围 d		推荐直径 d		l 标准系列	L 标准系列 I组	L 标准系列 II组	莫氏圆锥号	齿数 粗齿	齿数 中齿	齿数 细齿
>	≤									
5	6	6		13	83					
6	7.5		7	16	86					
7.5	9.5	8		19	89		1	3	3	
			9							5
9.5	11.8	10	11	22	92				4	
11.8	15	12	14	26	96		1			5
					111					
15	19	16	18	32	117		2			
19	23.6	20	22	38	123			3	4	6
					140					
23.6	30	25	28	45	147		3			
30	37.5	32	36	53	155		3			
					178	201	4			
37.5	47.5	40	45	63	188	211		4	6	8
					221	249	5			
47.5	60	50		75	200	223	4			
					233	261				
			56		200	223	4	6	8	10
					233	261	5			
60	75	63		90	248	276				

（2）直柄粗加工立铣刀 直柄粗加工立铣刀的标准见表 3-24。

表 3-24　直柄粗加工立铣刀（摘自 GB/T 14328—2008）

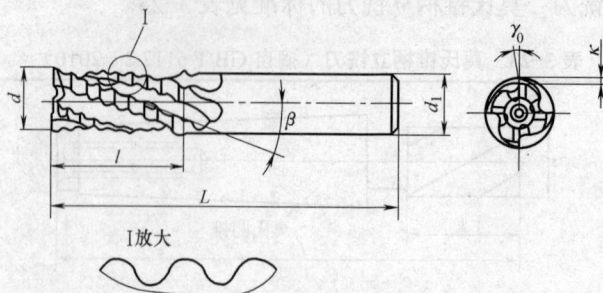

I放大

标记示例：
外径 d=10mm 的 A 型标准型的直柄粗加工立铣刀为：
直柄粗加工立铣刀 A10　GB/T　14328—2008

（单位：mm）

d		d_1		l min	标准型	
					L	
基本尺寸	极限偏差 (js15)	基本尺寸	极限偏差 (h8)		基本尺寸	极限偏差 (js16)
6	±0.24	6	0 −0.018	13	57	±0.95
7		8		16	60	
8	±0.29	8	0 −0.022	19	63	
9		10		19	69	±0.95
10		10		22	72	
11		12		22	79	
12		12		26	83	
14	±0.35	12	0 −0.027	26	83	
16		16		32	92	±1.10
18		16		32	92	
20		20		38	104	
25	±0.42	25	0 −0.033	45	121	
28		25		45	121	
35		32		53	133	±1.25
40	±0.50	40	0 −0.039	63	155	
45		40		63	155	
50		50		75	177	

（3）整体硬质合金直柄立铣刀　整体硬质合金直柄立铣刀的标准见表 3-25。

表 3-25　整体硬质合金直柄立铣刀（摘自 GB/T 16770.1—2008）

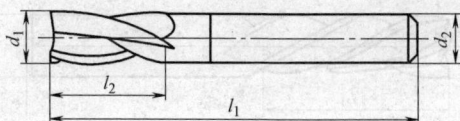

标记示例：

直径 d_1=5mm，总长 l_1=47 mm 的直柄立铣刀为：

整体硬质合金直柄立铣刀 5×47　　GB/T 16770.1—2008

（单位：mm）

直径 d_1 (h10)	柄部直径 d_2 (h6)	总长 l_1		刃长 l_2	
		基本尺寸	极限偏差	基本尺寸	极限偏差
1.0	3	38		3	
	4	43			
2.0	3	38		7	
	4	43			
2.5	3	38		8	+1 0
	4	57			
3.0	3	38		8	
	6	57			
3.5	4	43		10	
	6	57			
4.0	4	43	+2 0	11	
	6	57			
5.0	5	47		13	
	6	57			
6.0	6	57		13	+1.5 0
7.0	8	63		16	
8.0	8	63		19	
9.0	10	72		19	
10.0	10	72		22	
12.0	12	83		26	
14.0	14	83		26	
16.0	16	89		32	+2 0
18.0	18	92	+3 0	32	
20.0	20	101		38	

注：1. 二齿立铣刀中心刃切削（加工键槽），三齿或多齿立铣刀可以中心刃切削。

　　2. 表内尺寸可按 GB/T 6131.2—2006 做成削平直柄立铣刀。

（4）钨钢立铣刀　四刃高硬度钨钢立铣刀的参数见表 3-26，两刃钨钢圆角铣刀的参数见表 3-27。

表 3-26　四刃高硬度钨钢立铣刀

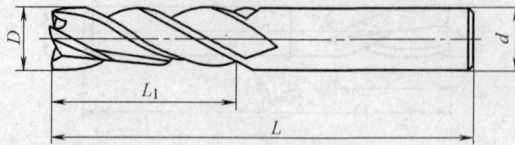

1）TiAlN 纳米涂层配合超细微粒合金底材，具有很好的韧性及耐磨性与耐崩性。
2）适用于～60HRC 以下之淬硬材料、铸铁等广泛使用。

（单位：mm）

D(h10)	L_1	L	d(h6)
1.0	3	50	4
1.5	4	50	4
2.0	6	50	4
2.5	8	50	4
3.0	8	50	4
3.0	8	50	6
3.5	10	50	4
4.0	11	50	4
4.0	11	50	6
5.0	13	50	6
6.0	16	50	6
8.0	20	60	8
8.0	20	75	8
10.0	22	75	10
12.0	26	75	12
14.0	32	100	14
16.0	38	100	16
20.0	40	100	20

表 3-27　两刃钨钢圆角铣刀

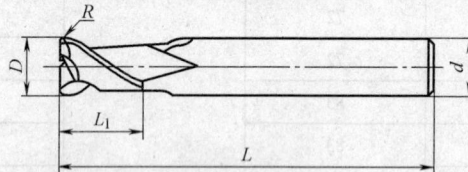

1）TiAlN 纳米涂层配合超细微粒合金底材，具有很好的韧性与耐磨性。
2）适用于～52HRC 以下之一般钢材、不锈钢、铸铁、耐热合金等广泛使用。
3）也适合铜合金、镍合金、钛合金等材料加工。

（单位：mm）

D(h10)	R	L_1	L	d(h6)
1	R0.2	2	50	4
1.5	R0.2	3	50	4
2	R0.2	4	50	4

（续）

D(h10)	R	L₁	L	d(h6)
3	R0.2	6	50	4
3	R0.5	6	50	4
4	R0.2	8	50	4
4	R0.5	8	50	4
4	R1.0	8	50	4
6	R0.2	12	50	6
6	R0.5	12	50	6
6	R1.0	12	50	6
8	R0.5	16	60	8
8	R1.0	16	60	8
10	R0.5	20	75	10
10	R1.0	20	75	10
12	R0.5	24	75	12
12	R1.0	24	75	12
12	R2.0	24	75	12

（5）套式立铣刀　套式立铣刀的标准见表 3-28。

表 3-28　　套式立铣刀（摘自 GB/T 1114.1—1998）

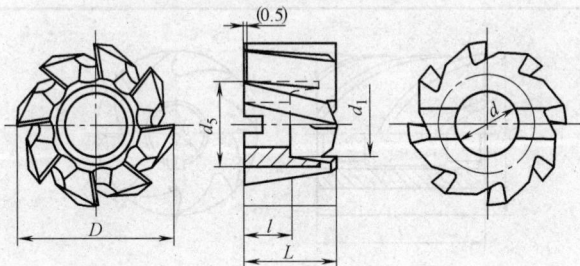

标记示例：
外径为 63mm 的套式立铣刀为：套式立铣刀 63　GB/T 1114.1—1998
外径为 63mm 的左螺旋齿的套式立铣刀为：套式立铣刀 63-L　GB/T 1114.1—1998

（单位：mm）

D 基本尺寸	极限偏差 (js16)	d 基本尺寸	极限偏差 (H7)	L (k16)	l	d₁ min	d₅ min
40	±0.80	16	+0.018 0	32	18	23	33
50		22		36	20	30	41
63	±0.95	27	+0.021 0	40	22	38	49
80				45			
100	±1.10	32	+0.025 0	50	25	45	59
125	±1.25	40		56	28	56	71
160		50		63	31	67	91

（6）直角平面立铣刀　直角平面立铣刀的参数见表 3-29。

表 3-29　直角平面立铣刀

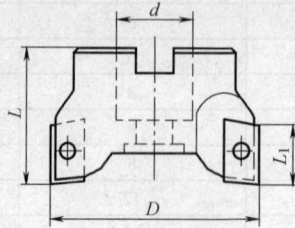

（单位：mm）

D	d	L_1	L	刃数	螺丝	扳手
50	22	14	50	4	M4×10	T15
63	22	14	50	4	M4×10	T15
80	27	14	50	6	M4×10	T15
100	32	14	50	6	M4×10	T15

2．圆柱形铣刀

圆柱形铣刀用于卧式铣床上加工平面。主要用高速钢制造，也可以镶焊螺旋形的硬质合金刀片。圆柱铣刀采用螺旋形刀齿以提高切削工作的平稳性，圆柱形铣刀的标准见表 3-30。

表 3-30　圆柱形铣刀（摘自 GB/T 1115—2002）

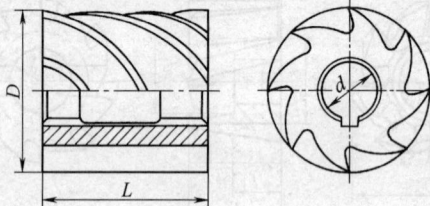

标记示例：

外径 D=50mm，L=80mm 的圆柱形铣刀：圆柱形铣刀 50×80　GB/T 1115.1—2002

（单位：mm）

D (js16)	d (H7)	L (js16)						
		40	50	63	70	80	100	125
50	22	△		△		△		
63	27		△		△			
80	32			△			△	
100	40				△			△

注：△表示有此规格

3．面铣刀

面铣刀用在立式铣床上加工平面，轴线垂直于被加工表面。面铣刀主要采用硬质合金刀齿，生产率较高。

（1）镶齿套式面铣刀　镶齿套式面铣刀的标准见表 3-31。

表 3-31 镶齿套式面铣刀（摘自 JB/T 7954—1999）

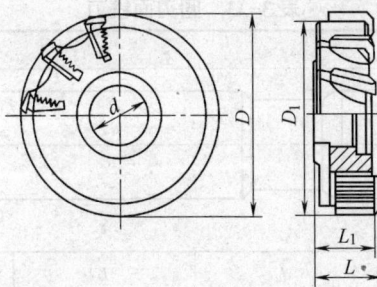

（单位：mm）

D js16	D_1	d H7	L js16	L_1	齿数
80	70	27	36	30	10
100	90	32	40	34	
125	115	40			14
160	150				16
200	186	50	45	37	20
250	236				26

（2）粗切削球形端铣刀 粗切削球形端铣刀的标准见表 3-32。

表 3-32 粗切削球形端铣刀

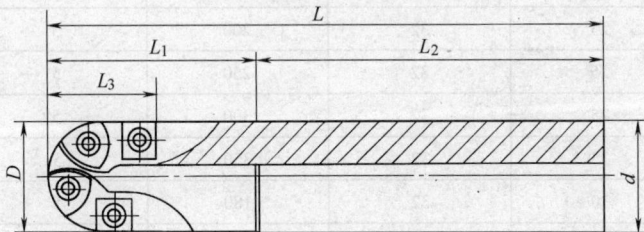

（单位：mm）

D	d	L	L_1	L_2	L_3	刃数
20	20	140	50	90	20	4
20	25	140	70	70	20	4
20	20	190	90	100	20	4
20	25	190	90	100	20	4
25	25	155	55	100	23	4
25	25	210	110	100	23	4
25	32	220	110	100	23	4
32	32	160	60	100	31	4
32	32	220	120	100	31	4
40	42	170	70	100	41	4
40	42	250	150	100	41	4
50	50.8	190	90	100	46	5
50	50.8	280	180	100	46	5

（3）圆刃面铣刀　圆刃面铣刀的标准见表 3-33。

表 3-33　圆刃面铣刀

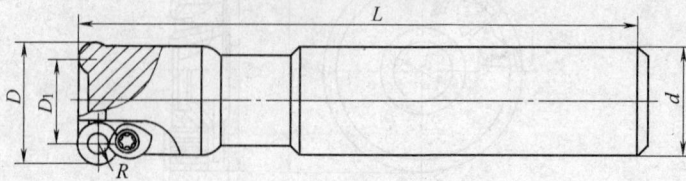

（单位：mm）

D	D_1	d	L	R	刃数
12	8	12	130	4	1
16	8	16	150	4	2
20	12	20	150	4	2
20	12	20	200	4	2
25	15	25	150	5	2
25	15	25	200	5	2
25	15	25	250	5	2
30	20	25	150	5	2
30	20	25	200	5	2
35	25	32	150	5	3
35	25	32	200	5	3
35	25	32	250	5	3
35	25	32	300	5	3
35	25	32	350	5	3
40	30	32	180	5	3
40	30	32	230	5	3
50	34	32	200	8	3

（4）套式面铣刀　套式面铣刀的标准见表 3-34。

表 3-34　套式面铣刀（摘自 GB/T 5342.1—2006）

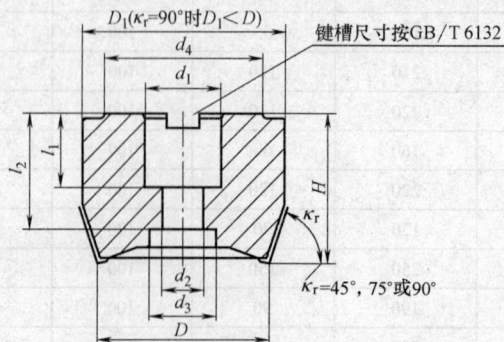

（单位：mm）

（续）

D (js16)	d_1 (H7)	d_2	d_3	d_4 min	H	l_1	l_2 max	紧固螺钉
50	22	11	18	41	40	20	33	M10
63								
80	27	13.5	20	49	50	22	37	M12
100	32	17.5	27	59		25	33	M16

（5）莫氏锥柄面铣刀 莫氏锥柄面铣刀的标准见表 3-35。

表 3-35 莫氏锥柄面铣刀（摘自 GB/T 5342.2—2006）

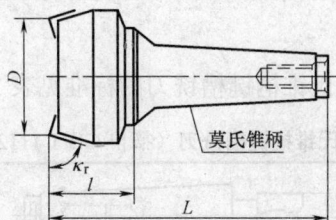

（单位：mm）

D (js14)	L (h16)	莫氏锥柄号	L(参考)
63	157	4	48
80			

4. 键槽铣刀

键槽铣刀既像立铣刀又像钻头，它可以用轴向进给向毛坯钻孔，然后沿键槽方向运动铣出键槽的全长。

（1）直柄键槽铣刀 直柄键槽铣刀的标准见表 3-36。

表 3-36 直柄键槽铣刀（摘自 GB/T 1112.1—1997）

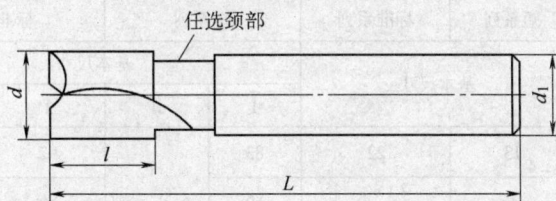

标记示例

直径 d=10mm，e8 的标准系列普通直柄键槽铣刀为：直柄键槽铣刀 10e8 GB/T 1112.1—1997
直径 d=10mm，d8 的短系列削平直柄键槽铣刀为：直柄键槽铣刀 10d8 短削平柄 GB/T 1112.1—1997

（单位：mm）

d 基本尺寸	d 极限偏差 e8	d 极限偏差 d8	d_1		l 短系列	l 标准系列	L 短系列	L 标准系列
					基本尺寸		基本尺寸	
2	−0.014 −0.028	−0.020 −0.034	3[①]	4	4	7	36	39
3					5	8	37	40
4	−0.020 −0.038	−0.030 −0.048	4		7	11	39	43

71

（续）

d			d_1	l		L	
基本尺寸	极限偏差			短系列	标准系列	短系列	标准系列
	e8	d8		基本尺寸		基本尺寸	
5	−0.020	−0.030	5	8	13	42	47
6	−0.038	−0.048	6			52	57
7	−0.025	−0.040	8	10	16	54	60
8	−0.047	−0.062		11	19	55	63
10			10	13	22	63	72

① 该尺寸不推荐采用。

（2）莫氏锥柄键槽铣刀　莫氏锥柄键槽铣刀的标准见表 3-37。

表 3-37　莫氏锥柄键槽铣刀（摘自 GB/T 1112.2—1997）

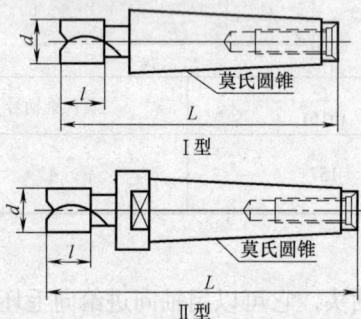

Ⅰ型

Ⅱ型

标记示例：
　　直径 d=12mm，总长 L=96 mm，Ⅰ型 e8 偏差的莫氏锥柄键槽铣刀为：
　　莫氏锥柄键槽铣刀　12 e8×96　Ⅰ　GB/T 1112.2—1997

（单位：mm）

d			l		L				莫氏圆锥号
基本尺寸	极限偏差		短系列	标准系列	短系列		标准系列		
	e8	d8	基本尺寸		基本尺寸				
					Ⅰ	Ⅱ	Ⅰ	Ⅱ	
10	−0.025	−0.040	13	22	83		92		1
	−0.047	−0.062							
12			16	26	86		96		
					101		111		2
14	−0.032	−0.050			86		96		1
	−0.059	−0.077			101		111		
16			19	32	104	—	117		2
18									
20	−0.040	−0.065	22	38	107		123		2
	−0.073	−0.098			124		140		3
22					107		123		2
					124		140		3

（续）

d 基本尺寸	极限偏差 e8	极限偏差 d8	l 短系列 基本尺寸	l 标准系列 基本尺寸	L 短系列 I	L 短系列 II	L 标准系列 I	L 标准系列 II	莫氏圆锥号
24									
25	−0.040 −0.073	−0.065 −0.098	26	45	128	—	147	—	3
28									
32			32	53	134		155		
					157	180	178	201	4
36	−0.050 −0.089	−0.080 −0.119			134	—	155	—	3
					157	180	178	201	4
40			38	63	163	186	188	211	4
					196	224	221	249	5
45			38	63	163	186	188	311	4
					196	224	221	249	5
50	−0.050 −0.089	−0.080 −0.119			170	193	200	223	4
			45	75	203	231	233	261	5
56	−0.060 −0.106	−0.100 −0.146			170	193	200	223	4
					203	231	233	261	5
63			53	90	211	239	248	276	

（3）半圆键槽铣刀　半圆键槽铣刀的标准见表 3-38。

表 3-38　半圆键槽铣刀（摘自 GB/T 1127—2007）

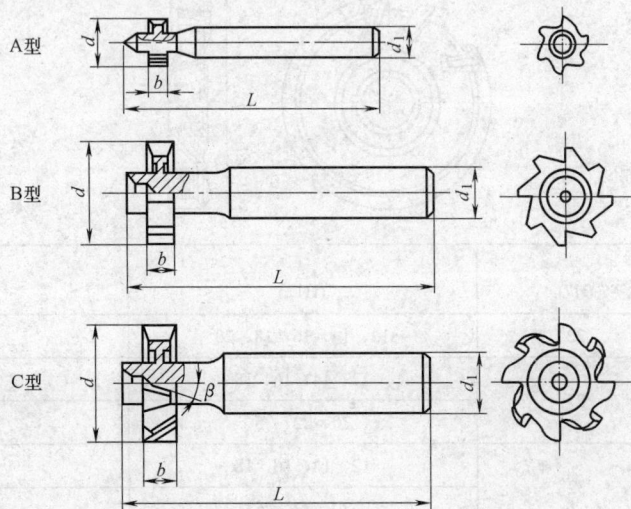

标记示例：
键的基本尺寸为 6.0×22，普通直柄半圆键槽铣刀为：半圆键槽铣刀　6.0×22　GB/T 1127—2007

（单位：mm）

（续）

d (h11)	b (e8)	d_1	L (js18)	半圆键的基本尺寸 （按照 GB/T 1098—2003） 宽×直径	铣刀型式	β
4.5	1.0			1.0×4		
7.5	1.5		50	1.5×7	A	
	2.0	6		2.0×7		
10.5				2.0×10		
	2.5			2.5×10		
13.5	3.0			3.0×13		—
				3.0×16		
16.5	4.0		55	4.0×16	B	
	5.0	10		5.0×16		
19.5	4.0			4.0×19		
	5.0			5.0×19		
22.5			60	5.0×22		
	6.0			6.0×22		
25.5		12		6.0×25	C	12°
28.5	8.0		65	8.0×28		
32.5	10.0			10.0×32		

5．镶齿三面刃铣刀

三面刃铣刀除圆柱表面有刀齿外，在两侧端面上也都有切削刃。它可用于切槽和台阶面。

（1）镶齿三面刃铣刀　镶齿三面刃铣刀的标准见表 3-39。

表 3-39　镶齿三面刃铣刀（摘自 JB/T 7953—2010）

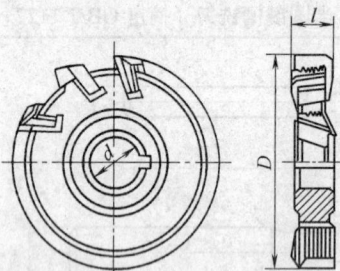

（单位：mm）

D (js16)	d (H7)	l (H12)	齿　　数
80	22	12、14、16、18、20	10
100	27	12、14、16、18	12
		20、22、25	10
125	32	12、14、16、18	14
		20、22、25	12
160	40	14、16、20	18
		25、28	16

（续）

D (js16)	d (H7)	l (H12)	齿 数
200	50	14	22
		18、22	20
		28、32	18
250		16、20	24
		25、28、32	22

（2）直齿和错齿三面刃铣刀　直齿和错齿三面刃铣刀的标准见表 3-40。

表 3-40　直齿和错齿三面刃铣刀（GB/T 6119.1—1996）

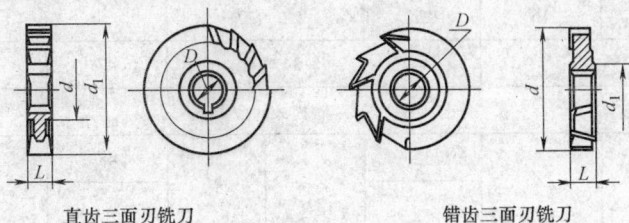

直齿三面刃铣刀　　　　　错齿三面刃铣刀

标记示例：

d=63mm，L=12 mm，直齿三面刃铣刀为：直齿三面刃铣刀 63×12　GB/T 6119.1—1996

直径 d=63mm，L=12 mm，错齿三面刃铣刀为：错齿三面刃铣刀 63×12　GB/T 6119.1—1996

（单位：mm）

d (js16)	D (H7)	d_1 min	L (k11)														
			4	5	6	8	10	12	14	16	18	20	22	25	28	32	36	40
50	16	27	×	×	×	×	×	—	—	—								
63	22	34	×	×	×	×	×	×	×	×		—	—					
80	27	41		×	×	×	×	×	×	×	×	×		—				
100	32	47			×	×	×	×	×	×	×	×	×	×	×	—		
125			—		×	×	×	×	×	×	×	×	×	×	×			
160	40	55		—		×	×	×	×	×	×	×	×	×				
200				—		×	×	×	×	×	×	×	×	×	×	×	×	×

注：×—有此规格。

6. 锯片铣刀

锯片铣刀可看做是薄片的槽铣刀，用于切削窄槽或切断材料，它和切断车刀类似，对刀具几何参数的合理性要求较高，锯片铣刀的标准见表 3-41。

表 3-41　锯片铣刀（摘自 GB/T 6120—1996）

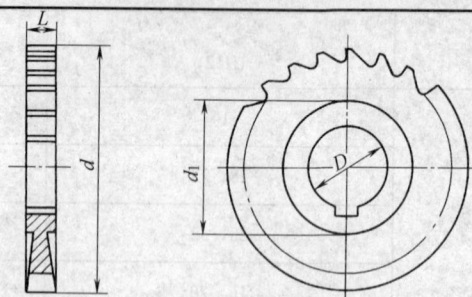

标记示例：

d=125mm, L=6mm 的粗齿锯片铣刀为：粗齿锯片铣刀 125×6　GB/T 6120—1996

d=125mm, L=6mm 的中齿锯片铣刀为：中齿锯片铣刀 125×6　GB/T 6120—1996

d=125mm, L=6mm, D=27mm 的中齿锯片铣刀为：中齿锯片铣刀 125×6×27　GB/T 6120—1996

（单位：mm）

粗齿锯片铣刀的尺寸

d (js16)	50	63	80	100	125	160	200	250
D (H7)	13	16	22	22 (27)		32		
d_1 (min)			34	34 (40)		47	63	
L (js11)	齿数（参考）							
1.60			32			48		
2.00	20	24		32	40		48	64
2.50			24		40			
3.00		20			32			48
4.00	16			24			40	
5.00			20			32		48
6.00		16		20	24		32	40

中齿锯片铣刀的尺寸

d (js16)	32	40	50	63	80	100	125	160	200	250
D (H7)	8	10(13)	13	16	22	22 (27)		32		
d_1 (min)					34	34 (40)		47	63	
L (js11)	齿数（参考）									
1.60	24	32		40	48		64	80		
2.00			32			48			80	100
2.50		24			40		64			
3.00	20			32			48			80
4.00		20	24			40			64	
5.00					32			48		
6.00			24			32	40		48	64

7．超速型钻铣刀

超速型钻铣刀的标准见表 3-42。

表 3-42　超速型钻铣刀

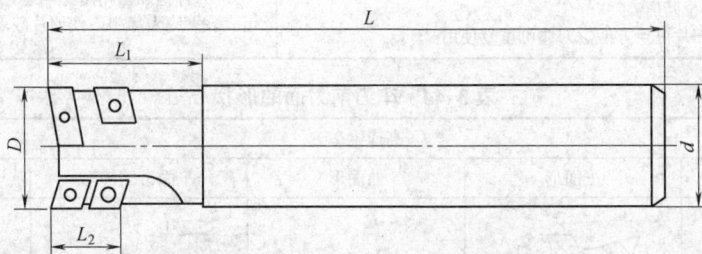

特点：从盲孔直式钻及横式切削；底刃刀片角度较大，加工阻力小；可做深粗铣加工。

（单位：mm）

D	d	L	L_1	L_2
20	20	130	60	20
21	20	185	35	20
25	25	220	75	25
26	25	220	40	25
26	25	300	40	25
32	32	230	90	32
35	32	230	50	35
35	32	300	50	35
35	32	350	50	35

五、车刀

车刀在结构上可分为整体车刀、焊接车刀、无机粘结车刀和机械夹固式车刀。只有高速钢车刀才做成整体车刀，一般只用作切槽、切断使用。焊接车刀、无机粘结车刀和机械夹固式车刀的刀片连接方式的特点参见表 3-43。车刀前刀面的形状参见表 3-44；可转位车刀的夹紧形式及特点见表 3-45；车刀刀片形状种类见表 3-46；机夹切断车刀的形式尺寸见表 3-47。

表 3-43　车刀刀片的连接方式

连接方式	优　点	缺　点
焊　接	1. 具有足够的连接强度和冲击韧性； 2. 具有较高的高温硬度； 3. 外观平整、结构简单紧凑； 4. 刀具的尺寸稳定	1. 焊接需要一定的专用设备，焊接工艺较为复杂； 2. 焊接应力易使刀片产生裂纹； 3. 加热温度和时间控制不当，容易产生过烧、脱焊、氧化等缺陷； 4. 刀杆不能重复使用
无机粘结	1. 刀片无氧化皮、无裂纹、无热变形及热应力，刀具的使用寿命长； 2. 无需专用的设备和工具，粘接成本低； 3. 陶瓷刀具使用此工艺较多	1. 粘接的脆性大，抗冲击差，化学稳定性差，高温强度也较差； 2. 长期存放刀具的尺寸会有微量变化

（续）

连接方式	优　点	缺　点
机械夹固	1. 能保持刀片的原有性能，避免了裂纹、脱焊等不良现象的产生，提高刀具的使用寿命； 2. 刀片几何参数可选择性好，具有较好的切削条件，并保证了断屑； 3. 刀片更换方便，刀体可重复使用	1. 刀片槽选配较为复杂，装夹结构复杂； 2. 受小孔、特殊表面等条件限制； 3. 刀片槽加工精度影响装夹精度，会出现刀片翘起或装夹应力集中中，使刀片破裂的现象

表3-44　车刀前刀面的形状

高速钢车刀

前刀面形状	平面形	曲面形	平面带倒棱形	曲面带倒棱形
简图				
应用范围	1. 加工铸件； 2. 成形车刀； 3. 在 $f \leqslant 0.2$ mm/r 时，加工钢件	加工铝合金及韧性材料	在 $f \geqslant 0.2$ mm/r 时，加工钢件	加工钢件时，需要断屑

硬质合金车刀

前刀面形状	平面形	曲面形	平面带倒棱形	曲面带倒棱形
简图				
应用范围	1. 当前角为负值、系统刚性足够时加工 $\sigma_b > 800$ MPa 的材料； 2. 当前角为正值时，加工脆性材料。在背吃刀量及进给量很小时，精加工 $\sigma_b \leqslant 800$ MPa 的钢件	铝合金及韧性材料钢件的精加工	1. 加工灰铸铁和可锻铸铁； 2. 加工 $\sigma_b \leqslant 800$ MPa 的钢件； 3. 系统刚性不足时加工 $\sigma_b > 800$ MPa 的钢件	在 $a_p = 1 \sim 5$ mm，$f \geqslant 0.3$ mm/r 时，加工 $\sigma_b \leqslant 800$ MPa 的钢件，并保证卷屑

表3-45　可转位车刀的夹紧形式及特点

夹　紧　形　式	结　构　简　图	特　点	适　用　场　合
上压式（C 型）		1. 夹紧力大稳定可靠； 2. 结构简单，容易制造； 3. 多用不带孔的刀片	1. 一般为正前角车刀，且大部分刃倾角为0°； 2. 适于精车，也可用于中、重型及断续车削
复合式（M 型）		1. 采用两种夹紧方式夹紧刀片，夹紧可靠； 2. 制造比较方便	1. 能承受较大的切削负荷及冲击； 2. 适于重负荷车削
杠杆式（P 型）		1. 夹紧力大稳定性好，定位精度高； 2. 刀片转位或更换迅速，使用方便，且利于排屑； 3. 结构较复杂，制造困难	1. 刀片一般后角为0°，刀具具有正前角和负刃倾角； 2. 适于中、轻型负荷的车削

（续）

夹紧形式	结构简图	特　点	适用场合
螺钉式（S型）		1. 结构简单、紧凑，排屑通畅； 2. 夹紧可靠，制造容易	1. 刀片有后角，通常前角、刃倾角为0°； 2. 适于中、小型车刀，广泛用于车削铝、铜及塑料等材料

表 3-46　车刀刀片形状种类

种类代号	A	B	C	D	E	F	H	K	L
刀片形状	85°	82°	80°	55°	75°	80°	六边形	55°	矩形
种类代号	M	O	P	R	S	T	V	W	Z
刀片形状	86°	八边形	五边形	圆形	正方形	三角形	35°	80°	其他

表 3-47　机夹切断车刀的形式尺寸

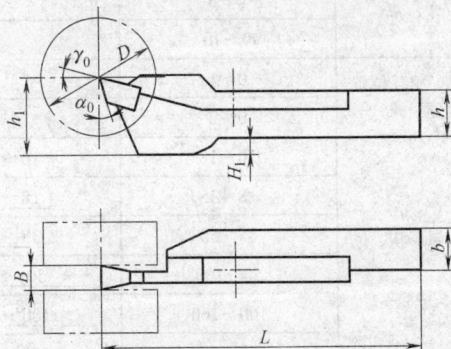

（单位：mm）

车刀代号		h_1	h		b		L		B	参考数值			
右切刀	左切刀		基本尺寸	极限偏差	基本尺寸	极限偏差	基本尺寸	极限偏差		D_{max}	$\gamma_0/(°)$	$\alpha_0/(°)$	H_1
QA2022R-03	QA2022L-03	20	20	0 −0.33	22	0 −0.33	125	0 −2.5	3	40	6~10	3~8	18
QA2022R-04	QA2022L-04								4				
QA2525R-04	QA2525L-04	25	25		25		150			60			22
QA2525R-05	QA2525L-05								5				
QA3232R-05	QA3232L-05	32	32	0 −0.39	32	0 −0.39	170	0 −2.9		80			28
QA3232R-06	QA3232L-06								6				

第二节　常用量具

选择计量器具时，主要根据被加工零件的精度要求、零件的尺寸、形状和生产类型等全面衡量。通常，尺寸计量器具分为量具和计量仪器两类。

一、量具

它是一种具有固定形态，用来复现或提供给定量的一个或多个已知量值的计量器具，如量块、光滑极限量规、钢直尺、钢卷尺等，在结构上量具一般不带有可动的器件。

二、计量仪器（计量仪表）

简称量仪。将被测量值转换成可直接观察的示值或等效信息的计量器具。其特点是它包含有可运动的测量元件，能指示出被测量的具体数值。习惯上把测微类（千分尺等）、游标类（游标卡尺、游标高度尺等）和表类（百分表、内径表等）这些比较简单的计量仪器称为通用量具。

结合机械类本科学生课程设计的特点，表3-48列出了一些常用量具的主要参数。

表3-48　常用量具一览表　　　　　　（单位：mm）

量 具 名 称	用　　途	公 称 规 格	测 量 范 围	读 数 值
百分表	几何形状，相互位置位移，长、宽、高	0～3		0.01
		0～5		0.01
		0～10		0.01
千分表	几何形状，相互位置位移，长、宽、高	0～1		0.001
		0～2		0.005
内径百分表	内径、几何形状、位移量	10～18	10～18	0.01
		18～35	18～35	0.01
		35～50	35～50	0.01
		50～100	50～100	0.01
		100～160	100～160	0.01
		160～250	160～250	0.01
宽座角尺	直角相互垂直位置		63～250	
刀形平尺	平面度			
三棱平尺	平面度			
各种标准或专用的极限验规（塞规、卡规、螺纹塞规和环规等）	孔径、外径、槽宽、内外螺纹等			
检验样板	曲线、曲面或组合表面			
三用游标卡尺	内径、外径、长度、高度、深度	125×0.05	0～125	0.05
		125×0.02	0～125	0.02
		150×0.05	0～150	0.05
		150×0.02	0～150	0.02
二用/双面游标卡尺	内径、外径、长度	200×0.05	0～200	0.05
		200×0.02	0～200	0.02
		300×0.05	0～300	0.05
		300×0.02	0～300	0.02

（续）

量 具 名 称	用　途	公 称 规 格	测 量 范 围	读 数 值
深度游标卡尺	沟槽深度、孔深、台阶高度及其他	200×0.05	0～200	0.05
		200×0.02	0～200	0.02
		300×0.05	0～300	0.05
		300×0.02	0～300	0.02
		500×0.05	0～500	0.05
		500×0.02	0～500	0.02
外径千分尺	外径、厚度或长度	0～25	0～25	0.01
		25～50	25～50	0.01
		50～75	50～75	0.01
		75～100	75～100	0.01
		100～125	100～125	0.01
		125～175	125～175	0.01
内径千分尺	内径、沟槽的内侧面尺寸	5～30	5～30	0.01
		25～50	25～50	0.01
		50～175	50～175	0.01
		50～250	50～250	0.01
		50～575	50～575	0.01
		50～600	50～600	0.01

第四章　金属切削机床的选择

第一节　金属切削机床的选择原则

正确选择机床设备是一件很重要的工作，它不但直接影响工件的加工质量，而且还影响工件的加工效率和制造成本。选择机床时应考虑以下几个因素：

1）机床的尺寸规格要与被加工工件的外廓尺寸相适应，应避免盲目加大机床规格。

2）机床的加工精度应与被加工工件在该工序的加工精度相适应。

3）机床的生产率应与被加工工件的生产类型相适应。

4）机床的选择应考虑工厂（车间）的现有设备条件。如果工件尺寸太大，精度要求过高，没有相应设备可供选择时，就需改装设备或设计专用机床。

第二节　常用金属切削机床的主要技术参数

一、车床主要技术参数

1. 卧式车床

卧式车床主要技术参数见表 4-1～表 4-3。

表 4-1　卧式车床型号与主要技术参数

技 术 参 数	型　号	
	C6132	CA6140
加工最大直径/mm:		
在床身上	320	400
在刀架上	160	210
棒料	34	48
加工最大长度/mm	750	750、1000、1500、2000
加工螺纹:		
米制/mm	0.25～6	1～192
英制/（牙/in）	112～4	24～2
主轴转速:		
级数	12	24
范围/（r/min）（见表 4-2）	22.4～1000	10～1400
刀架行程:		
最大纵向行程/mm	750	750、1000、1500、2000
最大横向行程/mm	280	260
主电动机功率/kW	3	7.5

表 4-2　卧式车床主轴转速

型　号	转　速/（r/min）
C6132	正转：22.4、31.5、45、90、125、180、250、350、500、750、1000
CA6140	正转：10、12.5、16、20、25、32、40、50、63、80、100、125、160、200、250、320、400、450、500、560、710、900、1120、1400
	反转：14、22、36、56、90、141、226、362、565、633、1018、1580

表 4-3　卧式车床刀架进给量

型　号	进　给　量/（mm/r）
C6132	纵向：0.06、0.07、0.08、0.09、0.10、0.11、0.12、0.13、0.15、0.16、0.17、0.18、0.20、0.23、0.25、0.27、0.29、0.32、0.36、0.40、0.46、0.49、0.53、0.58、0.64、0.67、0.71、0.80、0.91、0.98、1.07、1.06、1.28、1.35、1.42、1.60、1.71
	横向：0.03、0.04、0.05、0.06、0.07、0.08、0.09、0.10、0.11、0.12、0.13、0.15、0.16、0.17、0.18、0.20、0.23、0.25、0.27、0.29、0.32、0.34、0.36、0.40、0.46、0.49、0.53、0.58、0.64、0.67、0.71、0.80、0.85
CA6140	纵向：0.028、0.032、0.036、0.039、0.043、0.046、0.050、0.08、0.09、0.10、0.11、0.12、0.13、0.14、0.15、0.16、0.18、0.20、0.23、0.24、0.26、0.28、0.30、0.33、0.36、0.41、0.46、0.48、0.51、0.56、0.61、0.66、0.71、0.81、0.91、0.94、0.94、0.96、1.02、1.03、1.09、1.12、1.15、1.22、1.29、1.47、1.59、1.71、1.87、2.05、2.16、2.28、2.56、2.92、3.16
	横向：0.014、0.016、0.018、0.019、0.021、0.023、0.025、0.027、0.040、0.045、0.050、0.055、0.060、0.065、0.070、0.08、0.09、0.10、0.11、0.12、0.13、0.14、0.15、0.16、0.17、0.20、0.22、0.24、0.25、0.28、0.30、0.33、0.35、0.40、0.43、0.45、0.47、0.48、0.50、0.51、0.54、0.56、0.57、0.61、0.64、0.73、0.79、0.86、0.94、1.02、1.08、1.14、1.28、1.46、1.58、1.72、1.88、2.04、2.16、2.28、2.56、2.92、3.16

2．数控卧式车床

数控卧式车床型号与主要技术参数见表 4-4。

表 4-4　数控卧式车床型号与主要技术参数

技　术　参　数	型　号					
	CK3125	CK3325/1	CK6132	CJK3125	CJK6132A	CJK6246
最大工件直径×最大工件长度/mm	25×120	250×400	180×320	250×160	350×500	460×500
最大加工直径/mm：						
床身上		250	320	旋径 550	350	630
刀架上		120	180	90	115	275
主轴孔		58	42	54	40	40 或 52
最大加工长度/mm	120	400	260	160	500	500
脉冲当量/mm：						
Z 轴	0.001	0.001	0.001			0.01
X 轴	0.001	0.001	0.001	0.005		0.005
主轴转速/（r/min）：						
级数	无级	8	无级	16	12	12
范围	60~4000	131~1125	60~2500	100~1268	40~2000	28~2000
工作精度/mm：						
圆度	0.007	0.007	0.007	0.005	0.01	0.01
圆柱度	0.01/60	0.03	0.03/100	0.01	0.02/200	0.02/200
平面度		0.02		0.014	0.013/ϕ200	0.013/ϕ200
表面粗糙度 Ra/μm	1.6	1.6	1.6	1.6	1.6	1.6
主电动机功率/kW	5.5	9/11	7/11	8/6.5	3/4	3/4

二、钻床主要技术参数

1. 摇臂钻床

摇臂钻床主要技术参数见表4-5～表4-7。

表4-5　摇臂钻床型号与主要技术参数

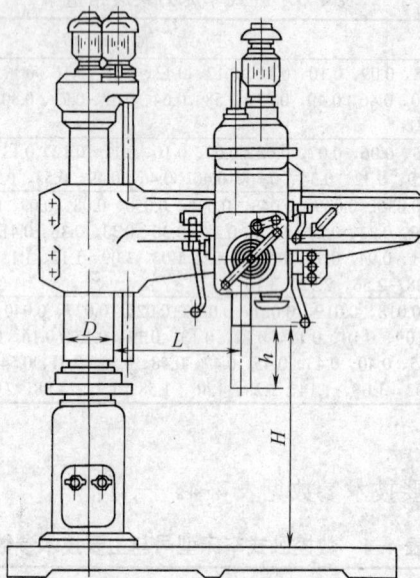

技术参数	型　号					
	Z3025	Z3040	Z35	Z37	Z32K	Z35K
最大钻孔直径/mm	25	40	50	75	25	50
主轴端面至底座工作面的距离 H/mm	250～1000	350～1250	470～1500	600～1750	25～870	—
主轴最大行程 h/mm	250	315	350	450	130	350
主轴孔莫氏圆锥	3号	4号	5号	6号	3号	5号
主轴转速范围/(r/min)（见表4-6）	50～2500	25～2000	34～1700	11.2～1400	175～980	20～900
主轴进给量范围/(mm/r)（见表4-7）	0.05～1.6	0.04～3.2	0.03～1.2	0.037～2	—	0.1～0.8
最大进给力/N	7848	16000	19620	33354	—	12262.5(垂直位置) 19620(水平位置)
主轴最大转矩/N·m	196.2	400	735.75	1177.2	95.157	—
主轴箱水平移动距离/mm	630	1250	1150	1500	500	—
横臂升降距离/mm	525	600	680	700	845	1500
横臂回转角度/(°)	360	360	360	360	360	360
主电机功率/kW	2.2	3	4.5	7	1.7	4.5

注：Z32K、Z35K为移动式万向摇臂钻床，主要在三个方向上都能回转360°，可加工任何倾斜度的平面。

表 4-6　摇臂钻床主轴转速

型　号	转　速/(r/min)
Z3025	50、80、125、200、250、315、400、500、630、1000、1600、2500
Z3040	25、40、63、80、100、125、160、200、250、320、400、500、630、800、1250、2000
Z35	34、42、53、67、85、105、132、170、265、335、420、530、670、850、1051、1320、1700
Z37	11.2、14、18、22.4、28、35.5、45、56、71、90、112、140、180、224、280、355、450、560、710、900、1120、1400
Z32K	175、432、693、980
Z35K	20、28、40、56、80、112、160、224、315、450、630、900

表 4-7　摇臂钻床主轴进给量

型　号	进　给　量/(mm/r)
Z3025	0.05、0.08、0.12、0.16、0.2、0.25、0.3、0.4、0.5、0.63、1.00、1.60
Z3040	0.03、0.06、0.10、0.13、0.16、0.20、0.25、0.32、0.40、0.50、0.63、0.80、1.00、1.25、2.00、3.20
Z35	0.03、0.04、0.05、0.07、0.09、0.12、0.14、0.15、0.19、0.20、0.25、0.26、0.32、0.40、0.56、0.67、0.90、1.2
Z37	0.037、0.045、0.060、0.071、0.090、0.118、0.150、0.180、0.236、0.315、0.375、0.50、0.60、0.75、1.00、1.25、1.50、2.00
Z35K	0.1、0.2、0.3、0.4、0.6、0.8

2．立式钻床

立式钻床主要技术参数见表 4-8～表 4-11。

表 4-8　立式钻床型号与主要技术参数

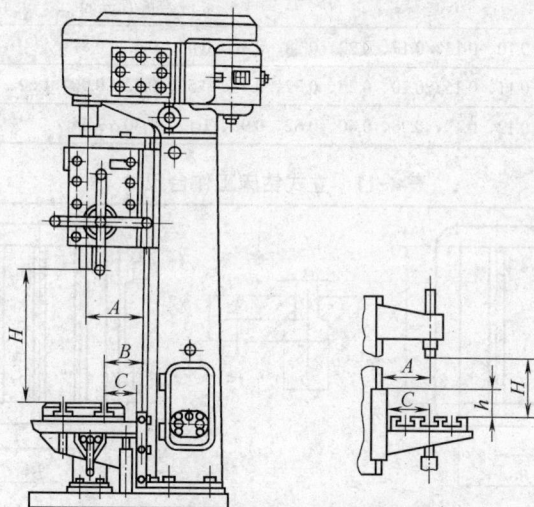

技　术　参　数	型　号		
	Z525	Z535	Z550
最大钻孔直径/mm	25	35	50
主轴端面至工作台面距离 H/mm	0～700	0～750	0～800
从工作台 T 形槽中心到导轨距离 B/mm	155	175	350

（续）

技术参数	型号		
	Z525	Z535	Z550
主轴轴线至导轨面距离 A/mm	250	300	350
主轴行程/mm	175	225	300
主轴莫氏圆锥	3	4	5
主轴转速范围/（r/mm）（见表 4-9）	97～1360	68～1100	32～1400
进给量范围/（mm/r）（见表 4-10）	0.1～0.81	0.11～1.6	0.12～2.64
主轴最大转矩/N·m	245.25	392.4	784.8
主轴最大进给力/N	8829	15696	24525
工作台行程/mm	325	325	325
工作台尺寸/mm×mm	500×375	450×500	500×600
从工作台 T 形槽中心到凸肩距离 C/mm	125	160	320
主电机功率/kW	2.8	4.5	7.5

表 4-9　立式钻床主轴转速

型号	转速/(r/min)
Z525	97、140、195、272、392、545、680、960、1360
Z535	68、100、140、195、275、400、530、750、1100
Z550	32、47、63、89、125、185、250、351、500、735、996、1400

表 4-10　立式钻床进给量

型号	进给量/(mm/r)
Z525	0.10、0.13、0.17、0.22、0.28、0.36、0.48、0.62、0.81
Z535	0.11、0.15、0.20、0.25、0.32、0.43、0.57、0.72、0.96、1.22、1.60
Z550	0.12、0.19、0.28、0.40、0.62、0.90、1.17、1.80、2.64

表 4-11　立式钻床工作台尺寸

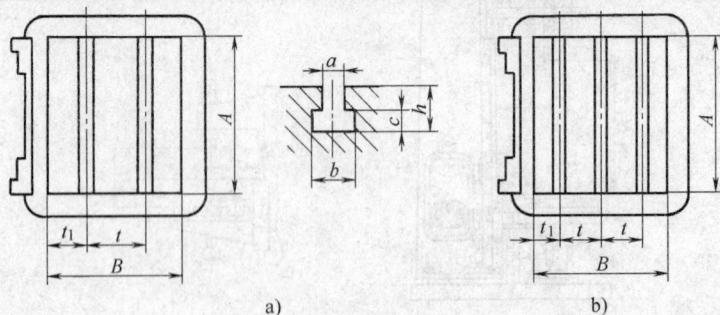

a)　　　　　　　　b)

（单位：mm）

型号	A	B	t	t_1	a	b	c	h	T 形槽数
Z525	500	375	200	87.5	14H11	24	11	26	2
Z535	500	450	240	105	18H11	30	14	32	2
Z550	600	500	150	100	22H11	36	16	35	3

注：Z525、Z535 按图 a) 选取，Z550 按图 b) 选取。

3. 台式钻床

台式钻床主要技术参数见表 4-12、表 4-13。

表 4-12　台式钻床型号与主要技术参数

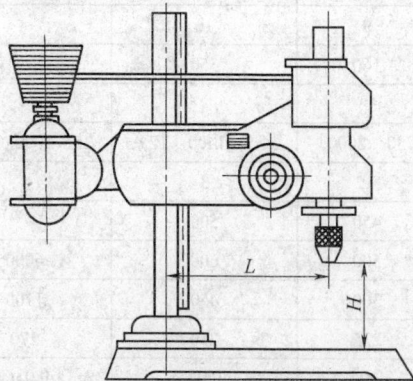

技 术 参 数	型　号			
	Z4002	Z4006 A	Z512（Z515）	Z512-1（Z512-2）
最大钻孔直径/mm	2	6	12（15）	13
主轴行程/mm	20	75	100	100
主轴轴线至立柱表面距离 L/mm	80	152	230	190（193）
主轴端面至工作台面距离 H/mm	5～120	180	430	0～335
主轴莫氏圆锥	—	1	1	2
主轴转速范围/(r/mm)（见表 4-13）	3000～8700	1000～7100	460～4250（320～2900）	48～4100
主轴进给方式	手 动 进 给			
工作台面尺寸/(mm×mm)	110×110	250×250	350×350	265×265
工作台绕立柱回转角度	—	—	—	360°
主电机功率/kW	0.1	0.25	0.6	0.6

注：括号内为 Z515 与 Z512-2 数据。

表 4-13　台式钻床主轴转速

型　号	转　速/（r/min）
Z4002	3000、4950、8700
Z4006A	1450、2900、5800
Z512	460、620、850、1220、1610、2280、3150、4250
Z515	320、430、600、835、1100、1540、2150、2900
Z512-1 Z512-2	480、800、1400、2440、4100

4. 数控立式钻床

数控立式钻床型号与主要技术参数见表 4-14。

表 4-14 数控立式钻床型号与主要技术参数

技 术 参 数		机 床 型 号			
		ZK5132	ZK5140	ZK3350×60	ZK3450 （日本安川 J50M 系统）
最大钻孔直径/mm		32	40	40	50
主轴最大进给抗力/N		9	16		
主轴最大允许转矩/N·m		160	350		16000
主轴孔莫氏锥度号				5	5
主轴转速范围/（r/min）		50～2000	31.5～1400（12）	25～2000（12）	25～2000（12）
主电动机功率/kW		2.2	3	4	4
主轴箱行程/mm		450	500		
X 轴行程		500	600	6000	630
Y 轴行程		300	450	1100	800
Z 轴行程		225	250	270	270
定位精度/mm	X 轴	0.05	0.05	±0.03/300	±0.02
	Y 轴	0.05	0.05	±0.03/300	±0.02
	Z 轴	0.05	0.05	±0.08	±0.10
重复定位精度/mm	X 轴	0.02	0.02	±0.015	±0.01
	Y 轴	0.02	0.02	±0.015	±0.01
	Z 轴	0.02	0.02	±0.04	±0.03
重量/kg	毛重				
	净重	1300	2200	10500	5700
外形尺寸	长	1080	1550	10400	3250
	宽	1310	1465	3000	2583
	高	2400	2515	2955	2868

三、铣床主要技术参数

1. 立式铣床

立式铣床主要技术参数见表 4-15～表 4-17。

表 4-15 立式铣床型号与主要技术参数

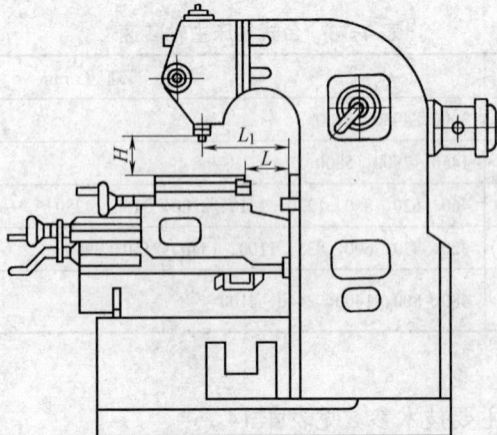

（续）

技术参数	型号				
	X5012	X51	X52K	X53K	X53T
主轴端面至工作台的距离 H/mm	0～250	30～380	30～400	30～500	0～500
主轴轴线至床身垂直导轨面距离 L_1/mm	150	270	350	450	450
工作台至床身垂直导轨距离 L/mm	—	40～240	55～300	50～370	—
主轴孔锥度	莫氏 3 号	7：24	7：24	7：24	7：24
主轴孔径/mm	14	25	29	29	69.85
刀杆直径/mm	—	—	32～50	32～50	40
立铣头最大回转角度/（°）	—	—	±45	±45	±45
主轴转速/（r/min）（见表 4-16）	130～2720	65～1800	30～1500	30～1500	18～1400
主轴轴向移动量/mm	—	—	70	85	90
工作台面积（长×宽）/mm×mm	500×125	1000×250	1250×320	1600×400	2000×425
工作台的最大移动量/mm： 纵向 手动/机动	250	620/620	700/680	900/880	1260/1260
横向 手动/机动	100	190/170	255/240	315/300	410/400
升降 手动/机动	250	370/350	370/350	385/365	410/400
工作台进给量/（mm/mm）：（见表 4-17） 纵向	手动	35～980	23.5～1180	23.5～1180	10～1250
横向	手动	25～765	15～786	15～789	10～1250
升降	手动	12～380	8～394	8～394	2.5～315
工作台快速移动速度/（mm/min）： 纵向	手动	2900	2300	2300	3200
横向	手动	2300	1540	1540	3200
升降	手动	1150	770	770	800
工作台 T 形槽： 槽数	3	3	3	3	3
宽度	12	14	18	18	18
槽距	35	50	70	90	90
主电动机功率/kW	1.5	4.5	7.5	10	10

注：1. 安装各种立铣刀、端面铣刀可铣削沟槽、平面；也可安装钻头、镗刀进行钻孔、镗孔。

　　2. 立铣刀能在垂直平面内旋转，对有倾角的工件进行铣削。

表 4-16　立式铣床主轴转速

型号	转速/(r/min)
X5012	130、188、263、355、510、575、855、1180、1585、2720
X51	65、80、100、125、160、210、255、300、380、490、590、725、1225、1500、1800
X52K X53K	30、37.5、47.5、60、75、95、118、150、190、235、375、475、600、750、950、1180、1500
X53T	18、22、28、35、45、56、71、90、112、140、180、224、280、355、450、560、710、900、1120、1400

表 4-17　立式铣床工作台进给量

型号	进给量/(mm/min)
X51	纵向：35、40、50、65、85、105、125、165、205、250、300、390、510、620、755、980
	横向：25、30、40、50、65、80、100、130、150、190、230、320、400、480、585、765
	升降：12、15、20、25、33、40、50、65、80、95、115、160、200、290、380

（续）

型　号	进　给　量/(mm/min)		
X52K X53K	纵向：23.5、30、37.5、47.5、60、75、95、118、150、190、235、300、375、475、600、750、950、1180		
	横向：15、20、25、31、40、50、63、78、100、126、156、200、250、316、400、500、634、786		
	升降：8、10、12.5、15.5、20、25、31.5、39、50、63、78、100、125、158、200、250、317、394		
X53T	纵向及横向：10、14、20、28、40、56、80、110、160、220、315、450、630、900、1250		
	升降：2.5、3.5、5.5、7、10、14、20、28.5、40、55、78.5、112.5、157.5、225、315		

2. 卧式万能铣床

卧式（万能）铣床型号与主要技术参数见表 4-18～表 4-21。

表 4-18　卧式（万能）铣床型号与主要技术参数

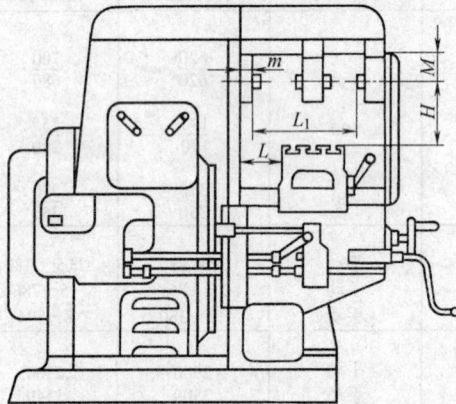

技　术　参　数	型　号		
	X60 （X60W）	X61 （X61W）	X62 （X62W）
主轴轴线至工作台面距离 H/mm	0～300	30～360 （30～330）	30～390 （30～350）
床身垂直导轨面至工作台后面距离 L/mm	80～240	40～230	55～310
主轴轴线至悬梁下平面的距离 M/mm	140	150	155
主轴端面至支臂轴承端面的最大距离 L_1/mm	447	470	700
主轴孔锥度	7：24	7：24	7：24
主轴孔径/mm	—	—	29
刀杆直径 ϕ/mm	16、22、27、32	22、27、32、40	22、27、32、40
主轴转速/(r/min)（见表 4-19）	50～2240	65～1800	30～1500
工作台面积（长×宽）/mm×mm	800×200	1000×250	1250×320
工作台最大行程/mm：			
纵向 手动/机动	500	$\frac{620}{620}$	$\frac{700}{680}$
横向 手动/机动	160	$\frac{190(185)}{170}$	$\frac{255}{240}$
升降 手动/机动	320	$\frac{330}{330(300)}$	$\frac{360(320)}{340(300)}$

（续）

技 术 参 数	型　号		
	X60 （X60W）	X61 （X61W）	X62 （X62W）
工作台进给量/（mm/min）： （见表4-20）			
纵向	22.4～1000	35～980	23.5～1180
横向	16～710	25～766	23.5～1180
升降	8～355	12～380	为纵向进给量的1/3
工作台快速移动速度 /（mm/min）：			
纵向	2800	2900	2300
横向	2000	2300	2300
升降	1000	1150	770
工作台T形槽：			
槽数	—	3	3
槽宽	—	14	18
槽距	—	50	70
工作台最大回转角度/（°）	无（±45）	无（±45）	无（±45）
主电动机功率/kW	2.8	4	7.5

注：（　）内为卧式万能铣床与卧式铣床相应型号的数据，其余相同。

表4-19　卧式（万能）铣床主轴转速

型　号	转　速/（r/min）
X60 X60W	50、71、100、140、200、400、560、800、1120、1600、2240
X61 X61W	65、80、100、125、160、210、255、300、380、490、590、725、945、1225、1500、1800
X62 X62W	30、37.5、47.5、60、75、95、118、150、190、235、300、375、475、600、750、950、1180、1500

表4-20　卧式（万能）铣床工作台进给量

型　号	进　给　量/（mm/min）
X60 X60W	纵向：22.4、31.5、45、63、90、125、180、250、355、500、710、1000
	横向：16、22.4、31.5、45、63、90、125、180、250、355、500、710
	升降：8、11.2、16、22.4、31.5、45、63、90、125、180、250、355
X61 X61W	纵向：35、40、50、65、85、105、125、165、205、250、300、390、510、620、755、980
	横向：25、30、40、50、65、80、100、130、150、190、230、320、400、480、585、765
	升降：12、15、20、25、33、40、50、65、80、98、115、160、200、240、290、380
X62 X62W	纵向及横向：23.5、30、37.5、47.5、60、75、95、118、150、190、235、300、375、475、600、750、950、1180

表4-21　卧式（万能）铣床工作台尺寸

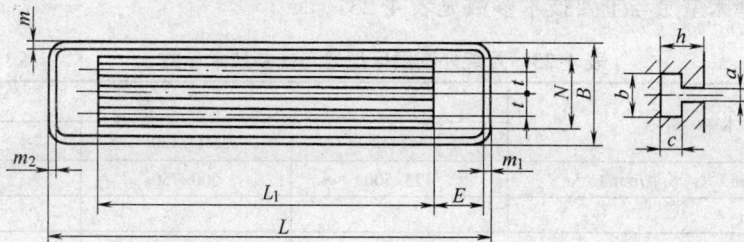

（单位：mm）

型　号	L	L_1	E	B	N	t	m	m_1	m_2	a	b	c	h	T形槽数
X60 （60W）	870	710	85	200	144	45	10	30	40	14	25 (23)	11	25 (23)	3

（续）

型 号	L	L_1	E	B	N	t	m	m_1	m_2	a	b	c	h	T形槽数
X61 (X61W)	1120	940 (1000)	90	260	185	50	10	48 (50)	50 (53)	14	24	11	25	3
X62 (X62W)	1325	1125 (1120)	70	320	225 (220)	70	16 (15)	50	25	18	30	14	32	3

注：基准槽 a 精度为 H8，固定槽 a 精度为 H12(摘自 GB/T 158—1996)。

3. 数控铣床

数控铣床型号与主要技术参数见表 4-22。

表 4-22 数控铣床型号与主要技术参数

技 术 参 数	机 床 型 号					
	数控立式升降台铣床		数控卧式升降台铣床	数控万能升降台铣床	数控床身铣床	数控万能工具铣床
	XK5025A	XK5032	XK6032	XK6232C	XK714G	XK8140A
工作台面积（长×宽）/mm×mm	1100×250	1320×320	1320×320	1320×320	900×400	800×400
工作台行程/mm：纵向	500	800	670	670	630	500
横向	260	350	250	250	400	350
垂向	100/370	30～430	320	320	500	400
主轴端面至工作台距离/mm	40～390	BT40				
主轴锥孔	30	ISO 50	TX50	TX50	NO.40	ISO 40
主轴转速/(r/min)	200～3000	25～2500	30～1500	30～1500 125～2000	8000	40～2000
机床精度/mm：定位精度	0.02/300	0.025	0.03 （伺服 0.015）	0.03 （伺服 0.015）	纵向：0.016 横向：0.014	0.015
重复定位精度	0.015	0.01	± 0.01	± 0.01	纵向：0.010 横向：0.008	0.008
主电动机功率/kW	4	3.7	5.5	5.5	7.5	4
机床重量/kg	1800	3000	2800	2900	4000	2000

四、其他常用机床主要技术参数

1. 万能外圆磨床

万能外圆磨床型号与主要技术参数见表 4-23。

表 4-23 万能外圆磨床型号与主要技术参数

技 术 参 数	型 号		
	M1412	MD1420	M1432A
（最大磨削直径/mm）×（长度/mm）	125×500	200×750	320×1500
最小磨削直径/mm	5	8	8
磨削孔径范围/mm	10～40	13～80	13～100
最大磨削孔深/mm	50	125	125
（中心高/mm）×（中心距/mm）	100×500	125×500	180×1500
工件最大重量/kg	10	50	150

（续）

技术参数	型　号		
	M1412	MD1420	M1432A
（砂轮最大外径/mm）×（厚度/mm）	300×40	400×50	400×50
工作精度：			
圆度/mm	0.003	0.003	0.005
圆柱度/mm	0.005	0.005	0.008
表面粗糙度 Ra/μm	0.32	0.2	0.32
主电动机功率/kW	2.2	4	4

2. 卧轴矩台平面磨床

卧轴矩台平面磨床型号与主要技术参数见表 4-24。

表 4-24　卧轴矩台平面磨床型号与主要技术参数

技术参数	型　号		
	M7120A	M7130	M7140
工作台面积（宽×长）/mm×mm	200×300	300×1000	400×630
加工范围（长×宽×高）/mm×mm×mm	630×200×320	1000×300×400	630×400×430
砂轮尺寸（外径×宽×内径）/mm×mm×mm	250×25×75	350×40×127	350×40×127
砂轮转速/（r/min）	1500	1440	1440
工作台行程/mm			
纵向	780	200～1100	750
横向			450
磨头移动量/mm	250	垂直：400	495
磨头轴线至工作台距离/mm	100～445	135～575	110～605
工作台速度/（m/min）	1～18	3～27	3～25
工作精度：			
平行度/mm	0.005/300	0.005/300	0.005/300
表面粗糙度 Ra/μm	0.32	0.63	0.63
主电动机功率/kW	2.8	4.5	5.5
电动机台数	3	3	5

3. 卧式镗床

卧式镗床型号与主要技术参数见表 4-25。

表 4-25　卧式镗床型号与主要技术参数

技术参数	型　号		
	T68	T612	TX611A
主轴直径/mm	85	125	110
最大镗孔直径/mm	240	550	240
主轴中心线至工作表面距离/mm	42.5～800	0～1400	5～775

（续）

技 术 参 数	型　号		
	T68	T612	TX611A
工作台重量/kg	2000	4000	2000
主轴转速/（r/min）：			
级数	18	23	18
范围	20～1000	7.5～1200	12～950
工作台行程/mm：			
纵向	1140	1600	1160
横向·	850	1400	850
工作精度：			
圆柱度/mm	0.01/300	0.03/300	0.02
端面平面度/mm	0.01/500	0.03/500	0.02
表面粗糙度 Ra/μm	3.2	3.2	1.6
主电动机功率/kW	5.5/7.5	7.5/10	6.5/8
电动机台数	2	3	2

4. 卧式内拉床

卧式内拉床型号与主要技术参数见表 4-26。

表 4-26　卧式内拉床型号与主要技术参数

技 术 参 数	型　号		
	L6110	L6120	L6140A
额定拉力/kN	98	196	392
最大行程/mm	1250	1600	2000
拉削速度（无级调速）/（m/min）	2～11	1.5～11	1.5～7
拉刀返回速度（无级调速）/（m/min）	14～25	7～20	12～20
工作台孔径/mm	ϕ150	ϕ200	ϕ250
花盘孔径/mm	ϕ100	ϕ130	ϕ150
机床底面至支承板孔轴心线距离/mm	900	900	850
液压传动电动机功率/kW	17	22	40

5. 攻螺纹机

攻螺纹机的型号与主要技术参数见表 4-27。

表 4-27　攻螺纹机的型号与主要技术参数

技 术 参 数	型　号			
	S4006	SB408	S4010	S4012A
最大攻螺纹钻孔直径/mm	M6	M8	M0.8～10	M12
主轴端至底座面距离/mm	380	50～335	300	360
主轴轴线至立柱表面距离/mm	129.5	185	184	240

（续）

技 术 参 数	型　号			
	S4006	SB408	S4010	S4012A
主轴转速/ (r/min)：				
级数	2	3	4	3
范围	攻螺纹: 480, 850; 回程: 580, 1505	420～1340	360～930	270～560
主轴行程/mm	40	45	45	90
主电动机功率/kW	0.25	0.4	0.37	0.75

第五章　切削用量的选择和时间定额的计算

第一节　切削用量的选择

切削加工中，需根据加工要求（加工质量、加工效率和加工成本）选用适宜的切削速度 v(m/min)、进给量 f (mm/r)和背吃刀量 a_p(mm)。v、f 和 a_p 称为切削用量三要素。

一、切削用量的选择原则

切削用量的选择，对生产效率、加工成本和加工质量均有重要影响。所谓合理的切削用量是指在保证加工质量的前提下，能取得较高的生产效率和较低成本的切削用量。约束切削用量选择的主要条件有：①工件的加工要求，包括加工质量要求和生产效率要求；②刀具材料的切削性能；③机床性能，包括动力特性（功率、转矩）和运动特性；④刀具寿命要求。

选择切削用量的基本原则是：①首先选取尽可能大的背吃刀量 a_p；②其次根据机床进给机构强度、刀杆刚度等限制条件（粗加工时）或已加工表面粗糙度要求（精加工时），选取尽可能大的进给量 f；③最后查表和手册或根据公式计算确定切削速度 v。

1. 背吃刀量 a_p 的选择

粗加工时，背吃刀量应根据加工余量和工艺系统刚度来确定。由于粗加工时是以提高生产率为主要目标，所以在留出半精加工、精加工余量后，应尽量将粗加工余量一次切除。一般 a_p 可达 8～10mm。当遇到断续切削、加工余量太大或不均匀时，则应考虑分几次走刀切削，背吃刀量应依次递减，即 $a_{p1}>a_{p2}>a_{p3}\cdots$。

精加工应根据精加工工序余量确定背吃刀量。

2. 进给量 f 的选择

粗加工时对表面粗糙度要求不高，在工艺系统刚度和强度好的情况下，可以选用较大的进给量；精加工时，应主要考虑工件表面粗糙度要求，一般表面粗糙度数值越小，所选进给量也要相应减小。

3. 切削速度 v 的选择

切削速度主要应根据工件和刀具的材料来确定。粗加工时，v 主要受刀具寿命和机床功率的限制，如超出了机床许用功率，则应适当降低切削速度；精加工时，a_p 和 f 值均不大，在保证合理刀具寿命的情况下，应选取较高的切削速度。

切削用量选定后，应根据所选定的机床，将进给量 f 和切削速度 v 修定为机床所具有的进给量 f 和转速 n，并计算出实际切削速度 v。工序卡上填写的切削用量应是修定后的进给量 f、转速 n 及实际切削速度 v。

转速 n（r/min）的计算公式如下

$$n = \frac{v}{\pi d} \times 1000 \tag{5-1}$$

式中　d——刀具（或工件）直径（mm）；

　　　v——切削速度（m/min）。

二、车削用量选择

车削用量可参考表 5-1～表 5-4 选取。

表 5-1　高速钢车刀常用车削用量

工件材料及其抗拉强度/ GPa		进给量 f/(mm/r)	切削速度 v/(m/min)
碳　钢	$\sigma_b \leqslant 0.50$	0.2 0.4 0.8	30～50 20～40 15～25
	$\sigma_b \leqslant 0.70$	0.2 0.4 0.8	20～30 15～25 10～15
灰　铸　铁 $\sigma_b = 0.18～0.28$		0.2 0.4 0.8	15～30 10～15 18～10

注：1. 刀具寿命 $T \geqslant 60$min；粗加工时最大背吃刀量 $a_p \leqslant 5$mm；精加工时，f 取小值，v 取大值。

　　2. 成形车刀和切断车刀的切削速度约取表中平均值的 60%，进给量取 $f=0.02～0.08$mm/r。成形车刀的切削宽度宽时取小值，而切断车刀的切削宽度窄时取小值。

表 5-2　硬质合金车刀常用切削速度　　　　　（单位：m/min）

工件材料	硬度 HBW	刀具材料	精车 （$a_p=0.3～2$mm $f=0.1～0.3$mm/r）	刀具材料	半精车 （$a_p=2.5～6$mm $f=0.35～0.65$mm/r）	粗车 （$a_p=6.5～10$mm $f=0.7～1$mm/r）
碳素钢 合金结构钢	150～200 200～250 250～325 325～400	YT15	120～150 110～130 75～90 60～80	YT5	90～110 80～100 60～80 40～60	60～75 50～65
易切钢	200～250	YT15	140～180	YT15	100～120	70～90
灰铸铁	150～200 200～250	YG6	90～110 70～90	YG8	70～90 50～70	45～65 35～55
可锻铸铁	120～150	YG6	130～150	YG8	100～120	70～90

注：1. 刀具寿命 $T=60$min；a_p、f 选大值时，v 选小值，反之，v 选大值。

　　2. 成形车刀和切断车刀的切削速度可取表中粗加工栏中的数值，进给量 $f=0.04～0.15$mm/r。

表 5-3　切断及车槽的进给量

切 断 刀				车 槽 刀				
切断刀 宽度/ mm	刀头 长度/ mm	工件材料		车槽刀 宽度/ mm	刀头 长度/ mm	刀杆 截面/ mm²	工件材料	
		钢	灰铸铁				钢	灰铸铁
		进给量 f/（mm/r）					进给量 f/（mm/r）	
2	15	0.07～0.09	0.10～0.13	6	16	10×16	0.17～0.22	0.24～0.32
3	20	0.10～0.14	0.15～0.20	10	20		0.10～0.14	0.15～0.21
5	35	0.19～0.25	0.27～0.37	6	20	12×20	0.19～0.25	0.27～0.36
	65	0.10～0.13	0.12～0.16	8	25		0.16～0.21	0.22～0.30
6	45	0.20～0.26	0.28～0.37	12	30		0.14～0.18	0.20～0.26

注：加工 $\sigma_b \leqslant 0.588$GPa 钢及 $\leqslant 180$HBW 铸铁，用大进给量；反之，用小进给量。

表 5-4　切断、车槽的切削速度

进给量 f/(mm/r)	高速钢车刀 W18Cr4V		YT5（P 类）	YG6（K 类）
	工 件 材 料			
	碳钢 σ_b=0.735GPa	可锻铸铁 150 HBW	钢 σ_b=0.735GPa	灰铸铁 190 HBW
	加切削液		不加切削液	
0.08	35	59	179	83
0.10	30	53	150	76
0.15	23	44	107	65
0.20	19	38	87	58
0.25	17	34	73	53
0.30	15	30	62	49
0.40	12	26	50	44
0.50	11	24	41	40

三、铣削用量选择

铣削用量系指铣削速度、进给量、背吃刀量和铣削切削层公称宽度。

1. 铣削速度 v (m/min)

$$v = \frac{\pi d n}{1000} \tag{5-2}$$

式中　d ——铣刀直径（mm）；

　　　n ——铣刀转速（r/min）。

2. 进给量

（1）每转进给量 f(mm/r)　指铣刀每转过一转工件相对于铣刀移动的距离。

（2）每齿进给量 f_z(mm/z)　指铣刀每转过一齿工件相对于铣刀移动的距离。

$$f_z = \frac{f}{z} \tag{5-3}$$

式中　z ——铣刀刀齿数。

（3）进给速度 v_f（mm/min）　每分钟内工件相对于铣刀移动的距离。

$$v_f = fn = f_z zn \tag{5-4}$$

3. 背吃刀量 a_p

背吃刀量是指平行于铣刀轴线方向的切削层尺寸。

4. 铣削切削层公称宽度 a_e

铣削切削层公称宽度 a_e（以下简称为铣削宽度）指垂直于铣刀轴线方向的切削层尺寸。

铣削用量可参见表 5-5～表 5-21 选取。

表 5-5　高速钢面铣刀、圆柱形铣刀和圆盘铣刀铣削时的进给量

（1）粗铣时每齿进给量 f_z/(mm/z)

铣床（铣头）功率/kW	工艺系统刚度	粗齿和镶齿铣刀				细齿铣刀			
		面铣刀与圆盘铣刀		圆柱形铣刀		面铣刀与圆盘铣刀		圆柱形铣刀	
		钢	铸铁及铜合金	钢	铸铁及铜合金	钢	铸铁及铜合金	钢	铸铁及铜合金
>10	大	0.2~0.3	0.3~0.45	0.25~0.35	0.35~0.50				
	中	0.15~0.25	0.25~0.40	0.20~0.30	0.30~0.40	—			
	小	0.10~0.15	0.20~0.25	0.15~0.20	0.25~0.30				
5~10	大	0.12~0.20	0.25~0.35	0.15~0.25	0.25~0.35	0.08~0.12	0.20~0.35	0.10~0.15	0.12~0.20
	中	0.08~0.15	0.20~0.30	0.12~0.20	0.20~0.30	0.06~0.10	0.15~0.30	0.06~0.10	0.10~0.15
	小	0.06~0.10	0.15~0.25	0.10~0.15	0.12~0.20	0.04~0.08	0.10~0.20	0.06~0.08	0.08~0.12
<5	中	0.04~0.06	0.15~0.20	0.06~0.10	0.12~0.20	0.04~0.06	0.12~0.20	0.05~0.08	0.06~0.12
	小	0.04~0.06	0.10~0.20	0.06~0.10	0.10~0.15	0.04~0.06	0.08~0.15	0.03~0.06	0.05~0.10

（2）半精铣时每转进给量 f/(mm/r)

要求表面粗糙度 Ra/μm	镶齿面铣刀和圆盘铣刀	圆柱形铣刀					
		铣刀直径 d/mm					
		40~80	100~125	160~250	40~80	100~125	160~250
		钢　及　铸　钢			铸铁，铜及铝合金		
6.3	1.2~2.7	—					
3.2	0.5~1.2	1.0~2.7	1.7~3.8	2.3~5.0	1.0~2.3	1.4~3.0	1.9~3.7
1.6	0.23~0.5	0.6~1.5	1.0~2.1	1.3~2.8	0.6~1.3	0.8~1.7	1.1~2.1

注：1. 表中大进给量用于小的背吃刀量和铣削宽度；小进给量用于大的背吃刀量和铣削宽度。

　　2. 铣削耐热钢时，进给量与铣削钢时相同，但不大于 0.3mm/z。

表 5-6　高速钢立铣刀、切槽铣刀和切断铣刀铣削钢的进给量

铣刀直径 d/mm	铣刀类型	铣削宽度 a_e /mm							
		5	6	8	10	12	15	20	30
		每齿进给量 f_z/(mm/z)							
16	立铣刀	0.06~0.05	—						
20		0.07~0.04		—	—	—	—	—	—
25		0.09~0.05	0.08~0.04						
32		0.12~0.07	0.10~0.05						
40	立铣刀	0.14~0.08	0.12~0.07	0.08~0.05	—	—	—	—	—
	切槽铣刀	0.007~0.003	0.01~0.007	—					
50	立铣刀	0.15~0.10	0.13~0.08	0.10~0.07	—	—	—	—	—
	切槽铣刀	0.008~0.004	0.012~0.008	0.012~0.008					
63	切槽铣刀	0.01~0.005	0.015~0.01	0.015~0.01	0.015~0.01	—	—	—	—
	切断铣刀	—	0.025~0.015	0.022~0.012	0.02~0.01				
80	切槽铣刀	0.015~0.005	0.025~0.01	0.022~0.01	0.02~0.01	0.017~0.008	0.015~0.007	—	—
	切断铣刀	—	0.03~0.15	0.027~0.012	0.025~0.01	0.022~0.01	0.02~0.01		

（续）

铣刀直径 d/mm	铣刀类型	铣削宽度 a_c/mm							
		5	6	8	10	12	15	20	30
		每齿进给量 f_z/(mm/z)							
100	切断铣刀	—	0.03~0.02	0.028~0.016	0.027~0.015	0.023~0.015	0.022~0.012	0.023~0.013	—
125	切断铣刀		0.03~0.025	0.03~0.02	0.03~0.02	0.025~0.02	0.025~0.02	0.025~0.015	0.02~0.01
160		—					0.03~0.02	0.025~0.015	0.02~0.01

注：1. 铣削铸铁、铜及铝合金时，进给量可增加30%～40%。

2. 在铣削宽度小于5mm时，切槽铣刀和切断铣刀采用细齿；铣削宽度大于5mm时，采用粗齿。

表5-7 硬质合金面铣刀、圆柱形铣刀和圆盘铣刀铣削平面和凸台的进给量

机床功率/kW	钢		铸铁及铜合金	
	每齿进给量 f_z/(mm/z)			
	YT15	YT5	YG6	YG8
5~10	0.09~0.18	0.12~0.18	0.14~0.24	0.20~0.29
>10	0.12~0.18	0.16~0.24	0.18~0.28	0.25~0.38

注：1. 表列数值用于圆柱铣刀时，背吃刀量 $a_p \leq 30$mm；当 $a_p > 30$mm 时，进给量应减少30%。

2. 用圆盘铣刀铣槽时，表列进给量应减少一半。

3. 用面铣刀铣削时，对称铣时进给量取小值；不对称铣时进给量取大值。主偏角大时取小值；主偏角小时取大值。

4. 铣削材料的强度或硬度大时，进给量取小值；反之取大值。

5. 上述进给量用于粗铣。精铣时铣刀每转进给量按下表选择：

要求达到的粗糙度 Ra/μm	3.2	1.6	0.8	0.4
每转进给量/(mm/r)	0.5~1.0	0.4~0.6	0.2~0.3	0.15

表5-8 硬质合金立铣刀铣削平面和凸台的进给量

铣刀类型	铣刀直径 d/mm	铣削宽度 a_c/mm			
		1~3	5	8	12
		每齿进给量 f_z/(mm/z)			
带整体刀头的立铣刀	10~12	0.03~0.025	—	—	—
	14~16	0.06~0.04	0.04~0.03	—	—
	18~22	0.08~0.05	0.06~0.04	0.04~0.03	—
镶螺旋形刀片的立铣刀	20~25	0.12~0.07	0.10~0.05	0.10~0.03	0.08~0.05
	30~40	0.18~0.10	0.12~0.08	0.10~0.06	0.10~0.05
	50~60	0.20~0.10	0.16~0.10	0.12~0.08	0.12~0.06

注：1. 大进给量用于在大功率机床上铣削深度较小的粗铣；小进给量用于在中等功率的机床上铣削深度较大的铣削。

2. 表列进给量可得到 $Ra=6.3~3.2$μm 的表面粗糙度。

表5-9 铣刀磨钝标准

（1）高速钢铣刀

铣刀类型		后刀面最大磨损限度/mm					
		钢和铸铁		耐热钢		铸铁	
		粗铣	精铣	粗铣	精铣	粗铣	精铣
圆柱形铣刀和圆盘铣刀		0.4~0.6	0.15~0.25	0.5	0.20	0.50~0.80	0.20~0.30
面铣刀		1.2~1.8	0.3~0.5	0.70	0.50	1.5~2.0	0.30~0.50
立铣刀	$d \leq 15$mm	0.15~0.20	0.1~0.15	0.50	0.40	0.15~0.20	0.10~0.15
	$d > 15$mm	0.30~0.50	0.20~0.25			0.30~0.50	0.20~0.25

（续）

（1）高速钢铣刀						
铣刀类型	后刀面最大磨损限度/mm					
	钢和铸铁		耐热钢		铸铁	
	粗铣	精铣	粗铣	精铣	粗铣	精铣
切槽铣刀和切断铣刀	0.15~0.20	—	—	—	0.15~0.20	—
成形铣刀 尖齿	0.60~0.70	0.20~0.30			0.6~0.7	0.2~0.3
铲齿	0.30~0.4	0.20			0.3~0.4	0.2
锯片铣刀	0.5~0.7				0.6~0.8	

（2）硬质合金铣刀				
铣刀类型	后刀面最大磨损限度/mm			
	钢和铸铁		铸铁	
	粗铣	精铣	粗铣	精铣
圆柱形铣刀	0.5~0.6		0.7~0.8	
圆盘铣刀	1.0~1.2		1.0~1.5	
面铣刀	1.0~1.2		1.5~2.0	
立铣刀 带整体刀头	0.2~0.3		0.2~0.4	
镶螺旋形刀片	0.3~0.5		0.3~0.5	

注：1. 上表适于铣削钢的 YT5、YT14、YT15 和铣削铸铁的 YG8、YG6 与 YG3 硬质合金铣刀。

2. 铣削奥氏体不锈钢时，许用的后刀面最大磨损量为 0.2~0.4mm。

表 5-10 铣刀寿命 T （单位：min）

铣刀直径 d/mm≤		25	40	63	80	100	125	160	200	250	315	400
高速钢铣刀	细齿圆柱形铣刀	—		120		180			—			
	镶齿圆柱形铣刀		—				180					
	圆盘铣刀		—			120		150		180	240	
	面铣刀	—	120			180			240			
	立铣刀	60	90	120				—				
	切槽铣刀，切断铣刀				60	75	120	150	180		—	
	成形铣刀，角度铣刀	—		120		180						
硬质合金铣刀	面铣刀					180			240		300	420
	圆柱形铣刀					180						
	立铣刀	90	120	180								
	圆盘铣刀		—			120		150	180	240		

表 5-11 高速钢（W18Cr4V）面铣刀铣削速度 （单位：m/min）

T /min	$\dfrac{d}{z}$	铣削宽度 a_e/mm	结构碳钢 σ_b=735MPa（加切削液）				灰铸铁 195HBW			
			f_z/(mm/z)	背吃刀量 a_p/mm			f_z/(mm/z)	背吃刀量 a_p/mm		
				3	5	8		3	5	8
1. 镶齿铣刀										
180	$\dfrac{80}{10}$	48	0.03	54.6	51.9	49.3	0.05	70.2	66.6	
			0.05	48.4	45.8	44	0.08	57.6	54.9	
			0.12	40.5	38.3	36.5	0.2	40	38.3	
180	$\dfrac{125}{14}$	75	0.03	55.4	52.8	51	0.05	71.1	67.5	64.8
			0.05	50.0	47.5	45.3	0.08	58.5	55.8	54
			0.12	40.5	38.7	37	0.2	41	38.7	36.9
			0.2	33.4	31.2	30.4	0.3	34.6	32.9	

（续）

T/min	$\dfrac{d}{z}$	铣削宽度 a_e/mm	结构碳钢 σ_b=735MPa（加切削液）f_z/(mm/z)	背吃刀量 a_p/mm 3	5	8	灰铸铁 195HBW f_z/(mm/z)	背吃刀量 a_p/mm 3	5	8
					1. 镶齿铣刀					
180	$\dfrac{160}{16}$	96	0.05	49	46.6	44.9	0.05	72	68.4	65.3
			0.12	40.9	39.6	37.4	0.12	50.4	48.2	45.9
			0.2	33.4	31.7	30.4	0.2	41.4	39.2	37.4
			0.3	28.6	26.8		0.3	35.1	33.3	31.5
240	$\dfrac{200}{20}$	120	0.05	47.5	45.8	43.6	0.08	56.7	54	51.8
			0.12	39.2	37.8	36	0.2	39.6	37.4	35.6
			0.2	32.1	30.4	29	0.3	33.8	32	30.6
			0.3	27.3	26		0.4	29.7	28.4	27
					2. 整体铣刀					
120	$\dfrac{40}{12}$	24	0.03	54.6	51.9		0.03	83.7	80	
			0.05	49	46.6		0.05	68.4	65.3	
			0.08	44.9	42.7		0.08	56.7	53.6	
180	$\dfrac{68}{10}$	38	0.03	52.8	50.2	48.4	0.05	68.4	65.3	62.1
			0.05	47.5	44.9	44	0.08	56.7	54	51.3
			0.12	38.7	37	35.6	0.2	39.2	37.3	35.6
180	$\dfrac{80}{18}$	48	0.03	51.5	48.84		0.05	65.7	63	
			0.05	46.2	44.4		0.08	54.9	52.2	
			0.12	36	34		0.15	42.8	40.5	

注：表中 d—铣刀直径；z—铣刀齿数；T—铣刀寿命；f_z—每齿进给量。

表 5-12　YT15 硬质合金面铣刀铣削结构碳钢、铬钢、镍铬钢（σ_b=650MPa）的铣削速度

T/min	$\dfrac{d_0}{z}$	a_w/mm	a_f/(mm/z)	背吃刀量 a_p/mm 3	5	9	12
				v/(m/min)			
180	$\dfrac{100}{5}$	60	0.07	173	166	157	—
			0.10	150	144	135	—
			0.13	135	130	121	—
			0.18	119	114	108	—
180	$\dfrac{125}{6}$	75	0.07	173	166	157	—
			0.10	150	144	135	—
			0.13	135	130	121	—
			0.18	119	114	108	—
180	$\dfrac{160}{8}$	96	0.07	173	166	157	—
			0.10	150	144	135	—
			0.13	135	130	121	—
			0.18	119	114	108	—
240	$\dfrac{200}{10}$	120	0.10	141	135	128	128
			0.13	128	121	114	114
			0.18	112	108	101	101
			0.24	101	96	90	90
240	$\dfrac{250}{12}$	150	0.10	141	135	128	128
			0.13	128	121	114	114
			0.18	112	108	101	101
			0.24	101	96	90	90
300	$\dfrac{315}{16}$	190	0.10	137	130	123	121
			0.13	121	117	110	110
			0.18	108	103	96	96
			0.24	96	92	86	—
420	$\dfrac{400}{20}$	240	0.10	126	121	114	114
			0.13	114	108	103	103
			0.18	101	96	92	—
			0.24	90	85	80	—
			0.30	82	78	—	—

表 5-13　**YG8 硬质合金面铣刀铣削灰铸铁(190HBW)的铣削速度**

T/min	$\dfrac{d_0}{z}$	a_w/mm	a_f/(mm/z)	背吃刀量 a_p/mm v/(m/min)				
				3	5	9	12	18
180	$\dfrac{100}{5}$	60	0.10	81	75	70	—	—
			0.14	72	67	62	—	—
			0.20	64	59	55	—	—
180	$\dfrac{125}{6}$	75	0.10	81	75	70	—	—
			0.14	72	67	62	—	—
			0.20	64	59	55	—	—
			0.28	57	52	49	—	—
180	$\dfrac{160}{8}$	96	0.10	81	75	70	66	—
			0.14	72	67	62	59	—
			0.20	64	59	55	52	—
			0.28	57	52	49	46	—
			0.40	50	46	43	41	—
180	$\dfrac{200}{10}$	120	0.14	72	67	62	59	55
			0.20	64	59	55	52	49
			0.28	57	52	49	46	44
			0.40	50	46	43	41	39
			0.60	43	40	38	35	—
240	$\dfrac{250}{12}$	150	0.14	66	61	57	53	50
			0.20	58	54	50	47	44
			0.28	52	48	45	42	40
			0.40	46	42	40	37	—
			0.60	40	36	34	32	—
300	$\dfrac{315}{16}$	190	0.14	62	57	53	50	47
			0.20	54	50	47	44	42
			0.28	48	45	42	39	37
			0.40	43	40	36	34	—
			0.60	37	34	32	30	—
420	$\dfrac{400}{20}$	240	0.20	48	45	42	40	37
			0.28	43	40	38	35	33
			0.40	38	35	33	31	29
			0.60	33	31	29	—	—
			0.80	30	28	26	—	—

表 5-14　**高速钢立铣刀铣削平面及凸台的铣削速度**　　（单位：m/min）

T/min	$\dfrac{d}{z}$	a_p/mm	碳素结构钢σ_b=650MPa（加切削液）				灰铸铁 190HBW			
			f_z/(mm/z)	a_e/mm			f_z/(mm/z)	a_e/mm		
				3	5	8		3	5	8
			粗 齿 铣 刀							
60	$\dfrac{16}{3}$	40	0.04	47	—	—	0.08	22	—	—
			0.06	38	—	—	0.12	21	—	—
			0.08	34	—	—	0.18	19	—	—
60	$\dfrac{20}{3}$	40	0.04	52	40	—	0.08	26	20	—
			0.06	43	33	—	0.12	24	18	—
			0.10	33	—	—	0.25	21	—	—
60	$\dfrac{25}{3}$	40	0.06	47	36	—	0.08	31	24	—
			0.10	36	28	—	0.18	26	20	—
			0.12	33	—	—	0.25	24	—	—
90	$\dfrac{40}{4}$	40	0.06	—	38	30	0.08	—	27	21
			0.10	38	30	23	0.18	30	23	18
			0.15	31	24	—	0.40	26	20	—
120	$\dfrac{50}{4}$	40	0.12	35	27	21	0.18	32	25	20
			0.15	31	24	19	0.25	30	24	19
			0.20	27	21	—	0.40	28	21	—

（续）

T/min	$\dfrac{d}{z}$	a_p/mm	碳素结构钢σ_b=650MPa（加切削液）				灰铸铁 190HBW			
			f_z/(mm/z)	a_e/mm			f_z/(mm/z)	a_e/mm		
				3	5	8		3	5	8
			细 齿 铣 刀							
60	$\dfrac{16}{6}$	40	0.02	63	—	—	0.05	21	—	—
			0.04	44	—	—	0.12	18	—	—
			0.06	36	—	—	—	—	—	—
60	$\dfrac{20}{6}$	40	0.03	57	44	—	0.05	25	19	—
			0.06	40	31	—	0.12	21	16	—
			0.08	35	—	—	0.18	19	—	—
60	$\dfrac{25}{6}$	40	0.04	55	42	—	0.08	26	20	—
			0.08	38	29	—	0.18	22	17	—
			0.10	34	—	—	0.25	20	—	—
90	$\dfrac{40}{8}$	40	0.04	—	—	35	0.05	—	—	21
			0.08	41	32	25	0.12	29	22	18
			0.12	33	25	—	0.25	25	19	—
120	$\dfrac{50}{8}$	40	0.06	—	36	29	0.08	—	26	21
			0.10	36	28	22	0.18	29	22	18
			0.15	30	—	—	0.40	25	—	—

注：表内铣削用量能达到表面粗糙度 Ra3.2μm。

表 5-15　高速钢立铣刀铣槽的铣削速度　　　　（单位：m/min）

T/min	$\dfrac{d}{z}$	槽宽 a_e/mm	结构碳钢σ_b=650MPa（加切削液）						灰铸铁 190HBW					
			f_z/(mm/z)	槽深 a_p/mm					f_z/(mm/z)	槽深 a_p/mm				
				5	10	15	20	30		5	10	15	20	30
45	$\dfrac{8}{4}$	8	0.006	—	69	—	—	—	0.01	22	18	—	—	—
			0.01	54	51	—	—	—	0.02	19	15	—	—	—
			0.02	39	36	—	—	—	0.03	18	14	—	—	—
45	$\dfrac{10}{5}$	10	0.008	—	56	53	—	—	0.01	—	19	16	—	—
			0.01	54	50	48	—	—	0.02	20	16	14	—	—
			0.03	31	—	—	—	—	0.05	17	—	—	—	—
60	$\dfrac{16}{3}$	16	0.01	—	—	45	—	—	0.03	—	18	16	—	—
			0.02	—	33	32	—	—	0.05	—	16	14	—	—
			0.04	25	23	—	—	—	0.08	20	15	13	—	—
	$\dfrac{16}{6}$		0.01	48	45	43	—	—	0.02	—	16	15	—	—
			0.02	34	31	30	—	—	0.05	17	14	12	—	—
			0.04	24	—	—	—	—	0.08	15	13	11	—	—
60	$\dfrac{20}{3}$	20	0.02	—	—	—	—	30	0.05	21	17	15	14	—
			0.04	—	—	23	22	22	0.08	19	15	14	13	—
			0.06	—	—	19	18	18	0.12	17	14	13	—	—
	$\dfrac{20}{6}$		0.02	—	—	30	29	—	0.03	19	16	—	13	—
			0.04	—	22	21	20	—	0.05	18	14	13	11	—
			0.06	—	18	17	—	—	0.12	15	12	10	—	—
60	$\dfrac{25}{3}$	25	0.03	—	—	25	25	24	0.05	—	18	16	14	13
			0.04	—	23	22	21	21	0.08	—	16	14	13	11
			0.06	—	19	18	18	17	0.12	—	15	13	12	—
	$\dfrac{25}{6}$		0.03	—	—	24	23	23	0.05	—	15	13	12	11
			0.06	—	18	17	17	16	0.08	—	14	12	11	10
			0.08	—	15	15	—	—	0.12	—	13	11	—	—

注：表内铣削用量能达到表面粗糙度 Ra3.2μm。

表 5-16 高速钢圆柱铣刀铣削钢及灰铸铁的铣削速度 （单位：m/min）

T/min	$\dfrac{d}{z}$	a_p/mm	结构碳钢σ_b=650MPa（加切削液）					灰铸铁 190HBW				
			f_z/(mm/z)	铣削宽度 a_e/mm				f_z/(mm/z)	铣削宽度 a_e/mm			
				3	5	8	12		3	5	8	12
镶齿和粗齿铣刀												
180	$\dfrac{80}{8}$	60	0.05	30	26	—	—	0.08	26	20	16	13
			0.08	28	24	—	—	0.12	25	19	15	12
			0.12	25	22	—	—	0.30	15	12	9	8
180	$\dfrac{100}{10}$	70	0.05	32	28	24	21	0.08	29	22	18	14
			0.12	27	23	20	18	0.12	27	20	16	13
			0.20	22	19	17	15	0.30	17	13	10	8
细齿铣刀												
120	$\dfrac{50}{8}$	40	0.03	29	—	—	—	0.03	23	—	—	—
			0.05	26	—	—	—	0.05	21	—	—	—
			0.08	24	—	—	—	0.12	18	—	—	—
120	$\dfrac{63}{10}$	50	0.03	34	30	25	—	0.03	28	22	17	—
			0.05	30	26	23	—	0.05	25	20	16	—
			0.08	28	24	21	—	0.12	22	17	13	—
180	$\dfrac{80}{12}$	60	0.03	32	28	24	—	0.05	25	19	15	—
			0.05	29	25	22	—	0.08	22	17	14	—
			0.08	26	23	20	—	0.20	17	13	10	—

注：加工 150HBW 的可锻铸铁按 σ_b=650MPa 的结构碳钢修正，$v \times 1.23$。

表 5-17 高速钢三面刃圆盘铣刀铣削平面及凸台的铣削速度 （单位：m/min）

T/min	$\dfrac{d}{z}$	a_p/mm	σ_b=650MPa 的结构碳钢（加切削液）					190HBW 的灰铸铁				
			f_z/(mm/z)	铣削宽度 a_e/mm				f_z/(mm/z)	铣削宽度 a_e/mm			
				10	20	40	60		10	20	40	60
镶齿铣刀												
120	$\dfrac{100}{12}$	6	0.05	33	27	—	—	0.08	31	22	—	—
			0.12	28	23	—	—	0.2	22	16	—	—
			0.2	23	18	—	—	0.3	19	13	—	—
150	$\dfrac{160}{16}$	8	0.05	34	28	23	—	0.08	31	22	16	—
			0.08	32	26	21	—	0.12	26	19	13	—
			0.12	29	24	19	—	0.2	21	15	11	—
			0.2	23	19	16	—	0.4	16	12	—	—
150	$\dfrac{200}{20}$	12	0.05	—	28	23	20	0.08	—	22	16	13
			0.08	—	26	21	18	0.12	—	19	13	11
			0.12	—	23	19	17	0.2	—	15	11	9
			0.2	—	19	15	14	0.4	—	12	—	—
整体直齿铣刀				5	10	20	30		5	10	20	30
120	$\dfrac{80}{18}$	5	0.03	39	31	—	—	0.05	43	30	—	—
			0.05	35	29	—	—	0.08	36	25	—	—
			0.08	32	26	—	—					
120	$\dfrac{100}{20}$	6	0.03	40	33	26	—	0.05	44	31	23	—
			0.05	36	30	24	—	0.08	37	26	19	—
			0.08	33	27	22	—	0.12	31	22	16	—

注：加工 150HBW 的可锻铸铁按铣削 σ_b=650MPa 的结构碳钢修正，$v \times 1.23$。

表 5-18　高速钢三面刃圆盘铣刀铣槽的铣削速度　　　（单位：m/min）

T/min	d/z	ap/mm	结构碳钢σb=650MPa					灰铸铁 190HBW				
			fz/(mm/z)	铣削宽度 ae/mm				fz/(mm/z)	铣削宽度 ae/mm			
				5	10	15	20		5	10	15	20
镶齿铣刀												
150	160/16	24	0.03	—	34	30	27	0.05	—	33	27	24
			0.05	—	30	27	24	0.08	—	27	22	20
			0.08	—	28	25	23	0.12	—	23	19	17
			0.12	—	25	22	20	0.20	—	19	15	14
150	200/20	32	0.03	—	34	30	28	0.05	—	32	27	24
			0.05	—	31	27	25	0.08	—	28	23	20
			0.08	—	29	25	23	0.12	—	24	19	17
			0.12	—	25	23	21	0.20	—	19	17	14
180	250/22	40	0.03	—	32	29	27	0.05	—	32	27	23
			0.05	—	29	26	24	0.08	—	27	22	19
			0.08	—	27	24	22	0.12	—	23	19	16
			0.12	—	24	22	20	0.20	—	19	15	13

注：加工 150HBW 的可锻铸铁按 σ_b =650MPa 的结构碳钢修正，$v \times 1.23$。

表 5-19　高速钢切断铣刀切断速度　　　（单位：m/min）

T/min	d/z	切宽/mm	结构碳钢σb=735MPa（加切削液）					灰铸铁 195HBW				
			fz/(mm/z)	背吃刀量 ap/mm				fz/(mm/z)	背吃刀量 ap/mm			
				6	10	15	20		6	10	15	20
120	110/50	2	0.015	40	35	31	28	0.015	44	34	29	24
			0.02	39	33	29	27	0.02	40	31	25	22
			0.03	35	31	27	25	0.04	30	23	19	17
	110/40	3	0.015	49	43	38	35	0.02	37	29	23	20
			0.02	47	41	36	33	0.03	32	24	20	18
			0.03	44	37	33	30	0.04	29	22	18	16
180	150/50	4	0.015	—	—	34	31	0.015	—	—	25	21
			0.02	—	—	33	30	0.02	—	—	22	19
			0.03	—	—	30	27	0.04	—	—	17	14

注：加工可锻铸铁 150HBW 按结构碳钢σb=735MPa 乘以系数 1.39；加工铜合金 150～200HBW 按结构碳钢σb=735MPa 乘以系数 1.47。

表 5-20　硬质合金圆柱铣刀铣削钢及灰铸铁的铣削速度　　　（单位：m/min）

T/min	d/z	ap/mm	YT15 铣刀加工 σb =650MPa 的结构碳钢、铬钢、镍铬钢					YG8 铣刀加工 190HBW 的灰铸铁				
			fz/(mm/z)	铣削宽度 ae/mm				fz/(mm/z)	铣削宽度 ae/mm			
				1.5	3	5	8		2	3	5	8
180	63/8	40	0.15	110	90	73	—	0.10	93	88	72	—
			0.20	101	82	68	—	0.20	82	77	62	—
180	80/8	40	0.15	115	92	77	—	0.10	103	96	78	—
			0.20	106	86	71	—	0.20	90	85	69	—
			—					0.30	77	69	56	—

表 5-21 YT15硬质合金三面刃圆盘铣刀铣削 结构碳钢、铬钢、镍铬钢（σ_b=650MPa）的铣削速度

T/min	$\dfrac{d_0}{z}$	a_p/mm	a_f/(mm/z)	铣削宽度 a_w / mm			
				12	20	30	50
				v/(m/min)			
铣平面及凸台							
120	$\dfrac{100}{8}$	6	0.06	146	120	100	—
			0.12	134	110	94	—
			0.15	126	100	86	—
			0.19	115	92	78	—
			0.24	104	84	72	—
180	$\dfrac{160}{10}$	6	0.06	134	110	92	—
			0.12	124	100	86	—
			0.15	116	94	80	—
			0.19	108	86	72	—
			0.24	96	78	66	—
240	$\dfrac{200}{12}$	6	0.06	128	104	90	72
			0.12	118	96	82	67
			0.15	108	90	77	62
			0.19	100	82	70	57
			0.24	92	74	63	52
铣 槽							
120	$\dfrac{100}{8}$	20	0.03	190	162	144	—
			0.06	158	136	120	—
			0.09	134	116	102	—
			0.12	120	100	90	—
			0.15	112	96	84	—
180	$\dfrac{160}{10}$	20	0.03	156	150	132	—
			0.06	144	124	110	—
			0.09	124	106	94	—
			0.12	110	92	84	—
			0.15	102	88	78	—
240	$\dfrac{200}{12}$	20	0.03	168	144	239	110
			0.06	140	120	106	90
			0.09	118	102	90	77
			0.12	106	88	80	69
			0.15	98	84	75	64

四、钻、扩、锪、铰、镗削和攻螺纹切削用量

钻、扩、锪、铰、镗削和攻螺纹切削用量可参考表 5-22～表 5-37 选取。

表 5-22 高速钢麻花钻钻削不同材料的切削用量

加 工 材 料			切削速度 v/(m/min)	钻孔直径 d/mm		
				1～6	6～12	12~22
				进给量 f/(mm/r)		
铸铁	硬度	160～200 HBW	16～24	0.07～0.12	0.12～0.20	0.20～0.40
		200～240 HBW	10～18	0.05～0.10	0.10～0.18	0.18～0.25
		240～300 HBW	5～12	0.03～0.08	0.08～0.15	0.15～0.20
钢	抗拉强度	σ_b=520～700MPa(35、45 钢)	18～25	0.05～0.10	0.1～0.2	0.2～0.3
		σ_b=700～900 MPa (15Cr、20Cr)	12～20	0.05～0.10	0.1～0.2	0.2～0.3
		σ_b=1000～1100 MPa (合金钢)	8～15	0.03～0.08	0.08～0.15	0.15～0.25
加 工 材 料			v	d	3～8	8～25
铝		纯铝	20～50	f	0.03～0.20	0.06～0.50
		铝合金(长屑)		f	0.05～0.25	0.10～0.60
		铝合金(短屑)		f	0.03～0.10	0.05～0.15

表 5-23 硬质合金钻头钻削不同材料的切削用量

加工材料	材料硬度	进给量 f/(mm/r)		切削速度 v/(m/min)		切削液
		d_0/mm				
		5～10	11～30	5～10	11～30	
铸钢	—	0.08～0.12	0.12～0.2	35～38	38～40	非水溶性切削油
淬硬钢	50HRC	0.01～0.04	0.02～0.06	8～10	8～12	非水溶性切削油
灰铸铁	200HBW	0.2～0.3	0.3～0.5	40～45	45～60	干切或乳化液
可锻铸铁	—	0.15～0.2	0.2～0.4	35～38	38～40	非水溶性切削油或乳化液
铝	—	0.15～0.3	0.3～0.8	250～270	270～300	干切或汽油
硅铝合金	—	0.2～0.6	0.2～0.6	125～270	130～140	干切或汽油

表 5-24 在组合机床上用高速钢刀具钻孔时的切削用量

加工孔径 / mm			1～6	6～12	12～22	22～50
铸铁	160～200 HBW	v/(m/min)	16～24			
		f/(mm/r)	0.07～0.12	0.12～0.20	0.20～0.40	0.40～0.80
	200～241 HBW	v/(m/min)	10～18			
		f/(mm/r)	0.05～0.10	0.10～0.18	0.18～0.25	0.25～0.40
	300～400 HBW	v/(m/min)	5～12			
		f/(mm/r)	0.03～0.08	0.08～0.15	0.15～0.20	0.20～0.30
钢件	σ_b=520～700MPa（35、45 钢）	v/(m/min)	18～25			
		f/(mm/r)	0.05～0.10	0.10～0.20	0.20～0.30	0.30～0.60
	σ_b=700～900MPa（15Cr、20Cr）	v/(m/min)	12～20			
		f/(mm/r)	0.05～0.10	0.10～0.20	0.20～0.30	0.30～0.45
	σ_b=1000～1100MPa（合金钢）	v/(m/min)	8～15			
		f/(mm/r)	0.03～0.08	0.08～0.15	0.15～0.25	0.25～0.35

注：1. 钻孔深度与钻孔直径之比大时，取小值；

2. 采用硬质合金钻头加工铸铁件，v 一般为 20～30m/min。

表 5-25 高速钢及硬质合金扩孔钻扩孔时的进给量

扩孔钻直径/ mm	加工不同材料时的进给量 f/（mm/r）		
	钢及铸钢	铸铁、铜合金及铝合金	
		≤200HBW	>200～450HBW
≤15	0.5～0.6	0.7～0.9	0.5～0.6
>15～20	0.6～0.7	0.9～1.1	0.6～0.7
>20～25	0.7～0.9	1.0～1.2	0.7～0.8
>25～30	0.8～1.0	1.1～1.3	0.8～0.9
>30～35	0.9～1.1	1.2～1.5	0.9～1.0
>35～40	0.9～1.2	1.4～1.7	1.0～1.2

（续）

扩孔钻直径/mm	加工不同材料时的进给量 f/（mm/r）		
	钢及铸钢	铸铁、铜合金及铝合金	
		≤200HBW	>200~450HBW
>40~50	1.0~1.3	1.6~2.0	1.2~1.4
>50~60	1.1~1.3	1.8~2.2	1.3~1.5
>60~80	1.2~1.5	2.0~2.4	1.4~1.7

注：1. 加工强度及硬度较低的材料时，采用较大值；加工强度及硬度较高时，采用较小值。

2. 在扩盲孔时，进给量取为 0.3~0.6mm/r。

3. 当加工孔的精度要求较高时，例如 IT8~IT11 级精度的孔，还要用一把铰刀加工的孔，用丝锥攻螺纹前的扩孔，则进给量应乘系数 0.7。

表 5-26　高速钢扩孔钻在结构钢（$\sigma_b=650$MPa）上扩孔时的切削速度　（单位：m/min）

进给量 f/(mm/r)	d_0=15mm 整体 a_p=1mm	d_0=20mm 整体 a_p=1.5mm	d_0=25mm 整体 a_p=1.5mm	d_0=25mm 套式 a_p=1.5mm
	v	v	v	v
0.3	34.0	38.0	29.7	26.5
0.5	26.3	28.7	23.0	20.5
0.8	—	22.7	18.2	16.2
1.0	—	20.3	16.2	14.5
1.2			14.8	13.2
f/(mm/r)	d_0=30mm 套式 a_p=1.5mm	d_0=35mm 套式 a_p=1.5mm	d_0=50mm 套式 a_p=2.5mm	d_0=80mm 套式 a_p=4mm
	v	v	v	v
0.5	21.7	20.1	18.5	—
0.8	17.1	15.9	14.6	12.5
1.0	15.3	14.2	13.1	11.1
1.2	14.0	13.0	12.0	10.2
1.6	—	11.2	10.4	8.8
2.0	—	—	9.3	7.9

表 5-27　高速钢扩孔钻在灰铸铁（190HBW）上扩孔时的切削速度　（单位：m/min）

进给量 f/(mm/r)	d_0=15mm 整体 a_p=1mm	d_0=20mm 整体 a_p=1mm	d_0=25mm 整体 a_p=1.5mm	d_0=25mm 套式 a_p=1.5mm
	v	v	v	v
0.3	33.1	35.1	—	—
0.5	27.0	28.6	26.9	24.1
0.8	22.4	23.7	22.3	20.0
1.0	20.5	21.7	20.4	18.3
1.2	19.0	20.1	19.0	17.0
1.8			16.1	14.4
f/(mm/r)	d_0=30mm 套式 a_p=1.5mm	d_0=40mm 套式 a_p=2mm	d_0=50mm 套式 a_p=2.5mm	d_0=80mm 套式 a_p=4mm
	v	v	v	v
0.5	23.7			
1.0	19.0	18.7	18.5	18.2
1.2	17.6	17.4	17.2	16.9
2.0	14.4	13.2	14.0	13.8
2.8	—	—	12.3	12.1
4.0	—	—	—	10.5

表 5-28 硬质合金扩孔钻扩孔时的切削速度 （单位：m/min）

YT15(P10)硬质合金扩孔钻在碳钢及合金钢（σ_b=650MPa）上扩孔，加切削液

进给量 f/ (mm/r)	d_0=15mm a_p=1mm	d_0=20mm a_p=1mm	d_0=30mm a_p=1.5mm	d_0=50mm a_p=2.5mm	d_0=80mm a_p=4mm
	v	v	v	v	v
0.25	55	65	—	—	—
0.30	52	61	—	—	—
0.50	44	53	58	61	64
0.80	—	46	50	53	55
1.00	—	—	47	50	52
1.20	—	—	—	47	49

YG8(K30)硬质合金扩孔钻在灰铸铁（190HBW）上扩孔

f/(mm/r)	d_0=15mm a_p=1mm	d_0=20mm a_p=1mm	d_0=30mm a_p=1.5mm	d_0=35mm a_p=1.5mm	d_0=80mm a_p=4mm
	v	v	v	v	v
0.30	86	—	—	—	—
0.50	68	77	76	73	—
0.80	55	62	61	60	49
1.00	—	56	55	54	44
1.20	—	—	51	50	41
2.00	—	—	—	—	32

表 5-29 高速钢铰刀粗铰灰铸铁（195HBW）的切削速度 （单位：m/min）

d/mm		5	10	15	20	25	30	40	50	60	80
a_p/mm		0.05	0.075	0.1	0.125	0.125	0.125	0.15	0.15	0.2	0.25
f/(mm/r)	≤0.5	18.9	17.9	15.9	16.5	14.7	12.1	11.5	11.5	10.7	10.0
	0.6	17.2	16.3	14.5	15.1	13.4	10.8	10.3	10.0	9.6	8.9
	0.8	14.9	14.1	12.6	13.1	11.6	12.1	11.5	11.5	10.7	10.0
	1.0	13.3	12.6	11.2	11.7	10.4	10.8	10.3	10.0	9.6	8.9
	1.2	12.2	11.5	10.3	10.7	9.5	9.8	9.4	9.2	8.7	8.1
	1.6	10.6	10.0	8.9	9.2	8.2	8.5	8.1	7.9	7.6	7.1
	2.0	9.4	8.9	8.0	8.3	7.4	7.6	7.3	7.1	6.8	6.3
	2.5				7.4	6.6	6.8	6.5	6.3	6.1	5.6
	5						4.8	4.6	4.5	4.3	4.0

表 5-30 高速钢铰刀精铰灰铸铁（195HBW）的切削速度 （单位：m/min）

工 件 材 料	表面粗糙度	
	Ra=5~2.5μm	Ra=2.5~1.25μm
	允许的最大切削速度 v/(m/min)	
灰铸铁	8	4
可锻铸铁	15	8
铜合金	15	8

注：1. 表内粗铰切削用量加工孔能得到9级公差及表面粗糙度 Ra=5μm；

2. 精铰切削用量能得到7级公差孔。

表 5-31　高速钢铰刀铰锥孔的切削用量

（1）进给量 $f/(mm/r)$

孔径 d_0/mm	加 工 钢		加 工 铸 铁	
	粗 铰	精 铰	粗 铰	精 铰
5	0.08	0.05	0.08	0.08
10	0.10	0.08	0.15	0.10
15	0.15	0.10	0.20	0.15
20	0.20	0.13	0.25	0.18
30	0.30	0.18	0.35	0.25
40	0.35	0.22	0.40	0.30
50	0.40	0.25	0.50	0.40
60	0.50	0.30	0.60	0.45

（2）切削速度 $v/(m/min)$

工 序	结构钢 σ_b /MPa			工 具 钢	铸 铁
	≤600	>600~900	>900		
	加切削液				不加切削液
粗 铰	8~10	6~8	5~6	5~6	8~10
精 铰	6~8	4~6	3~4	3~4	5~6

注：用 9SiCr 钢制铰刀工作时切削速度应乘以系数 0.6。

表 5-32　硬质合金铰刀铰孔的切削用量

加 工 材 料		铰刀直径 d_0/mm	切削深度 a_p/mm	进给量 $f/$(mm/r)	切削速度 $v/$(m/min)
钢 σ_b（MPa）	≤1000	<10	0.08~0.12	0.15~0.25	6~12
		10~20	0.12~0.15	0.20~0.35	
		20~40	0.15~0.20	0.30~0.50	
	>1000	<10	0.08~0.12	0.15~0.25	4~10
		10~20	0.12~0.15	0.20~0.35	
		20~40	0.15~0.20	0.30~0.50	
铸钢，σ_b≤700MPa		<10	0.08~0.12	0.15~0.25	6~10
		10~20	0.12~0.15	0.20~0.35	
		20~40	0.15~0.20	0.30~0.50	
灰铸铁 HBW	≤200	<10	0.08~0.12	0.15~0.25	8~15
		10~20	0.12~0.15	0.20~0.35	
		20~40	0.15~0.20	0.30~0.50	
	>200~450	<10	0.08~0.12	0.15~0.25	5~10
		10~20	0.12~0.15	0.20~0.35	
		20~40	0.15~0.20	0.30~0.50	
铝合金		<10	0.08~0.12	0.15~0.25	10~30
		10~20	0.12~0.15	0.20~0.35	
		20~40	0.15~0.20	0.30~0.50	

注：粗铰（Ra=3.2~1.6μm）钢和灰铸铁时，切削速度也可增至 60~80m/min。

表 5-33　高速钢及硬质合金锪钻加工的切削用量

加工材料	高速钢锪钻		硬质合金锪钻	
	进给量 f/(mm/r)	切削速度 v/(m/min)	进给量 f/(mm/r)	切削速度 v/(m/min)
铝	0.13～0.38	120～245	0.15～0.30	150～245
铸铁	0.13～0.18	37～43	0.15～0.30	90～107
钢	0.08～0.13	23～26	0.10～0.20	75～90
合金钢及工具钢	0.08～0.13	12～24	0.10～0.20	55～60

表 5-34　钻削中心上高速钢扩孔钻扩孔及锪钻锪沉孔的切削用量

加工材料	加工类型	切削速度 v/(m/min)	加工直径/mm	
			10～15	15～25
			进给量 f/(mm/r)	
铸铁	扩通孔	10～18	0.15～0.20	0.20～0.25
	锪沉孔	8～12	0.15～0.20	0.15～0.30
钢、铸钢	扩通孔	12～20	0.12～0.20	0.20～0.30
	锪沉孔	8～14	0.08～0.10	0.10～0.15

表 5-35　在组合机床上用高速钢铰刀铰孔的切削用量

加工孔径/mm	铸铁		钢（铸钢）	
	v/(m/min)	f/(mm/r)	v/(m/min)	f/(mm/r)
6～10		0.30～0.50		0.30～0.40
10～15		0.50～1.00		0.40～0.50
15～40	2～6	0.80～1.50	1.2～5	0.40～0.60
40～60		1.20～1.80		0.50～0.60

注：用硬质合金刀具加工铸铁 v=8～10m/min，加工铝件 v=12～20m/min。

表 5-36　高速钢镗刀镗孔的切削用量

加工工序	刀具类型	铸铁		钢（铸钢）	
		v/(m/min)	f/(mm/r)	v/(m/min)	f/(mm/r)
粗镗	刀头	20～35	0.3～1.0	20～40	0.3～1.0
	镗刀块	25～40	0.3～0.8	—	—
半精镗	刀头	25～40	0.2～0.8	30～50	0.2～0.8
	镗刀块	30～40	0.2～0.6	—	—
	粗铰刀	15～25	2.0～5.0	10～20	0.5～3.0
精镗	刀头	15～30	0.15～0.5	20～35	0.1～0.6
	镗刀块	8～15	1.0～4.0	6.0～12	1.0～4.0
	精铰刀	10～20	2.0～5.0	10～20	0.5～3.0

注：采用镗模镗削，v 宜取中值；采用悬伸镗削，v 宜取小值。

表 5-37　硬质合金镗刀镗孔的切削用量

加工工序	刀具类型	铸 铁		钢（铸钢）	
		v /(m/min)	f /(mm/r)	v /(m/min)	f /(mm/r)
粗镗	刀头	40～80	0.3～1.0	40～60	0.3～1.0
	镗刀块	35～60	0.3～0.8	—	—
半精镗	刀头	60～100	0.2～0.8	80～120	0.2～0.8
	镗刀块	50～80	0.2～0.6	—	—
	粗铰刀	30～50	3.0～5.0	—	—
精镗	刀头	50～80	0.15～0.5	60～100	0.15～0.5
	镗刀块	20～40	1.0～4.0	8.0～20	1.0～4.0
	精铰刀	30～50	2.0～5.0	—	—

五、拉削用量选择

拉削用量可参考表 5-38、表 5-39 选取。

表 5-38　拉削的进给量（拉刀的齿升量）　　　　　（单位：mm/z）

（1）同廓式、渐成式拉刀粗切齿齿升量

拉刀类型	工件材料		
	碳钢	合金钢	铸铁
圆拉刀	0.015～0.03	0.01～0.025	0.03～0.10
矩形花键拉刀	0.03～0.08	0.025～0.06	0.04～0.10
锯齿和渐开线花键拉刀	0.03～0.05	0.03～0.05	0.04～0.08
精拉刀和键槽拉刀	0.05～0.20	0.05～0.12	0.06～0.20
平面拉刀	0.03～0.15	0.03～0.10	0.03～0.15
成形拉刀	0.02～0.06	0.02～0.05	0.03～0.10
方拉刀和六边拉刀	0.015～0.12	0.015～0.08	0.03～0.15

（2）轮切式拉刀粗切齿齿升量

圆拉刀直径	<10	10～25	25～50
刀齿每组齿升量	0.03～0.08	0.05～0.12	0.08～0.16

（3）拉刀过渡齿、精切齿的齿升量

粗切齿	过渡齿		精切齿						
齿升量 f_z	齿升量 f_z	齿数或齿组数	每齿或每组齿的齿升量	圆拉刀		各种花键拉刀		键槽拉刀、平面拉刀、成形拉刀	
				齿组数	不成齿组的刀齿数	齿组数	不成齿组的刀齿数	齿组数	不成齿组的刀齿数
≤0.05	取为粗切齿齿升量的40%～60%	1～2	0.02～0.03	1	1～2	1	1～2	1	1～2
>0.05～0.1			0.035～0.07	1～2	3	1～2	2～3	1～2	2～3
>0.1～0.2			0.07～0.1	2	3～5	2～3	2～3	2～3	2～3
>0.2～0.3			0.1～0.16	2～3	3～5	2～3	2～3	2～3	2～3

表 5-39　拉削速度　　　　　　　　（单位：m/min）

切削速度组	拉刀类别与表面粗糙度 Ra/μm							
	圆 柱 孔		花 键 孔		外表面与键槽		硬质合金齿	
	1.25～2.5	2.5～10	1.25～2.5	2.5～10	1.25～2.5	2.5～10	1.25～2.5	2.5～10
I	6～4	8～5	5～4	8～5	7～4	10～8	12～10	10～8
II	5～3.5	7～5	4.5～3.5	7～5	6～4	8～6	10～8	8～6
III	4～3	6～4	3.5～3	6～4	5～3.5	7～5	6～4	6～4
IV	3～2.5	4～3	2.5～2	4～3	2.5～1.5	4～3	5～3	4～3

六、磨削用量选择

磨削用量包括砂轮切入工件的径向进给量 f_r（相当于车削时的背吃刀量）、工件相对于砂轮的轴向进给量 f_a、工件旋转的线速度或工作台直线移动的速度 v_w，以及砂轮旋转的线速度 v_c。磨削用量可参考表 5-40 选取。

表 5-40　用刚玉和碳化硅磨料砂轮磨削时常用的磨削用量

磨 削 方 式	v_c/(m/s)	f_r/(mm/单行程)或(mm/双行程)		f_a/(mm/r)或(mm/单行程)		v_w/(m/min)	
		粗 磨	精 磨	粗 磨	精 磨	粗 磨	精 磨
外圆磨削	25～35	0.015～0.05	0.005～0.01	(0.3～0.7)B	(0.3～0.4)B	20～30	20～60
平面磨削	25～35	0.015～0.05	0.005～0.015	(0.4～0.7)B	(0.2～0.3)B	6～30	15～20

注：表中 B 为砂轮宽度（mm）。

七、螺纹加工切削用量选择

螺纹加工切削用量可参考表 5-41、表 5-42 选取。

表 5-41　在组合机床上加工螺纹的切削速度

工 件 材 料	铸 铁	钢及合金钢	铝及铝合金
v/(m/min)	5～10	3～8	10～20

八、切削用量选择举例

例 5-1　某工件材料为 35 钢，有一道工序采用立式组合钻床加工，各工位的内容分别为：铰削 1 个 ϕ16mm，精度为 H8 的圆柱孔，攻 2 个 M24×1mm 的螺纹孔，试确定该工序的切削用量。

解：由于该工序采用的是组合机床多刀同时加工 3 个表面，即各把刀具都安装在同一个主轴动力头上，随动力头一起做进给运动，因此各把刀具的每分钟进给量应是相同的，它们应等于机床主轴动力头的每分钟进给量。

1. 进给量的选择

（1）铰孔　查表 5-35，在钢件上铰 ϕ16mm 孔，进给量 f=0.40～0.60 mm/r，故本例暂取 f=0.50 mm/r。

（2）攻螺纹　由于攻螺纹的进给量就是被加工螺纹的螺距，因此 f=1 mm/r。

2. 切削速度的选择

（1）铰孔 查表 5-35，在钢件上铰ϕ16mm 孔，切削速度 v=1.2～5 m/min，故本例暂将该工位的切削速度 v 取为 4m/min。由公式（5-1） $n=\dfrac{v}{\pi d}\times1000$ 可求出该工步的主轴转速 $n=\dfrac{4\text{m}/\text{min}}{\pi\times16\text{mm}}\times1000\approx79.6\text{r}/\text{min}$，暂取 n=80 r/min。

（2）攻螺纹 由表 5-41 查得攻螺纹的切削速度 v=3～8m/min，故本例暂取 v=3.5m/min。由公式（5-1）求该工位的主轴转速 $n=\dfrac{v}{\pi d}\times1000=\dfrac{3.5\text{m}/\text{min}}{\pi\times24\text{mm}}\times1000\approx46.5\text{r}/\text{min}$，暂取 n=48r/min。

3. 切削速度和进给量的校核

刀具的每分钟进给量 f_m、刀具转速 n 和进给量 f 之间的关系为 $f_\text{m}=nf$，由此可分别求出铰孔和攻螺纹的每分钟进给量，即铰孔 f_m=80r/min×0.50mm/r=40mm/min，攻螺纹 f_m=48r/min×1mm/r=48mm/min。由于两者不相等，因此需对上述切削用量进行修改。本例对铰孔的进给量进行修改，取 f=48(mm/min)/80(r/min)=0.60mm/r，则铰孔的每分钟进给量 f_m=80r/min×0.60mm/r≈48mm/min，等于攻螺纹的每分钟进给量，即可满足组合机床上铰孔和攻螺纹同步进行的要求。

综上所述，本例首先初步确定了各加工刀具的切削用量，然后又依据上述组合机床中各刀具每分钟进给量应相同的原则，对各工步的进给量和切削速度进行了校核，最终确定出符合组合机床工作特点的切削用量。

表 5-42 攻螺纹的切削用量

螺纹直径 / mm	螺距 / mm	丝锥型式及材料				
		高速钢螺母丝锥 W18Cr4V		高速钢机动丝锥 W18Cr4V		
		工件材料				
		碳钢 σ_b=0.49～0.784 GPa	碳钢、镍铬钢 σ_b=0.735 GPa	碳钢 σ_b=0.49～0.784 GPa	碳钢、镍铬钢 σ_b=0.735 GPa	灰铸铁 190HBW
		切削速度 v/(m/min)				
5	0.5	12.5	11.3	9.4	8.5	10.2
	0.8			6.3	5.7	6.8
6	0.75	15.0	13.5	8.3	7.5	8.9
	1.0			6.4	5.8	6.9
8	1.0	20.0	18.0	9.0	8.2	9.8
	1.25			7.4	6.7	8.0
10	1.0	25.0	22.5	11.8	10.7	12.8
	1.5			8.2	7.4	8.9
12	1.25	26.6	24.0	12.0	10.8	12.1
	1.75	23.4	21.1	8.9	8.0	9.6
14	1.5	27.4	24.7	12.6	11.3	12.5
	2.0	23.7	21.4	9.7	8.7	10.2
16	1.5	29.4	26.4	15.1	13.6	15.5
	2.0	25.4	22.9	11.7	10.5	12.0

（续）

螺纹直径 /mm	螺距 /mm	丝锥型式及材料				
		高速钢螺母丝锥 W18Cr4V		高速钢机动丝锥 W18Cr4V		
		工件材料				
		碳钢 σ_b =0.49～0.784 GPa	碳钢、镍铬钢 σ_b =0.735 GPa	碳钢 σ_b =0.49～0.784 GPa	碳钢、镍铬钢 σ_b =0.735 GPa	灰铸铁 190HBW
		切削速度　v /(m/min)				
20	1.5	33.2	29.4	19.3	17.3	20.3
	2.0	28.4	25.5	14.9	13.4	15.7
	2.5	25.8	22.6	12.1	10.9	12.8
24	1.5	35.8	32.1	24.0	21.6	25.2
	2.0	31.1	27.9	18.6	16.7	19.5
	2.5	27.8	24.8	15.1	13.6	15.9

第二节　时间定额的确定

一、时间定额及其组成

1. 时间定额

时间定额是指在一定生产条件下规定生产一件产品或完成一道工序所需消耗的时间。

2. 时间定额的组成

时间定额由以下几个部分组成：

（1）基本时间 t_j　直接用于改变工件的尺寸、形状、各表面间相对位置、表面状态和材料性能等工艺过程所消耗的时间。对切削加工、磨削加工而言，基本时间就是去除加工余量所消耗的时间。基本时间又称机动时间，可按有关公式计算，见表 5-43～表 5-48。

（2）辅助时间 t_f　为完成一个工件的加工所必须进行的各种辅助动作所消耗的时间。例如，装卸工件、开停机床、改变切削用量、测量加工尺寸、引进或退回刀具等动作所消耗的时间，都是辅助时间。部分典型动作辅助时间参见表 5-49。辅助时间也可以按基本时间的15%~20%进行估算。

基本时间与辅助时间之和称为作业时间。

（3）布置工作地时间 t_b　为使加工正常进行，工人照管工作地所消耗的时间。如检查和润滑机床、更换和修磨刀具、校对量具和检具、清理切屑等。布置工作地时间又称为工作地点服务时间，一般按作业时间的 2% ～7%估算。

（4）休息和生理需要时间 t_x　工人在工作班内为恢复体力（如工间休息）和满足生理上需要（如喝水、上厕所等）所需消耗的时间。一般按作业时间的 2%～4%计算。

（5）准备与终结时间 t_z　工人为生产一批工件进行准备和结束工作所消耗的时间。如加工一批工件前熟悉工件文件，领取毛坯材料，领取和安装刀具和夹具，调整机床及工艺装备等；在加工一批工件终了时，拆下和归还工艺装备，送交成品等。这部分时间应平均分摊到同一批中每件产品或零件的时间定额中去。假如每批中产品或零件的数量为 m，则分摊到每一个工件上的准备与终结时间为 t_z/m。一般在单件生产和大批大量生产的情况下都不考虑 t_z/m 这项时间，只有在中小批量生产时才考虑，一般按作业时间的 3%～5%计算。

单件时间定额 t_{dj} 可按下式计算

$$t_{dj} = t_j + t_f + t_b + t_x + \frac{t_z}{m}$$

二、基本时间的计算

各种加工方法的基本时间计算公式参见表 5-43～表 5-49。

表 5-43　车外圆和镗孔基本时间的计算

加工示意图	计 算 公 式	备　注
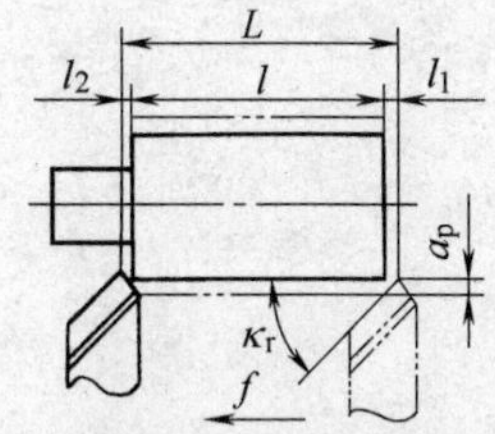 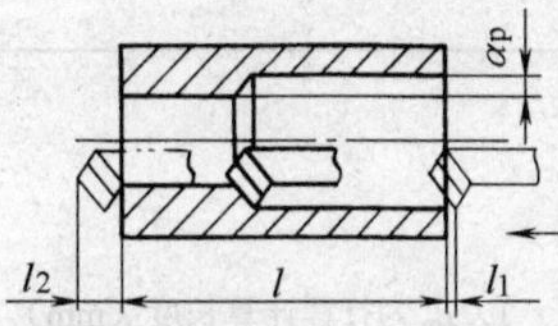	$$t_j = \frac{L}{fn} i = \frac{l + l_1 + l_2}{fn} i$$ 式中　$l_1 = \frac{a_p}{\tan \kappa_r} + (2 \sim 3)$ $l_2 = 3 \sim 5$ l_3——单件小批生产时的试切附加长度；成批大量生产时 $l_3 = 0$	1. 当加工到台阶时 $l_2 = 0$ 2. l_3 的值见表 5-44 3. 主偏角 $\kappa_r = 90°$ 时 $l_1 = (2 \sim 3)$ 4. i 为进给次数

表 5-44　　试切附加长度 l_3　　　　（单位：mm）

测 量 尺 寸	测 量 工 具	l_3
—	游标卡尺、直尺、卷尺、内卡钳、塞规、样板、深度尺	5
≤250 >250	卡规、外卡钳、千分尺	3～5 5～10
≤1000	内径百分尺	5

表 5-45　　钻削基本时间的计算

加工示意图	计 算 公 式	备　注
钻孔和钻中心孔 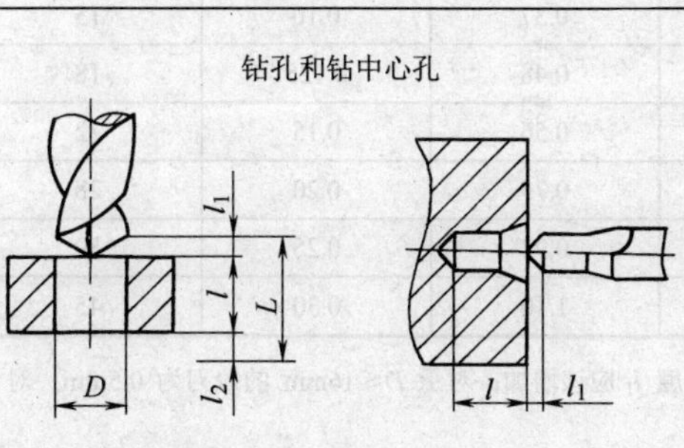 	$$t_j = \frac{L}{fn} = \frac{l + l_1 + l_2}{fn}$$ 式中　$l_1 = \frac{D}{2} \cot \kappa_r + (1 \sim 2)$ $l_2 = 1 \sim 4$	1. 钻中心孔和钻盲孔时 $l_2 = 0$ 2. D 为孔径（mm）

（续）

加工示意图	计 算 公 式	备　　注
钻孔、扩孔和铰圆柱孔 	$t_j = \dfrac{L}{fn} = \dfrac{l + l_1 + l_2}{fn}$ 式中　$l_1 = \dfrac{D - d_1}{2}\cot\kappa_r + (1\sim 2)$ 　　　$l_2 = 1\sim 4$	1. 钻孔、扩盲孔和铰盲孔时 $l_2=0$；扩钻、扩孔时 $l_2=2\sim4$；铰圆柱孔时，l_1、l_2 见表 5-46 2. d_1 为扩、铰前的孔径（mm），D_1 为扩、铰后的孔径（mm）
锪倒角、锪埋头孔、锪凸台 	$t_j = \dfrac{L}{fn} = \dfrac{l + l_1}{fn}$ 式中　$l_1 = 1\sim 2$	
扩孔和铰圆锥孔 	$t_j = \dfrac{L}{fn}i = \dfrac{L_p + l_1}{fn}i$ 式中　$l_1 = 1\sim 2$ 　　　$L_p = \dfrac{D - d}{2\tan\kappa_r}$ 　　　$\kappa_r = \dfrac{\alpha}{2}$	1. L_p 为行程计算长度（mm） 2. κ_r 为主偏角，α 为圆锥角

表 5-46　铰孔的切入及切出行程　　　　　　　（单位：mm）

背吃刀量 $a_p = \dfrac{D - d}{2}$	切入长度 l_1					切出长度 l_2
	主偏角 κ_r					
	3°	5°	12°	15°	45°	
0.05	0.95	0.57	0.24	0.19	0.05	13
0.10	1.9	1.1	0.47	0.37	0.10	15
0.125	2.4	1.4	0.59	0.48	0.125	18
0.15	2.9	1.7	0.71	0.56	0.15	22
0.20	3.8	2.4	0.95	0.75	0.20	28
0.25	4.8	2.9	1.20	0.92	0.25	39
0.30	5.7	3.4	1.40	1.10	0.30	45

注：1. 为了保证铰刀不受拘束地进给接近加工表面，表内的切入长度 l_1 应该增加；对于 $D\leqslant16\text{mm}$ 的铰刀为 0.5mm；对于 $D=17\sim35\text{mm}$ 的铰刀为 1mm；$D=36\sim80\text{mm}$ 的铰刀为 2mm。

2. 加工盲孔时 $l_2=0$。

表 5-47　铣削基本时间的计算

加 工 示 意 图	计 算 公 式	备　注
圆柱铣刀铣平面、三面刃铣刀铣槽 	$$t_j = \frac{l + l_1 + l_2}{f_{Mz}} i$$ 式中　$l_1 = \sqrt{a_e(d - a_e)} + (1 \sim 3)$ 　　　$l_2 = 2 \sim 5$ 　　　$f_{Mz} = f_z\, z\, n$	
面铣刀铣平面（对称铣削） 	$$t_j = \frac{l + l_1 + l_2}{f_{Mz}}$$ 式中　当主偏角 $\kappa_r = 90°$时 　　　$l_1 = 0.5(d - \sqrt{d^2 - a_e{}^2}) + (1 \sim 3)$ 　　　当主偏角 $\kappa_r < 90°$时 　　　$l_1 = 0.5(d - \sqrt{d^2 - a_e{}^2}) + \dfrac{a_p}{\tan \kappa_r} + (1 \sim 2)$ 　　　$l_2 = 1 \sim 3$	f_{Mz} 为工作台的水平进给量（mm/min）
面铣刀铣平面（不对称铣削） 	$$t_j = \frac{l + l_1 + l_2}{f_{Mz}}$$ 式中　$l_1 = 0.5d - \sqrt{C_0(d - C_0)} + (1 \sim 3)$ 　　　$C_0 = (0.03 \sim 0.05)d$ 　　　$l_2 = 3 \sim 5$	
铣键槽（两端开口） 	$$t_j = \frac{l + l_1 + l_2}{f_{Mz}} i$$ 式中　$l_1 = 0.5d + (1 \sim 2)$ 　　　$l_2 = 1 \sim 3$ 　　　$i = \dfrac{h}{a_p}$	1．h 为键槽深度（mm） 2．l 为铣削轮廓的实际长度（mm） 3．通常 $i = 1$，即一次铣削到规定深度
铣键槽（一端闭口） 	$l_2 = 0$，其余计算同上	
铣键槽（两端闭口） 	$$t_j = \frac{l - d}{f_{Mc}} + \frac{h + l_1}{f_{Mc}}$$ 式中　$l_1 = 1 \sim 2$ 　　　$f_{Mc} = f_z\, z\, n$	f_{Mc} 为工作台的垂直进给量（mm/min）

表 5-48　用丝锥攻螺纹基本时间的计算

加 工 示 意 图	计 算 公 式	备 注
用丝锥攻螺纹 	$$t_j = \left(\frac{l+l_1+l_2}{fn} + \frac{l+l_1+l_2}{fn_0} \right) i$$ 式中　$l_1 = (1 \sim 3)P$ 　　　$l_2 = (2 \sim 3)P$ 　　　攻盲孔时 $l_2 = 0$	n_0 为丝锥或工件回程的每分钟转数（r/min）；i 为使用丝锥的数量；n 为工件或丝锥的每分钟转数（r/min）；P 为工件螺纹螺距

表 5-49　部分典型动作辅助时间表　　　　　（单位：min）

	动　作	时　间		动　作	时　间
1	拿取工件并放在夹具上	0.5~1	18	起动和调节切削液	0.05~0.1
2	拿取扳手	0.05~0.1	19	拿取清扫工具	0.03
3	夹紧工件（手动）	0.5~1	20	清扫工件和夹具定位基面	0.1~0.2
4	夹紧工件（气、液动）	0.02~0.05	21	放下清扫工具	0.02
5	起动机床	0.02	22	放松夹紧（手动）	0.5~0.8
6	工件快速趋近刀具	0.02~0.05	23	放松夹紧（气、液动）	0.02~0.40
7	接通自动进给	0.03	24	操纵伸缩式定位件	0.02~0.05
8	断开自动进给	0.03	25	调整一个辅助支承	0.02~0.05
9	工件或刀具退离并复位	0.03~0.05	26	用划针找正并锁紧工件	0.2~0.3
10	变速或变换进给量	0.02	27	调整尾座偏心、以便车锥度	0.5
11	变换刀架或转换方位	0.05	28	调整刀架角度、以便车锥度	0.5
12	放松—移动—锁紧尾座	0.4~0.5	29	拿取镗杆，将其穿过工件和镗模支架并连接在主轴上	1
13	更换夹具导套	0.1			
14	更换快换刀具（钻头、铰刀）	0.1~0.2	30	在钻头、铰刀或丝锥上刷油	0.1
15	取量具	0.04	31	根据手柄刻度调整进给量	0.05
16	测量一个尺寸（用极限量规）	0.1	32	移动摇臂和钻头对准钻套	0.05~0.08
17	放下量具	0.03	33	更换普通钻套	0.3

第六章　机械加工工艺规程设计实例

某拖拉机用拨叉零件的零件图和三维图样如图 6-1、图 6-2 所示。已知：该零件所用材料为 35 钢，质量为 4.5kg，年产量 Q =3000 台/年。试为该拨叉零件编制工艺规程。

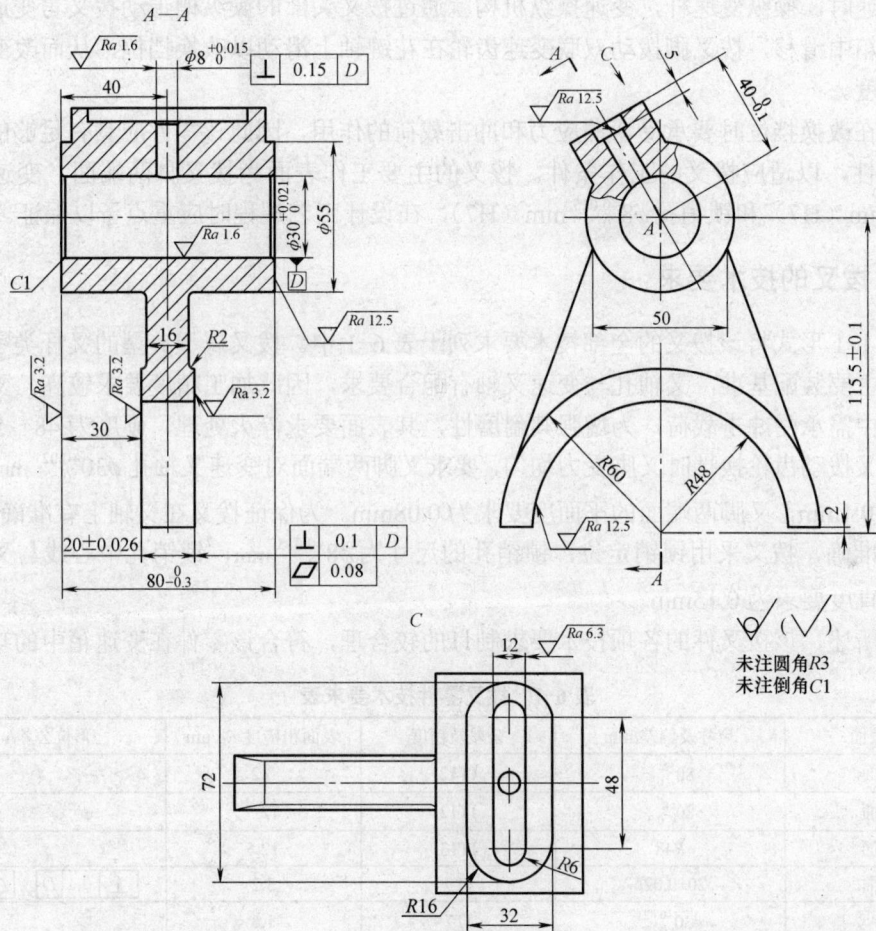

图 6-1　拨叉零件图

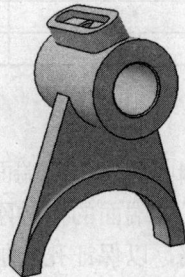

图 6-2　拨叉零件三维图

第一节 拨叉的工艺分析及生产类型的确定

一、拨叉的用途

拨叉零件用在某拖拉机变速箱的换挡机构中。拨叉通过叉轴孔 ϕ30mm 安装在变速叉轴上，销钉经拨叉上 ϕ8mm 孔与变速叉轴连接作轴向固定，拨叉脚则夹在双联变速齿轮的槽中。当需要变速时，操纵变速杆，变速操纵机构就通过拨叉头部的操纵槽带动拨叉与变速叉轴一起在变速箱中滑移，拨叉脚拨动双联变速齿轮在花键轴上滑动以改换挡位，从而改变拖拉机的行驶速度。

拨叉在改换挡位时要承受弯曲应力和冲击载荷的作用，因此该零件应具有足够的强度、刚度和韧性，以适应拨叉的工作条件。拨叉的主要工作表面为拨叉脚两端面、变速叉轴孔 $\phi 30^{+0.021}_{0}$ mm（H7）和锁销孔 $\phi 8^{+0.015}_{0}$ mm（H7），在设计工艺规程时应重点予以保证。

二、拨叉的技术要求

按表 1-1 形式将该拨叉的全部技术要求列于表 6-1 中。拨叉属于典型的叉杆类零件，其叉轴孔是主要装配基准，叉轴孔与变速叉轴有配合要求，因此加工精度要求较高。叉脚两端面在工作中需承受冲击载荷，为增强其耐磨性，其表面要求淬火处理，硬度为 48～58HRC；为保证拨叉拨动齿轮换挡时叉脚受力均匀，要求叉脚两端面对变速叉轴孔 $\phi 30^{+0.021}_{0}$ mm 的垂直度要求为 0.1mm，叉脚两端面的平面度要求为 0.08mm。为保证拨叉在叉轴上有准确的位置，改换挡位准确，拨叉采用锁销定位，锁销孔的尺寸为 $\phi 8^{+0.015}_{0}$ mm，锁销孔中心线与叉轴孔中心线的垂直度要求为 0.15mm。

综上所述，该拨叉件的各项技术要求制订的较合理，符合该零件在变速箱中的功用。

表 6-1 拨叉零件技术要求表

加工表面	尺寸及偏差/mm	公差及精度	表面粗糙度 Ra/μm	形位公差/mm
拨叉头左端面	$80^{0}_{-0.3}$	IT12	3.2	
拨叉头右端面	$80^{0}_{-0.3}$	IT12	12.5	
拨叉脚内表面	$R48$	IT13	12.5	
拨叉脚两端面	20±0.026	IT9	3.2	⊥ 0.1 D ▱ 0.08
ϕ30mm 孔	$\phi 30^{+0.021}_{0}$	IT7	1.6	
ϕ8mm 孔	$\phi 8^{+0.015}_{0}$	IT7	1.6	⊥ 0.15 D
操纵槽内侧面	12	IT12	6.3	
操纵槽底面	5	IT13	12.5	

三、审查拨叉的工艺性

分析拨叉零件图可知，拨叉头两端面和叉脚两端面在轴向方向上均高于相邻表面，这样既减少了加工面积，又提高了换挡时叉脚端面的接触刚度；ϕ30mm 孔和 ϕ8mm 孔的端面均为平面，可以防止加工过程中钻头钻偏，以保证孔的加工精度；另外，该零件除主要工作表面（拨叉脚两端面、变速叉轴孔 $\phi 30^{+0.021}_{0}$ mm 和锁销孔 $\phi 8^{+0.015}_{0}$ mm）外，其余表面加工精度均较低，通过铣削、钻削的一次加工就可以达到加工要求；主要工作表面虽然加工精度相对较高，但也可以在正常的生产条件下，采用较经济的方法保质保量地加工出来。由此可见，该零件的工艺性很好。

四、确定拨叉的生产类型

依设计题目知：Q =3000 台/年，m=1 件/台；结合生产实际，备品率 $a\%$ 和废品率 $b\%$ 分别取为 3% 和 0.5%。代入式（1-1）得

$N = Qm(1+a\%)(1+b\%)$ =3000 台/年×1 件/台×(1+3%)×(1+0.5%)=3105.45 件/年

根据拨叉的质量查表 1-4 知，该拨叉属轻型零件；再由表 1-5 可知，该拨叉的生产类型为中批生产。

第二节 确定毛坯、绘制毛坯简图

一、选择毛坯

由于拨叉在工作过程中要承受冲击载荷，为增强拨叉的强度和冲击韧度，获得纤维组织，毛坯选用锻件。因为拨叉的轮廓尺寸不大，且生产类型属中批生产，宜选用普通模锻方法制造毛坯。毛坯的起模斜度为 5°，模锻成形后切边，进行调质，调质硬度为 241～285HBS，并进行酸洗、喷丸处理。喷丸可以提高表面硬度，增加耐磨性，消除毛坯表面因脱碳而对机械加工带来的不利影响。

二、确定毛坯的尺寸公差和机械加工余量

根据第二章第二节确定模锻毛坯的尺寸公差及机械加工余量，查表 2-6～表 2-9，首先确定如下各项因素。

1. 公差等级

由拨叉的功用和技术要求，确定该零件的公差等级为普通级。

2. 锻件质量

已知该拨叉经机械加工后的质量为 4.5kg，机械加工前锻件毛坯的质量 m_t 为 6kg。

3. 锻件形状复杂系数

对拨叉零件图进行分析计算，可大致确定锻件外廓包容体的长度、宽度和高度，即 l=158mm，b=120mm，h=86mm（见图 6-3）；由式（2-3）和式（2-5）可计算出该拨叉锻件的形状复杂系数 S

$$S = m_t/m_N = 6/(lbh\rho)$$

$$= 6kg/(158mm \times 120mm \times 86mm \times 7.8 \times 10^{-6} kg/mm^3) \approx 6/12.7 \approx 0.47$$

由于 0.47 介于 0.32 和 0.63 之间，故该拨叉的形状复杂系数属 S_2 级，即该锻件的复杂程度为一般。

4. 锻件材质系数

由于该拨叉材料为 35 钢，是碳的质量分数小于 0.65% 的碳素钢，故该锻件的材质系数属 M_1 级。

5．锻件分模线形状

分析该拨叉件的特点，本例选择零件高度方向的对称平面为分模面，属平直分模线，图 6-3 为拨叉锻造毛坯简图。

6．零件表面粗糙度

由零件图可知，该拨叉各加工表面的粗糙度均大于等于 1.6μm，即 $Ra \geqslant 1.6$μm。

根据上述条件，查表 2-6 至表 2-10，可求得拨叉锻件的毛坯尺寸及公差，进而求得各加工表面的加工余量，所得结果列于表 6-2 中。

表 6-2　拨叉锻造毛坯机械加工总余量及毛坯尺寸

锻件质量 m_t/kg	包容体质量 m_n/kg	形状复杂系数 S	材质系数	公差等级	
6	12.7	S_2	M_1	普通级	
毛坯尺寸/mm	机械加工总余量/mm		尺寸公差/mm	毛坯尺寸/mm	备注
宽度 48	$2.5^{+1.7}_{-0.8}$		$2.5^{+1.7}_{-0.8}$	$46^{+1.7}_{-0.8}$	表 2-6
	2～2.5（取2）				表 2-9
厚度 80			$3.2^{+2.4}_{-0.8}$	$84.5^{+2.4}_{-0.8}$	表 2-7
	2～2.5（两端面分别取 2 和 2.5）				表 2-9
厚度 20			$2.2^{+1.7}_{-0.5}$	25	表 2-7
	2～2.5（两端面各取 2.5）				表 2-9
$\phi 30$			$2.2^{+1.5}_{-0.7}$	$24.8 \pm 1.1$①	表 2-6
	2.6（单边）				表 2-10
中心距 115.5			±0.5	115.5±0.5	表 2-8

① 根据表 2-6 的表注，将公差按照±1/2 的比例分配，故本例取公差值为±1.1mm。

三、绘制拨叉锻造毛坯简图

由表 6-2 所得结果，绘制毛坯简图如图 6-3 所示。

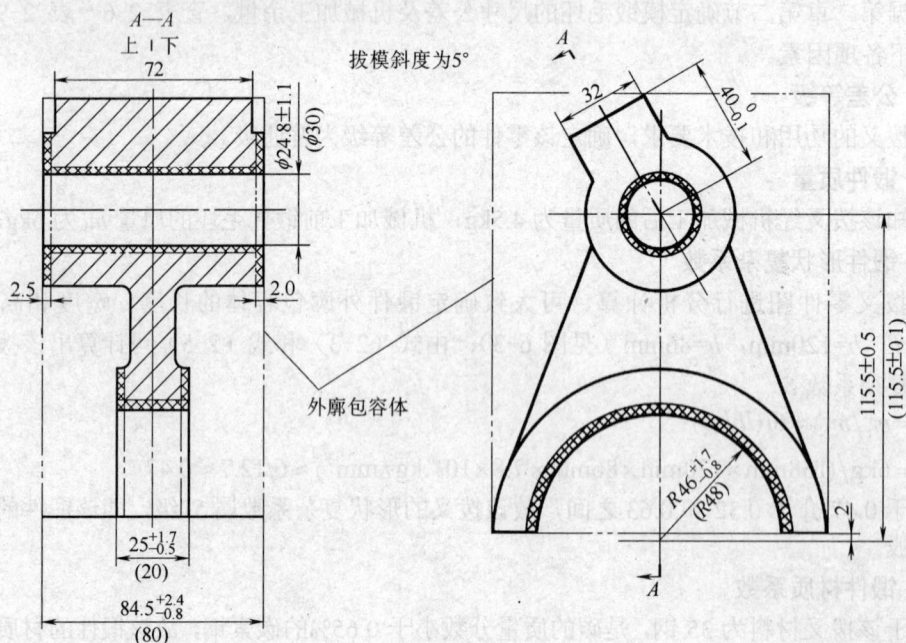

图 6-3　拨叉锻造毛坯简图

第三节　拟定拨叉工艺路线

一、定位基准的选择

定位基准有粗基准和精基准之分，通常先确定精基准，然后确定粗基准。

1. 精基准的选择

根据拨叉零件的技术要求和装配要求，选择拨叉的设计基准叉头左端面、叉轴孔 $\phi30_0^{+0.021}$ mm 和叉脚内孔表面作为精基准，符合"基准重合"原则；同时，零件上的很多表面都可以采用该组表面作为精基准，又遵循了"基准统一"原则。叉轴孔 $\phi30_0^{+0.021}$ mm 的轴线是设计基准，选用其做精基准定位加工拨叉脚两端面和锁销孔 $\phi8_0^{+0.015}$ mm，有利于保证被加工表面的垂直度；选用拨叉头左端面做为精基准同样是服从了"基准重合"的原则，因为该拨叉在轴向方向上的尺寸多以该端面做设计基准；另外，由于拨叉刚性差，受力易产生弯曲变形，为了避免在机械加工中产生夹紧变形，选用拨叉头左端面作精基准，夹紧力可作用在拨叉头的右端面上，夹紧稳定可靠。

2. 粗基准的选择

作为粗基准的表面应平整，没有飞边、毛刺或其他表面缺欠。本例选择变速叉轴孔 $\phi30$mm 的外圆面和拨叉头右端面作为粗基准。采用 $\phi30$mm 外圆面定位加工内孔可保证孔的壁厚均匀；采用拨叉头右端面做粗基准加工左端面，接着以左端面为基准加工右端面，可以为后续工序准备好精基准。

二、各表面加工方案的确定

根据拨叉零件图上各加工表面的尺寸精度和表面粗糙度，查表 1-10 和表 1-11，确定各表面加工方案，如表 6-3 所示。

表 6-3　拨叉零件各表面加工方案

加 工 表 面	经济精度	表面粗糙度 Ra/μm	加 工 方 案	备　注
拨叉头左端面	IT11	3.2	粗铣—半精铣	表 1-11
拨叉头右端面	IT13	12.5	粗铣	表 1-11
拨叉脚内表面	IT13	12.5	粗铣	表 1-11
拨叉脚两端面（淬硬）	IT9	3.2	粗铣—精铣—磨削	表 1-11
$\phi30$mm 孔	IT7	1.6	粗扩—精扩—铰	表 1-10
$\phi8$mm 孔	IT7	1.6	钻—粗铰—精铰	表 1-10
操纵槽内侧面	IT12	6.3	粗铣	表 1-11
操纵槽底面	IT13	12.5	粗铣	表 1-11

三、加工阶段的划分

在选定拨叉各表面加工方法后，就需进一步确定这些加工方法在工艺路线中的顺序及位置，这就涉及加工阶段划分方面的问题。对于精度要求较高的表面，总是先粗加工后精加工，但工艺过程划分成几个阶段是对整个加工过程而言的，不能拘泥于某一表面的加工。该拨叉加工质量要求较高，可将加工阶段划分成粗加工、半精加工和精加工三个阶段。

在粗加工阶段，首先将精基准（拨叉头左端面和叉轴孔）准备好，使后继工序都可以采用精基准定位加工，保证其他加工表面的精度要求；另外，拨叉头右端面、拨叉脚内表面、拨叉脚两端面的粗铣、槽内侧面和底面的加工也都放在粗加工阶段进行。在半精加工阶段，完成拨叉脚两端面的精铣加工和销轴孔$\phi 8$mm的钻、铰加工。在精加工阶段，进行拨叉脚两端面的磨削加工。

四、工序的集中与分散

工序的集中与分散是确定工序内容多与少的依据，它直接影响整个工艺路线的工序数目及设备、工装的选用等。由于本例拨叉零件的生产类型为中批生产，确定选用工序集中的原则组织工序内容，一方面可以采用万能、通用机床配以专用夹具加工，以提高生产率；另一方面也可以减少工件的装夹次数，有利于保证各加工表面之间的相互位置精度，并可以缩短辅助时间。

五、工序顺序的安排

1. 机械加工工序

1）遵循"先基准后其他"原则，首先加工精基准——拨叉头左端面和变速叉轴孔$\phi 30^{+0.021}_{0}$mm。

2）遵循"先粗后精"原则，对各加工表面都是先安排粗加工工序，后安排精加工工序。

3）遵循"先主后次"原则，先加工主要表面——拨叉头左端面和叉轴孔$\phi 30^{+0.021}_{0}$mm、拨叉脚两端面；后加工次要表面——槽底面和内侧面。

4）遵循"先面后孔"原则，先加工拨叉头端面，再加工叉轴孔$\phi 30$mm孔；先铣槽，再钻销轴孔$\phi 8$mm。

2. 热处理工序

叉脚两端面在精加工之前进行局部高频淬火，淬火硬度大于47HRC，有利于提高耐磨性。

3. 辅助工序

粗加工拨叉脚两端面和热处理后，安排校直工序；在半精加工后，安排去毛刺、中检工序；精加工后，安排去毛刺、清洗和终检工序。

综上所述，该拨叉工序的安排顺序为：基准加工——主要表面粗加工及一些余量大的表面粗加工——主要表面半精加工和次要表面加工——热处理——主要表面精加工，其间穿插一些辅助工序（参见表6-4）。

六、机床设备及工艺装备的选用

1. 机床设备的选用

在中批生产条件下，可以选用通用万能设备和数控机床设备。本例各工序所选机床设备详见表6-4。

2．工艺装备的选用

工艺装备主要包括刀具、夹具、量检具和辅具等。本例各工序所选刀具、量具详见表 6-4。夹具均采用专用机床夹具。

七、确定工艺路线

归纳以上考虑，制订了拨叉的工艺路线，详见表 6-4。

表 6-4　拨叉工艺路线及设备、工装的选用

工 序 号	工 序 名 称	机床设备	刀　具	量　具
1	粗铣拨叉头两端面	立式铣床 X51	面铣刀 $\phi100$	游标卡尺
2	半精铣拨叉头左端面	立式铣床 X51	面铣刀 $\phi100$	游标卡尺
3	粗扩、精扩、倒角、铰 $\phi30$ 孔	立式钻床 Z535	麻花钻、扩孔钻、铰刀	卡尺、塞规
4	校正拨叉脚	钳工台	手锤	
5	粗铣拨叉脚两端面	卧式铣床 X62	三面刃铣刀 $\phi200$	游标卡尺
6	铣叉爪口内侧面	立式铣床 X51	铣刀	卡规
7	粗铣操纵槽底面和内侧面	立式铣床 X51	键槽铣刀	卡规 深度游标卡尺
8	精铣拨叉脚两端面	卧式铣床 X62	三面刃铣刀 $\phi200$	游标卡尺
9	钻、倒角、粗铰、精铰 $\phi8mm$ 孔	立式钻床 Z525	复合钻头、铰刀	卡尺、塞规
10	去毛刺	钳工台	平锉	
11	中检			塞规、百分表、卡尺等
12	热处理——拨叉脚两端面局部淬火	淬火机等		
13	校直拨叉脚	钳工台	手锤	
14	磨削拨叉脚两端面	平面磨床 M7120A	砂轮	游标卡尺
15	清洗	清洗机		
16	终检			塞规、百分表、卡尺等

第四节　确定加工余量和工序尺寸

作为示例，下面介绍第 1、2、9 三道工序的加工余量和工序尺寸的确定方法。

一、工序 1 和工序 2——加工拨叉头两端面至设计尺寸

（一）工序加工过程

第 1 道工序的加工过程为：

1）以右端面 B 定位，粗铣左端面 A，保证工序尺寸 P_1。

2）以左端面定位，粗铣右端面，保证工序尺寸 P_2。

第 2 道工序的加工过程为：

以右端面定位，半精铣左端面，保证工序尺寸 P_3，达到零件图设计尺寸 D 的要求，$D=80_{-0.3}^{0}$ mm。

（二）查找工序尺寸链，画出加工过程示意图

查找出全部工艺尺寸链，如图 6-5 所示。加工过程示意图如图 6-4 所示。

（三）求解各工序尺寸及公差

（1）确定工序尺寸 P_3　从图 6-5a 知，$P_3=D=80_{-0.3}^{0}$ mm。

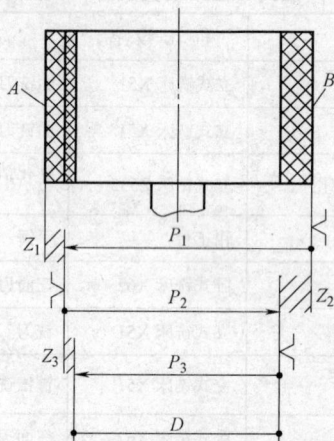

图 6-4　第 1、2 道工序加工过程示意图

（2）确定工序尺寸 P_2　从图 6-5b 知，$P_2=P_3+Z_3$，其中 Z_3 为半精铣余量，按表 2-25 确定 $Z_3=1$ mm，则 $P_2=（80+1）$ mm=81mm。由于工序尺寸 P_2 是在粗铣加工中保证的，故查表 1-8 知，粗铣工序的经济加工精度为 IT9～13，因此确定该工序尺寸公差为 IT12，其公差值为 0.35 mm，工序尺寸按入体原则标注，由此可初定工序尺寸 $P_2=81_{-0.35}^{0}$ mm。

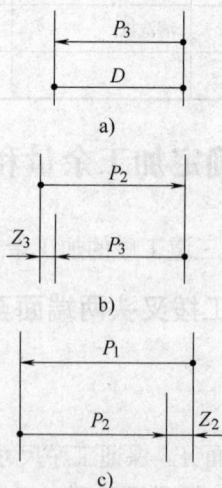

图 6-5　第 1、2 道工序工艺尺寸链图

（3）确定工序尺寸 P_1 从图 6-5c 所示工序尺寸链知，$P_1=P_2+Z_2$，其中 Z_2 为粗铣余量，由于 B 面的加工余量是经粗铣一次切除的，故 Z_2 应等于 B 面的毛坯机械加工总余量，即 $Z_2=2$mm，则 $P_1=(81+2)$mm$=83$mm。查表 1-8 确定该粗铣工序的经济加工精度为 IT13，其公差值为 0.54 mm，工序尺寸按入体原则标注，由此可初定工序尺寸 $P_1=83_{-0.54}^{0}$ mm。

（4）加工余量的校核 为验证工序尺寸及公差确定的是否合理，还需对加工余量进行校核。

1）余量 Z_3 的校核。在图 6-5b 所示尺寸链中 Z_3 是封闭环，故

$$Z_{3max}=P_{2max}-P_{3min}=[81+0-(80-0.3)]\text{mm}=1.3\text{mm}$$

$$Z_{3min}=P_{2min}-P_{3max}=[81-0.35-(80+0)]\text{mm}=0.65\text{mm}$$

校核结果表明，余量 Z_3 的大小是合适的。

2）余量 Z_2 的校核。在图 6-5c 所示尺寸链中 Z_2 是封闭环，故

$$Z_{2max}=P_{1max}-P_{2min}=[83+0-(81-0.35)]\text{mm}=2.35\text{mm}$$

$$Z_{2min}=P_{1min}-P_{2max}=[83-0.54-(81+0)]\text{mm}=1.46\text{mm}$$

校核结果表明，余量 Z_2 的大小是合适的。

余量校核结果表明，所确定的工序尺寸公差是合理的。

经上述分析计算，可确定各工序尺寸分别为 $P_1=83_{-0.54}^{0}$ mm，$P_2=81_{-0.35}^{0}$ mm，$P_3=80_{-0.3}^{0}$ mm。

二、工序 9——钻、粗铰、精铰ϕ8mm 孔

由表 2-20 查得，精铰余量 $Z_{精铰}=0.04$mm；粗铰余量 $Z_{粗铰}=0.16$mm；钻孔余量 $Z_{钻}=7.8$mm。各工序尺寸按加工经济精度查表 1-10 可依次确定为，精铰孔为 IT7；粗铰孔为 IT10；钻孔为 IT12。查标准公差数值表 2-30 可确定各工步的公差值分别为：精铰孔为 0.015mm；粗铰孔为 0.058mm；钻孔为 0.15mm。

综上所述，该工序各工步的工序尺寸及公差分别为：精铰孔工序尺寸 $d=d_3=\phi8_{0}^{+0.015}$ mm；粗铰孔工序尺寸 $d_2=\phi7.96_{0}^{+0.058}$ mm；钻孔工序尺寸 $d_1=\phi7.8_{0}^{+0.15}$ mm，它们的相互关系如图 6-6 所示。

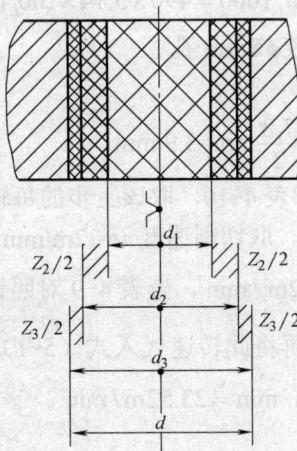

图 6-6 钻—粗铰—精铰ϕ8mm 孔加工示意图

第五节　确定切削用量及时间定额

作为示例，下面分别确定第 1、2、9 工序的切削用量及时间定额。

一、确定切削用量

1．工序 1——粗铣拨叉头两端面

工序 1 分两个工步，工步 1 是以 B 面定位，粗铣 A 面；工步 2 是以 A 面定位，粗铣 B 面。由于这两个工步是在一台机床上经多件夹具装夹一次走刀加工完成的，因此两个工步所选用的切削速度 v 和进给量 f 均相同，只有背吃刀量不同。

（1）确定背吃刀量　工步 1 的背吃刀量 a_{p1} 取为 Z_1，Z_1 应等于 A 面的毛坯机械加工总余量（见表 6-2）减去工序 2 的余量 Z_3，即 $a_{p1}=Z_1=$（2.5-1）mm=1.5mm；而工步 2 的背吃刀量 a_{p2} 取为 Z_2，即 $a_{p2}=Z_2=$2mm。

（2）确定进给量　查表 5-7，按机床功率为 5～10kW 及工件材料、刀具材料选取，该工序的每齿进给量 f_z 取为 0.13 mm/z。

（3）计算铣削速度　查表 5-12，按 $d_o/z=100/5$、$f_z=0.13$ mm/z 的条件选取，铣削速度 v=135m/min。由式（5-1）：$n=1000v/(\pi d)$ 可求得该工序铣刀转速 $n=1000\times135/(\pi\times100)$r/min $=429.9$r/min，查表 4-16 按照该工序所选 X51 型立式铣床的主轴转速系列，取转速 n=380r/min。再将此转速代入公式（5-1），可求出该工序的实际铣削速度 $v=n\pi d/1000=380\times3.14\times100/1000$m/min $=119.3$m/min。

2．工序 2——半精铣拨叉头左端面 A

（1）确定背吃刀量　取 $a_p=Z_3=$1mm。

（2）确定进给量　查表 5-7，半精铣取小值，取 f_z=0.09mm/z。

（3）计算铣削速度　由表 5-12，按 $d_o/z=100/5$、$f_z=$ 0.09mm/z 的条件选取，铣削速度 v=150m/min。由 $n=1000v/(\pi d)$ 可求得铣刀转速 $n=1000\times150/(3.14\times100)$r/min $=477$r/min，参照表 4-16 立式铣床 X51 的主轴转速，取转速 n=490r/min。再将此转速代入式（5-1），可求出该工序的实际铣削速度 $v=n\pi d/1000=490\times3.14\times100/1000$m/min $=153.86$m/min。

3．工序 9——钻、粗铰、精铰 ϕ8mm 孔

（1）钻孔工步

1）确定背吃刀量：$a_p=Z_钻/2=\dfrac{7.8}{2}$ mm=3.9 mm。

2）确定进给量：查表 5-22 和表 4-10，取该工步的每转进给量 f=0.17mm/r。

3）计算切削速度：查表 5-22，取切削速度 v=22m/min。由式（5-1）可求得该工序钻头转速 $n=1000\times\dfrac{22}{\pi\times7.8}$r/min $=898.26$r/min，查表 4-9 对照该工序所选 Z525 立式钻床的主轴转速系列，取转速 n=960r/min。再将此转速代入式（5-1），可求出该工序的实际钻削速度 $v=n\pi d/1000=960$r$\times3.14\times\dfrac{7.8}{1000}$m/min $=23.52$m/min。

（2）粗铰工步

1）确定背吃刀量：$a_p=Z_粗铰/2=\dfrac{0.16}{2}$ mm=0.08 mm。

2）确定进给量：查表 5-32 和表 4-10，取该工步的每转进给量 f=0.22mm/r。

3）计算切削速度：查表 5-32，切削速度 v 可取为 10m/min。由式（5-1）可求得该工序铰刀转速 $n = 1000 \times \dfrac{10}{\pi \times 7.96}$ r/min = 400.1r/min，对照表 4-9 中 Z525 型立式钻床的主轴转速系列，取转速 n=392r/min。再将此转速代入式（5-1），可求出该工序的实际切削速度 $v = n\pi d/1000 = 392 \times 3.14 \times \dfrac{7.96}{1000}$ m/min = 9.8m/min。

（3）精铰工步

1）确定背吃刀量：$a_p = Z_{精铰}/2 = \dfrac{0.04}{2}$ mm=0.02 mm。

2）确定进给量：查表 5-32 和表 4-10，选取该工步的每转进给量 f=0.17mm/r。

3）计算切削速度：查表 5-32，取切削速度 v 为 7m/min。由式（5-1）可求得该工序铰刀转速 $n = 1000 \times \dfrac{7}{\pi \times 8}$ r/min = 278.6r/min，查表 4-9 对照 Z525 立式钻床的主轴转速系列，取转速 n=272r/min。再将此转速代入式（5-1），可求出该工序的实际切削速度 $v = n\pi d/1000 = 272 \times 3.14 \times \dfrac{8}{1000}$ m/min = 6.83m/min。

二、时间定额的计算

作为示例，下面给出工序 1、2 和 9 的时间定额的计算方法。

1. 基本时间 t_m 的计算

（1）工序 1——粗铣拨叉头两端面　根据表 5-47 中面铣刀铣平面（对称铣削、主偏角 κ_r=90°）的基本时间计算公式 $t_j = (l + l_1 + l_2)/f_{Mz}$ 可求出该工序的基本时间。由于该工序包括两个工步，即两个工件同时加工（详见表 6-6 中工序简图），故式中 l=2×55mm=110mm，取 l_2 为 1mm，$l_1 = 0.5(d - \sqrt{d^2 - a_e^2}) + (1\sim3) = \left(0.5 \times (100 - \sqrt{100^2 - 55^2})\right) + 1\text{mm} = (0.5 \times (100 - 83.5) + 1)\text{mm} = 9.25\text{mm}$，

$f_{Mz} = f \times n = f_z \times z \times n = 0.13 \times 5 \times 380$ mm/min = 247mm/min。

将上述结果代入公式 $t_m = (l + l_1 + l_2)/f_{Mz}$，则该工序的基本时间 $t_j = \dfrac{110 + 9.25 + 1}{247}$ min ≈ 0.49 min = 29.4s。

（2）工序 2——精铣拨叉头左端面 A　根据表 5-47 中面铣刀铣平面（对称铣削、主偏角 κ_r=90°）的基本时间计算公式可求出该工序的基本时间。式中 l=55mm，l_1=9.25mm，取 l_2 为 1mm；$f_{Mz} = f \times n = 0.09 \times 5 \times 490$ mm/min = 220.5mm/min。将上述结果代入公式，则该工序的基本时间 $t_j = (l + l_1 + l_2)/f_{Mz} = \dfrac{55 + 9.25 + 1}{220.5}$ min ≈ 0.30 min = 18s。

（3）工序 9——钻、粗铰、精铰 ϕ8mm 孔

1）钻孔工步。根据表 5-45，钻孔的基本时间可由公式 $t_j = L/fn = (l + l_1 + l_2)/fn$ 求得。式中 l=20mm，取 l_2 为 1mm，$l_1 = \dfrac{D}{2}\cot\kappa_r + (1\sim2) = \left(\dfrac{7.8}{2} \times \cot 54° + 1\right)\text{mm} \approx 3.8\text{mm}$，$f$=0.17mm/r，$n$=960r/min。将上述结果代入公式，则该工步的基本时间 $t_j = \dfrac{20 + 3.8 + 1}{0.17 \times 960}$ min ≈ 0.16 min = 9.6s。

2）粗铰工步。根据表 5-45，铰圆柱孔的基本时间可由公式 $t_j = L/fn = (l + l_1 + l_2)/(fn)$ 求

得。查表 5-46，按 $\kappa_r=15°$、$a_p=(D-d)/2=\dfrac{7.96-7.8}{2}\text{mm}=0.08\text{mm}$ 的条件查得 $l_1=0.37\text{mm}$、$l_2=15\text{mm}$，已知 $l=20\text{mm}$，$f=0.22\text{mm/r}$，$n=392\text{r/min}$。将上述结果代入公式，则该工序的基本时间 $t_j=(20+0.37+15)/(0.22\times392)\text{min}\approx0.41\text{min}=24.6\text{s}$。

3）精铰工步。根据表 5-45 可由公式 $t_j=L/(fn)=(l+l_1+l_2)/(fn)$ 求得该工步的基本时间。查表 5-46 按 $\kappa_r=15°$、$a_p=(D-d)/2=(8-7.96)/2\text{mm}=0.02\text{mm}$ 的条件查得 $l_1=0.19\text{mm}$、$l_2=13\text{mm}$，已知 $l=20\text{mm}$，$f=0.17\text{mm/r}$，$n=275\text{r/min}$。将上述结果代入公式，则该工序基本时间 $t_j=\dfrac{20+0.19+13}{0.17\times272}\text{min}\approx0.71\text{min}=42.6\text{s}$。

2．辅助时间 t_f 的计算

根据第五章第二节所述，辅助时间 t_f 与基本时间 t_j 之间的关系为 $t_f=（0.15\sim0.2）t_j$，本例取 $t_f=0.15\,t_j$，则各工序的辅助时间分别为：

工序 1 的辅助时间：$t_f=0.15\times29.4\text{ s}=4.41\text{ s}$；

工序 2 的辅助时间：$t_f=0.15\times18\text{ s}=2.70\text{ s}$；

工序 9 钻孔工步的辅助时间：$t_f=0.15\times9.6\text{ s}=1.44\text{ s}$；

工序 9 粗铰工步的辅助时间：$t_f=0.15\times24.6\text{ s}=3.69\text{ s}$；

工序 9 精铰工步的辅助时间：$t_f=0.15\times42.6\text{ s}=6.39\text{ s}$。

3．其他时间的计算

除了作业时间（基本时间与辅助时间之和）以外，每道工序的单件时间还包括布置工作地时间、休息与生理需要时间和准备与终结时间。由于本例中拨叉的生产类型为中批生产，需要考虑各工序的准备与终结时间，t_z/m 为作业时间的 3%～5%；而布置工作地时间 t_b 是作业时间的 2%～7%，休息与生理需要时间 t_x 是作业时间的 2%～4%，本例均取为 3%，则各工序的其他时间（$t_b+t_x+(t_z/m)$）应按关系式（3%+3%+3%）×（t_j+t_f）计算，它们分别为：

工序 1 的其他时间：$t_b+t_x+(t_z/m)=9\,\%\times(29.4+4.41)\text{ s}=3.04\text{s}$；

工序 2 的其他时间：$t_b+t_x+(t_z/m)=9\,\%\times(18+2.70)\text{ s}=1.86\text{s}$；

工序 9 钻孔工步的其他时间：$t_b+t_x+(t_z/m)=9\,\%\times(9.6+1.44)\text{ s}=0.99\text{s}$；

工序 9 粗铰工步的其他时间：$t_b+t_x+(t_z/m)=9\,\%\times(24.6+3.69)\text{ s}=2.55\text{s}$；

工序 9 精铰工步的其他时间：$t_b+t_x+(t_z/m)=9\,\%\times(42.6+6.39)\text{ s}=4.41\text{s}$。

4．单件时间定额 t_{dj} 的计算

根据公式，本例中单件时间 $t_{dj}=t_j+t_f+t_b+t_x+(t_z/m)$，则各工序的单件时间分别为：

工序 1 的单件计算时间：$t_{dj}=(29.4+4.41+3.04)\text{ s}=36.85\text{s}$；

工序 2 的单件计算时间：$t_{dj}=(18+2.7+1.86)\text{ s}=22.56\text{s}$。

工序 9 的单件计算时间：t_{dj} 应按三个工步分别计算之后再求和，则：

钻孔工步 $t_{dj\,钻}=(9.6+1.44+0.99)\text{ s}=12.03\text{s}$；

粗铰工步 $t_{dj\,粗铰}=(24.6+3.69+2.55)\text{ s}=30.84\text{s}$；

精铰工步 $t_{dj\,精铰}=(42.6+6.39+4.41)\text{ s}=53.40\text{s}$。

因此，工序 9 的单件计算时间 $t_{dj}=t_{dj\,钻}+t_{dj\,粗铰}+t_{dj\,精铰}=(12.03+30.84+53.40)\text{ s}=96.27\text{s}$。

将确定的上述各项内容填入工艺卡片中，得到拨叉工件的机械加工工艺过程卡及第 1、2、9 工序的工序卡片，见表 6-5～表 6-8 所示。

表 6-5 拨叉工件的机械加工工艺过程卡片

(厂 名)		机械加工工艺过程卡片		产品型号		零件图号		共 1 页 第 1 页
				产品名称		零件名称 拨叉		

材料牌号	35钢	毛坯种类	锻件	毛坯外形尺寸		每毛坯可制件数 1	每台件数 1	备注

工序号	工序名称	工序内容	车间	工段	设备	工艺装备	工时(准终)	工时(单件)
1	粗铣拨叉头两端面	粗铣两端面至 81.175～80.825mm，Ra12.5μm			X51	面铣刀、游标卡尺	0	36.85s
2	精铣拨叉头左端面	半精铣拨叉头左端面至 80～79.7mm，Ra3.2μm			X51	面铣刀、游标卡尺	0	22.56s
3	扩、铰φ30孔				Z535	扩孔钻、铰刀、卡尺、塞规		
4	校正拨叉脚				钳工台	手锤		
5	粗铣拨叉脚两端面				X62	三面刃铣刀、游标卡尺		
6	铣叉爪口内侧面				X51	铣刀、游标卡尺		
7	铣槽				X51	槽铣刀、卡规、深度游标卡尺		
8	精铣拨叉脚两端面				X62	三面刃铣刀、铰刀、游标卡尺		
9	钻、铰φ8mm孔	钻、粗铰、精铰φ8mm孔至φ8～φ8.015mm，Ra1.6μm			Z525	麻花钻、铰刀、内径千分尺	0	96.27s
10	去毛刺				钳工台	平锉		
11	中检					塞规、百分表、卡尺等		
12	热处理	拨叉脚两端面局部淬火、低温回火			淬火机等			
13	校正拨叉脚				钳工台	手锤		
14	磨削拨叉脚两端面				M7120A	砂轮、游标卡尺		
15	清洗				清洗机			
16	终检					塞规、百分表、卡尺等		

			设计(日期)	审核(日期)	标准化(日期)	会签(日期)
描图						
描校						
底图号						
装订号						
标记	处数	更改文件号	签字	日期	标记 处数 更改文件号 签字	日期

133

表 6-6　拨叉机械加工工序卡片 1

机械加工工序卡片

（厂名）	机械加工工序卡片	产品型号		零件图号				
		产品名称		零件名称			拨叉	共 16 页　第 1 页

车间	工序号	工序名	材料牌号
	1	粗铣拨叉头两端面	35 钢

毛坯种类	毛坯外形尺寸	每毛坯可制件数	每台件数
锻件		1	1

设备名称	设备型号	设备编号	同时加工件数
立式铣床	X51		2

夹具编号	夹具名称		切削液
	专用夹具		乳化液

工位器具编号	工位器具名称		工序工时	
			准终	单件
			0	36.85s

工步图

工步1　工步2

C—C

$\sqrt{Ra12.5}$　$\sqrt{Ra12.5}$　$\sqrt{Ra12.5}$

$81.175^{0}_{-0.35}$　$83.27^{0}_{-0.54}$

工步号	工步内容	工艺装备	主轴转速 (r/min)	切削速度 (m/min)	进给量 (mm/z)	背吃刀量 (mm)	进给次数	工步工时	
								机动	辅助
1	粗铣 A 面至 83.27~82.73mm、Ra12.5μm	YT15 硬质合金面铣刀、游标卡尺	380	119.3	0.13	1.5	1	29.4s	4.41s
2	粗铣 B 面至 81.175~80.825mm、Ra12.5 μm	YT15 硬质合金面铣刀、游标卡尺	380	119.3	0.13	2	1	29.4s	4.41s

			设计(日期)	审核(日期)	标准化(日期)	会签(日期)

描图						
描校	标记	处数	更改文件号	签字	日期	
底图号						
装订号	标记	处数	更改文件号	签字	日期	

表 6-7　拨叉机械加工工序卡片 2

	机械加工工序卡片	产品型号		零件图号				
(厂 名)		产品名称		零件名称	拨叉		共 16 页	第 2 页

车　间	工序号	工序名		材料牌号
	2	半精铣拨叉头左端面		35 钢

毛坯种类	毛坯外形尺寸	每毛坯可制件数	同时加工件数
锻件		1	1

设备名称	设备型号	设备编号	切削液
立式铣床	X51		

夹具编号	夹具名称		工序工时	
	专用夹具	准终	0	单件 22.56s

工位器具编号	工位器具名称	

工步号	工步内容	工艺装备	主轴转速/(r/min)	切削速度/(m/min)	进给量/(mm/z)	背吃刀量/mm	进给次数	工步工时	
								机动	辅助
1	半精铣拨叉头左端面 A 至 80~79.7mm、Ra3.2μm	YT15硬质合金面铣刀、游标卡尺	490	153.86	0.09	1	1	18s	2.70s

	设计(日期)	审核(日期)	标准化(日期)	会签(日期)
描图				
描校				
底图号				
装订号	标记 处数 更改文件号 签字 日期	标记 处数 更改文件号 签字 日期		

表6-8 拨叉机械加工工序卡片9

(厂名)	机械加工工序卡片	产品型号		零件图号		共16页	第9页
		产品名称		零件名称	拨叉		

车间	工序号	工序名	材料牌号
	9	钻、粗铰、精铰φ8mm孔	35钢

毛坯种类	毛坯外形尺寸	每毛坯可制件数	每台件数
锻件		1	1

设备名称	设备型号	设备编号	同时加工件数
立式钻床	Z525		1

夹具编号	夹具名称		切削液
	专用夹具		

工位器具编号	工位器具名称	工序工时	
		准终	单件
		0	96.27s

工步号	工步内容	工艺装备	主轴转速/(r/min)	切削速度/(m/min)	进给量/(mm/r)	背吃刀量/mm	进给次数	工步工时	
								机动	辅助
1	钻孔至φ7.8~φ7.95mm，Ra12.5μm，至A面距离为40mm	莫氏锥柄麻花钻、游标卡尺	960	23.52	0.17	3.9	1	9.6s	1.44s
2	粗铰至φ7.96~φ8.018mm，Ra3.2μm	硬质合金铰刀、内径千分尺	392	9.8	0.22	0.08	1	24.6s	3.69s
3	精铰至φ8~φ8.015mm，Ra1.6μm	硬质合金铰刀、内径千分尺	275	6.92	0.17	0.02	1	42.6s	6.39s
4	装卸工件								

			设计(日期)	审核(日期)	标准化(日期)	会签(日期)
标记	处数	更改文件号	签字	日期		
标记	处数	更改文件号	签字	日期		

描图

描校

底图号

装订号

第二篇　机床夹具设计

在机床上加工工件时，为了保证工件的加工表面能达到规定的尺寸和位置公差要求，必须首先使工件占有一个正确的位置。通常把确定工件在机床上或夹具中占有正确位置的过程，称为定位。当工件定位后，为了避免在加工中受到切削力、重力等的作用而破坏定位，还应该用一定的机构或装置将工件加以固定。工件定位后将其固定，使其在加工过程中保持定位位置不变的操作，称为夹紧。将工件定位、夹紧的过程称为装夹。工件装夹是否正确、迅速、方便和可靠，将直接影响工件的加工质量、生产效率、制造成本和操作安全。在成批、大量生产中，工件的装夹是通过机床夹具来实现的。用以装夹工件 (和引导刀具)的装置，称为机床夹具。机床夹具在生产中应用十分广泛。

机床夹具的作用有以下四个方面：

（1）保证加工精度　机床夹具能准确确定工件、刀具和机床之间的相对位置，可以保证加工精度，且稳定性好。

（2）提高生产效率　机床夹具可快速地将工件定位和夹紧，减少辅助时间。

（3）减轻劳动强度　采用手动、气动和液动等夹紧装置，可以减轻工人的劳动强度。

（4）扩大机床的工艺范围　利用机床夹具，可使机床的加工范围扩大。例如，在车床或钻床上使用镗模可以代替镗床镗孔，使其具有镗床的功能。

第七章　机床夹具概述

第一节　机床夹具的分类与组成

一、机床夹具的分类

（一）按夹具的应用范围分类

1. 通用夹具

通用夹具是指结构已经标准化，且有较大适用范围的夹具。例如，车床用的三爪自定心卡盘和四爪单动卡盘，铣床用的平口钳及分度头等。图 7-1 所示为一自定中心的轴类工件钻孔通用夹具，夹具采用平行的四连杆机构，两个连杆 5 装配时应保证相互平行。上杆 9 固定一个钻套 2 的衬套座 6，衬套座 6 上有一个 V 形槽。在固定支承板 10 上有一个深槽 4，上杆 9 可在槽中上下移动，以适应装夹不同直径的工件 7。工件 7 下面的垫板 8 也可根据需要选择合适的厚度。工件 7 端部由可调挡头 3 定位。当拧紧把手 1 时，由衬套座 6 压紧工件，即可钻孔。这类夹具能较灵活地适应加工工件和加工工序的变换，适用于单件小批生产。

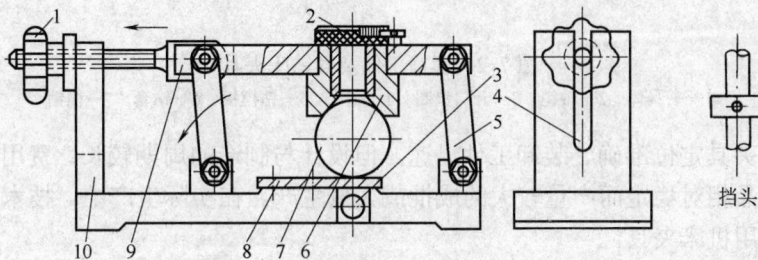

图 7-1　通用夹具

1—把手　2—钻套　3—挡头　4—深槽　5—连杆　6—衬套座　7—工件　8—垫板　9—上杆　10—固定支承板

2. 专用机床夹具

专用机床夹具是为某零件在某一道工序上的装夹而专门设计和制造的夹具。图 7-2 所示为套筒工件的专用钻床夹具。该夹具放在机床工作台上，钻头对准钻套 6，并用压板将夹具固定在钻床工作台上，以确定夹具在机床上相对于刀具的正确位置。在使用时，首先将工件套入带有凸肩的轴销 2 上，同时要使工件上的槽面对准并装在横销 7 上，然后，转动夹紧螺母 4 通过开口垫圈 3 夹紧工件。这样，加工时只需将工件装夹到夹具上，就可方便地钻孔，以保证工序尺寸及位置公差要求。

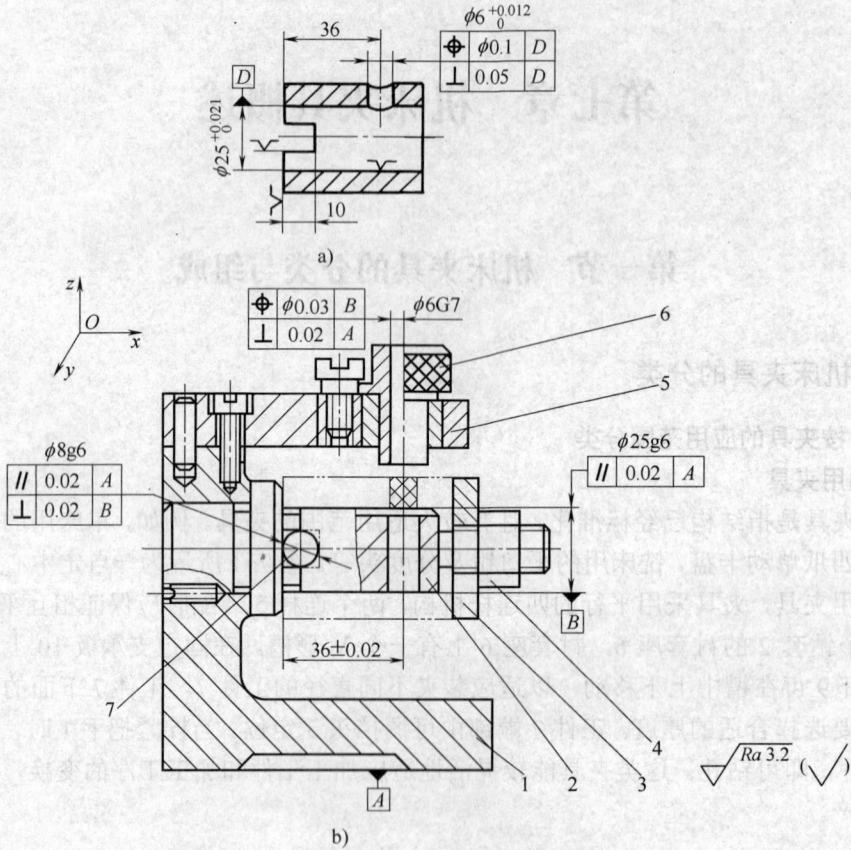

图 7-2　套筒工件及其钻床夹具
1—夹具体　2—轴销　3—开口垫圈　4—螺母　5—钻模板　6—钻套　7—横销

专用机床夹具定位准确、装卸工件迅速，但设计与制造的周期较长、费用较高。因此，主要适用于产品相对稳定而产量较大的成批或大量生产。在实际生产中，技术人员所设计的夹具通常是专用机床夹具。

3. 组合夹具

组合夹具是用一套预先制造好的标准元件和合件组装而成的夹具。组合夹具使用完毕后，拆散成元件和合件，可不断重复使用。图 7-3 所示为钻孔组合夹具。组合夹具是机床夹具标准化、系列化和通用化程度最高的一种夹具。这类夹具，结构灵活多变，设计和组装周期短，夹具零部件能长期重复使用；但需要储备大量标准的零部件，且夹具刚性较低。因此，它主要适用于小批量多品种、产品变化快和新产品试制等场合。

4. 成组夹具

成组夹具是在多品种、中小批生产中采用成组加工时，为每个工件组设计制造的专用夹具（成组加工：根据零件结构、尺寸和工艺特征的相似性，对同类的全部零件进行分组，将同组零件集中在一条生产线或一台设备上进行加工）。在夹具结构上，把与工件相联系的定位、夹紧和导向部分，设计成可调整或可以更换的结构。当从工件组中某一种工件转换为加工另一种工件时，只需进行个别的调整或更换，即可进行加工。

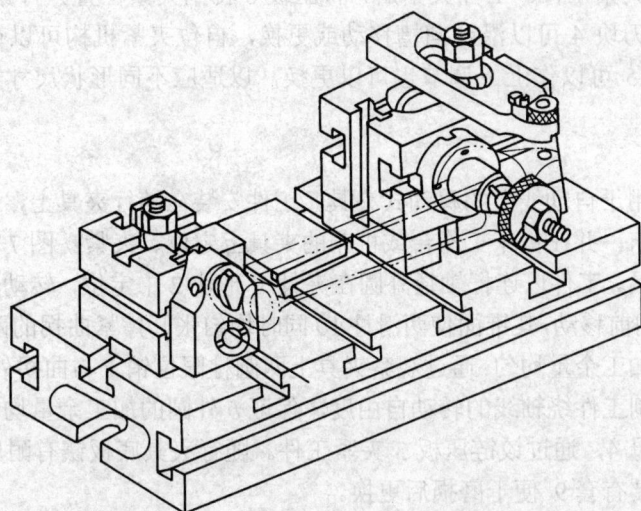

图 7-3　组合夹具

图 7-4 所示为拨叉零件铣叉口侧面工序所用成组夹具。

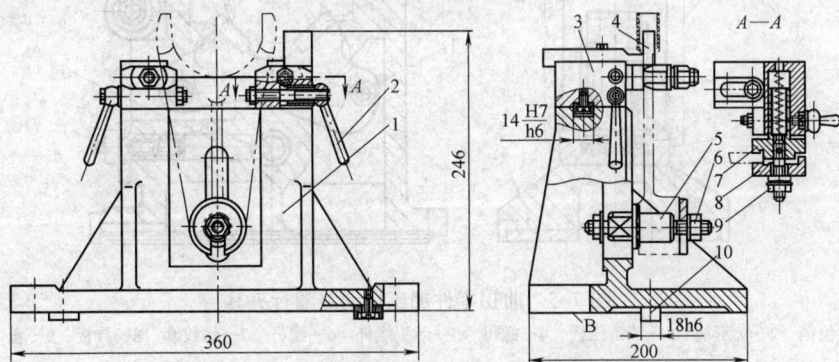

加工零件组简图

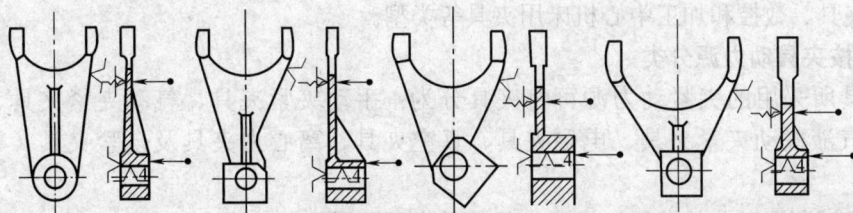

图 7-4　拨叉零件铣叉口侧面工序成组夹具

1—夹具体　2—手柄　3—夹紧支座　4—对刀块　5—定位轴销　6—螺母
7—辅助支承　8—压板　9—螺母　10—定位键

本夹具通过定位轴销 5 和辅助支承 7 的侧面实现工件定位。采用螺旋夹紧机构，通过

141

螺母 6 和开口垫圈夹紧工件。工件夹紧后，将压板 8 转到夹紧位置并拧紧螺母 9，用手柄 2 锁紧辅助支承。对刀块 4 可以沿导向槽移动或更换，自位夹紧机构可以在夹具体 1 上作左右调整，定位轴销 5 可以作上下调节也可以更换，以适应不同形状尺寸零件的安装，实现成组加工。

5. 随行夹具

随行夹具是指用于自动线上的移动式夹具。工件安装在随行夹具上，由运送装置依次送达自动线的各个机床，并在机床工作台或机床的夹具上定位、夹紧。图 7-5 所示为曲拐零件加工自动线随行夹具。工件以连杆轴径外圆在夹具 V 形块 2 中定位，转动夹具上带方头的螺纹套 7 带动螺杆 6 向前移动，其锥面使两滑柱 10 同时均匀张开撑紧曲拐的两端面 c 实现对中，以保证两端面 a 的加工余量均匀；通过观察夹具上两圆柱限位销 1 与曲拐外圆 b 间的两间隙，使其大致相等以限制工件绕轴线的转动自由度，保证 b 外圆的加工余量均匀。定位完成后，用机械扳手拧紧螺母 4，通过铰链压板 3 夹紧工件。随行夹具底板镶有耐磨的导板 8 作为输送基面。定位销孔装有套 9 便于磨损后更换。

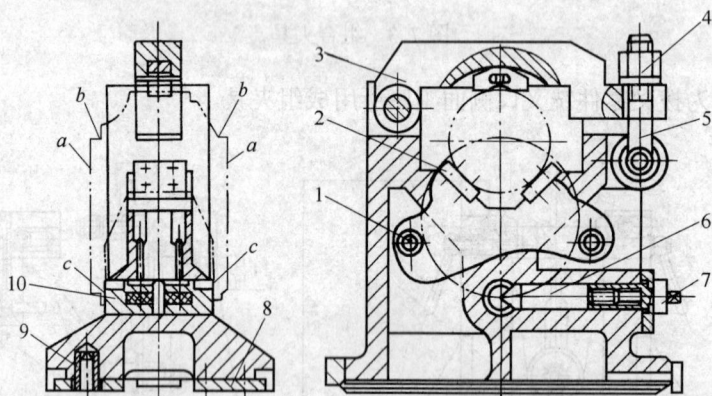

图 7-5　曲拐零件加工自动线随行夹具

1—圆柱限位销　2—V 形块　3—铰链压板　4—螺母　5—活头螺杆　6—螺杆　7—螺纹套　8—导板　9—套　10—滑柱

（二）按使用机床类型分类

按使用的机床可以将夹具分为：车床夹具、钻床夹具、铣床夹具、镗床夹具、磨床夹具、组合机床夹具、数控和加工中心机床用夹具等类型。

（三）按夹具动力源分类

按夹具所采用的夹紧动力源可将夹具分为：手动夹紧夹具、气动夹紧夹具、液压夹紧夹具、气液联动夹紧夹具、电磁夹具、真空夹具、离心力夹具及自紧夹具（靠切削力夹紧）等。

随着机械制造工业的发展，机床夹具的种类不断增加，分类方法不断变化，目前一般工厂多按使用机床类别结合结构形式和使用特点进行分类编号。

二、专用机床夹具的组成

在生产中使用的机床夹具种类繁多，结构千变万化，根据夹具元件在夹具中所起的作用，可归纳出夹具一般由下列几部分组成：

1. 定位元件

定位元件是用以确定工件正确位置的元件。用工件定位基准或定位基面与夹具定位元件接触或配合来实现工件定位。图 7-2 中的件 2 和件 7 为定位元件。

2. 夹紧装置

夹紧装置是在工件定位后将工件夹牢的装置。如图 7-2，件 2 端部与件 3、件 4 组成螺旋夹紧机构。

3. 对刀、导向元件

对刀、导向元件是指用于确定或引导刀具的元件。例如钻套（如图 7-2 中的件 6）、镗套、对刀装置（图 7-4 中的件 4）等，其作用是使刀具相对于定位元件获得正确的相对位置。

4. 夹具连接元件

夹具连接元件是指用于保证夹具在机床上定位和夹紧用的元件。例如铣床夹具底面上安装的定位键（图 7-4 中的件 10）等。

5. 其他元件及装置

根据工件加工要求，有些夹具除上述组成部分外，还需设置其他元件或装置。例如进行多工位加工用的分度转位装置、某些夹具的靠模装置、工件抬起装置和辅助支承等。

6. 夹具体

夹具体是用于连接夹具各个组成部分，使之成为一个整体的基础件。

通常定位元件、夹紧装置和夹具体是夹具的基本组成部分，其他部分则根据夹具所属的机床类型、工件加工表面的特殊要求设置。

第二节　机床夹具设计方法

一、机床夹具设计要求

1. 机床夹具的结构应与其用途和生产规模相适应

在大批大量生产中，夹具的主要作用是在保证产品质量的同时，要尽量提高生产效率。因此，应广泛采用多件夹紧机构，广泛使用气动、液压和电动夹紧装置等高效、省力的夹具。

在中、小批生产中，夹具的主要作用是保证产品质量的同时，要适应产品快速转换的需求，并达到较好的经济性，广泛采用单件加工的夹具及手动夹紧机构。在条件允许的情况下，可考虑采用可调夹具、成组夹具和组合夹具等。

2. 尽量选用标准化零部件

夹具设计时要尽量采用结构成熟的标准夹紧机构、标准夹具元件和标准件，减少非标准零件，以提高夹具的标准化程度，缩短夹具设计时间，提高夹具设计质量和降低夹具制造周期及成本。

3. 机床夹具结构应具有足够的刚度、强度和良好的稳定性

为保证工件加工要求和夹具本身的精度不受破坏，夹具结构应具有较高的刚度和强度，夹具安装在机床工作台上应具有良好的稳定性，注意降低夹具重心，夹具底面轮廓尺寸相对于夹具高度尺寸的比例应适当。

4. 保证使用方便和安全

夹紧机构的操作手柄一般应放在右边或前面,以便于操作。操纵夹紧件的手柄或扳手在操作范围内应有足够的活动空间。防止夹紧机构的活动件与机床、刀具相碰撞,因此,在设计时要认真查阅机床有关数据。同时,还要考虑清除切屑方便、安全。

5. 有良好的工艺性

夹具设计应考虑便于夹具制造、检验、装配、调整和维修。对于夹具上精度要求高的位置尺寸,应考虑能否在装配后用组合加工的办法来保证,或依靠装配时调整的办法得到保证。

二、专用机床夹具的设计步骤

1. 收集和研究有关资料

工艺人员在编制零件的工艺规程中,针对其工序的加工要求,提出相应的夹具设计任务书,而且从保证零件的技术要求出发,已选择了工件的定位基准(基面)、夹紧部位、所用机床及刀具等。夹具设计人员,应分析定位基准选择的合理性。选择定位基准时,应遵循粗、精基准选择的原则,应考虑定位元件设置是否方便,是否便于承受切削力等。如果工艺规程中选择的定位基准不当,应与有关人员协商修改。再根据夹具设计任务书进行夹具的结构设计。为此,在设计之前必须认真地收集和研究有关资料。

(1)分析零件图和工序简图 了解零件的功用、特点、材料、生产类型及技术要求,详细分析工件加工工艺过程和本工序的加工要求,如工序尺寸、工序基准、加工余量、定位基准和夹紧部位等,这些是夹具设计的主要依据。

(2)了解本工序使用的机床和刀具 了解机床的规格、主要参数以及在机床上安装夹具部位的结构和配合尺寸。了解本工序使用的刀具类型、主要结构尺寸等情况。

(3)熟悉夹具设计用的国家标准、行业标准和企业标准 查阅夹具设计手册和夹具设计指导资料等。

(4)了解夹具典型结构 在着手设计之前,应多参阅一些典型夹具结构图册及夹具部件的典型结构,以增加对夹具结构的认识并吸收先进经验。

2. 确定夹具的结构方案

确定夹具结构方案时,主要考虑下列各项内容:

1)确定定位方案,选择定位元件。

2)确定刀具对刀或引导方式,选择对刀元件或导向元件。

3)确定夹紧方案,选择夹紧装置。

4)确定夹具其他组成部分的结构形式,例如分度装置、夹具与机床的连接方式。

5)确定夹具体的形式和夹具的总体结构。

在确定夹具结构方案的过程中,工件定位、夹紧、对刀和夹具在机床上定位等各部分的结构以及总体布局都会有几种不同的方案可供选择。因而,都应画出结构原理示意图,通过必要的计算(如定位误差计算等)和分析比较,最终选取最为合理的方案。

3. 绘制夹具的装配草图和装配图

夹具总图绘制比例除特殊情况外,一般均应按 1∶1 绘制,以保证良好的直观性。总图上的主视图,应尽量选取与操作者正对的位置。

绘制夹具装配图可按如下顺序进行：①把工件视为透明体，用双点画线画出工件的轮廓、定位面、夹紧面和加工表面；②画出定位元件和导向元件；③按夹紧状态画出夹紧装置；④画出其他元件或机构；⑤画出夹具体，把上述各组成部分连接成一体，形成完整的夹具；⑥标注必要的尺寸、配合和技术条件；⑦对零件编号，填写标题栏和零件明细表。

4. 绘制夹具零件图

夹具装配图中的非标准零件均应绘制零件图。零件图的视图应尽量与装配图上的位置一致，尺寸、形状、位置、配合以及加工表面粗糙度等要标注完整。

5. 编写专用机床夹具设计说明书（略）

第八章 定位方案设计

第一节 工件在夹具中的定位

一、工件的定位基准及定位基面

机械零件是由若干要素（点、线、面）组成的，各要素之间都有一定的尺寸和位置公差要求，用来确定生产对象上几何要素间几何关系所依据的那些点、线、面，称为基准。

在加工中用作确定工件在机床上或夹具中占有正确位置的基准，称为定位基准。作为定位基准的点、线、面在工件上有时不一定实际存在 (如外圆和内孔的轴心线，对称面等)，而常由某些实际存在的表面来体现，这些体现定位基准的表面称为定位基面。如图 7-2a 所示工件端面是实际存在的定位基准，它确定工件轴向位置；内孔轴心线是假想的定位基准，它确定工件径向位置，而内孔表面是径向的定位基面。

二、工件的六点定位规则

一个自由刚体，在空间直角坐标系中，有六个方向活动的可能性，即沿三个坐标轴方向的移动(分别用符号 $\bar{x}$、$\bar{y}$、$\bar{z}$ 表示)和绕三个坐标轴方向的转动(分别用符号 $\hat{x}$、$\hat{y}$、$\hat{z}$ 表示)。自由刚体在空间的不同位置，就是这六个方向活动的结果。一般把某个方向活动的可能性称为一个自由度，一个自由刚体在空间共有六个自由度。

工件可近似地看成为自由刚体。工件在没有采取定位措施时，其位置具有六个可活动方向。要使工件在某个方向有确定的位置，就必须限制该方向的自由度。可以通过布置支承点的方式来限制自由度。如图 8-1 所示，若使一个长方体工件在空间占有唯一确定的位置，可在空间直角坐标的三个垂直平面上，适当布置六个支承点，即在底平面布置三个支承点 1、2 和 3(位置不在同一条直线上)，限制工件 $\bar{z}$、$\hat{x}$、$\hat{y}$ 三个自由度；在侧平面布置两个支承点 4 和 5，限制工件 $\bar{x}$、$\hat{z}$ 两个自由度；再在后平面布置一个支承点 6，限制工件 $\bar{y}$ 一个自由度，则实现了限制工件在空间六个方向的活动性，使工件在空间占有唯一确定的位置。我们把在工件的适当位置，布置六个支承点，限制工件的六个自由度，从而确定工件唯一确切位置的规则，称为六点定位规则。

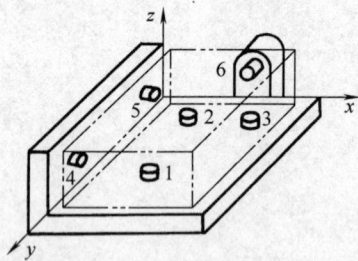

图 8-1 工件在空间的六点定位

三、定位元件选用

工件在夹具中定位时，根据工件的结构特点和工序加工要求选择的定位基准（基面）有各种形式，如平面、内孔、外圆、圆锥面和型面等。根据其形状不同，选择不同类型的定位元件。在定位基准确定后，就可以根据工件结构特点和定位基面形状、尺寸等选择标准定位元件。如果没有合适的标准定位元件可供选择，设计者可自行设计非标准定位元件。各定位元件确定之后，应分析定位元件组合定位时所限制的自由度是否满足要求。定位元件限制自由度的情况与定位元件的结构形式、采用数量、布置方式有关，也与定位元件同工件定位基面的接触及配合的面积（长度）大小等有关。

定位元件是确定工件正确位置的元件，且要经常与定位基准（基面）接触，所以，它必须满足以下几点要求：

（1）一定的精度 定位元件的精度直接影响工件的加工精度，定位元件间的位置尺寸及位置公差一般应为工件相应尺寸及位置公差的 $1/5 \sim 1/2$。

（2）良好的耐磨性 定位元件与定位基准（或基面）直接接触，易引起磨损。为能较长期地保证其精度，必须具有良好的耐磨性。

（3）足够的刚性 为保证在受到切削力、夹紧力等的作用下，不致发生较大的变形而影响加工精度，定位元件必须具有足够的刚性。

（4）良好的工艺性 便于制造、装配与维修。

夹具中常用的定位方式及定位元件，可按照工件的定位基准的形式分类，定位元件所能限制的自由度详见表 8-1。

表 8-1 常见定位元件限制自由度情况

工件定位基准	夹具定位元件	定位方式简图	限制的自由度
平　　面	小平面 一个支承钉	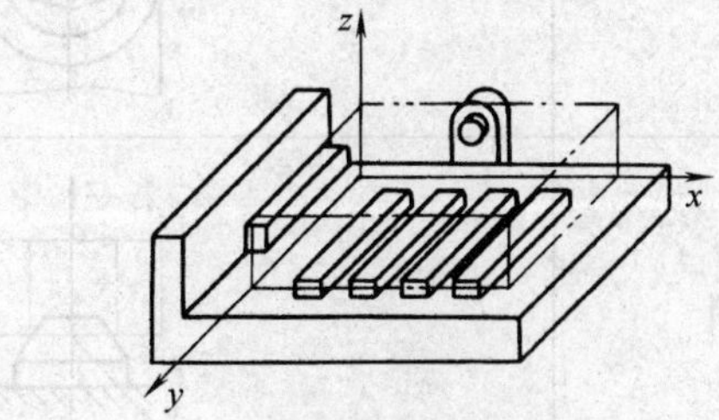	$\vec{y}$
	支承板 二个支承钉		$\vec{x}$ $\vec{z}$
	大平面 支承板组合 支承钉组合		$\vec{z}$ $\hat{x}$ $\hat{y}$
	三点自位支承	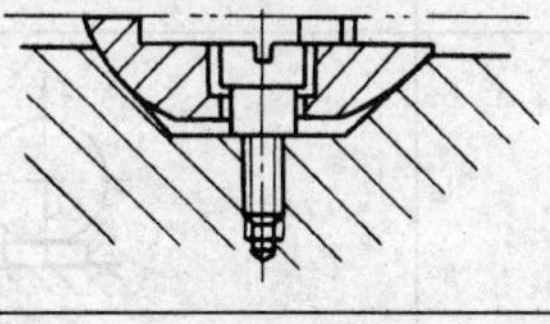	$\vec{z}$
	二点自位支承	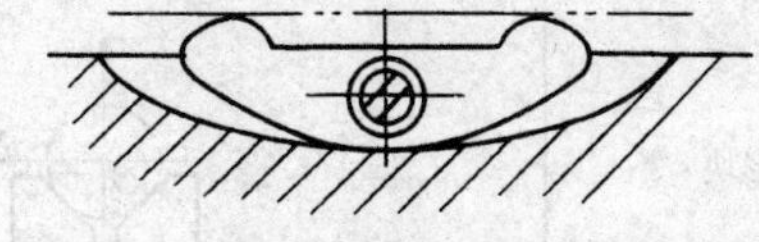	$\vec{z}$
内　　孔	短心轴	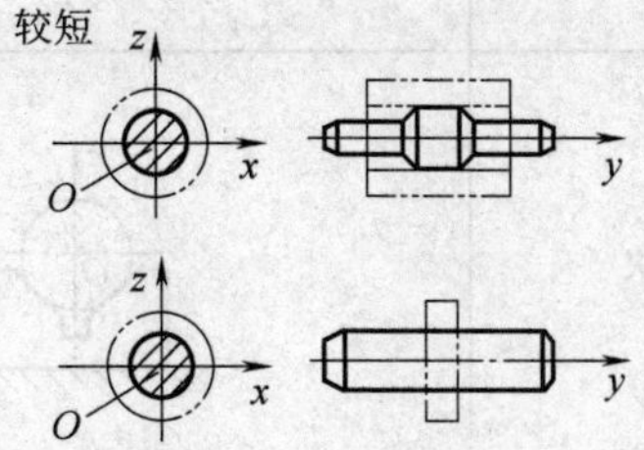 较短	$\vec{x}$ $\vec{z}$

（续）

工件定位基准	夹具定位元件	定位方式简图	限制的自由度
内孔	长心轴		$\vec{x}$ $\vec{z}$ $\hat{x}$ $\hat{z}$
	短圆柱销		$\vec{x}$ $\vec{y}$
	长圆柱销		$\vec{x}$ $\vec{y}$ $\hat{x}$ $\hat{y}$
	削边销（菱形销）		$\vec{x}$
	短锥销		$\vec{x}$ $\vec{y}$ $\vec{z}$
外圆柱面	支承板		$\vec{z}$ $\hat{x}$
	短 V 形块		$\vec{x}$ $\vec{z}$
	长 V 形块		$\vec{x}$ $\vec{z}$ $\hat{x}$ $\hat{z}$

（续）

工件定位基准	夹具定位元件	定位方式简图	限制的自由度
外圆柱面	两个短V形块		$\vec{x}$　$\vec{z}$ $\hat{x}$　$\hat{z}$
	浮动短V形块		$\vec{x}$
	短定位套		$\vec{y}$ $\vec{z}$
	长定位套		$\vec{y}$　$\vec{z}$ $\hat{y}$　$\hat{z}$
	短锥套		$\vec{x}$　$\vec{y}$ $\vec{z}$
圆锥孔	固定顶尖（前） 浮动顶尖（后）		$\vec{x}$　$\vec{y}$　$\vec{z}$ $\hat{y}$　$\hat{z}$
	锥心轴		$\vec{x}$　$\vec{y}$　$\vec{z}$ $\hat{y}$　$\hat{z}$

（一）工件以平面为定位基准时常用定位元件

1．支承钉

选用标准支承钉可查表 8-2。平头支承钉（A 型）用于支承精基准平面；球头支承钉（B 型）用于支承粗基准平面；网纹顶面支承钉（C 型）常用于要求摩擦力大的工件侧面定位。一个支承钉相当于一个支承点，限制一个自由度；在一平面内，两个支承钉限制二个自由度；不在同一直线上的三个支承钉限制三个自由度。

表 8-2　支承钉（摘自 JB/T 8029.2—1999）

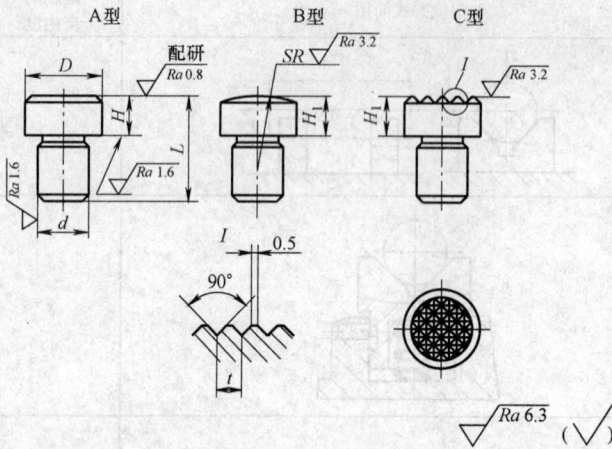

（1）材料：T8，按 GB/T 1298—2008 的规定。
（2）热处理：55～60HRC。
标记示例：
D=16mm，H=8mm 的 A 型支承钉：
支承钉 A16×8mm　JB/T 8029.2—1999

（单位：mm）

D	H	H_1		L	d		SR	t
		基本尺寸	极限偏差 h11		基本尺寸	极限偏差 r6		
6	3	3	0 -0.075	8	4	+0.023 +0.015	6	1
	6	6		11				
8	4	4	0 -0.090	12	6		8	
	8	8		16				1.2
12	6	6	0 -0.075		8	+0.028 +0.019	12	
	12	12	0 -0.110	22				

2．支承板

选用标准支承板可查表 8-3。平面型支承板（A 型）结构简单，但埋头螺钉处清理切屑比较困难，适用于侧面和顶面定位；带斜槽型支承板（B 型），其槽中可以容纳切屑，清除切屑也比较容易，适用于底面定位。当支承定位基准平面较大时，常用几块支承板组合成一个平面，各支承板组装到夹具体上之后，应将其工作表面一起磨削，以保证等高。一个支承板相当于两个支承点，限制二个自由度，多个支承板组合成一个平面可以限制三个自由度。

表 8-3　支承板（摘自 JB/T 8029.1—1999）

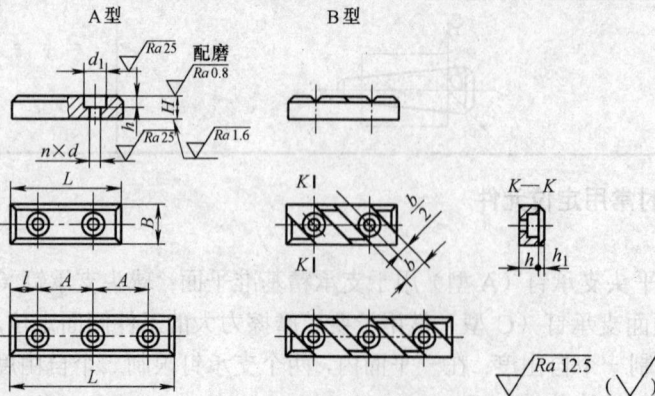

（1）材料：T8，按 GB/T 1298—2008 的规定。
（2）热处理：55～60HRC。
标记示例：
H=16mm，L=100mm 的 A 型支承板：
支承板 A16×100　JB/T 8029.1—1999

（单位：mm）

（续）

H	L	B	b	l	A	d	d₁	h	h₁	孔数 n
6	30	12	—	7.5	15	4.5	8	3	—	2
	45									3
8	40	14		10	20	5.5	10	3.5		2
	60									3
10	60	16	14	15	30	6.6	11	4.5		2
	90									3
12	80	20			40				1.5	2
	120		17	20		9	15	6		3
16	100	25								2
	160				60					3
20	120	32								2
	180		20	30		11	18	7	2.5	3
25	140	40			80					2
	220									3

3. 可调支承

可调支承常用形式如图 8-2 所示。可调支承多用于支承工件的粗基准表面，其支承的高度可以根据需要进行调整。每加工一批工件，应根据粗基准的位置变化情况，相应加以调整，以保证加工余量均匀或保证加工表面与非加工面间的位置尺寸，调整到位后用螺母将其锁紧。在加工同一批工件中，一般不再进行调整，其定位作用与固定支承相同。选用可调支承，可查表 8-4～表 8-6。

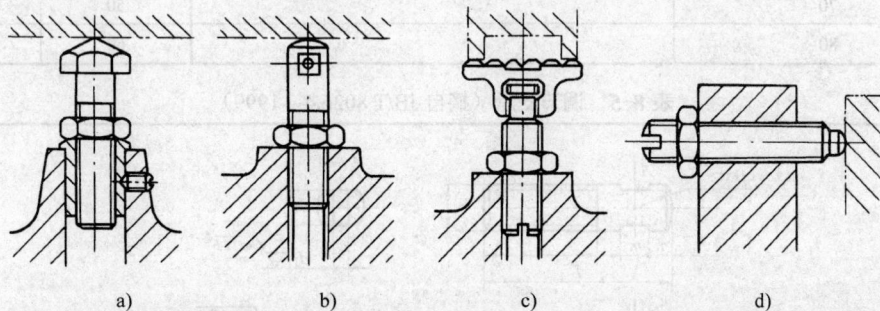

a)　　　　　b)　　　　　c)　　　　　d)

图 8-2　可调支承

a）用于支承质量较重的工件　b）可用于支承夹紧压板

c）可增大接触面，减小压强　d）用于侧面定位支承点的调节

表 8-4 六角头支承（摘自 JB/T 8026.1—1999）

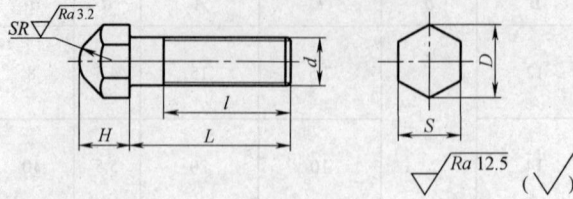

（1）材料：45 钢，按 GB/T 699—1999 的规定。
（2）热处理：L≤50mm 全部 40～55HRC；L>50mm 头部 40～50HRC。

标记示例：
d=M10mm、L=25mm 的六角头支承：
支承 M10×25 JB/T 8026.1—1999

（单位：mm）

d		M8	M10	M12	M16	M20
$D\approx$		12.7	14.2	17.59	23.35	31.2
H		10	12	14	16	20
SR				5		12
S	基本尺寸	11	13	17	21	27
	极限偏差		0 −0.270			0 −0.330
L				l		
20		15				
25		20	20			
30		25	25	25		
35		30	30	30	30	
40		35		35	35	30
45			35	35	35	
50			40	40	40	35
60				45	45	40
70					50	50
80					60	60

表 8-5 调节支承（摘自 JB/T 8026.4—1999）

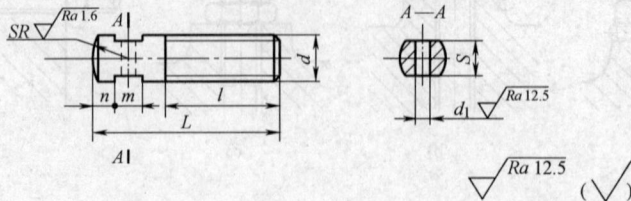

（1）材料：45 钢，按 GB/T 699—1999 的规定。
（2）热处理：L≤50mm 全部 40～50HRC；L>50mm 头部 40～45HRC。

标记示例：
d=M12mm、L=50mm 的调节支承：
支承 M12×50 JB/T 8026.4—1999

（单位：mm）

（续）

d		M8	M10	M12	M16	M20
n		3	4	5	6	8
m		5	8		10	12
S	基本尺寸	5.5	8	10	13	16
	极限偏差	0 / −0.180	0 / −0.220		0 / −0.270	
d₁		3	3.5	4	5	—
SR		8	10	12	16	20

L	l				
	M8	M10	M12	M16	M20
25	12				
30	16	14			
35	18	16			
40	20	20	18		
45	25	25	20		
50	30	30	25	25	
60		30	30	30	
70			35	40	35
80			35	50	45

表8-6　调节支承螺钉

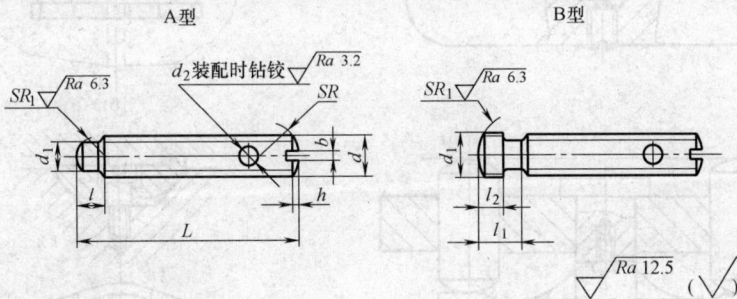

A型　　　　　　　　　　　　　　B型

（1）材料：45 钢，按 GB/T 699—1999 的规定。
（2）螺纹按 3 级精度制造。
（3）表面发蓝或其他防锈处理。
（4）热处理：淬火 33～38HRC。

（单位：mm）

d		M8	M10	M12	M16	M20
d₁		6	7	9	12	15
l		5	6	7	8	10
SR		8	10	12	16	20
SR₁		6	7	9	12	15
l₁		9	11	13.5	15	17
l₂		4	5	6.5	8	9
b		1.2	1.5	2		—
h		2.5	3	3.5	4.5	—
d₂	基本尺寸	3	4		5	
	极限偏差 H7	+0.010 / 0	+0.012 / 0			

（续）

	35				
	40	40			
	45	45			
	50	50	50		
L	60	60	60	60	
	70	70	70	70	70
	80	80	80	80	80
		90	90	90	90
		100	100	100	100

4. 自位支承

自位支承用以增加与工件的接触点，减小工件变形或减少接触应力。自位支承常用的几种形式如图 8-3 所示。由于自位支承是活动的或浮动的，无论结构上是两点或三点支承，其实质只起一个支承点的作用，所以自位支承只限制一个自由度。

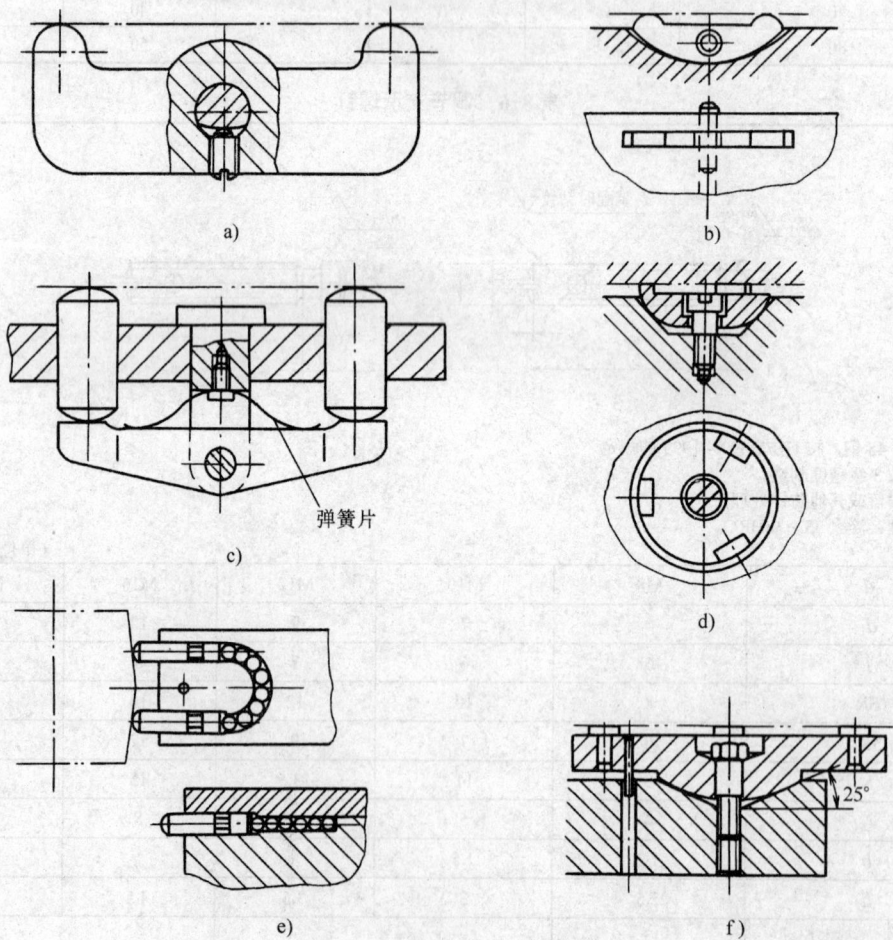

弹簧片

图 8-3　自位支承的结构形式

5. 辅助支承

辅助支承不能作为定位元件，不能限制工件的自由度，它只用以增加工件在加工过程中刚性的作用。

图 8-4 为辅助支承的几种形式。图 8-4a 为螺旋式辅助支承，在旋转网纹螺母时，由于螺钉上的短销作用，支承螺钉只作直线移动。图 8-4b 为自动调节辅助支承，支承销 1 受下端弹簧 2 的推力作用与工件接触，当工件定位并夹紧后，回转手柄 5，通过锁紧螺钉 4 和斜面顶销 3，将支承销 1 锁紧。图 8-4c 为齿轮齿条式辅助支承，顶柱通过齿轮齿条来操纵，有时用同一动力源操纵几个这样的顶柱。图 8-4d 为推式辅助支承，工作时，通过推杆 7 使支承滑柱 6 向上与工件接触，然后回转手柄 9，通过钢球 10 和半圆键 8，将支承滑柱 6 锁紧。

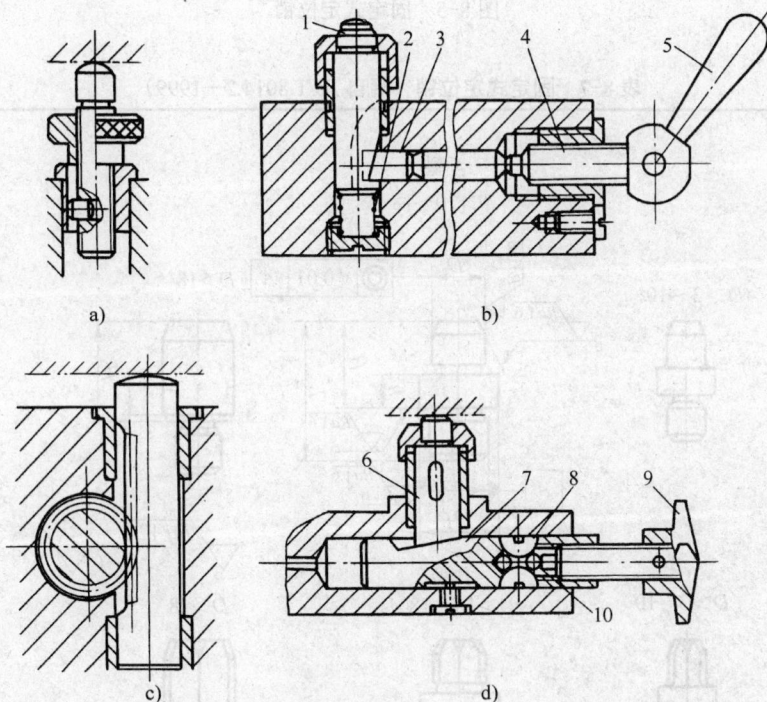

图 8-4　辅助支承

1—支承销　2—弹簧　3—斜面顶销　4—锁紧螺钉　5—手柄　6—支承滑柱　7—推杆　8—半圆键　9—手柄　10—钢球

（二）工件以孔为定位基面时常用定位元件

1. 固定式定位销

常用固定式定位销的几种典型结构如图 8-5 所示。当工件的孔径尺寸较小时，可选用图 8-5a 所示的结构；当孔径尺寸较大时，选用图 8-5b 所示的结构；当工件同时以圆孔和端面组合定位时，则应选用图 8-5c 所示的带有支承面的结构（非标准定位销）；图 8-5d 是固定式短圆锥销结构。当工件以两个圆孔表面组合定位时，在两个定位销中应采用一个菱形销。一个短圆柱销限制二个自由度，一个菱形销限制一个自由度；一个长圆柱销（$L/D \geqslant 1$）可以限制四个自由度；一个短圆锥销可以限制三个自由度；一个长圆锥销可以限制五个自由度。选用标准固定式定位销，可查表 8-7。

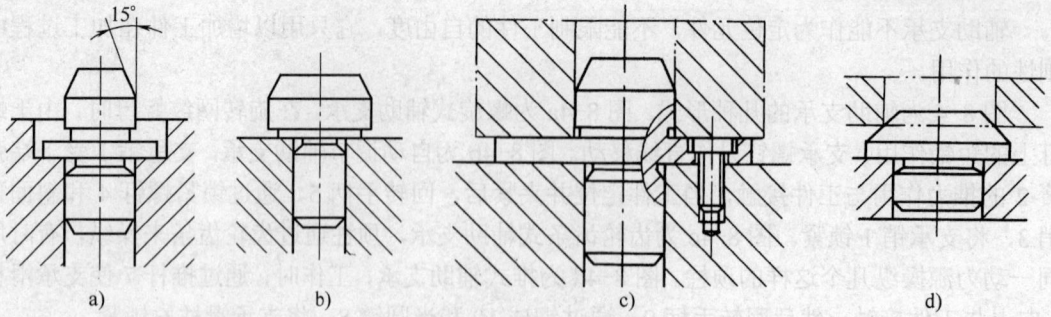

a)　　　　　　　b)　　　　　　　c)　　　　　　　d)

图 8-5　固定式定位销

表 8-7　固定式定位销（摘自 JB/T 8014.2—1999）

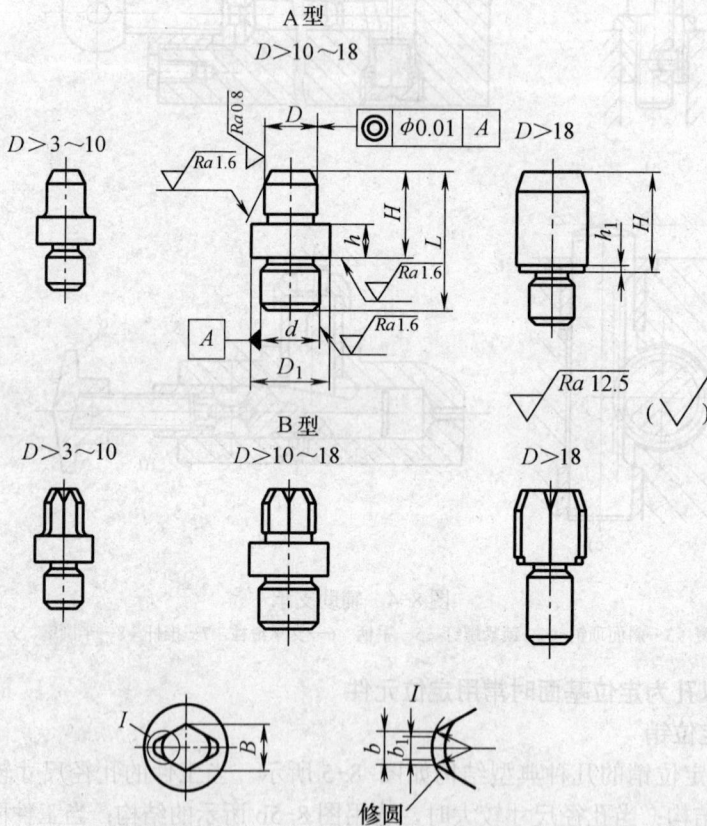

（1）材料：$D \leqslant 18$mm，T8，按 GB/T 1298—2008 的规定；$D > 18$mm，20 钢，按 GB/T 699—1999 的规定。

（2）热处理：T8 为 55～60HRC；20 钢渗碳深度 0.8～1.2mm，55～60HRC。

标记示例：

D=11.5mm、公差带为 f7、H=14mm 的 A 型固定式定位销：

定位销　A11.5f 7×14　JB/T 8014.2—1999

（单位：mm）

（续）

D	H	d 基本尺寸	d 极限偏差 r6	D_1	L	h	h_1	B	b	b_1
>6~8	10	8	+0.028 +0.019	14	20	3	—	D-1	3	2
	18				28	7				
>8~10	12	10	+0.028 +0.019	16	24	4				
	22				34	8				
>10~14	14	12		18	26	4				
	24				36	9				
>14~18	16	15		22	30	5		D-2	4	
	26				40	10				
>18~20	12	12			26					3
	18		+0.034 +0.023		32		1			
	28				42					
>20~24	14				30					
	22				38	—	—	D-3		
	32	15		—	48				5	
>24~30	16				36					
	25	15			45		2	D-4		
	34				54					

注：D 的公差带按设计要求决定。

2. 可换式定位销

可换式定位销适用于生产量大的场合。图 8-6 所示为可换式定位销在机床夹具上的局部装配图。可换式定位销 1 与夹具体 3 之间装有定位衬套 2，并通过垫片、螺母紧固在夹具体 3 上。当定位销磨损后，可以比较方便地进行更换。选用标准可换式定位销，可查表 8-8；选用标准定位衬套可查表 8-9。

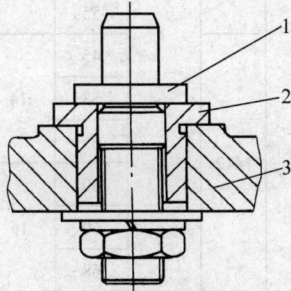

图 8-6　可换式定位销
1—定位销　2—定位衬套　3—夹具体

157

表 8-8　可换式定位销（摘自 JB/T 8014.3—1999）

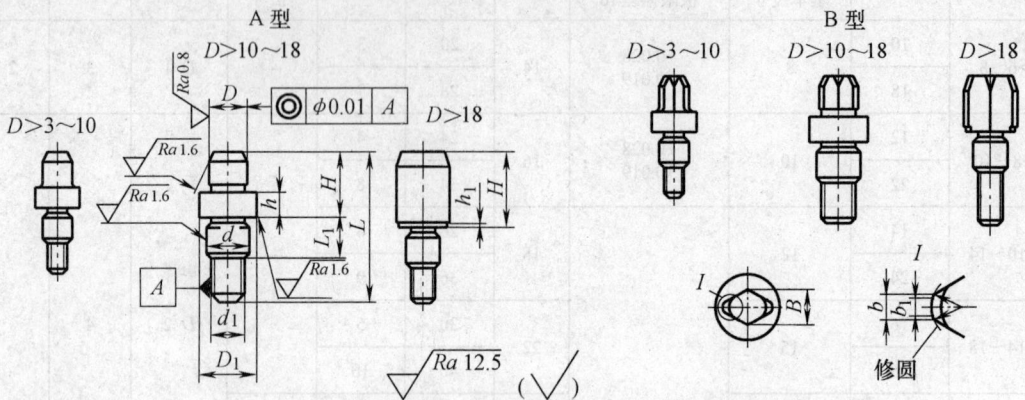

（1）材料：$D \leqslant 18$mm，T8，按 GB/T 1298—2008 的规定；$D>18$mm，20 钢，按 GB/T 699—1999 的规定。

（2）热处理：T8 为 55~60HRC；20 钢渗碳深度 0.8~1.2mm，55~60HRC。

标记示例：

D=12.5mm、公差带为 f7、H=14mm 的 A 型可换定位销：

定位销 A12.5 f7×14　JB/T 8014.3—1999

（单位：mm）

D	H	d 基本尺寸	d 极限偏差 h6	d_1	D_1	L	L_1	h	h_1	B	b	b_1
>6~8	10	8	0 / −0.009	M6	14	28	8	3	—	D−1	3	2
	18					36		7				
>8~10	12	10		M8	16	35	10	4				
	22					45		8				
>10~14	14	12		M10	18	40	12	4				
	24					50		9				
>14~18	16	15		M12	22	46	14	5		D−2	4	
	26					56		10				
>18~20	12	12	0 / −0.011	M10		40	12		1			3
	18					46						
	28					55						
>20~24	14	15		M12	—	45	14	—	—	D−3		
	22					53						
	32					63						
>24~30	16	15		M12		50	16		2	D−4	5	
	25					60						
	34					68						

注：D 的公差带按设计要求决定。

表 8-9　定位衬套（摘自 JB/T 8013.1—1999）

A 型　　　　　　B 型

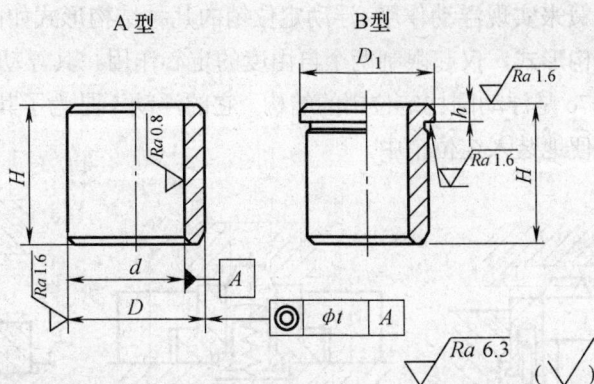

（1）材料：$d \leqslant 25$mm，T8，按 GB/T 1298—2008 的规定；$d>25$mm，20 钢，按 GB/T 699—1999 的规定。

（2）热处理：T8 为 55～60HRC；20 钢渗碳深度 0.8～1.2mm，55～60HRC。

标记示例：

$d=22$mm、公差带 H6、$H=20$mm 的 A 型定位衬套：

定位衬套　A22H6×20　JB/T 8013.1—1999

（单位：mm）

基本尺寸 d	极限偏差 H6	极限偏差 H7	h	H	基本尺寸 D	极限偏差 n6	D_1	用于 H6 t	用于 H7 t
6	+0.008 0	+0.012 0	3	10	10	+0.019 +0.010	13	0.005	0.008
8	+0.009 0	+0.015 0			12		15		
10				12	15	+0.023 +0.012	18		
12	+0.011 0	+0.018 0			18		22		
15			4	16	22	+0.028 +0.015	26		
18					26		30		
22	+0.013 0	+0.021 0		20	30		34		
26					35	+0.033 +0.017	39		
30			5	25	42		46		
				45					
35	+0.016 0	+0.025 0		25	48		52	0.008	0.012
				45					
42				30	55	+0.039 +0.020	59		
				56					
48			6	30	62		66		
				56					

3. 浮动定位销

浮动定位销靠弹簧来实现浮动作用。浮动定位销的几种结构形式如图 8-7 所示。图 8-7a、b 是锥形定位销的结构形式，仅起限制两个自由度的定心作用，其浮动环节消除了限制上下移动的自由度；图 8-7c 是浮动圆柱定位销的结构，它的浮动不是为了其消除某一自由度，而仅仅是为了工件能方便地装入定位销中。

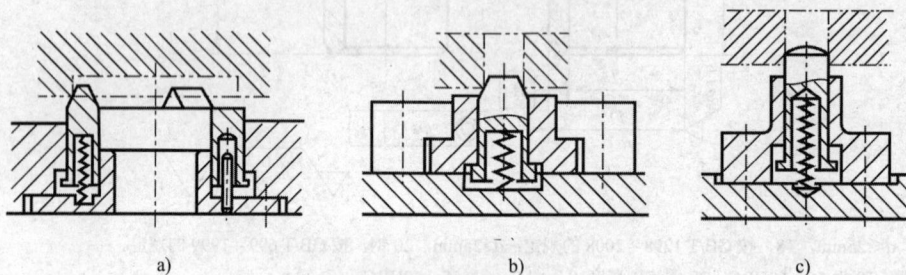

图 8-7　浮动定位销

4. 拔销机构

拉式拔销机构的几种结构形式如图 8-8 所示。拉式拔销机构的作用就是为便于装卸工件，对于较重的工件它的这种优点就更为明显。拔销一般为短销，限制两个自由度。

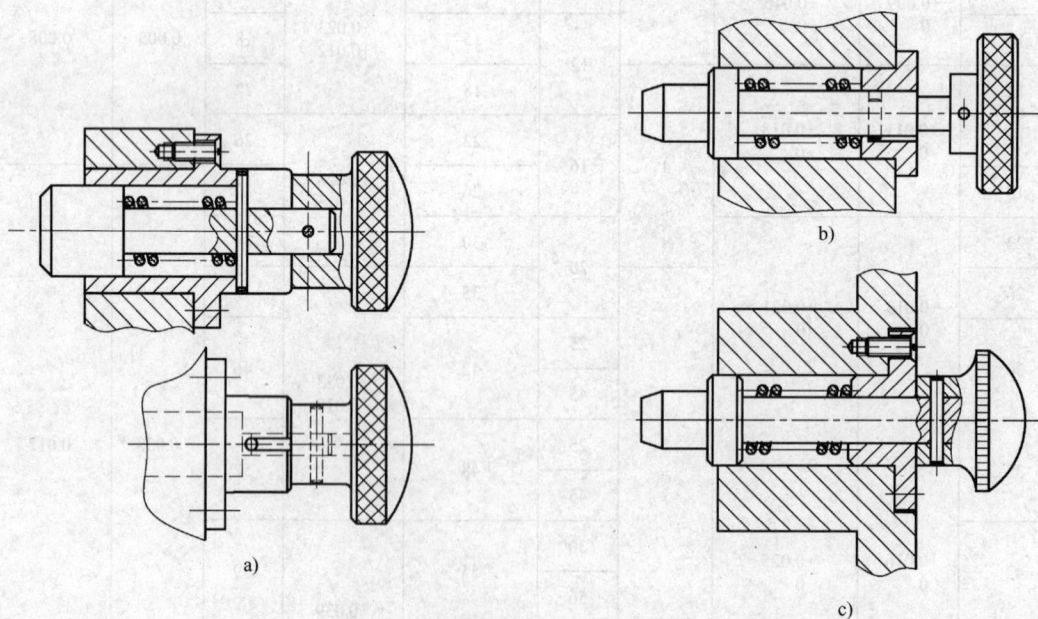

图 8-8　拔销机构

5．定位心轴与顶尖

如表 8-1 所示，短定位心轴限制二个自由度；长定位心轴可以限制四个自由度；长定位圆锥心轴可以限制五个自由度；双顶尖定位，其中固定前顶尖限制三个自由度，浮动后顶尖限制两个自由度。

（三）工件以外圆为定位基面时常用定位元件

工件以外圆为定位基面时，一般常用 V 形块、半圆定位块、定位套及自动定心机构等作为定位元件。

1．固定式 V 形块

固定式 V 形块的几种结构形式如图 8-9 所示。其中图 8-9a 为短 V 形块；图 8-9b 为两短 V 形块组合，用于定位基准面较长或两段基准面分布较远的情况；图 8-9c 为分体结构的 V 形块组合，其底座用铸铁制造，V 形块的两个斜面采用淬硬钢镶块或硬质合金镶块，常用于工件定位基准长度和直径均较大的情况。当 V 形块用于粗基准或阶梯面定位时，V 形块工作面的长度一般应减小为 2～5mm（如图 8-9d 所示），以提高定位稳定性。

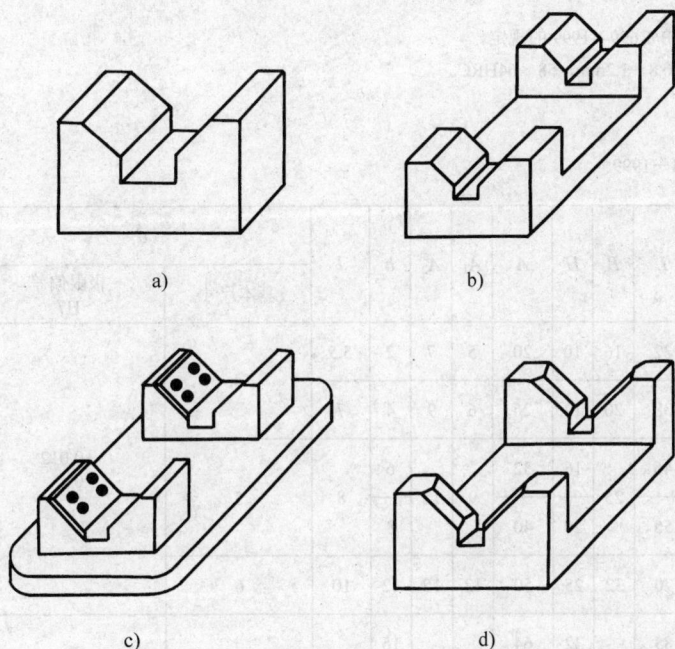

图 8-9　固定式 V 形块

一个短 V 形块限制两个自由度；两个短 V 形块组合或一个长 V 形块均限制四个自由度。选用标准固定 V 形块，可查表 8-10、表 8-11。V 形块在夹具体上定位安装所用定位销，可查表 8-12。

表 8-10　V 形块（摘自 JB/T 8018.1—1999）

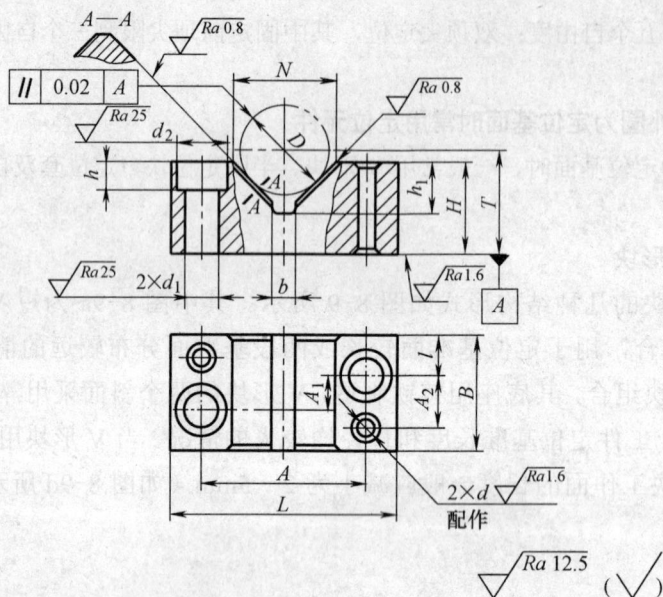

（1）材料：20 钢，按 GB/T 699—1999 的规定。

（2）热处理：渗碳深度 0.8～1.2mm，58～64HRC。

标记示例：

N=24mm 的 V 形块：

V 形块 24　JB/T 8018.1—1999

（单位：mm）

N	D	L	B	H	A	A_1	A_2	b	l	d 基本尺寸	d 极限偏差 H7	d_1	d_2	h	h_1
9	5～10	32	16	10	20	5	7	2	5.5	4		4.5	8	4	5
14	>10～15	38	20	12	26	6	9	4	7			5.5	10	5	7
18	>15～20	46	25	16	32	9	12	6	8	5	+0.012 0	6.6	11	6	9
24	>20～25	55		20	40			8		5		6.6	11	6	11
32	>25～35	70	32	25	50	12	15	12	10	6		9	15	8	14
42	>35～45	85	40	32	64	16	19	16	12	8		11	18	10	18
55	>45～60	100		35	76			20		8	+0.015 0	11	18	10	22
70	>60～80	125	50	42	96	20	25	30	15	10		13.5	20	12	25
85	>80～100	140		50	110			40		10		13.5	20	12	30

注：尺寸 T 按公式计算：$T=H+0.707D-0.5N$。

表 8-11　固定 V 形块（摘自 JB/T 8018.2—1999）

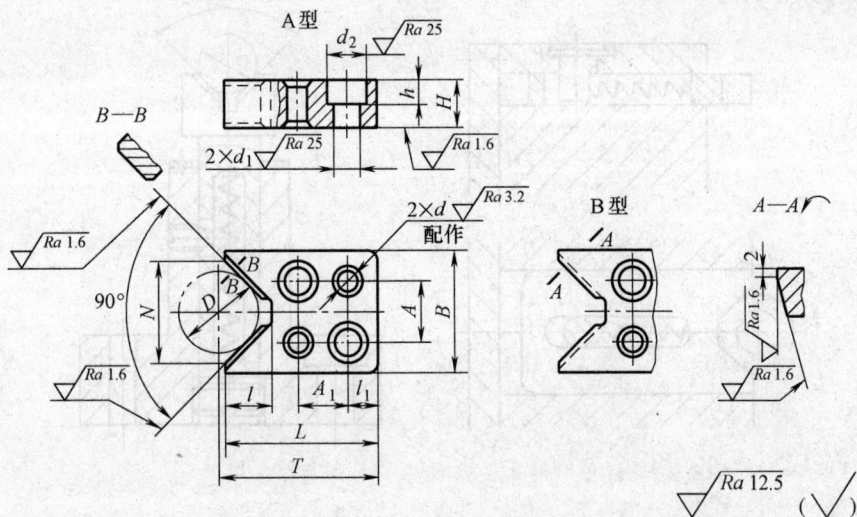

（1）材料：20 钢，按 GB/T 699—1999 的规定。

（2）热处理：渗碳深度 0.8～1.2mm，58～64HRC。

标记示例：

N=18mm 的 A 形固定 V 形块：V 形块 A18　JB/T 8018.2—1999

（单位：mm）

N	D	B	H	L	l	l_1	A	A_1	d 基本尺寸	极限偏差 H7	d_1	d_2	h
9	5～10	22	10	32	5	6	10	13	4		4.5	8	4
14	>10～15	24	12	35	7	7		14	5		5.5	10	5
18	>15～20	28	14	40	10	8	12			+0.012 0	6.6	11	6
24	>20～25	34		45	12	10	15	15	6				
32	>25～35	42	16	55	16	12	20	18	8		9	15	8
42	>35～45	52		68	20	14	26	22	10	+0.015 0	11	18	10
55	>45～60	65	20	80	25	15	35	28					
70	>60～80	80	25	90	32	18	45	35	12	+0.018 0	13.5	20	12

注：尺寸 T 按公式计算：$T = L + 0.707D - 0.5N$。

2．活动式 V 形块（浮动 V 形块）

活动式 V 形块的几种形式如图 8-10 所示。其中图 8-10 a、b 中的 V 形块是依靠弹簧实现浮动的，它浮动的作用是为了消除 V 形块原应限制的两个自由度中的一个；图 8-10 c 中的 V 形块是靠螺旋移动，使 V 形块实现定位的同时兼起到夹紧的作用。活动 V 形块可以限制一个自由度。选用活动 V 形块可查表 8-13。

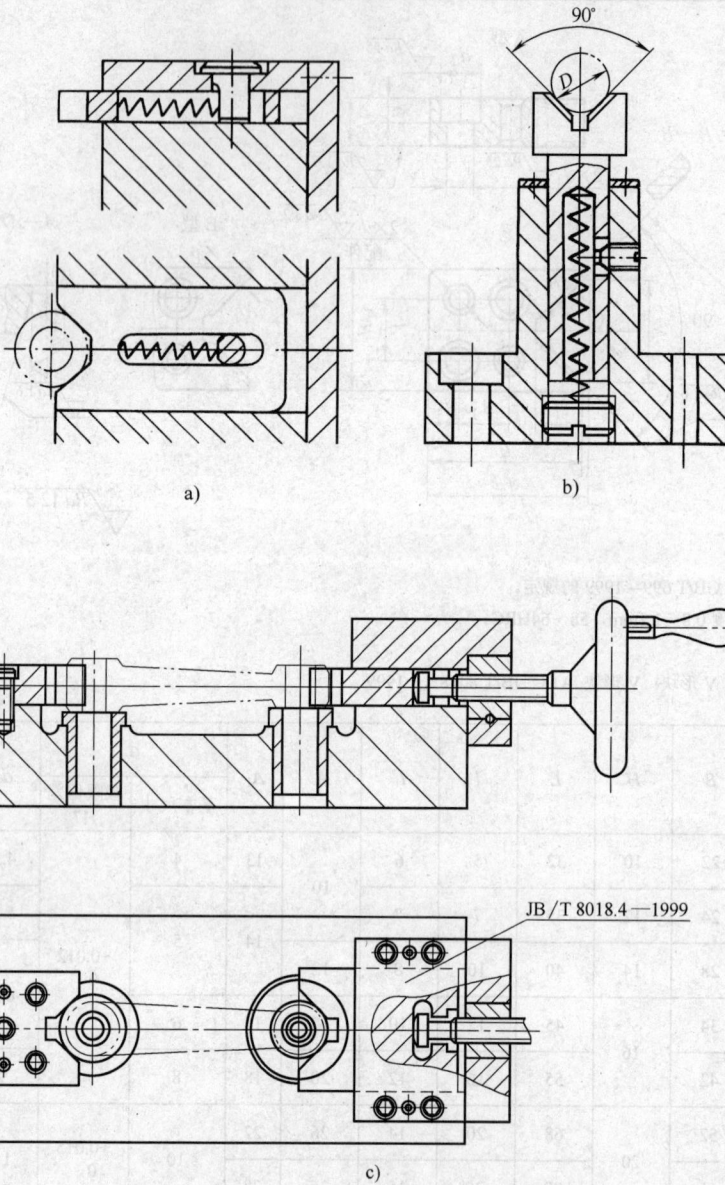

图 8-10 活动式 V 形块

3．定位套

定位套的三种形式如图 8-11 所示。图 8-11a 用于工件以端面为主要定位基准的场合，其短定位套孔限制工件的两个自由度；图 8-11b 用于工件以外圆柱表面为主要定位基准面的场合，其长定位套孔限制工件的四个自由度；图 8-11c 用于工件以圆柱面端部轮廓为定位基准的场合，其锥孔限制工件的三个自由度。

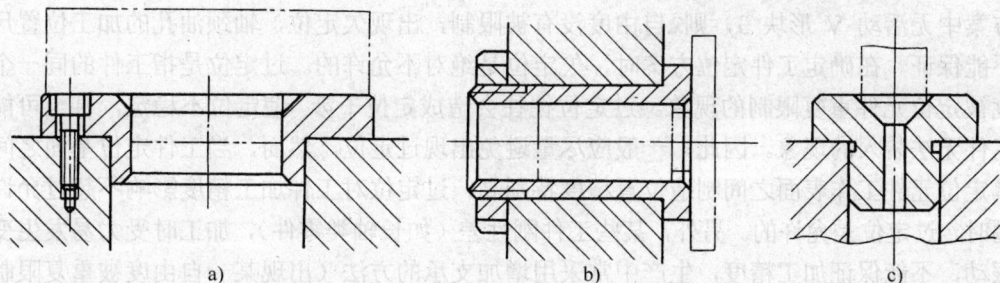

图 8-11 定位套

4. 半圆孔

半圆孔定位装置如图 8-12 所示，当工件尺寸较大，用圆柱孔定位安装不便时，可将圆柱孔改成两半，下半孔用作定位，上半孔用于压紧工件。短半圆孔定位限制二个自由度；长半圆孔定位限制四个自由度。

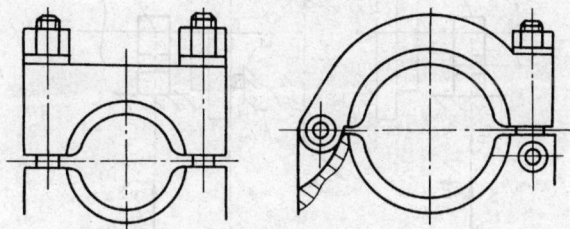

图 8-12 半圆孔

（四）工件以组合表面定位的定位元件

在实际生产中，为满足工序加工要求，一般都采用几个定位基准（基面）的组合方式进行定位，即组合定位。常用的组合定位基准（基面）有：双顶尖孔、一端面一孔、一端面一外圆、两阶梯外圆及一端面、一面两孔等；采用定位元件组合定位，如双顶尖、定位销（心轴）与支承钉（支承板）组合、V 形块与支承钉（支承板）组合以及圆柱销、菱形销与支承板组合等。

例 8-1 曲轴在组合定位元件上定位加工轴颈油孔，如图 8-13 所示，试分析各个定位元件限制自由度情况。

解： 建立空间直角坐标系如图 8-13 所示。

1）两个短 V 形块 1、2 组合限制的自由度：$\vec{y}$、$\vec{z}$、$\hat{y}$、$\hat{z}$ 四个自由度；

2）活动 V 形块 3 限制的自由度：$\hat{x}$ 一个自由度；

3）支承钉 4 限制的自由度：$\vec{x}$ 一个自由度；

4）综合结果，4 个定位元件组合定位共限制 $\vec{x}$、$\vec{y}$、$\vec{z}$、$\hat{x}$、$\hat{y}$、$\hat{z}$ 六个自由度，工件定位正确。

定位方案设计过程中，对于组合定位，一定要分析定位元件各自所限制的自由度。按照加工要求，工件上应该被限制的自由度均被限制的情况，称为工件正确定位。若按照加工要求，工件上应该被限制的某自由度未被限制，此种现象称为欠定位。例如在图 8-13 中，若定位方案中无活动 V 形块 3，则$\hat{x}$自由度没有被限制，出现欠定位，轴颈油孔的加工位置尺寸就不能保证。在确定工件定位方案时，欠定位是绝对不允许的。过定位是指工件的同一个自由度被定位元件重复限制的现象。过定位往往会造成定位干涉，使定位不稳定，甚至可能出现工件无法装入的现象。因此，一般应尽量避免出现过定位。然而，当工件定位基面之间及夹具定位元件工作表面之间制造位置精度特别高，过定位对工件加工精度影响不超过允许的范围时，过定位是允许的。另外，某些工件刚性差（如长轴类零件），加工时受力易发生变形与振动，不能保证加工精度，生产中常采用增加支承的方法（出现某一自由度被重复限制的过定位情况），将工件的变形控制在允许范围内，保证工件加工精度。

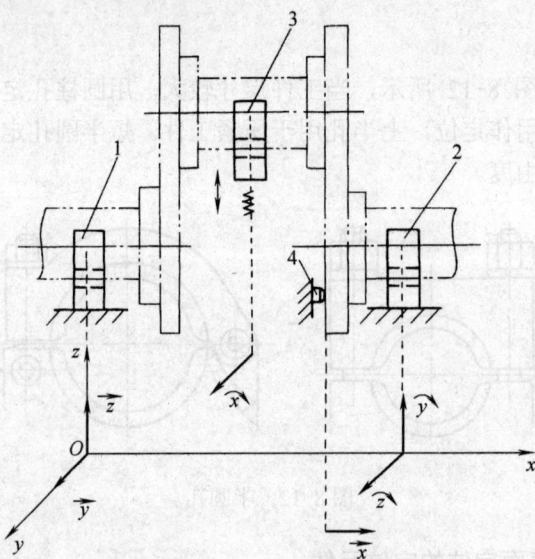

图 8-13　组合定位

1、2—固定短 V 形块　3—活动 V 形块　4—支承钉

表 8-12　圆柱销（摘自 GB/T119.2—2000）

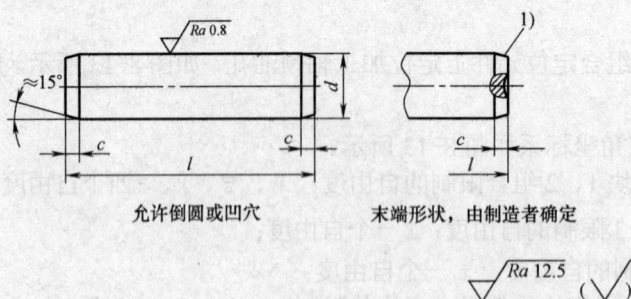

允许倒圆或凹穴　　　　　末端形状，由制造者确定

标记示例：

a. 公称直径 d=6mm、公差为 m6、公称长度 l=30mm、材料为钢、普通淬火（A 型）、表面氧化处理的圆柱销标记：

销 GB/T 119.2—2000　6×30

b. 公称直径 d=6mm、公差为 m6、公称长度 l=30mm、材料为 C1 组马氏体不锈钢、表面简单处理的圆柱销标记：

销 GB/T 119.2—2000　6×30-C1

（单位：mm）

（续）

d	$m6$①	1	1.5	2	2.5	3	4	5	6	8	10	12	16	20
c	≈	0.2	0.3	0.35	0.4	0.5	0.63	0.8	1.2	1.6	2	2.5	3	3.5

l②															
公称	min	max												
3	2.75	3.25												
4	3.75	4.25												
5	4.75	5.25												
6	5.75	6.25												
8	7.75	8.25												
10	9.75	10.25												
12	11.5	12.5												
16	15.5	16.5												
18	17.5	18.5												
20	19.5	20.5				商品								
22	21.5	22.5												
24	23.5	24.5						长度						
28	27.5	28.5												
30	29.5	30.5								范围				
35	34.5	35.5												
40	39.5	40.5												
45	44.5	45.5												
50	49.5	50.5												

① 其他公差由供需双方协议。

② 公称长度大于 100mm，按 20mm 递增。

表 8-13　活动 V 形块（摘自 JB/T 8018.4—1999）

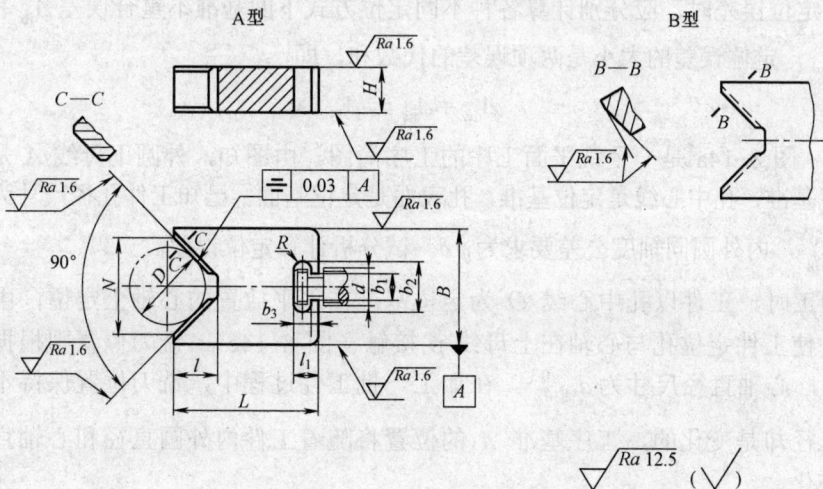

（续）

（1）材料：20 钢，按 GB/T 699—1999 的规定。
（2）热处理：渗碳深度 0.8～1.2mm，58～64HRC。

标记示例：

N=18mm 的 A 型活动 V 形块：V 形块 A18　JB/T 8018.4—1999

（单位：mm）

N	D	B		H		L	l	l_1	b_1	b_2	b_3	相配件 d
		基本尺寸	极限偏差 f7	基本尺寸	极限偏差 f9							
9	5～10	18	-0.016 -0.034	10	-0.013 -0.049	32	5	6	5	10	4	M6
14	>10～15	20	-0.020 -0.041	12		35	7	8	6.5	12	5	M8
18	>15～20	25		14	-0.016 -0.059	40	10	10	8	15	6	M10
24	>20～25	34	-0.025 -0.050	16		45	12	12	10	18	8	M12
32	>25～35	42				55	16	13	13	24	10	M16
42	>35～45	52		20	-0.020 -0.072	70	20					
55	>45～60	65	-0.030 -0.060			85	25	15	17	28	11	M20
70	>60～80	80		25		105	32					

第二节　定位误差分析与计算

定位误差是由于定位不准确而引起加工表面相对工序基准在工序尺寸方向上的最大位移量，以 Δ_{dw} 表示。定位误差 Δ_{dw} 由基准不重合误差 Δ_{jb} 和定位基准位移误差 Δ_{jw} 两部分组成。基准不重合误差是由工序基准与定位基准不重合引起的，其大小为工序基准与定位基准之间的尺寸在工序尺寸方向上的最大变化量。定位基准位移误差是由定位副制造不准确或配合间隙引起定位基准在工序尺寸方向上的最大变化量。只有定位误差小于工件相应加工要求的公差的 1/5~1/3，定位方案才被认为是合理的，因此在夹具设计时必须对定位误差进行分析与计算。

在分析定位误差时，应分别计算各种不同定位方式下的基准不重合误差 Δ_{jb} 和定位基准位移误差 Δ_{jw}，定位误差的大小是两项误差的代数和，即

$$\Delta_{dw} = \Delta_{jw} \pm \Delta_{jb} \tag{8-1}$$

例 8-2　图 8-14a 是一个铣平面工序的工序简图。由图知，外圆下母线 A 是工序尺寸 $H_{-T_H}^{\ 0}$ 的工序基准，孔中心线是定位基准，孔表面是定位基面。已知工件孔径尺寸为 $D_0^{+T_D}$，外圆直径为 $d_{-T_d}^{\ 0}$，内外圆同轴度公差要求为 $\phi\delta$。试分析计算定位误差。

解：加工时，工件以孔中心线 O 为定位基准在水平放置的心轴上定位，由于工件重力的作用，使工件定位孔与心轴在上母线 p 接触（图 8-14c）；铣刀位置则根据心轴中心线 O_1 调整，心轴直径尺寸为 $d_{轴-T_轴}^{\quad\ 0}$。在加工一批工件过程中，铣刀位置保持不变，但工件内外圆直径却是变化的，工序基准 A 的位置将随着工件内外圆直径和心轴直径实际尺寸变化而变化。

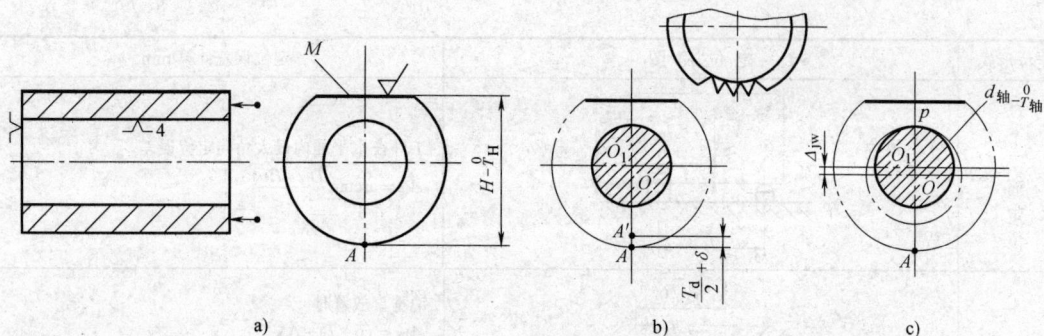

图 8-14 定位误差分析

在不考虑定位副制造误差的条件下（此时定位孔径和心轴直径完全相同，如图 8-14b 所示），由于工序基准与定位基准不重合引起的定位误差，取决于工件外圆尺寸变动量 T_d 以及外圆相对于内孔的同轴度误差 δ。基准不重合误差在工序尺寸 H 方向上的投影值 Δ_{jb} 为

$$\Delta_{jb} = \frac{T_d}{2} + \delta$$

定位副（定位销和定位孔）制造不准确和配合间隙引起定位基准的位移误差 Δ_{jw} 为

$$\Delta_{jw} = \frac{T_D}{2} + \frac{T_{轴}}{2} + \frac{\Delta S}{2}$$

式中 ΔS——定位孔和心轴外圆间最小配合间隙，$\Delta S = D_{min} - d_{轴\,max}$。

综上分析可知，该铣平面工序的定位误差为

$$\Delta_{dw} = \Delta_{jb} + \Delta_{jw} = \frac{T_d}{2} + \delta + \frac{T_D}{2} + \frac{T_{轴}}{2} + \frac{\Delta S}{2}$$

常见定位方式的定位误差计算见表 8-14。

表 8-14 常见定位方式的定位误差计算

定位形式	定位简图	定位误差计算/mm
一个平面定位		$\Delta_{dw}(A) = 0$ $\Delta_{dw}(B) = T_h$
二个平面定位		$\alpha = 90°$，当 $h < H/2$ 时 $\Delta_{dw}(B) = 2(H-h)\tan\Delta\alpha_g$ $\Delta_{dw}(H) = 0$
		$\Delta_{dw}(A) = T_C\cos\alpha + T_B\cos(90° - \alpha)$ $\Delta_{dw}(B) = 0$ $\Delta_{dw}(C) = 0$ $\Delta_{tw}(\phi d) = 0$

（续）

定位形式	定位简图	定位误差计算/mm
二个平面定位		工件在水平面内最大角向定位误差 $\Delta_{db} = \arctan \dfrac{T_{Hg} + T_{Hz}}{L}$
一个平面一短销定位		销垂直放置时 $\Delta_{dw} = T_D + T_d + \Delta S$ 销水平放置时 $\Delta_{dw} = \dfrac{1}{2}(T_D + T_d + \Delta S)$ 式中　ΔS——定位基准孔与定位销间的最小间隙
		$\Delta_{dw}(A) = 0$ $\Delta_{dw}=(B) = T_D + T_d + \Delta S$ 式中　ΔS——定位基准孔与削边销间的最小间隙
两垂直面定位		$\Delta_{dw}(K) = 0$ $\Delta_{dw}(对称度) = \dfrac{1}{2}T_d$
		$\Delta_{dw}(A) = \dfrac{1}{2}T_d$ $\Delta_{dw}(B) = 0$ $\Delta_{dw}(C) = 0$ $\Delta_{dw}(D) = \dfrac{1}{2}T_d$
长定位销定位		$\Delta_{dw}(位置度) = 0$ $\Delta_{dw}(B) = \dfrac{1}{2}(T_D + T_d + \Delta S)$ $\Delta_{dw}(A) = 0$

（续）

定位形式	定位简图	定位误差计算/mm
定心心轴定位		$\Delta_{dw}(A) = 0$ $\Delta_{dw}(B) = \dfrac{1}{2}T_D$ $\Delta_{dw}(C) = \dfrac{1}{2}T_D$
平面定位V形块定心		$\Delta_{dw}(A) = \dfrac{1}{2}T_d$ $\Delta_{dw}(B) = 0$ $\Delta_{dw}(C) = \dfrac{1}{2}T_d\cos\gamma$
双V形块定心		$\Delta_{dw}(A) = 0$ $\Delta_{dw}(B) = \dfrac{1}{2}T_d$ $\Delta_{dw}(C) = \dfrac{1}{2}T_d$
平面定位V形块定心		$\Delta_{dw}(A) = 0$ $\Delta_{dw}(B) = \dfrac{1}{2}T_d$ $\Delta_{dw}(C) = \dfrac{T_d}{2} - \dfrac{T_d}{2}\cos\gamma$
平面定位、V形块定心		$\Delta_{dw}(A) = T_d$ $\Delta_{dw}(B) = \dfrac{1}{2}T_d$ $\Delta_{dw}(C) = \dfrac{T_d}{2} + \dfrac{T_d}{2}\cos\gamma$

（续）

定位形式	定 位 简 图	定位误差计算/mm
V形块定位		$$\Delta_{dw}(A) = \frac{T_d}{2\sin\frac{\alpha}{2}}$$ $$\Delta_{dw}(B) = \frac{T_d}{2}\left[\frac{1}{\sin\frac{\alpha}{2}} - 1\right]$$ $$\Delta_{dw}(C) = \frac{T_d}{2}\left[\frac{1}{\sin\frac{\alpha}{2}} + 1\right]$$
一面两销定位		$$\Delta_{dw}(Y) = T_{D1} + T_{d1} + \Delta S_1$$ $$\Delta\theta = \arctan\frac{T_{D1} + T_{d1} + \Delta S_1 + T_{D2} + T_{d2} + \Delta S_2}{2L}$$ 式中 ΔS_1——第一定位基准孔与圆柱定位销间的最小间隙 ΔS_2——第二定位基准孔与削边销间的最小间隙 注：$\Delta\theta$ 为工件中心线的偏转角度误差
双V形块组合定位	a) 主视图 b) 左视图	$$\Delta_{dw}(A_1) = \frac{T_{d1}}{2\sin\frac{\alpha}{2}} \cdot \frac{L_3 - L_1 + L}{L}$$ $$\Delta_{dw}(A_2) = \frac{T_{d1}}{2\sin\frac{\alpha}{2}} + \frac{(L_1 - L_2)}{L_1} \times \left[\frac{T_{d2}}{2\sin\frac{\alpha}{2}} - \frac{T_{d1}}{2\sin\frac{\alpha}{2}}\right]$$ $$\Delta\theta = \pm\arctan\frac{\dfrac{T_{d1}}{2\sin\frac{\alpha}{2}} + \dfrac{T_{d2}}{2\sin\frac{\alpha}{2}}}{2L_1}$$ 注：$\Delta\theta$ 为工件中心线的偏转角度误差

第九章　对刀及导向装置设计

第一节　对刀装置设计

一、对刀装置

铣削加工的对刀方法一般有以下三种：①试切对刀；②应用样件对刀；③采用对刀装置对刀。对刀装置由对刀块和塞尺组成。

采用对刀装置对刀时，为防止损坏刀刃或造成对刀块过早磨损，刀具与对刀面不应直接接触，而是将对刀面移近刀具，并且在对刀面和铣刀之间塞入塞尺，凭抽动的松紧感觉来判断对刀的准确程度。塞尺分为平塞尺和圆塞尺两种，其尺寸可取 1mm、3mm 和 5mm。

对刀装置的几种基本类型如图 9-1 所示。图 9-1a 选用圆形对刀块，主要用于加工平面；图 9-1b 选用直角对刀块或侧装对刀块，主要供盘状铣刀及圆柱铣刀铣槽时对刀用；图 9-1c 用两片对刀平塞尺来调整成形铣刀的位置，主要用于加工成形槽；图 9-1d 使用两根对刀圆柱塞尺来调整成形铣刀位置，主要用于加工成形曲面。对刀装置的位置最好安排在夹具开始进给的一侧。图 9-1a、b 采用标准对刀块和标准塞尺；图 9-1c、d 采用自行设计的非标准对刀块。选用标准对刀块和标准塞尺，可查表 9-1～表 9-6。

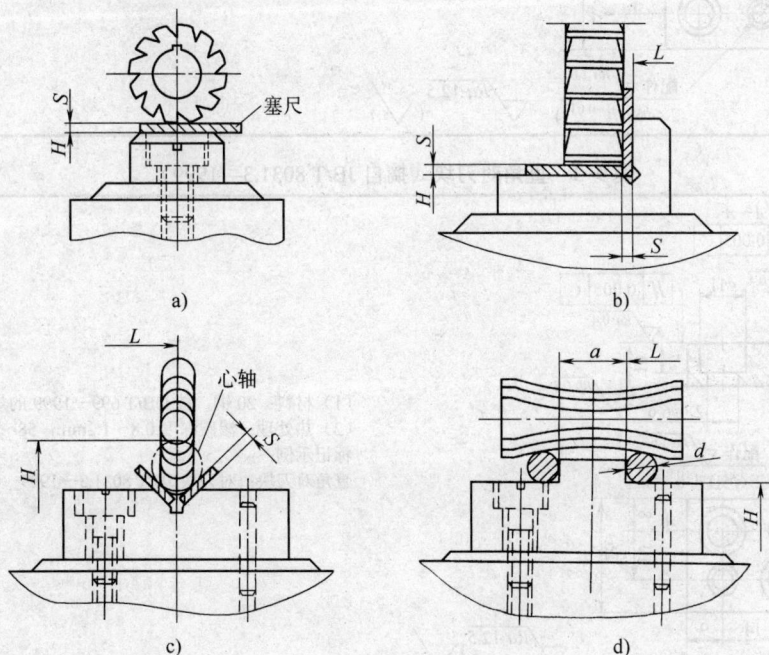

图 9-1　对刀装置

表 9-1　圆形对刀块（摘自 JB/T 8031.1—1999）

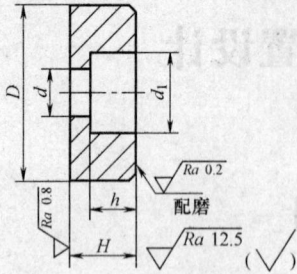

（1）材料：20 钢，按 GB/T 699—1999 的规定。
（2）热处理：渗碳深度 0.8~1.2mm，58~64HRC。
标记示例：
D=25mm 的圆形对刀块：
对刀块　25　JB/T 8031.1—1999

（单位：mm）

D	H	h	d	d_1
16	10	6	5.5	10
25		7	6.6	12

表 9-2　方形对刀块（摘自 JB/T 8031.2—1999）

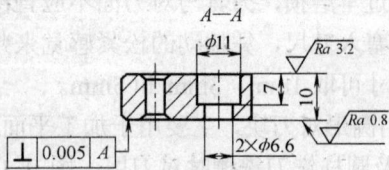

（1）材料：20 钢，按 GB/T 699—1999 的规定。
（2）热处理：渗碳深度 0.8~1.2mm，58~64HRC。
标记示例：
方形对刀块：对刀块 JB/T 8031.2—1999

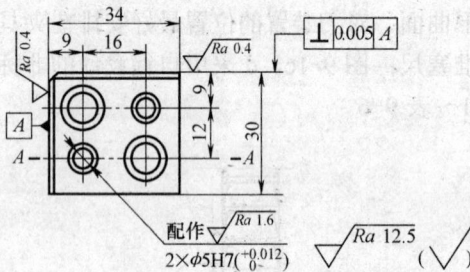

表 9-3　直角对刀块（摘自 JB/T 8031.3—1999）

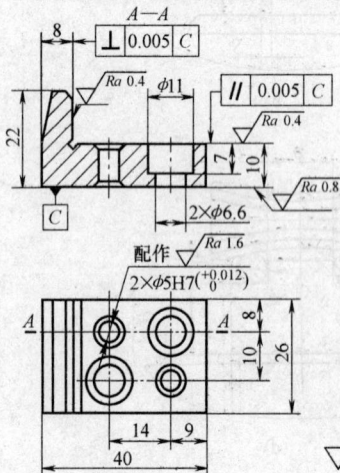

（1）材料：20 钢，按 GB/T 699—1999 的规定。
（2）热处理：渗碳深度 0.8~1.2mm，58~64HRC。
标记示例：
直角对刀块：对刀块 JB/T 8031.3—1999

表 9-4 侧装对刀块（摘自 JB/T 8031.4—1999）

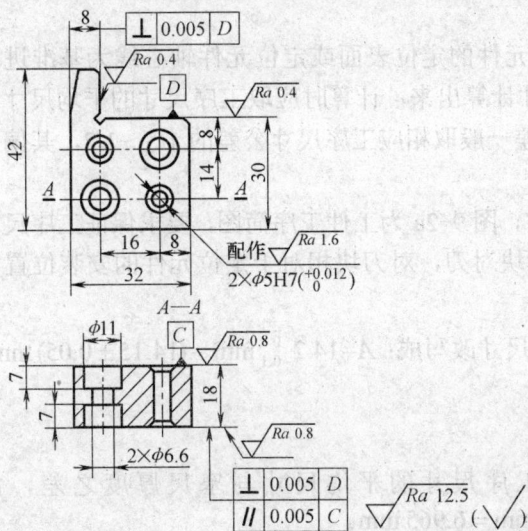

（1）材料：20 钢，按 GB/T 699—1999 的规定。
（2）热处理：渗透深度 0.8～1.2mm，58～64HRC。
标记示例：
侧装对刀块：对刀块 JB/T 8031.4—1999

表 9-5 对刀平塞尺（摘自 JB/T 8032.1—1999）

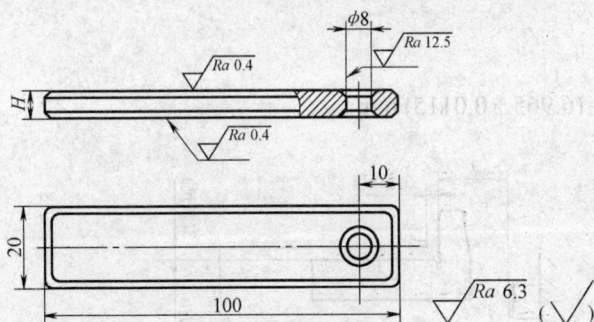

（1）材料：T8，按 GB/T 1298—2008 的规定。
（2）热处理：55～60HRC。
标记示例：
H=5mm 的对刀平塞尺：塞尺 5 JB/T 8032.1—1999

（单位：mm）

	基本尺寸	1	2	3	4	5
H	极限偏差 h8	0 −0.014	0 −0.014	0 −0.014	0 −0.018	0 −0.018

表 9-6 对刀圆柱塞尺（摘自 JB/T 8032.2—1999）

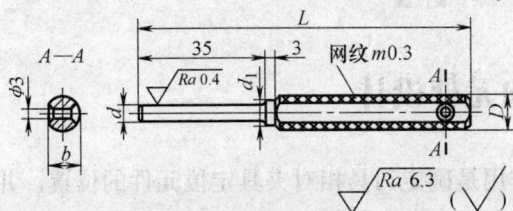

（1）材料：T8，按 GB/T 1298—2008 的规定。
（2）热处理：55～60HRC。
标记示例：
d=5mm 的对刀圆柱塞尺：
塞尺 5 JB/T 8032.2—1999

（单位：mm）

d		D（滚花前）	L	d_1	b
基本尺寸	极限偏差 h8				
3	0 −0.014	7	90	5	6
5	0 −0.018	10	100	8	9

二、确定对刀块位置尺寸和公差

对刀块工作面在夹具上的位置是以定位元件的定位表面或定位元件轴心线为基准进行标注的，其位置尺寸可由工序尺寸及塞尺尺寸计算出来，计算时应取工序尺寸的平均尺寸与塞尺尺寸之差 (或之和)为其基本尺寸，其公差一般取相应工序尺寸公差的 1/5～1/2，其偏差对称标注。

例 9-1　在长方形工件上铣削一直角块口，图 9-2a 为工件工序简图，要求保证工序尺寸 $A = 14.2_{-0.1}^{0}$ mm，$B = 10_{-0.07}^{0}$ mm，采用直角对刀块对刀，对刀块相对于定位元件的安装位置如图 9-2b 所示。试确定对刀面位置尺寸 H、L。

解：1) 首先，以对称公差的形式将 A、B 尺寸改写成：$A = 14.2_{-0.1}^{0}$ mm $= (14.15 \pm 0.05)$ mm，$B = 10_{-0.07}^{0}$ mm $= (9.965 \pm 0.035)$ mm。

2) 确定位置尺寸 H、L 的基本尺寸。

由图 9-2b 知，对刀面位置尺寸为工序尺寸的平均尺寸与塞尺厚度之差，故 $H = (14.15 - 3)$ mm $= 11.15$ mm，$L = (9.965 - 3)$ mm $= 6.965$ mm。

3) 确定位置尺寸 H、L 的公差 δ。

取对刀块位置尺寸的公差为工件相应尺寸公差的 1/3，由此确定

$$\delta_H \approx 0.033 \text{ mm}, \quad \delta_L \approx 0.023 \text{ mm}.$$

综上分析知，所求对刀面位置尺寸为

$$H = (11.15 \pm 0.0165) \text{ mm}, \quad L = (6.965 \pm 0.0115) \text{ mm}.$$

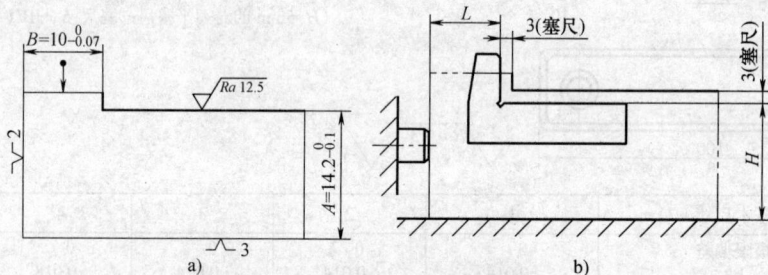

图 9-2　对刀块位置尺寸和公差

a) 工序简图　b) 对刀块安装位置

第二节　导向元件设计

钻床夹具的刀具导向元件为钻套。钻套的作用是确定刀具相对夹具定位元件的位置，并引导钻头等孔加工刀具，提高刀具刚度，防止在加工中发生偏斜。

一、钻套基本类型

按钻套的结构和使用情况，可分为固定式、可换式、快换式和特殊钻套，前三种均已标准化，可根据需要选用，必要时也可自行设计。

钻套的基本类型及其使用说明见表 9-7。选用标准钻套、钻套用衬套和钻套螺钉，可查表 9-8～表 9-12。

二、钻套高度和排屑间隙

1. 钻套高度 H

钻套高度与孔距精度、工件材料、孔加工深度、刀具刚度、工件表面形状等因素有关。一般情况下，孔距精度在 ± 0.25 mm或自由尺寸时，钻套高度 $H=(1.5\sim 2)d$，如图 9-3 所示。

当工件的材料强度高，钻头刚性差或在斜面上钻孔时，应采用长钻套。

2. 排屑间隙 h

钻套底部与工件间的距离 h 称为排屑间隙。h 应适当选取，当 h 太小时，切屑难以自由排出，将使加工表面被损坏，甚至折断钻头；当 h 太大时，将使导向精度降低。

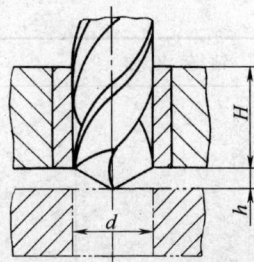

图 9-3　钻套高度与排屑间隙

h 值可按下列公式选取：加工铸铁时，$h=(0.3\sim 0.7)d$；加工钢时，$h=(0.7\sim 1.5)d$。

钻套高度和排屑间隙可按表 9-13 选取。

三、确定钻套位置尺寸和公差

钻套轴线在夹具上的位置是以定位元件的定位表面或定位元件轴心线为基准来标注的。钻套位置尺寸的确定，是以工件相应尺寸的平均尺寸为基本尺寸，而其公差取工件相应尺寸公差的 $1/5\sim 1/2$，偏差对称标注。

例 9-2　在长方形工件上钻 $\phi 10$ mm 的孔，图 9-4a 为工件工序简图，要求保证孔的位置尺寸 $A_1=100$ mm，$A_2=50$ mm，孔的位置度公差为 $\phi 0.2$mm。试确定夹具上钻套相对于定位元件的位置尺寸 A_x 和 A_y。

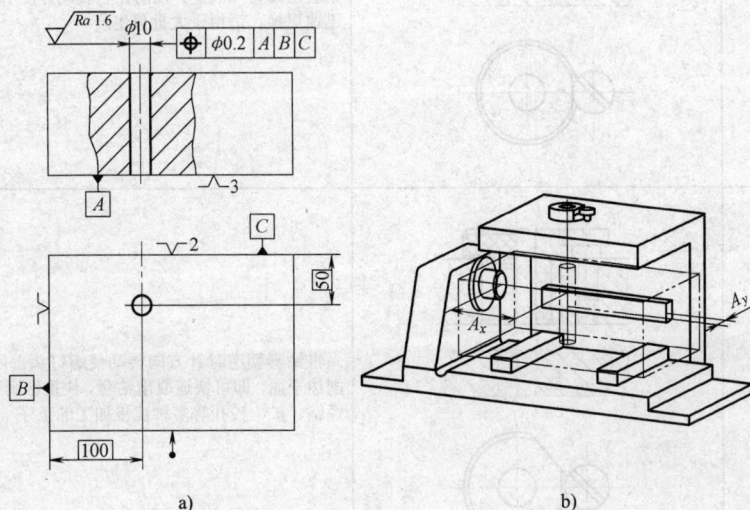

图 9-4　钻套位置尺寸

177

解：1）首先将工序尺寸改写成对称公差的形式，钻套位置尺寸为工序尺寸的平均尺寸，即 A_1=（100 ± 0.1）mm，A_2=（50 ± 0.1）mm。

2）钻套位置尺寸的公差取工件相应工序尺寸公差的 1/5～1/2，即取：$\pm0.1\times$（1/5～1/2）mm=$\pm$（0.02～0.05）mm。本例取$\pm$0.035mm，则钻套位置尺寸 A_x=（100 ± 0.035）mm；A_y=（50 ± 0.035）mm。

表 9-7　钻套的基本类型

钻套名称	结构简图	使用说明
固定钻套 （JB/T 8045.1—1999）	无肩 带肩	钻套直接压入钻模板或夹具体上，其外圆与钻模板采用 H7/n6 或 H7/r6 配合，磨损后不易更换。适用于中、小批生产的钻模上或用来加工孔距甚小以及孔径精度要求较高的孔。为了防止切屑进入钻套孔内，钻套的上、下端应稍突出钻模板为宜，一般不能低于钻模板 带肩固定钻套主要用于钻模板较薄时，用以保持必需的引导长度，也可作为主轴头进给时轴向定程挡块用
可换钻套 （JB/T 8045.2—1999）	4　　1 2 3	钻套 1 装在衬套 2 中，钻套与衬套采用 F7/m6 或 F7/k6 配合。衬套压配在钻模板 3 中，衬套与钻模板采用 H7/n6 配合。钻套由螺钉 4 固定，以防止它转动，便于钻套磨损后，可以迅速更换，适用于大批量生产
快换钻套 （JB/T 8045.3—1999）		将钻套朝逆时针方向转动使螺钉头部刚好对准钻套上的削边平面，即可快速取出钻套。快换钻套适用于同一个孔须经钻、扩、铰孔等多种工步加工的工序

（续）

钻套名称	结构简图	使用说明
		削边钻套适用于加工距离较近的两个孔
特殊钻套		该特殊钻套适用于在斜面上钻孔。钻套的下端做成斜面，距离小于 0.5mm，以保证切屑从钻套中排出而不会塞在工件和钻套之间。用这种钻套钻孔时，应先在工件上锪出一个平面，使钻头在垂直平面上钻孔，以避免钻头折断

表 9-8　固定钻套（摘自 JB/T 8045.1—1999）

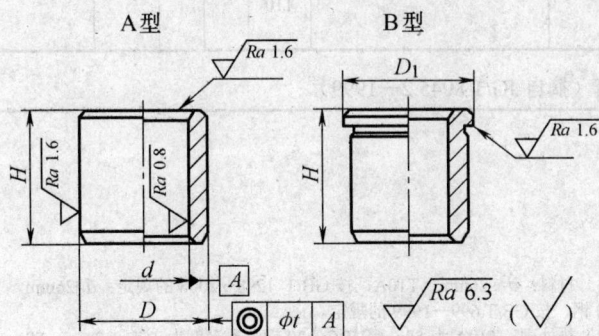

（1）材料：d≤26mm，T10A，按 GB/T 1298—2008 的规定。d>26mm，20 钢按 GB/T 699—1999 的规定。
（2）热处理：T10A 为 58～64HRC；20 钢渗碳深度为 0.8～1.2mm，58～64HRC。
标记示例：
d=18mm、H=16mm 的 A 型固定钻套：
钻套　A18×16　JB/T 8045.1—1999

（单位：mm）

d		D		D_1	H		t
基本尺寸	极限偏差 F7	基本尺寸	极限偏差 n6				
>0～1		3	+0.010 +0.004	6			
>1～1.8	+0.016 +0.006	4		7	6	9	—
>1.8～2.6		5	+0.016 +0.008	8			0.008
>2.6～3		6		9	8	12	16

179

（续）

d		D		D_1	H			t
基本尺寸	极限偏差 F7	基本尺寸	极限偏差 n6					
>3～3.3	+0.022 / +0.010	6	+0.016 / +0.008	9	8	12	16	0.008
>3.3～4		7	+0.019 / +0.010	10				
>4～5		8		11				
>5～6		10		13	10	16	20	
>6～8	+0.028 / +0.013	12	+0.023 / +0.012	15				
>8～10		15		18	12	20	25	
>10～12	+0.034 / +0.016	18		22				
>12～15		22	+0.028 / +0.015	26	16	28	36	
>15～18		26		30				
>18～22	+0.041 / +0.020	30	+0.033 / +0.017	34	20	36	45	0.012
>22～26		35		39				
>26～30		42		46	25	45	56	
>30～35	+0.050 / +0.025	48		52				
>35～42		55	+0.039 / +0.020	59	30	56	67	
>42～48		62		66				
>48～50		70		74				
>50～55	+0.060 / +0.030							0.040
>55～62		78	+0.045 / +0.023	82	35	67	78	
>62～70		85		90				
>70～78		95		100				
>78～80		105		110	40	78	105	
>80～85	+0.071 / +0.036							

表9-9　可换钻套（摘自 JB/T 8045.2—1999）

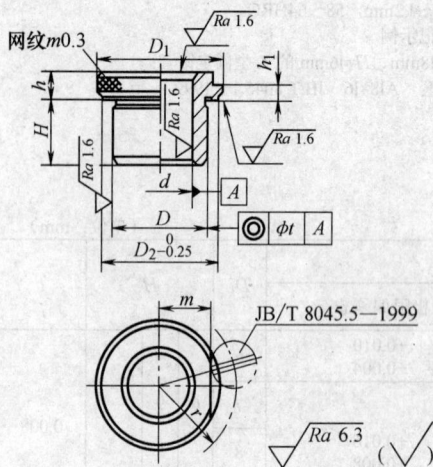

网纹 m0.3　Ra 1.6
h　H　h_1　D_1　d　D　$D_2\,^{\ 0}_{-0.25}$
Ra 1.6　Ra 1.6　Ra 1.6
◎ ϕt │ A
A
m　JB/T 8045.5—1999
Ra 6.3　（√）

（1）材料：d≤26mm，T10A，按 GB/T 1298—2008 的规定；d>26mm，20 钢，按 GB/T 699—1999 的规定。
（2）热处理：T10A 为 58～64HRC；20 钢渗碳深度为 0.8～1.2mm，58～64HRC。
标记示例：
d=28mm、公差带为 F7、D=18mm、公差带为 k6、H=30mm 的可换钻套：
钻套 12F7×18k6×16　JB/T 8045.2—1999

（单位：mm）

（续）

d 基本尺寸	d 极限偏差 F7	D 基本尺寸	D 极限偏差 m6	D 极限偏差 k6	D_1 滚花前	D_2	H	h	h_1	r	m	t	配用螺钉 JB/T 8045.5—1999
>0~3	+0.016 / +0.006	8	+0.015 / +0.006	+0.010 / +0.001	15	12	10 16 —	8	3	11.5	4.2	0.008	M5
>3~4	+0.022 / +0.010	8	+0.015 / +0.006	+0.010 / +0.001	15	12	10 16 —	8	3	11.5	4.2	0.008	M5
>4~6	+0.022 / +0.010	10	+0.015 / +0.006	+0.010 / +0.001	18	15	12 20 25	10	4	13	5.5	0.008	M6
>6~8	+0.028 / +0.013	12	+0.018 / +0.007	+0.012 / +0.001	22	18	12 20 25	10	4	16	7	0.008	M6
>8~10	+0.028 / +0.013	15	+0.018 / +0.007	+0.012 / +0.001	26	22	16 28 36	10	4	18	9	0.008	M6
>10~12	+0.034 / +0.016	18	+0.018 / +0.007	+0.012 / +0.001	30	26	16 28 36	10	4	20	11	0.008	M8
>12~15	+0.034 / +0.016	22	+0.021 / +0.008	+0.015 / +0.002	34	30	20 36 45	10	4	23.5	12	0.008	M8
>15~18	+0.034 / +0.016	26	+0.021 / +0.008	+0.015 / +0.002	39	35	20 36 45	10	4	26	14.5	0.008	M8
>18~22	+0.041 / +0.020	30	+0.021 / +0.008	+0.015 / +0.002	46	42	25 45 56	12	5.5	29.5	18	0.012	M8
>22~26	+0.041 / +0.020	35	+0.025 / +0.009	+0.018 / +0.002	52	46	25 45 56	12	5.5	32.5	21	0.012	M8
>26~30	+0.041 / +0.020	42	+0.025 / +0.009	+0.018 / +0.002	59	53	25 45 56	12	5.5	36	24.5	0.012	M8
>30~35	+0.050 / +0.025	48	+0.025 / +0.009	+0.018 / +0.002	66	60	30 56 67	12	5.5	41	27	0.012	M10
>35~42	+0.050 / +0.025	55	+0.030 / +0.011	+0.021 / +0.002	74	68	30 56 67	12	5.5	45	31	0.012	M10
>42~48	+0.050 / +0.025	62	+0.030 / +0.011	+0.021 / +0.002	82	76	30 56 67	12	5.5	49	35	0.012	M10
>48~50	+0.050 / +0.025	70	+0.030 / +0.011	+0.021 / +0.002	90	84	35 67 78	16	7	53	39	0.040	M10
>50~55	+0.060 / +0.030	70	+0.030 / +0.011	+0.021 / +0.002	90	84	35 67 78	16	7	53	39	0.040	M10
>55~62	+0.060 / +0.030	78	+0.035 / +0.013	+0.025 / +0.003	100	94	40 78 105	16	7	58	44	0.040	M10
>62~70	+0.060 / +0.030	85	+0.035 / +0.013	+0.025 / +0.003	110	104	40 78 105	16	7	63	49	0.040	M10
>70~78	+0.060 / +0.030	95	+0.035 / +0.013	+0.025 / +0.003	120	114	45 89 112	16	7	68	54	0.040	M10
>78~80	+0.060 / +0.030	105	+0.035 / +0.013	+0.025 / +0.003	130	124	45 89 112	16	7	73	59	0.040	M10

注：1. 当作铰（扩）套使用时，d 的公差带推荐如下：采用 GB/T 1132—2004《直柄和莫氏锥柄机用铰刀》规定的铰刀，铰 H7 孔时，取 F7；铰 H9 孔时，取 E7。铰（扩）其他精度孔时，公差带由设计选定。

2. 铰（扩）套的标记示例：

d=12mm 公差带为 E7、D=18mm 公差带为 m6、H=16mm 的可换铰（扩）套：

铰（扩）套 12E7×18m6×16　JB/T 8045.2—1999。

表 9-10　快换钻套（摘自 JB/T 8045.3—1999）

（图：网纹m0.3　Ra1.6　D1　h1　h　Ra0.8　H　Ra1.6　d　A　⌀t A　D　D2−0.25　m　JB/T 8045.5—1999　α　m1　Ra6.3）

（1）材料：$d \leq 26$mm，T10A，按 GB/T 1298—2008 的规定；$d > 26$mm 20 钢，按 GB/T 699—1999 的规定。

（2）热处理：T10A 为 58～64HRC；20 钢渗碳深度 0.8～1.2mm，58～64HRC。

标记示例：

d =12mm、公差带为 F7、D=18mm、公差带为 k6、 H=16mm 的快换钻套：

钻套 12F7×18k6×16　JB/T 8045.3—1999

（单位：mm）

d 基本尺寸	d 极限偏差 F7	D 基本尺寸	D 极限偏差 m6	D 极限偏差 k6	D_1 滚花前	D_2	H	h	h_1	r	m	m_1	α	t	配用螺钉 JB/T 8045.5—1999
>0～3	+0.016 +0.006	8	+0.015 +0.006	+0.010 +0.001	15	12	10 16 —	8	3	11.5	4.2	4.2	50°	0.008	M5
>3～4	+0.022 +0.010	8	+0.015 +0.006	+0.010 +0.001	15	12	10 16 —	8	3	11.5	4.2	4.2	50°	0.008	M5
>4～6	+0.022 +0.010	10	+0.015 +0.006	+0.010 +0.001	18	15	12 20 25	8	3	13	6.5	5.5	50°	0.008	M5
>6～8	+0.028 +0.013	12	+0.018 +0.007	+0.012 +0.001	22	18	12 20 25	8	3	16	7	7	50°	0.008	M6
>8～10	+0.028 +0.013	15	+0.018 +0.007	+0.012 +0.001	26	22	16 28 36	10	4	18	9	9	50°	0.008	M6
>10～12	+0.034 +0.016	18	+0.018 +0.007	+0.012 +0.001	30	26	16 28 36	10	4	20	11	11	50°	0.008	M6
>12～15	+0.034 +0.016	22	+0.021 +0.008	+0.016 +0.002	34	30	20 36 45	10	4	23.5	12	12	55°	0.008	M8
>15～18	+0.034 +0.016	26	+0.021 +0.008	+0.016 +0.002	39	35	20 36 45	10	4	26	14.5	14.5	55°	0.008	M8
>18～22	+0.041 +0.020	30	+0.025 +0.009	+0.018 +0.002	46	42	25 45 56	12	5.5	29.5	18	18	55°	0.008	M8
>22～26	+0.041 +0.020	35	+0.025 +0.009	+0.018 +0.002	52	46	25 45 56	12	5.5	32.5	21	21	55°	0.008	M8
>26～30	+0.041 +0.020	42	+0.025 +0.009	+0.018 +0.002	59	53	25 45 56	12	5.5	36	24.5	25	55°	0.008	M8
>30～35	+0.050 +0.025	48	+0.025 +0.009	+0.018 +0.002	66	60	30 56 67	12	5.5	41	27	28	65°	0.012	M10
>35～42	+0.050 +0.025	55	+0.030 +0.011	+0.021 +0.002	74	68	30 56 67	12	5.5	45	31	32	65°	0.012	M10
>42～48	+0.050 +0.025	62	+0.030 +0.011	+0.021 +0.002	82	76	30 56 67	12	5.5	49	35	36	65°	0.012	M10
>48～50	+0.050 +0.025	70	+0.030 +0.011	+0.021 +0.002	90	84	35 67 78	16	7	53	39	40	70°	0.012	M10
>50～55	+0.060 +0.030	70	+0.030 +0.011	+0.021 +0.002	90	84	35 67 78	16	7	53	39	40	70°	0.012	M10
>55～62	+0.060 +0.030	78	+0.030 +0.011	+0.021 +0.002	100	94	40 78 105	16	7	58	44	45	70°	0.012	M10
>62～70	+0.060 +0.030	85	+0.035 +0.013	+0.025 +0.003	110	104	40 78 105	16	7	63	49	50	75°	0.040	M10
>70～78	+0.060 +0.030	95	+0.035 +0.013	+0.025 +0.003	120	114	45 89 112	16	7	68	54	55	75°	0.040	M10
>78～80	+0.060 +0.030	105	+0.035 +0.013	+0.025 +0.003	130	124	45 89 112	16	7	73	59	60	75°	0.040	M10
>80～85	+0.071 +0.036	105	+0.035 +0.013	+0.025 +0.003	130	124	45 89 112	16	7	73	59	60	75°	0.040	M10

注：1.当作铰（扩）套使用时，d 的公差带推荐如下：采用 GB/T 1132—2004《直柄和莫氏锥柄机用铰刀》规定的铰刀，铰 H7 孔时，取 F7；铰 H9 孔时，取 E7。铰（扩）其他精度孔时，公差带由设计决定。

2. 铰（扩）套的标记示例：

d =12mm 公差带为 E7、D=18mm 公差带为 m6、H=16mm 的快换铰（扩）套：

铰（扩）套 12E7×18m6×16 JB/T 8045.3—1999。

表 9-11　钻套用衬套（摘自 JB/T 8045.4—1999）

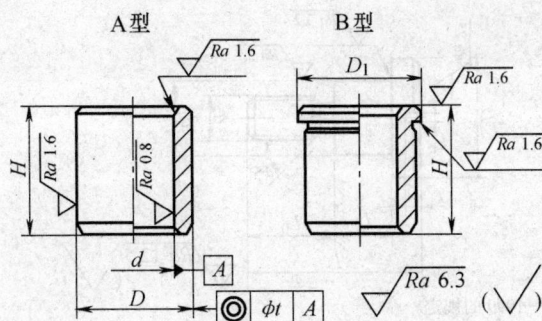

A型　　B型

（1）材料：$d \leq 26$mm，T10A，按 GB/T 1298—2008 的规定；$d > 26$mm，20 钢，按 GB/T 699—1999 的规定。

（2）热处理：T10A 为 58～64HRC；20 钢渗碳深度为 0.8～1.2mm，58～64HRC。

标记示例：

$d = 18$mm、$H = 28$mm 的钻套用衬套：

衬套 A18×28　JB/T 8045.4—1999

（单位：mm）

基本尺寸 (d)	极限偏差 F7	基本尺寸 (D)	极限偏差 n6	D_1	H	H	t
8	+0.028 / +0.013	12	+0.023 / +0.012	15	10	16	—
10		15		18	12	20	0.008
12	+0.034 / +0.016	18		22		25	
(15)		22	+0.028 / +0.015	26	16	28	
18		26		30		36	
22	+0.041 / +0.020	30		34	20	36	
(26)		35	+0.033 / +0.017	39		45	
30		42		46	25	45	0.012
35	+0.050 / +0.025	48		52		56	
(42)		55	+0.039 / +0.020	59	30	56	
(48)		62		66		67	
55	+0.060 / +0.030	70		74			
62		78		82	35	67	0.040
70		85		90		78	
78		95	+0.045 / +0.023	100	40	78	
(85)	+0.071 / +0.036	105		110		105	
95		115		120	45	89	
105		125	+0.052 / +0.027	130		112	

注：因 F7 为装配后的公差，零件加工尺寸需由工艺决定（需要预留收缩量时，推荐为 0.006～0.012mm）。

表 9-12　钻套螺钉（摘自 JB/T 8045.5—1999）

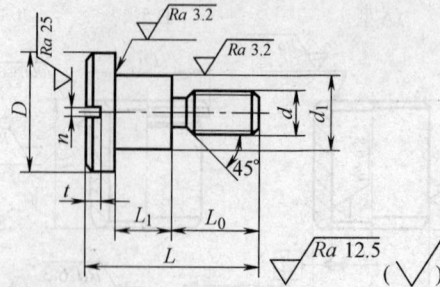

（1）材料：45 钢，按 GB/T 699—1999 的规定。
（2）热处理：35～40HRC。

标记示例：

d＝M10、L_1＝13mm 的钻套螺钉：

螺钉 M10×13　JB/T 8045.5—1999

（单位：mm）

d	L_1		d_1		D	L	L_0	n	t	钻套内径
	基本尺寸	极限偏差	基本尺寸	极限偏差 d11						
M5	3		7.5		13	15	9	1.2	1.7	>0～6
	6			−0.040		18				
M6	4		9.5	−0.130	16	18	10	1.5	2	>6～12
	8	+0.200				22				
M8	5.5	+0.050	12		20	22	11.5	2	2.5	>12～30
	10.5			−0.050		27				
M10	7		15	−0.160	24	32	18.5	2.5	3	>30～85
	13					38				

表 9-13　钻套高度和排屑间隙　　（单位：mm）

简图	加工条件	钻套高度	加工材料	钻套与工件间的距离
	一般螺孔、销孔、孔距公差为 ±0.25	$H=（1.5\sim2）d$	铸铁	$h=(0.3\sim0.7)d$
	H7 以上的孔、孔距公差为 ±0.1～±0.15	$H=(2.5\sim3.5)d$		
	H8 以下的孔、孔距公差为 ±0.06～±0.10	$H=(1.25\sim1.5)\times(h+L)$	钢 青铜 铝合金	$h=(0.7\sim1.5)d$

第十章 夹紧装置设计

第一节 夹紧装置的组成和基本要求

加工过程中，工件会受到切削力、惯性力、离心力等外力的作用，为了保证在这些外力作用下，工件仍能在夹具中保持定位的正确位置，而不致发生位移或产生振动，一般在夹具结构中都必须设置一定的夹紧装置，把工件压紧夹牢在定位元件上。

一、夹紧装置的组成

夹紧装置由三部分组成，如图 10-1 所示。

（1）动力装置 动力装置是产生夹紧作用力的装置。通常是指机动夹紧时所用的气动、液压、电动等动力装置。图 10-1 中气缸 1 即为一种动力装置。

（2）夹紧元件 夹紧元件是夹紧装置的最终执行元件。通过它和工件受压面的直接接触而完成夹紧动作。图 10-1 中 3 为夹紧元件。

（3）中间传动机构 中间传动机构是介于力源和夹紧元件之间的传力机构，它将原动力以一定的大小和方向传递给夹紧元件，例如铰链杠杆机构、斜楔机构等。图 10-1 中 2 为中间传动机构。

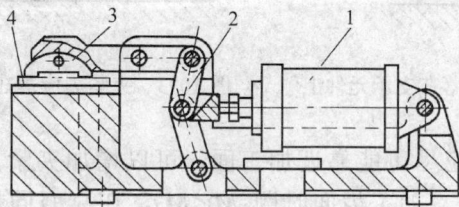

图 10-1 夹紧装置
1—气缸 2—中间传动机构 3—夹紧元件 4—工件

通常把夹紧元件和中间传动机构统称为夹紧机构。

二、夹紧装置的基本要求

1）夹紧时不得破坏工件在夹具中占有的正确位置。

2）夹紧力要适当，既要保证工件在加工过程中定位的稳定性，又要防止因夹紧力过大损伤工件表面及产生过大夹紧变形。

3）夹紧机构操作要安全、省力，夹紧迅速。

4）结构应尽量简单，便于制造与维修。夹紧机构的复杂程度、工作效率应与生产类型相适应。

5）具有良好的自锁性能。

第二节　确定夹紧力的基本原则

确定夹紧力即要确定夹紧力的作用点、方向及大小三个要素。

一、夹紧力作用点

夹紧力作用点是指夹紧时，夹紧元件与工件表面的接触位置。它对工件夹紧的稳定性和变形有很大影响。

1）夹紧力的作用点应落在支承元件上或几个支承元件所形成的支承平面内，以保证定位确定的正确位置不被破坏。如图 10-2 所示，F_J' 作用点的位置在支承范围以外，形成一个翻倒力矩，夹紧时工件会发生偏转，而 F_J 作用点的位置是正确的。

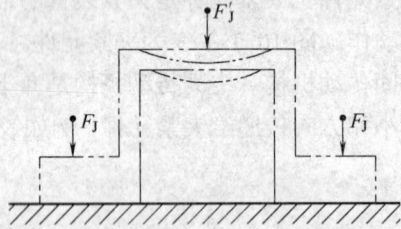

2）夹紧力的作用点应落在工件刚性较好的部位上，这对刚性差的工件尤为重要。图 10-3 中，F_J' 的作用点将使工件产生较大变形；F_J 的作用点不会使工件产生较大变形且夹紧也较为可靠，是正确的。

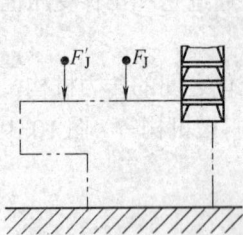

图 10-2　夹紧力的作用点应落在支承元件上　　图 10-3　夹紧力应落在工件刚性好的部位

3）夹紧力的作用点应尽可能靠近加工面，可以增加夹紧力的可靠性，防止和减少工件的振动。图 10-4 中，加工齿面时因 $M_1<M_2$，在克服同样大小切削力的条件下，图 10-4a 比图 10-4b 的夹紧力作用点合理，图 10-4a 的夹紧力相对较小且加工时不易产生振动。

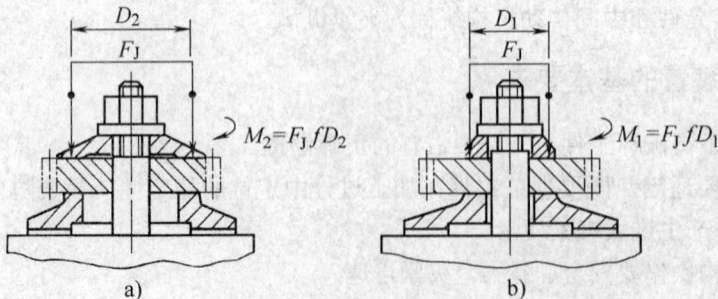

图 10-4　作用点应靠近加工部位

二、夹紧力作用方向

夹紧力的作用方向与工件定位基准所处的位置以及工件所受外力的作用方向等有关。

1）夹紧力的作用方向应垂直于工件的主要定位基准，以保证加工精度。图 10-5 中，工件上被加工孔与端面 A 有一定的垂直度要求，夹紧力垂直作用于主要定位基准 A，易于保证加工要求。若夹紧力的作用方向朝向 B 面，则由于受工件 A 面和 B 面垂直度误差的影响，难以保证图样上规定的垂直度要求。

2）夹紧力的作用方向应有利于减少所需的夹紧力的大小。图 10-6a 所示的夹紧力 F_J 与切削力 F 及重力 W 方向相同，所需夹紧力小；而图 10-6b 所示夹紧力 F_J 与切削力 F 及重力 W 方向相反，所需夹紧力大。

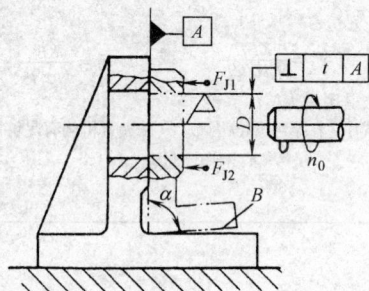

图 10-5 夹紧力应垂直作用于主要定位基准   图 10-6 夹紧力与工件重力、切削力间的关系

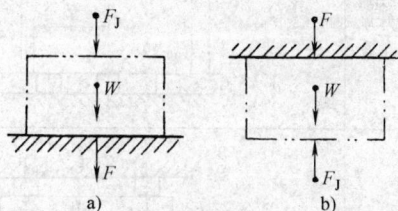

三、夹紧力的大小

夹紧力的大小，对工件装夹的可靠性，工件和夹具的变形和夹紧装置的复杂程度等都有很大的影响。

计算夹紧力，通常都将夹具和工件看成一个刚性系统以简化计算，然后根据工件受切削力、夹紧力（大型工件还应考虑重力、高速运动的工件还应考虑惯性力等）作用后的静力平衡条件，计算出理论夹紧力 F_{J_0}，再乘以安全系数 K，作为实际所需的夹紧力 F_J

$$F_J = KF_{J_0} \tag{10-1}$$

考虑到切削力的变化和工艺系统变形等因素，一般在粗加工时取 $K=2.5 \sim 3$；精加工时取 $K=1.5 \sim 2$。加工过程中切削力的作用点、方向和大小可能都在变化，估算夹紧力时应按最不利的情况考虑。

夹具设计中，夹紧力的大小并非在所有情况下都要计算确定，如手动夹紧机构，常根据经验或用类比的方法确定所需夹紧力的数值。

常见的夹紧形式所需夹紧力的计算公式见表 10-1；各种不同接触表面之间的摩擦因数参见表 10-2。

187

表 10-1　常见的夹紧形式及夹紧机构的夹紧力计算公式

夹紧形式		夹 紧 简 图	夹紧力计算公式及备注
工件以平面定位	夹紧力与切削力方向一致		当其他切削力较小时,仅需较小的夹紧力来防止工件在加工过程中产生振动和转动
	夹紧力与切削力方向相反		$F_J = KF$ 式中　F_J——实际所需夹紧力(N); 　　　F——切削力(N); 　　　K——安全系数
	夹紧力与切削力方向垂直		$F_J = \dfrac{KFL}{f_1 H + L}$　或　$F_J = \dfrac{KF}{f_1 + f_2}$ 取其中最大值 式中　f_1——摩擦因数,只在夹紧机构有足够刚性时才考虑(下同)
	工件多面同时受力		$F_J = \dfrac{K(F' + F_2 f_2)}{f_1 + f_2}$ $= \dfrac{K(\sqrt{F_1^2 + F_3^2} + F_2 f_2)}{f_1 + f_2}$
工件以两垂直面定位侧向夹紧			$F_J = \dfrac{K[F_2(L + cf) + F_1 b]}{cf + Lf + a}$
轴向夹紧套类零件			$F_J = \dfrac{K\left(M - \frac{1}{3} F f_2 \dfrac{D^3 - d^3}{D^2 - d^2}\right)}{f_1 R + \frac{1}{3} f_2 \dfrac{D^3 - d^3}{D^2 - d^2}}$

（续）

夹紧形式		夹 紧 简 图	夹紧力计算公式及备注
工件以内孔定位	用压板夹紧在三个支撑点上		$$F_J = \frac{K(M - f_2 FR_1)}{f_1 R_2 + f_2 R_1}$$
	定心夹紧		$$F = \frac{KF_J D}{\tan\varphi_2 d}[\tan(\alpha+\varphi)+\tan\varphi_1]$$ 式中　φ ——斜面上的摩擦角； $\tan\varphi_1$ ——工件与心轴在轴向方向的摩擦因数； $\tan\varphi_2$ ——工件与心轴在圆周方向的摩擦因数
工件以内孔定位	端面夹紧		$$F = \frac{3KF_J D}{2\left(f_1\dfrac{D_1^3 - d^3}{D_1^2 - d^2} + f_2\dfrac{D_2^3 - d^3}{D_2^2 - d^2}\right)}$$
工件以外圆定位	卡盘夹紧		$$F_J = \frac{2KM}{nDf}$$ 式中　n ——卡爪数
	工件承受切削扭矩及轴向力		防止工件转动 $F_J = \dfrac{KM\sin\dfrac{\alpha}{2}}{f_1 R\sin\dfrac{\alpha}{2}+f_2 R}$ 防止工件移动 $$F_J = \frac{KF\sin\dfrac{\alpha}{2}}{f_3\sin\dfrac{\alpha}{2}+f_4}$$ 式中　f_1 ——工件与压板间的圆周方向摩擦因数； f_2 ——工件与V形块间的圆周方向摩擦因数； f_3 ——工件与压板间的轴向摩擦因数； f_4 ——工件与V形块间的轴向摩擦因数
斜楔夹紧机构			$$F_J = \frac{F}{\tan(\alpha+\varphi_1)+\tan\varphi_2}$$ 式中　α ——斜楔的升角； φ_1 ——平面摩擦时作用在斜楔斜面上的摩擦角； φ_2 ——平面摩擦时作用在斜楔基面上的摩擦角

（续）

夹紧形式	夹紧简图	夹紧力计算公式及备注
斜楔夹紧机构		$$F_J = \frac{F}{\tan(\alpha + \varphi_1') + \tan\varphi_2'}$$ 式中　α——斜楔的升角； φ_1'——平面摩擦时作用在斜楔斜面上的摩擦角； φ_2'——平面摩擦时作用在斜楔基面上的摩擦角
螺旋夹紧机构		$$F_J = \frac{2FL}{d_2\tan(\alpha+\varphi) + \frac{2}{3}f\dfrac{D^3-d^3}{D^2-d^2}}$$ 式中　α——螺纹升角； φ——螺纹摩擦角； f——螺杆（螺母）端面与工件之间的摩擦因数； d_2——螺杆中径
杠杆夹紧机构		$$F_J = \frac{F(l_1 - rf)}{l + rf}$$ 式中　r——销轴半径； f——销轴与压板之间的摩擦因数
圆偏心夹紧机构		$$F_J = \frac{FL}{\rho\left[\tan(\alpha+\varphi_1) + \tan\varphi_2\right]}$$ $$\rho = \frac{R + e\sin\beta}{\cos\alpha},\ \alpha = \arctan\frac{e\cos\beta}{R + e\sin\beta}$$ 式中　α——接触点升角； β——偏心轮回转角； φ_1——偏心轮与夹紧面的摩擦角； φ_2——偏心轮与销轴的摩擦角； R——偏心轮半径； ρ——回转中心到接触点的距离
螺旋压板夹紧机构		$$F_J = \frac{2M_C l_1 \eta}{d_2 l\tan(\alpha+\varphi)}$$ 式中　η——考虑传动机构转轴摩擦损失时的传动效率； α——螺纹升角； d_2——螺纹中径； φ——螺纹摩擦角

（续）

夹紧形式	夹 紧 简 图	夹紧力计算公式及备注
螺旋压板夹紧机构	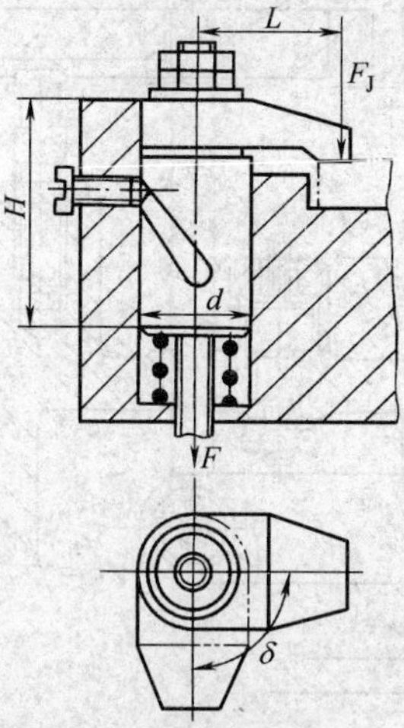	$$F_J = \frac{F}{1 + \frac{3Lf}{H}}$$ 式中 f ——摩擦因数，一般取 0.1～0.15
	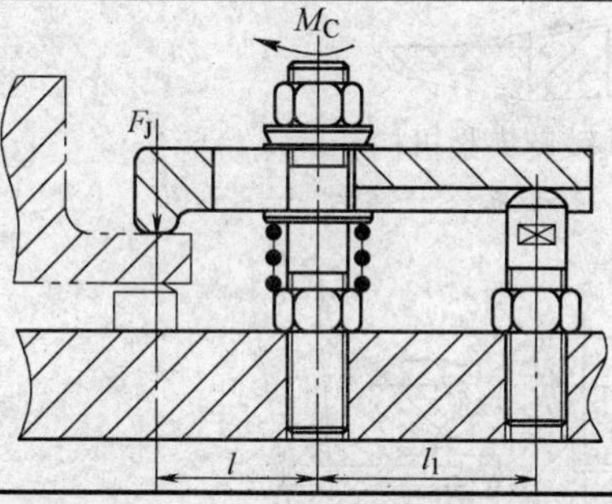	$$F = \frac{2M_C}{d_2\tan(\alpha+\varphi) + \frac{1}{3}f\frac{D^3-d^3}{D^2-d^2}}\frac{l_1\eta}{l_1+l}$$ 式中 η ——考虑传动机构转轴摩擦损失时的传动效率； α ——螺纹升角； d_2 ——螺纹中径； φ ——螺纹摩擦角； f ——摩擦因数，一般取 0.1～0.15

表 10-2　各种不同接触表面之间的摩擦因数

接触表面的形式	摩擦因数 f
接触表面均为加工过的光滑表面	0.15～0.25
工件表面为毛坯，夹具的支承面为球面	0.2～0.3
夹具夹紧元件的淬硬表面在沿主切削力方向有齿纹	0.3
夹具夹紧元件的淬硬表面在沿垂直于主切削力方向有齿纹	0.4
夹具夹紧元件的淬硬表面有相互垂直齿纹	0.4～0.5
夹具夹紧元件的淬硬表面有网状齿纹	0.7～0.8

第三节　常用典型夹紧机构

一、斜楔夹紧机构

斜楔是夹紧机构中最基本的一种形式，它是利用斜面移动时所产生的压力来夹紧工件的。在生产中，直接使用楔块楔紧工件的情况比较少。在手动夹紧中，楔块往往和其他机构联合使用。斜楔夹紧机构在气动和液压夹具中广泛应用。

图 10-7 为楔式铰链夹紧机构。当楔块 2 向左移动(在 $A—A$ 剖面中)时，连板 3 同时带动两螺栓 5 向下移动，于是两压板 4 同时将工件压紧。

图 10-8 为楔式联动夹紧机构。工件以外圆在支承块 4 上定位。当两楔块 5 同时向里移动时，斜楔通过两圆柱销 6，使两铰链压板 3、8 同时各绕销 2、9 回转，将工件夹紧。当两楔块退回时，在弹簧 7 作用下两铰链压板同时张开，松开工件。

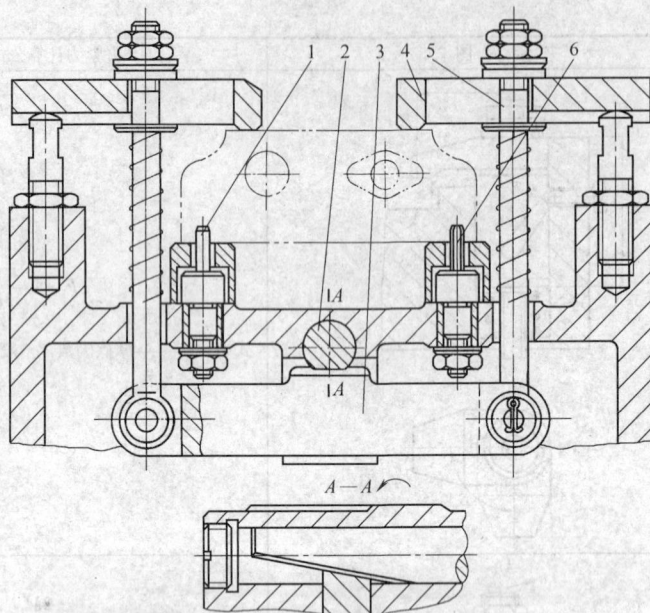

图 10-7　楔式铰链夹紧机构

1—圆柱销　2—楔块　3—连板　4—压板　5—螺栓　6—菱形销

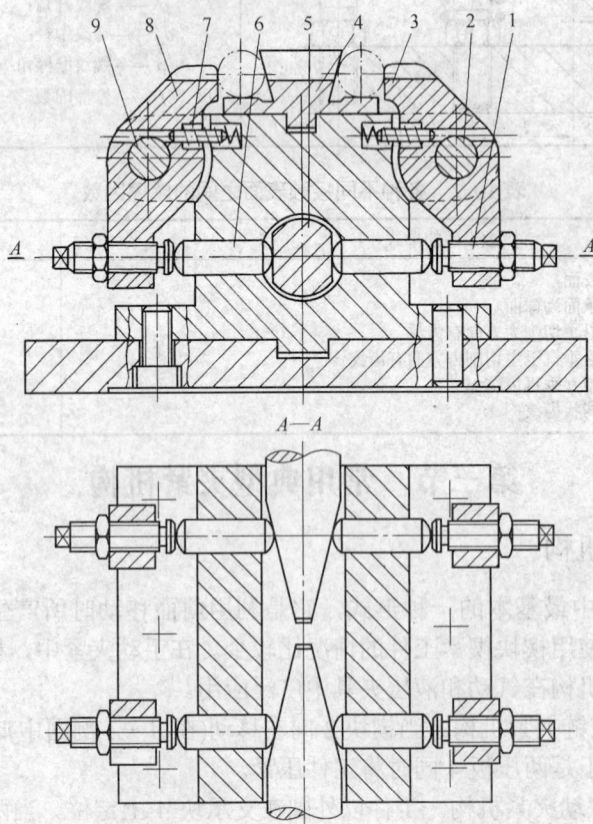

图 10-8　楔式联动夹紧机构

1—调节螺钉　2、9—销　3、8—铰链压板　4—支承块　5—楔块　6—圆柱销　7—弹簧

二、螺旋夹紧机构

采用螺旋直接夹紧或与其他元件组合实现夹紧工件的机构，统称螺旋夹紧机构。由于螺旋夹紧机构的结构简单、夹紧可靠，所以在夹具设计中得到广泛应用。

1. 单螺旋夹紧机构

图 10-9a 是一种最为简单的螺旋夹紧机构，螺钉头部直接压紧在工件表面上。容易压坏工件表面，且拧动螺钉时容易使工件产生转动，破坏原来的定位，一般应用较少；图 10-9b 中，螺杆 1 的头部通过活动的压块 3 与工件表面接触，在拧动螺杆时，压块不随螺杆转动，只作轴向移动，可防止在夹紧时带动工件转动，并避免压坏工件表面。采用衬套 2 可以提高夹紧机构的使用寿命，螺套磨坏后通过更换衬套 2，即可迅速恢复螺旋夹紧功能。

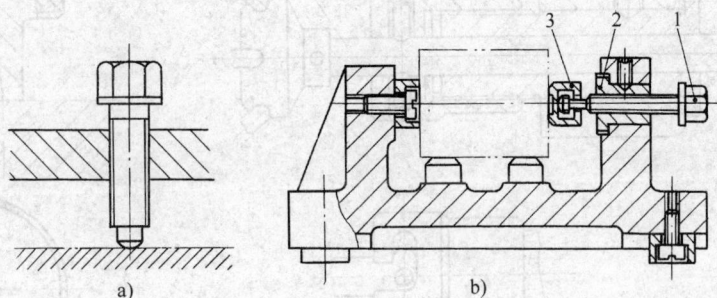

图 10-9 单螺旋夹紧机构
1—螺杆 2—衬套 3—压块

2. 螺旋压板夹紧机构

图 10-10 为螺旋压板夹紧机构。拧动螺母 1 通过压板 4 压紧工件表面。采用螺旋压板组合夹紧时，由于被夹紧表面高度尺寸有偏差，压板 4 的位置不可能保持水平，所以螺母端面和压板之间要使用球面垫圈（件 2）和锥面垫圈(件 3)。借助垫圈球面和锥面的相互作用，在压板倾斜时，可防止螺栓受弯曲力矩的作用而损坏。

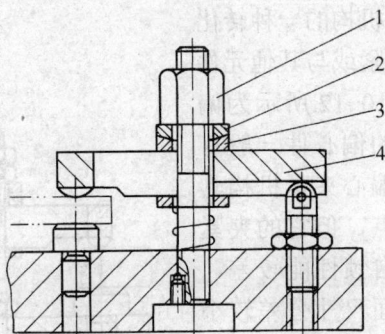

图 10-10 螺旋压板夹紧机构
1—螺母 2—球面垫圈 3—锥面垫圈 4—压板

3. 快速夹紧机构

图 10-11 为快速夹紧机构。图 10-11a 所示为非夹紧状态，夹紧时推动手柄 1，连同压块 4 快速接近工件，同时使横销 2 进入螺母套 3 的纵向槽内并转动手柄，通过横销带动螺母套转动以推动柄杆移动，压块 4 将工件夹紧。图 10-11b 表示快卸螺母压紧工件的状态，它适用于孔径较小的工件。在螺母上又斜钻了光孔 ϕD，其孔径略大于螺杆外径 M。工件装上后，螺母斜向沿着光孔套入螺杆，然后将螺母摆正，使螺母的螺纹与螺杆啮合，再略加拧动螺母，便可夹紧工件。标准快速夹紧机构参见表 10-37。

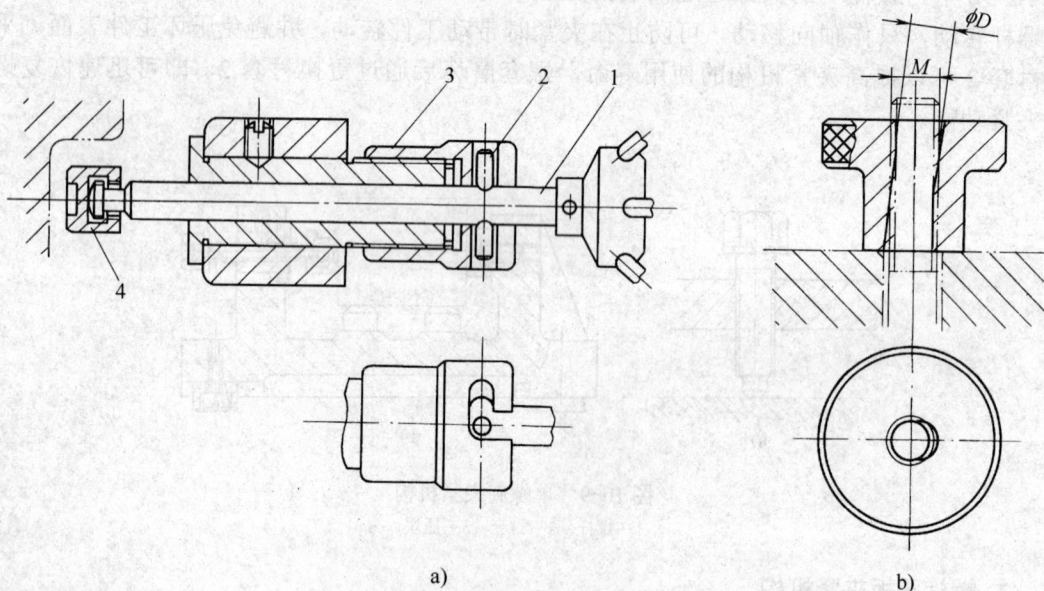

a) b)

图 10-11　快速夹紧机构
1—手柄　2—横销　3—螺母套　4—压块

三、偏心夹紧机构

偏心夹紧机构是斜楔夹紧机构的一种转化形式。它是通过偏心件直接夹紧或与其他元件组合而实现夹紧工件的。图 10-12 所示为偏心夹紧机构。偏心夹紧机构的偏心件一般有圆偏心和曲线偏心两种。圆偏心夹紧机构具有结构简单、夹紧迅速等优点，但它的夹紧行程小，增力倍数小，夹紧自锁性能较差，故一般适用于被夹紧工件表面尺寸公差较小和切削过程中振动较小的场合。由于铣削加工为断续切削，振动较大，因此铣床夹具不宜采用偏心夹紧机构。

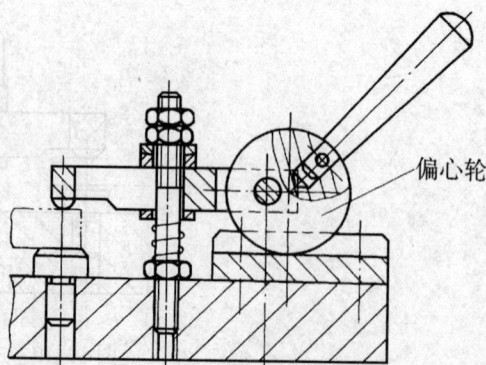

偏心轮

图 10-12　偏心夹紧机构

四、定心夹紧机构

定心夹紧机构能够在实现定心（定位基准与工序基准重合于工件对称中心或对称平面）作用的同时，又起着将工件夹紧的作用。定心夹紧机构中与工件定位基准相接触的元件，既是定位元件，又是夹紧元件。定心夹紧机构是利用定位——夹紧元件的等速移动或均匀弹性变形的方式，来消除定位基面尺寸偏差对工件定心或对中的不利影响的。

1. 机械定心夹紧机构

三爪自定心卡盘、双顶尖、等距相向移动双 V 形块等均属机械定心夹紧机构。图 10-13a 所示为利用斜楔实现机械定心夹紧机构的形式。工作时气缸活塞推动锥体 1 向右移动，使三个卡爪 2 同时伸出，对工件内孔进行定心夹紧。

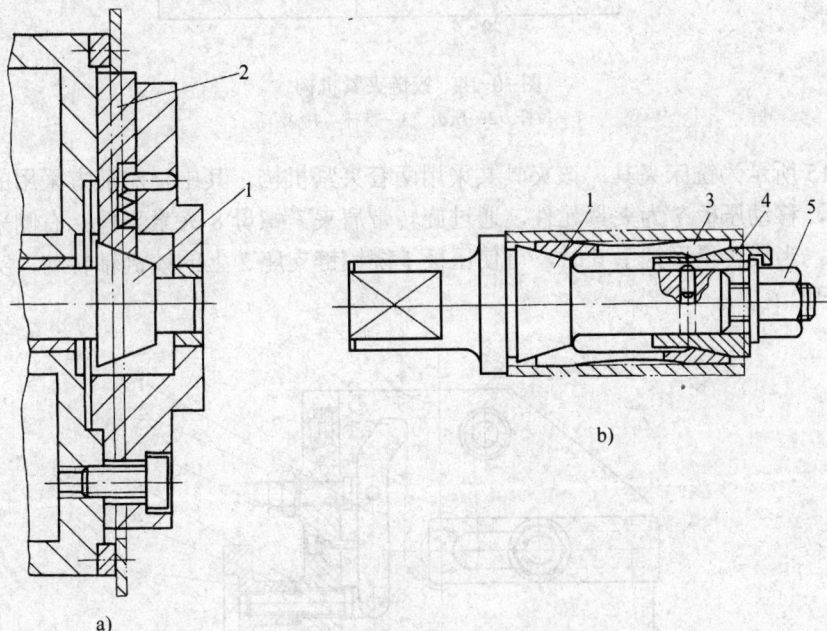

图 10-13 定心夹紧机构

a) 机械定心夹紧机构 b) 弹性定心夹紧机构
1—锥体 2—卡爪 3—弹性筒夹 4—锥套 5—螺母

2. 弹性定心夹紧机构

弹性定心夹紧机构常用于装夹轴、套类工件。图 10-13b 所示为用于工件以内孔为定位基面的弹簧心轴。旋转螺母 5 时，锥体 1 和锥套 4 迫使弹性筒夹 3 上的簧瓣定心涨开，从而将工件定心夹紧。

五、铰链夹紧机构

铰链夹紧机构是一种增力机构，它具有增力倍数较大，摩擦损失较小的优点，但自锁性较差，广泛应用于气动夹具中。

图 10-14 所示为铰链夹紧机构，当拉杆 1 向左移动时，拉杆斜面通过钢球 4 推动推杆 3 向上，通过压板 2 将工件夹紧。

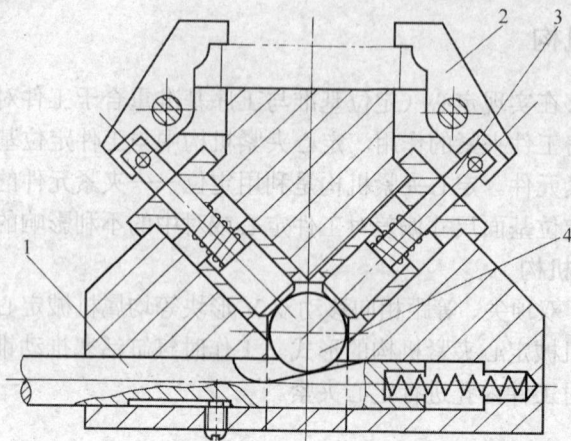

图 10-14 铰链夹紧机构
1—拉杆 2—压板 3—推杆 4—钢球

图 10-15 所示为铣床夹具，该夹具共采用两套夹紧机构。其中，左前方采用的是螺旋压板夹紧机构，移动压板 7 为夹紧元件，通过旋转带肩夹紧螺母 8 夹紧工件；右侧采用的是铰链夹紧机构，当旋转星形把手 6 时，可使压板 1 绕铰链支座 2 上的铰链轴转动，实现对工件的夹紧和松开。

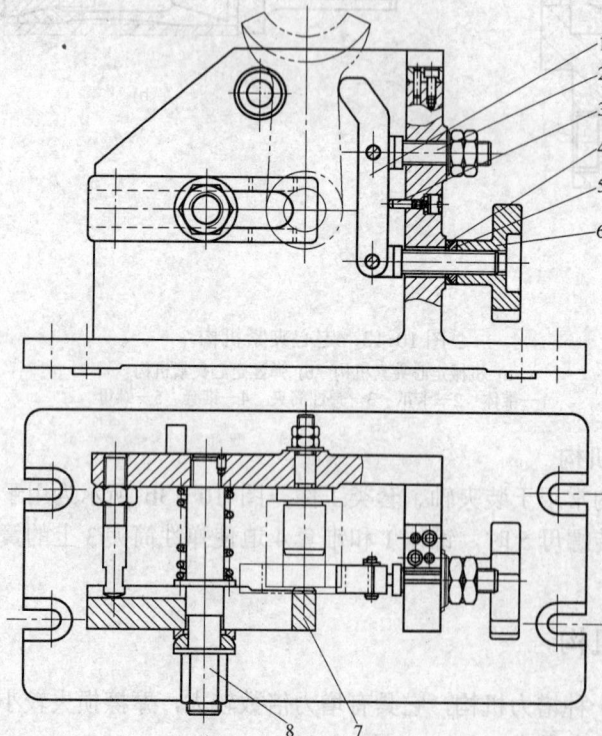

图 10-15 铣床夹具的夹紧机构
1—压板 2—铰链支座 3—圆柱销 4—锥面垫圈 5—球面垫圈 6—星形把手 7—移动压板 8—带肩六角螺母

六、常用典型夹紧机构图例

表 10-3 列出了较为常用的典型夹紧机构。

表 10-3　常用典型夹紧机构

类型	典型夹紧机构示例

单螺旋夹紧机构

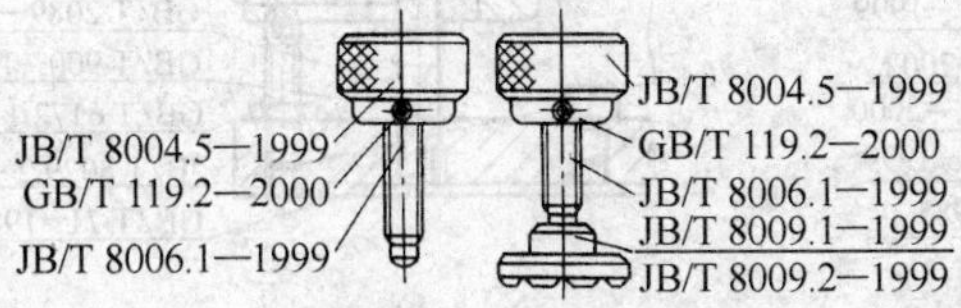

a)
- JB/T 8004.5—1999
- GB/T 119.2—2000
- JB/T 8006.1—1999
- JB/T 8004.5—1999
- GB/T 119.2—2000
- JB/T 8006.1—1999
- JB/T 8009.1—1999
- JB/T 8009.2—1999

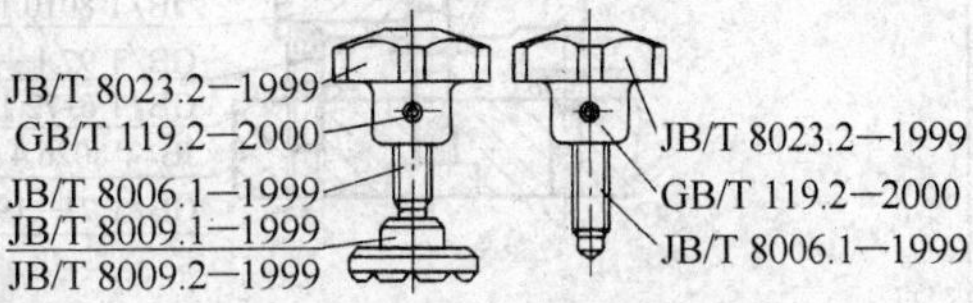

b)
- JB/T 8023.2—1999
- GB/T 119.2—2000
- JB/T 8006.1—1999
- JB/T 8009.1—1999
- JB/T 8009.2—1999
- JB/T 8023.2—1999
- GB/T 119.2—2000
- JB/T 8006.1—1999

c)
- JB/T 8006.3—1999
- JB/T 8006.4—1999
- JB/T 8009.1—1999
- JB/T 8009.2—1999

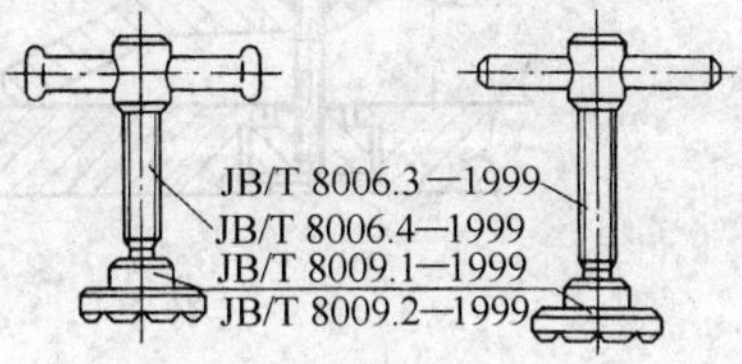

d)
- JB/T 8029.1—1999
- GB/T 65—2000
- JB/T 8005.1—1999
- JB/T 8009.1—1999
- GB/T 71—1985
- JB/T 8006.2—1999
- GB/T 65—2000
- JB/T 8016—1999

钩形压板夹紧机构

a)
- JB/T 8004.5—1999
- GB/T 97.1—2002
- A—A
- JB/T 8007.3—1999

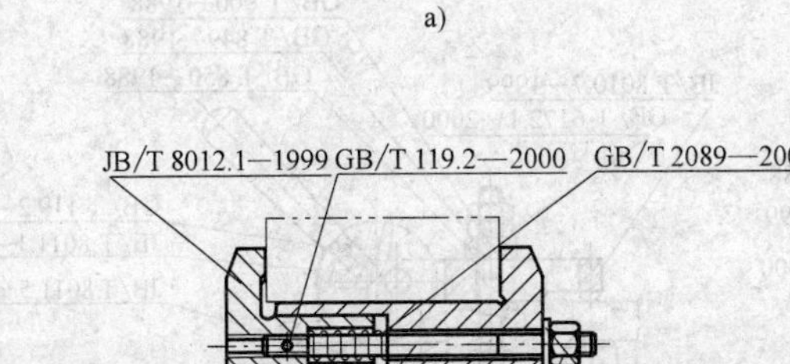

b)
- JB/T 8004.7—1999
- JB/T 8007.3—1999
- GB/T 2089—2009

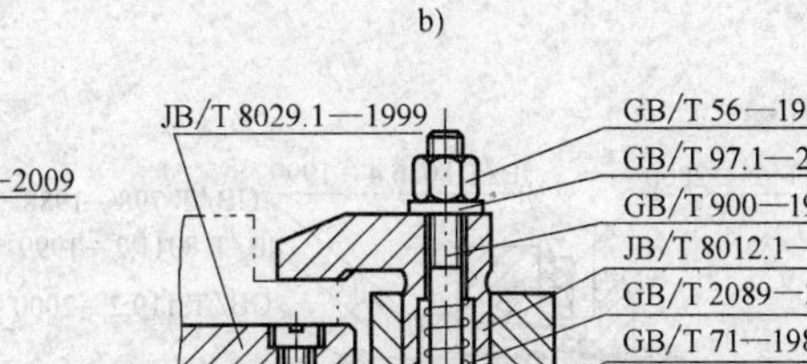

c)
- JB/T 8012.1—1999
- GB/T 119.2—2000
- GB/T 2089—2009
- GB/T 900—1988
- GB/T 56—1988
- GB/T 97.1—2002

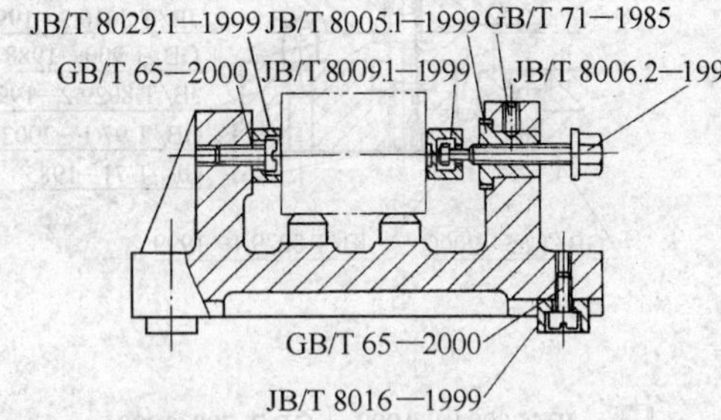

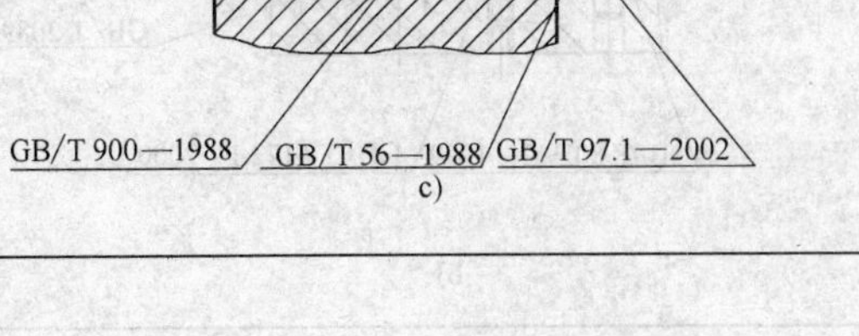

d)
- JB/T 8029.1—1999
- GB/T 56—1988
- GB/T 97.1—2002
- GB/T 900—1988
- JB/T 8012.1—1999
- GB/T 2089—2009
- GB/T 71—1985
- GB/T 65—2000

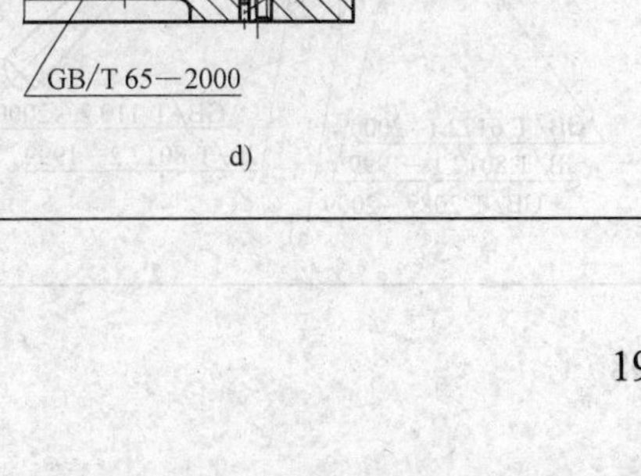

（续）

类型	典型夹紧机构示例
螺旋压板夹紧机构	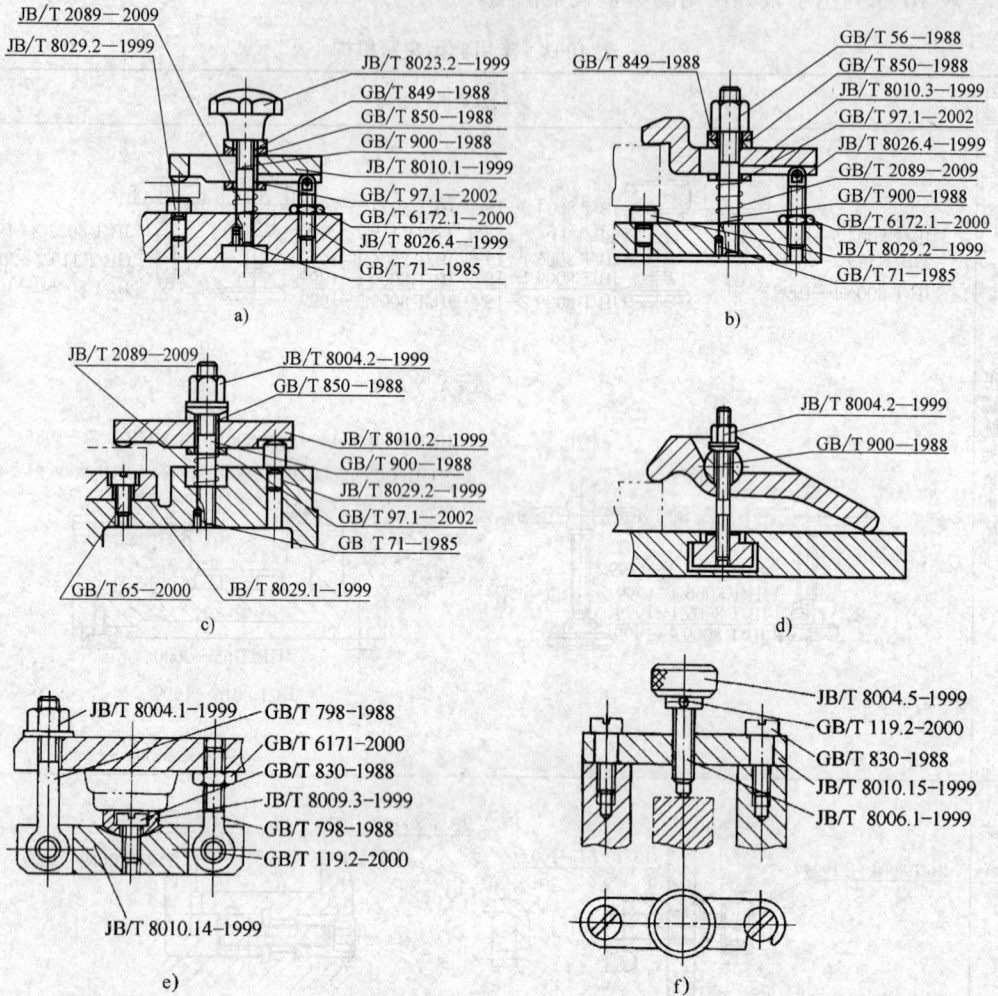 a)　b) c)　d) e)　f)
偏心压板夹紧机构	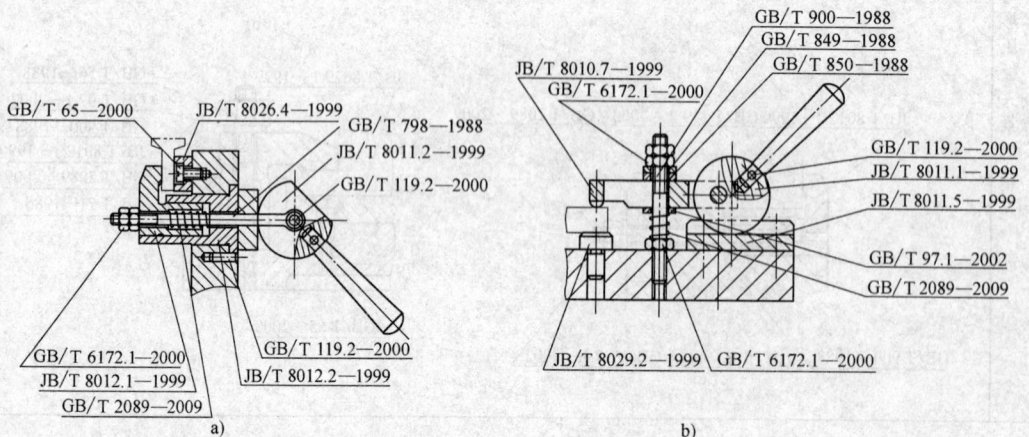 a)　b)

（续）

类型	典型夹紧机构示例

多
位
夹
紧
机
构

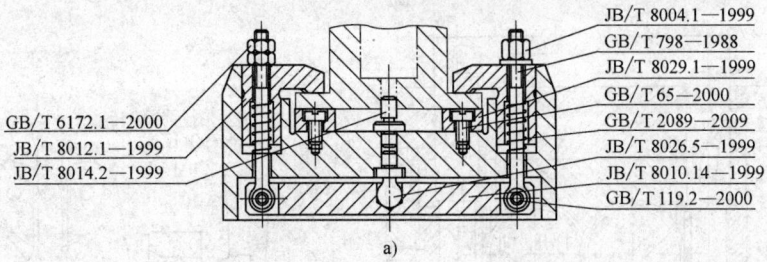

GB/T 6172.1—2000
JB/T 8012.1—1999
JB/T 8014.2—1999

JB/T 8004.1—1999
GB/T 798—1988
JB/T 8029.1—1999
GB/T 65—2000
GB/T 2089—2009
JB/T 8026.5—1999
JB/T 8010.14—1999
GB/T 119.2—2000

a)

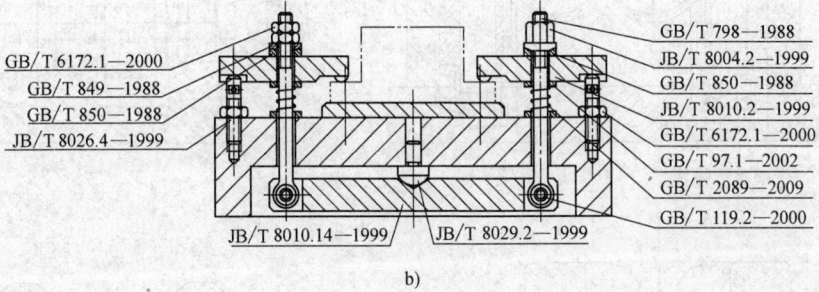

GB/T 6172.1—2000
GB/T 849—1988
GB/T 850—1988
JB/T 8026.4—1999

GB/T 798—1988
JB/T 8004.2—1999
GB/T 850—1988
JB/T 8010.2—1999
GB/T 6172.1—2000
GB/T 97.1—2002
GB/T 2089—2009
GB/T 119.2—2000

JB/T 8010.14—1999　　JB/T 8029.2—1999

b)

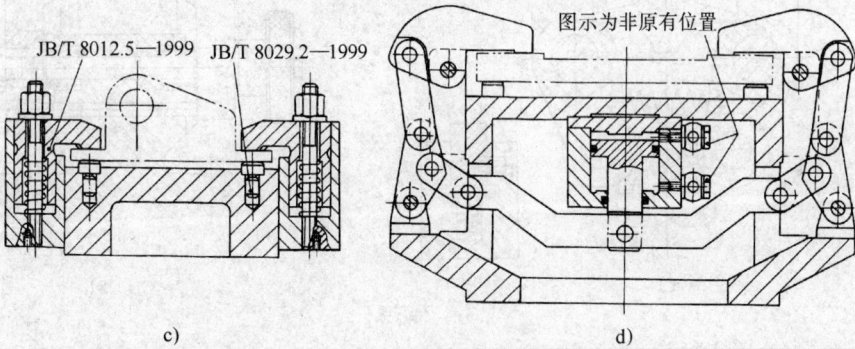

JB/T 8012.5—1999　　JB/T 8029.2—1999

图示为非原有位置

c)　　　　　　　　　　　　　　　d)

不
自
锁
的
外
部
浮
动
夹
紧
机
构

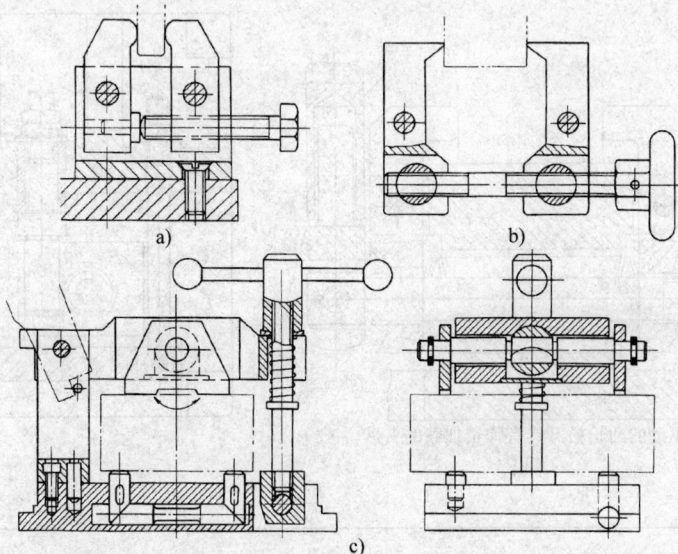

a)　　　　　　　　　　　　b)

c)

199

（续）

类型	典型夹紧机构示例

不自锁的外部浮动夹紧机构

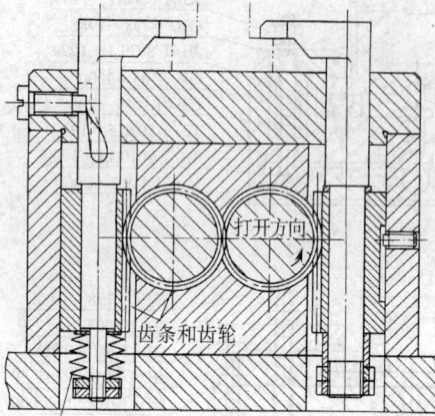

带槽碟形弹簧 　　d)

齿条和齿轮

打开方向

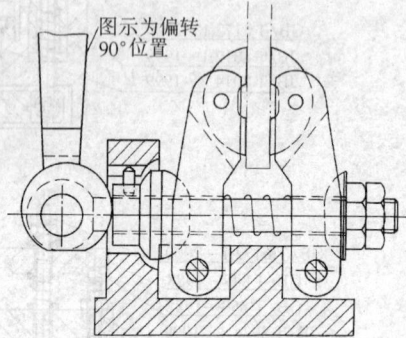

图示为偏转90°位置

e)

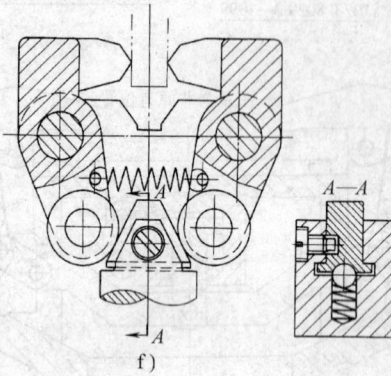

A—A

f)

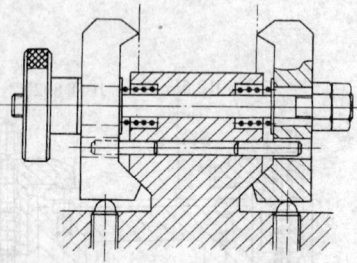

g)

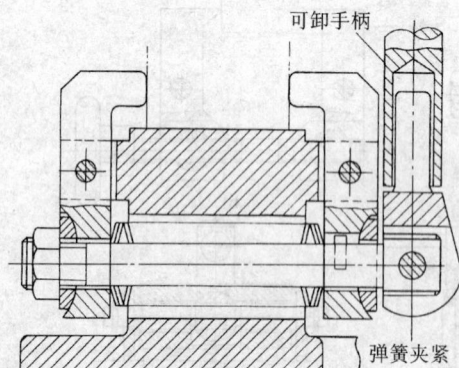

可卸手柄

弹簧夹紧

用手柄驱动的凸轮松开具有弹簧加载的夹爪

h)

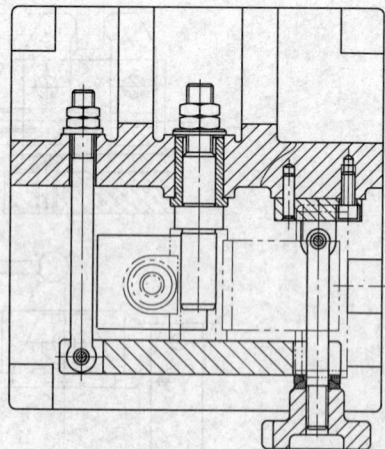

i)

（续）

类型	典型夹紧机构示例

带自锁的外部浮动夹紧机构

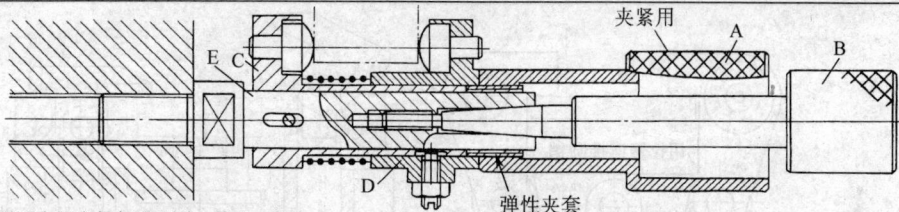

用两个紧定螺钉分别将C拧入E和将D拧入C。A夹紧两个夹爪。B锁紧弹性夹套

夹紧用

弹性夹套按夹紧位置予以锁紧

a)

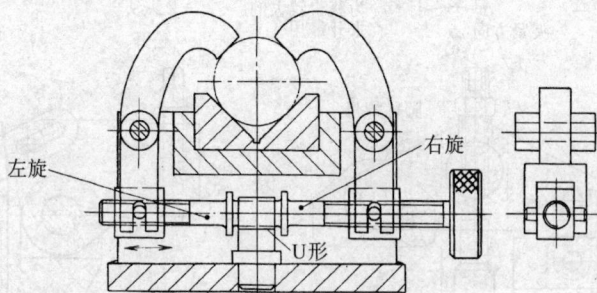

左旋   右旋

U形

b)

外部摆动夹紧机构

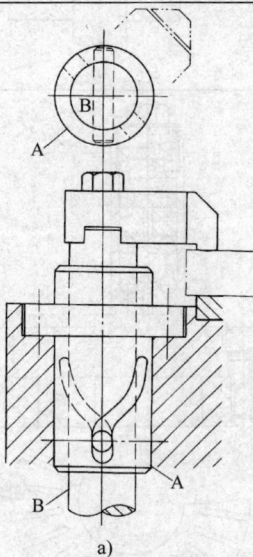

a)

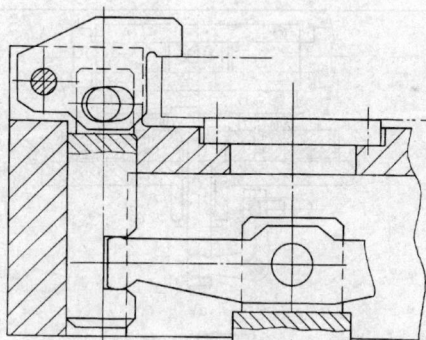

b)

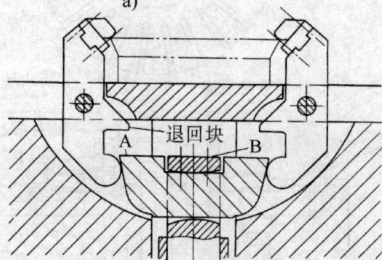

退回块

A使夹爪浮动夹紧,B是用圆柱头螺钉拧紧在轴端上

c)

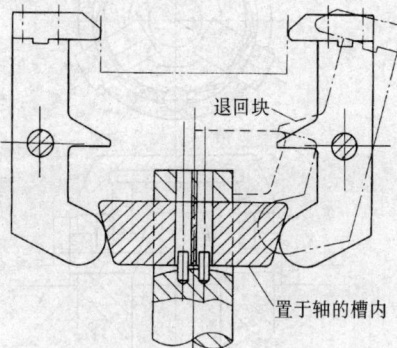

退回块

置于轴的槽内

d)

（续）

类型	典型夹紧机构示例
外部摆动夹紧机构	用拉簧连接圆销 凸轮 滚柱 夹紧方向 为获得较大的张开量用 e) 松开 退回块 夹紧 f) 圆柱螺母 g) h)
定心夹紧机构	夹紧 B 松开 A a) b) 槽 销 弹簧 c) B A 外径涨紧用槽 防止转动 菱形销 C A B D d)

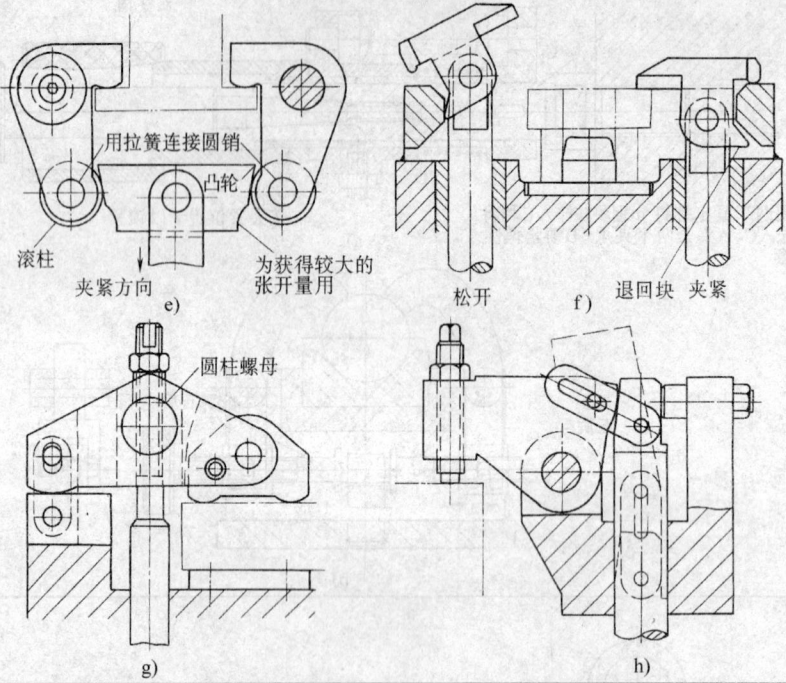

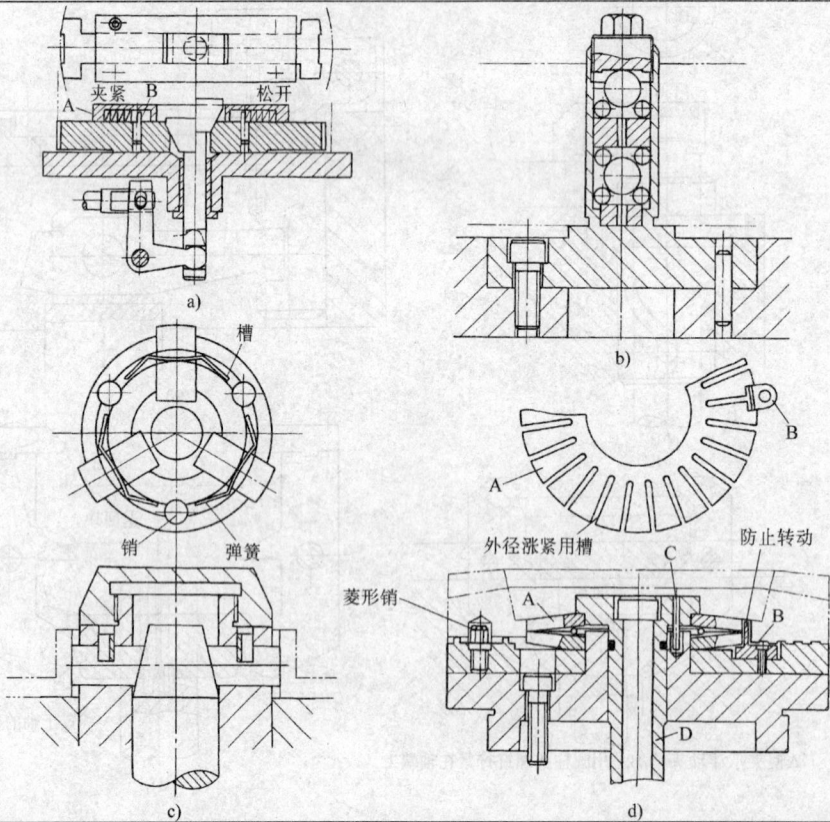

（续）

类型	典型夹紧机构示例
定心夹紧机构	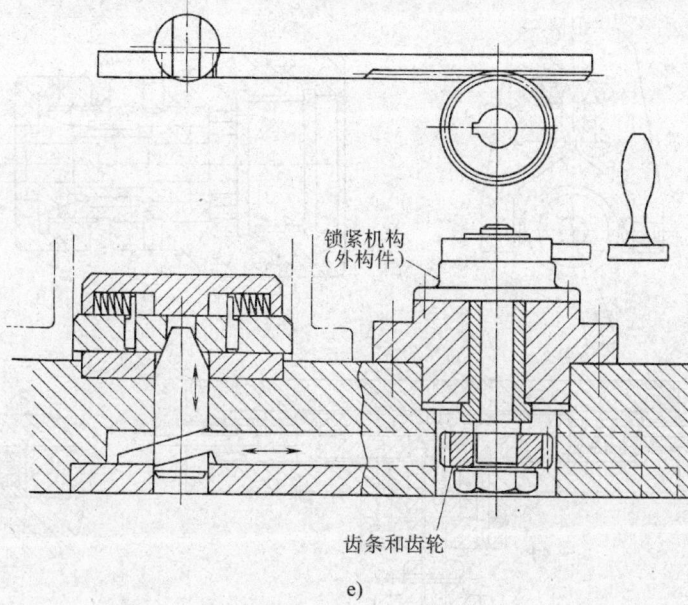 锁紧机构 （外构件） 齿条和齿轮 e)  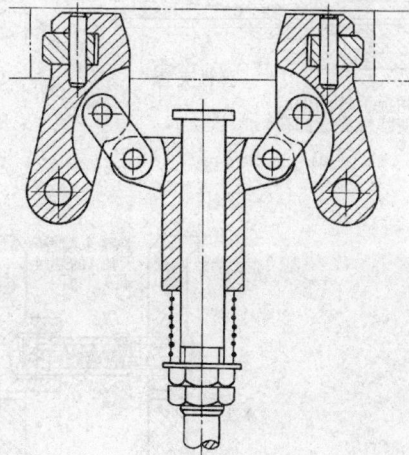 f)

（续）

类型	典型夹紧机构示例
定心夹紧机构	g) h) $A-A$ i)
定心自动夹紧机构	圆销可顶起弹性夹紧 偏心 用扳手转动偏心使弹性夹套卸荷 弹性夹套 a) 6个弹簧顶起挤压块C,C迫使弹性夹套A夹紧,当B被推向下碰到6个销D时,将挤压块退回 B A C D 6个销 6个弹簧 松开弹性夹套 b) 弹簧末端拧入轴A的螺纹端头上面 A 仅用于松开 c)

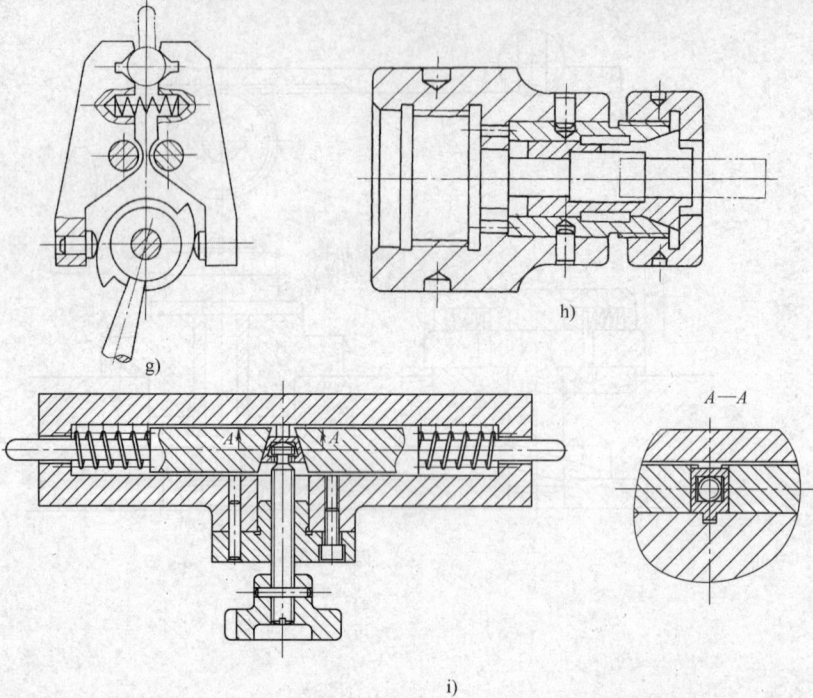

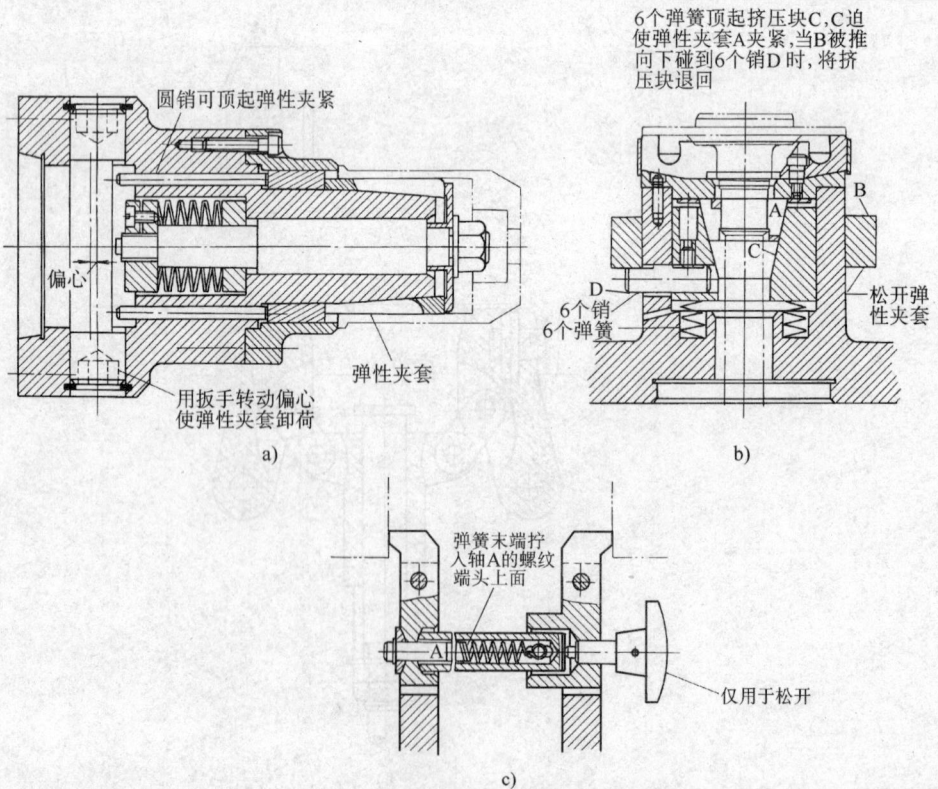

（续）

类型	典型夹紧机构示例

内部夹紧机构

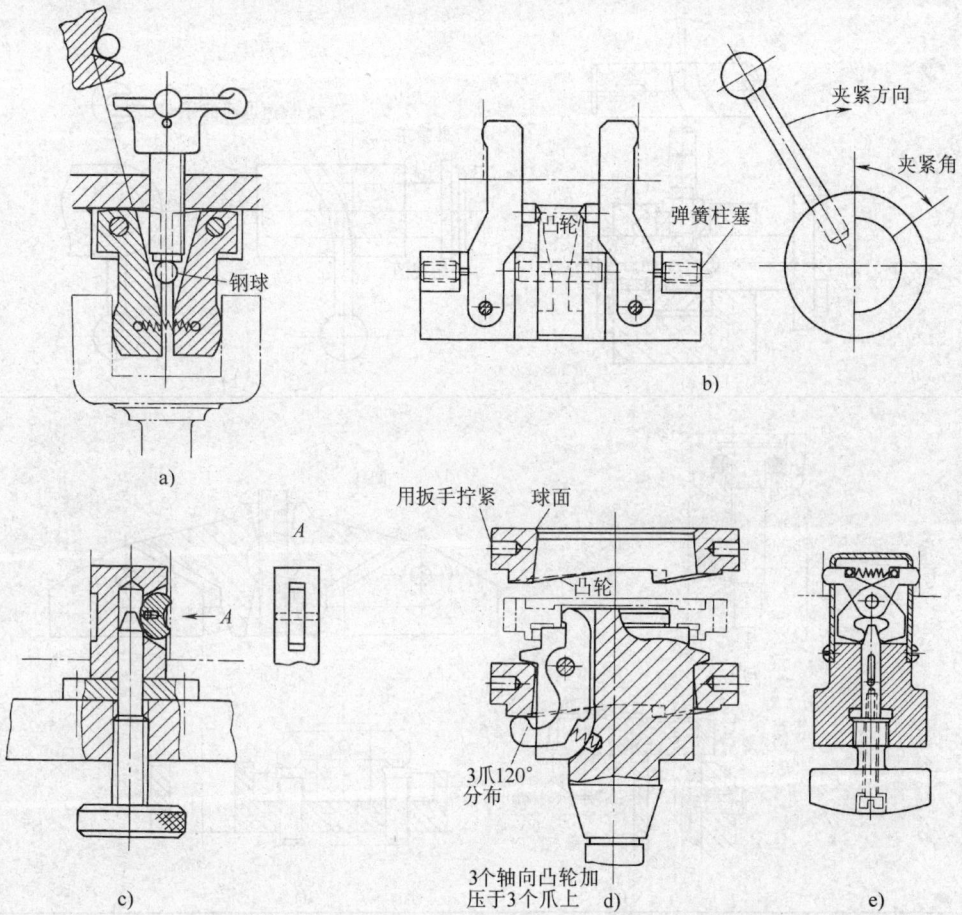

a)

b)

c)

d)

e)

钢球

凸轮 弹簧柱塞

夹紧方向

夹紧角

A

用扳手拧紧 球面

凸轮

3爪120°分布

3个轴向凸轮加压于3个爪上

内部拉压夹紧机构

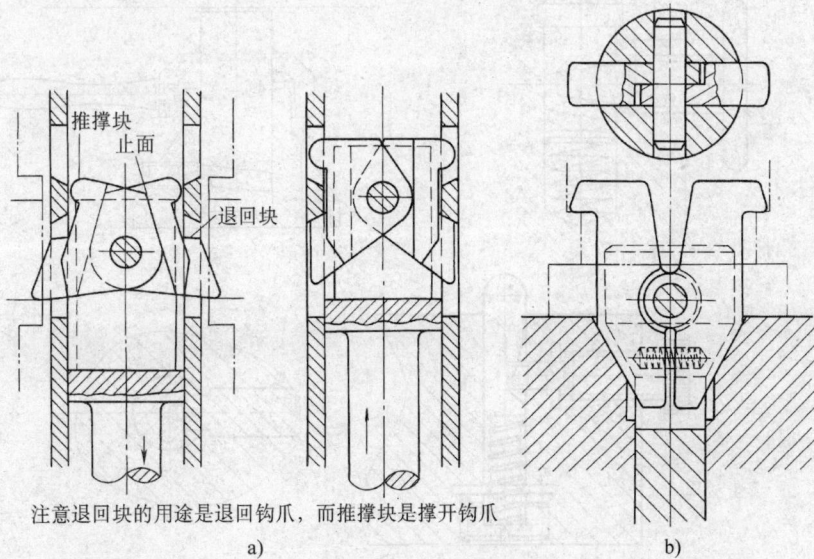

推撑块 止面 退回块

注意退回块的用途是退回钩爪，而推撑块是撑开钩爪

a)

b)

（续）

类型	典型夹紧机构示例
快速夹紧机构	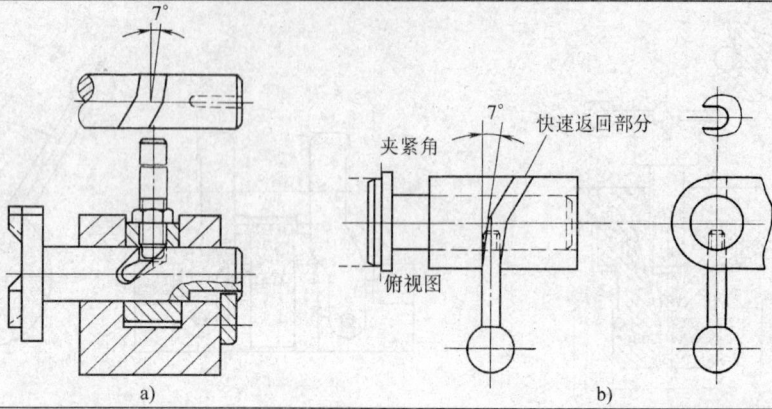 a)　　　　　　　　　　b)
浮动压头装置	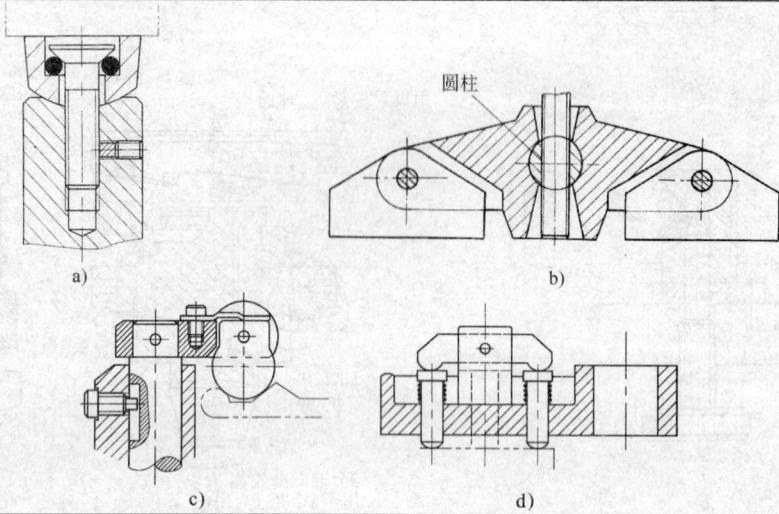 a)　　　　　　　　　　b) c)　　　　　　　　　　d)
辅助支承	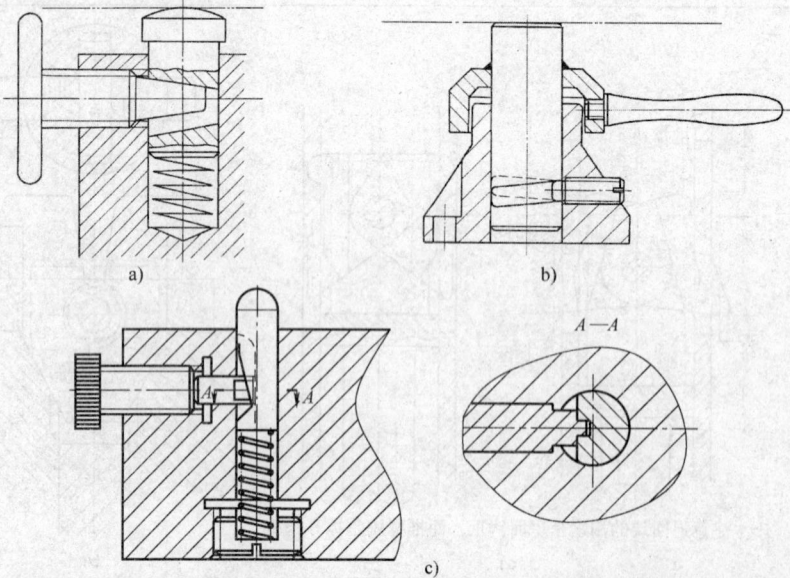 a)　　　　　　　　　　b) c)

第四节 常用夹具元件

一、螺母

夹具中使用的螺母标准件主要有：带肩六角螺母、球面带肩螺母、内六角螺母、菱形螺母、六角薄螺母和六角厚螺母等，参见表 10-4～表 10-9。

表 10-4 带肩六角螺母（摘自 JB/T 8004.1—1999）

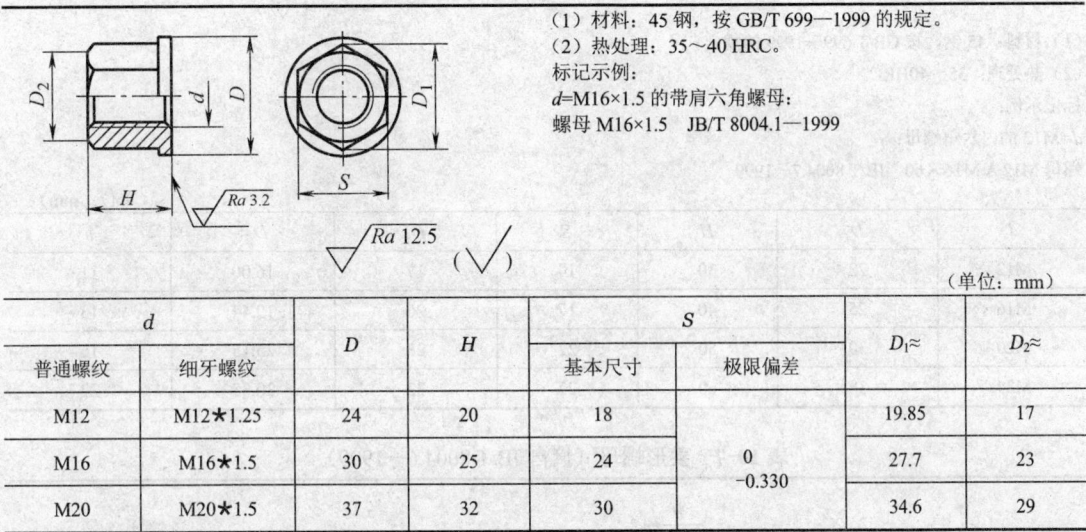

（1）材料：45 钢，按 GB/T 699—1999 的规定。
（2）热处理：35～40 HRC。
标记示例：
d=M16×1.5 的带肩六角螺母：
螺母 M16×1.5 JB/T 8004.1—1999

（单位：mm）

d		D	H	S		$D_1 \approx$	$D_2 \approx$
普通螺纹	细牙螺纹			基本尺寸	极限偏差		
M12	M12★1.25	24	20	18		19.85	17
M16	M16★1.5	30	25	24	0 −0.330	27.7	23
M20	M20★1.5	37	32	30		34.6	29

表 10-5 球面带肩螺母（摘自 JB/T 8004.2—1999）

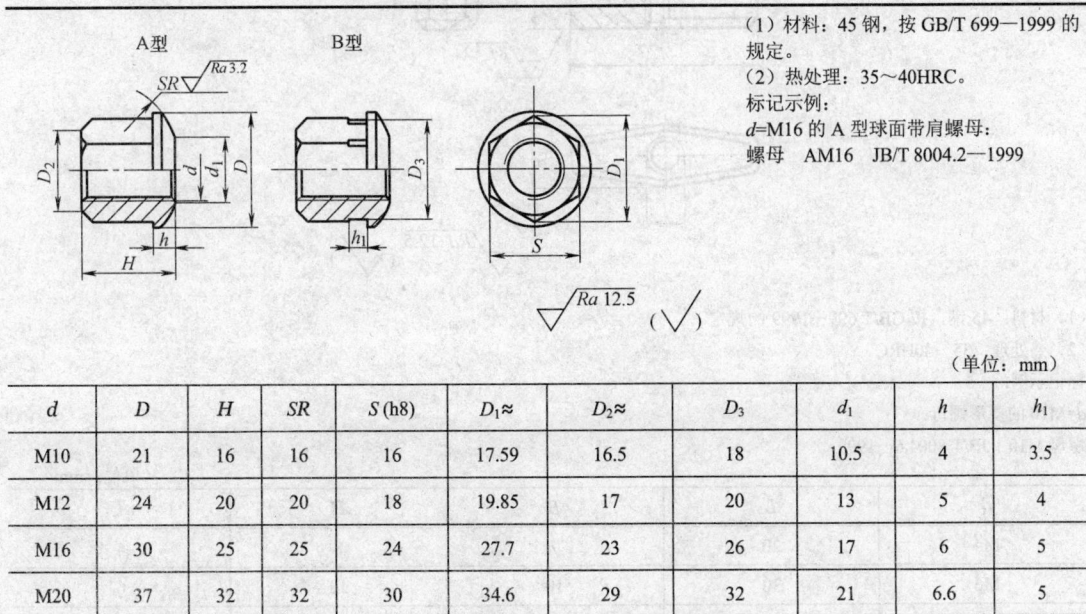

（1）材料：45 钢，按 GB/T 699—1999 的规定。
（2）热处理：35～40HRC。
标记示例：
d=M16 的 A 型球面带肩螺母：
螺母 AM16 JB/T 8004.2—1999

（单位：mm）

d	D	H	SR	S (h8)	$D_1 \approx$	$D_2 \approx$	D_3	d_1	h	h_1
M10	21	16	16	16	17.59	16.5	18	10.5	4	3.5
M12	24	20	20	18	19.85	17	20	13	5	4
M16	30	25	25	24	27.7	23	26	17	6	5
M20	37	32	32	30	34.6	29	32	21	6.6	5

表 10-6　内六角螺母（摘自 JB/T 8004.7—1999）

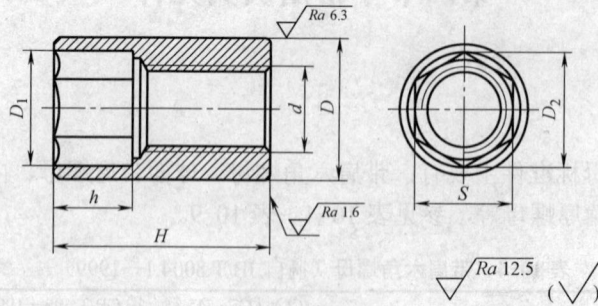

（1）材料：45 钢，按 GB/T 699—1999 的规定。

（2）热处理：35～40HRC。

标记示例：

d=M12 的内六角螺母：

螺母 M12 A M16×60　JB/T 8004.7—1999

（单位：mm）

d	D	H	S	D_1	$D_2≈$	h
M12	22	30	14	17	16.00	11
M16	25	40	17	20	19.44	13
M20	30	50	22	26	25.15	16
M24	38	60	27	32	30.85	22

表 10-7　菱形螺母（摘自 JB/T 8004.6—1999）

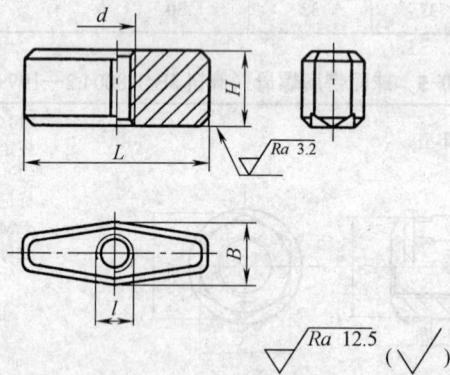

（1）材料：45 钢，按 GB/T 699—1999 的规定。

（2）热处理：35～40HRC。

标记示例：

d=M10 的菱形螺母：

螺母 M10　JB/T 8004.6—1999

（单位：mm）

d	L	B	H	l
M4	20	7	8	4
M6	30	10	12	6
M10	40	14	20	10

表 10-8　六角薄螺母（摘自 GB/T 6172.1—2000）

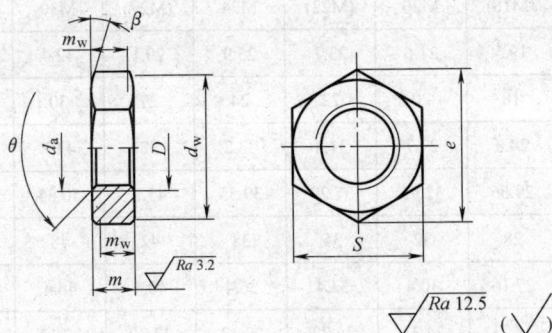

$\beta=15°\sim30°$，$\theta=110°\sim120°$

标记示例：

螺纹规格 D=M12、力学性能为 4 级、不经表面处理、产品等级为 A 级的六角薄螺母的标记：

螺母 GB/T 6172.1-2000　M12

（单位：mm）

螺纹规格 D		M5	M6	M8	M10	M12	M16	M20	M24	M30	M36
螺距 P		0.8	1	1.25	1.5	1.75	2	2.5	3	3.5	4
d_a	min	5	6	8	10	12	16	20	24	30	36
	max	5.75	6.75	8.75	10.8	13	17.3	21.6	25.9	32.4	38.9
d_w	min	6.9	8.9	11.6	14.6	16.6	22.5	27.7	33.2	42.8	51.1
e	min	8.79	11.05	14.38	17.77	20.03	26.75	32.95	39.55	50.85	60.79
m	max	2.7	3.2	4	5	6	8	10	12	15	18
	min	2.45	2.9	3.7	4.7	5.7	7.42	9.10	10.9	13.9	16.9
m_w	min	2	2.3	3	3.8	4.6	5.9	7.3	8.7	11.1	13.5
S	公称=max	8	10	13	16	18	24	30	36	46	55
	min	7.78	9.78	12.73	15.73	17.73	23.67	29.16	35	45	53.8

表 10-9　六角厚螺母（摘自 GB / T 56—1988）

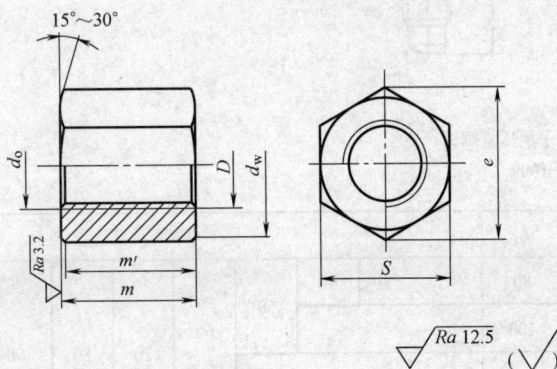

标记示例：

螺纹规格 D=M20、力学性能为 5 级、不经表面处理的六角厚螺母的标记：

螺母 GB/T 56—1988　M20

（单位：mm）

（续）

螺纹规格 D		M16	(M18)	M20	(M22)	M24	(M27)	M30	M36	M42	M48
d_o	max	17.3	19.5	21.6	23.7	25.9	29.1	32.4	38.9	45.4	51.8
	min	16	18	20	22	24	27	30	36	42	48
d_w	min	22.5	24.8	27.7	31.4	33.2	38	42.7	51.1	60.6	69.4
e	min	26.17	29.56	32.95	37.29	39.55	45.2	50.85	60.79	72.09	82.6
m	max	25	28	32	35	38	42	48	55	65	75
	min	24.16	27.16	30.4	33.4	36.4	40.4	46.4	53.1	63.1	73.1
m'	min	19.33	21.73	24.32	26.72	29.12	32.32	37.12	42.48	50.48	58.48
S	max	24	27	30	34	36	41	46	55	65	75
	min	23.16	26.16	29.16	33	35	40	45	53.8	63.8	73.1

注：尽可能不采用括号内的规格。

二、螺钉、螺柱

夹具中使用的螺钉标准件主要有：固定手柄压紧螺钉、内六角圆柱头螺钉、开槽锥端紧定螺钉、开槽圆柱头螺钉、六角头压紧螺钉、双头螺柱等，参见表 10-10～表 10-15。

表 10-10　固定手柄压紧螺钉（摘自 JB/T 8006.3—1999）

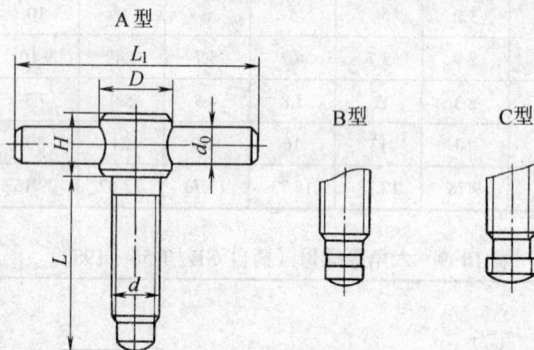

A 型

B 型　　C 型

标记示例：

d=M10、L=80mm 的 A 型固定手柄压紧螺钉：

螺钉　AM10×80　JB/T 8006.3—1999

（单位：mm）

d	d_0	D	H	L_1	L								
M10	8	18	14	80	40	50	60	70	80	90			
M12	10	20	16	100									
M16	12	24	20	120							100		
M20	16	30	25	160								120	140

（续）

件1

A型　　　　　　　　　　　B型　　　　　　　　　　　C型

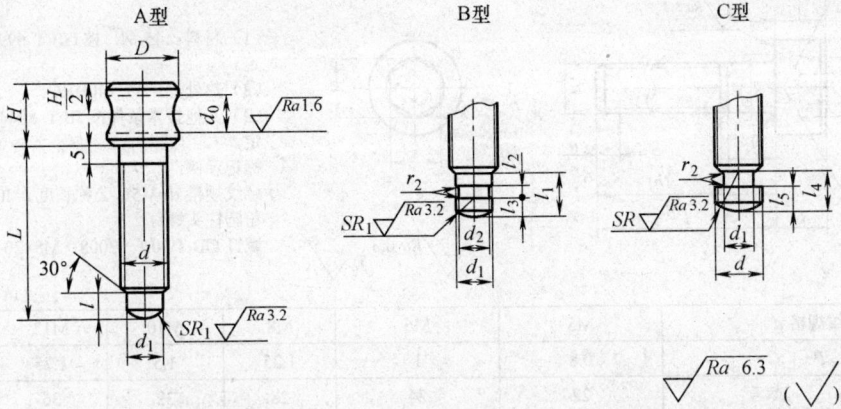

$\sqrt{Ra\ 6.3}$

$(\sqrt{\ \ })$

材料：45 钢，按 GB/T 699—1999 的规定。
热处理：35~40HRC。

（单位：mm）

d		M6	M8	M10	M12	M16	M20
D		12	15	18	20	24	30
d_1		4.5	6	7	9	12	16
d_2		3.1	4.6	5.7	7.8	10.4	13.2
d_0	基本尺寸	5	6	8	10	12	16
	极限偏差 H7	+0.012 0		+0.015 0		+0.018 0	
H		10	12	14	16	20	25
l		4	5	6	7	8	10
l_1		7	8.5	10	13	15	18
l_2		2.1		2.5		3.4	5
l_3		2.2	2.6	3.2	4.8	6.3	7.5
l_4		6.5	9	11	13.5	15	17
l_5		3	4	5	6.5	8	9
SR		6	8	10	12	16	20
SR_1		5	6	7	9	12	16
r_2		0.5				0.7	1
L		30	30				
		35	35				
		40	40	40			
		50	50	50			
		60	60	60	60		
			70	70	70	70	70
			80	80	80	80	80
			90	90	90	90	90
				100	100	100	100
				120	120		

表 10-11 内六角圆柱头螺钉（摘自 GB/T 70.1—2008）

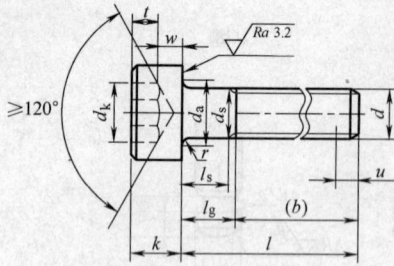

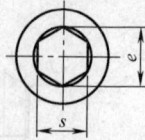

（1）材料：45 钢，按 GB/T 699—1999 的规定。
（2）热处理：35~40HRC。
（3）其他技术条件按 JB/T 8044—1999 的规定。
标记示例：
螺纹规格 d=M5、公称长度 l=20 mm 的内六角圆柱头螺钉：
螺钉 GB/T 70.1—2008 M5×20

（单位：mm）

螺纹规格 d		M5	M6	M8	M10	M12	M16
P		0.8	1	1.25	1.5	1.75	2
b	参考	22	24	28	32	36	44
d_k	max	8.50	10.00	13.00	16.00	18.00	24.00
	min	8.28	9.78	12.73	15.73	17.73	23.67
d_a	max	5.7	6.8	9.2	11.2	13.7	17.7
d_s	max	5.00	6.00	8.00	10.00	12.00	16.00
	min	4.82	5.82	7.78	9.78	11.73	15.73
e	min	4.583	5.723	6.683	9.149	11.429	15.996
k	max	5.00	6.00	8.00	10.00	12.00	16.00
	min	4.82	5.70	7.64	9.64	11.57	15.57
t	min	2.5	3	4	5	6	8
r	min	0.2	0.25	0.4	0.4	0.6	0.6
s	公称	4	5	6	8	10	14
	max	4.095	5.14	6.14	8.175	10.175	14.212
	min	4.020	5.02	6.02	8.025	10.025	14.032
w	min	1.9	2.3	3.3	4	4.8	6.8

螺纹规格 d			M5		M6		M8		M10		M12		M16	
l			l_s 和 l_g											
公称	min	max	l_s	l_g	l_s	l_g	l_s	l_g	l_s	l_g	l_s	l_g	l_s	l_g
30	29.85	30.42	4	8										
35	34.5	35.5	9	13	6	11								
40	39.5	40.5	14	18	11	16	5.75	12						
45	44.5	45.5	19	23	16	21	10.75	17	5.5	13				
50	49.5	50.5	24	28	21	26	15.75	22	10.5	18				
55	54.4	55.6			26	31	20.75	27	15.5	23	10.25	19		
60	59.4	60.6			31	36	25.75	32	20.5	28	15.25	24	10	20
65	64.4	65.6					30.75	37	25.5	33	20.25	29	11	21
70	69.4	70.6					35.75	42	30.5	38	25.25	34	16	26
80	79.4	80.6					45.75	52	40.5	48	35.25	44	26	36
90	89.3	90.7							50.5	58	45.25	54	36	46
100	99.3	100.7							60.5	68	55.25	64	46	56

表 10-12 开槽锥端紧定螺钉（摘自 GB/T 71—1985）

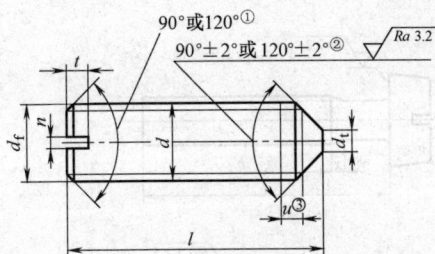

① 公称长度在表中虚线以上的短螺钉应制成120°。

② 公称长度在表中虚线以下的长螺钉应制成90°，虚线以上的短螺钉应制成120°。90°或120°仅适用螺纹小径以内的末端部分。

③ u(不完整螺纹的长度)≤2p。

标记示例：

螺纹规格 d=M5、公称长度 l=12mm、性能等级为 14H 级、表面氧化的开槽锥端紧定螺钉的标记示例：

螺钉 GB/T 71—1985-M5×12

（单位：mm）

螺纹规格 d			M1.2	M1.6	M2	M2.5	M3	M4	M5	M6	M8	M10	M12
P			0.25	0.35	0.4	0.45	0.5	0.7	0.8	1	1.25	1.5	1.75
d_t	≈		螺纹小径										
d_t	min		—	—	—	—	—	—	—	—	—	—	—
	max		0.12	0.16	0.2	0.25	0.3	0.4	0.5	1.5	2	2.5	3
n	公称		0.2	0.25	0.25	0.4	0.4	0.6	0.8	1	1.2	1.6	2
	min		0.26	0.31	0.31	0.46	0.46	0.66	0.86	1.06	1.26	1.66	2.06
	max		0.4	0.45	0.45	0.6	0.6	0.8	1	1.2	1.51	1.91	2.31
t	min		0.4	0.56	0.64	0.72	0.8	1.12	1.28	1.6	2	2.4	2.8
	max		0.52	0.74	0.84	0.95	1.05	1.42	1.63	2	2.5	3	3.6

l													
公称	min	max											
3	2.8	3.2											
4	3.7	4.3											
5	4.7	5.3			商								
6	5.7	6.3			品								
8	7.7	8.3											
10	9.7	10.3							规				
12	11.6	12.4							格				
16	15.6	16.4									范		
20	19.6	20.4									围		
25	24.6	25.4											

注：1. P——螺距。

2. 可以倒圆。

3. ≤M5 的螺钉不要求锥端有平面部分。

表 10-13　开槽圆柱头螺钉（摘自 GB/T 65—2000）

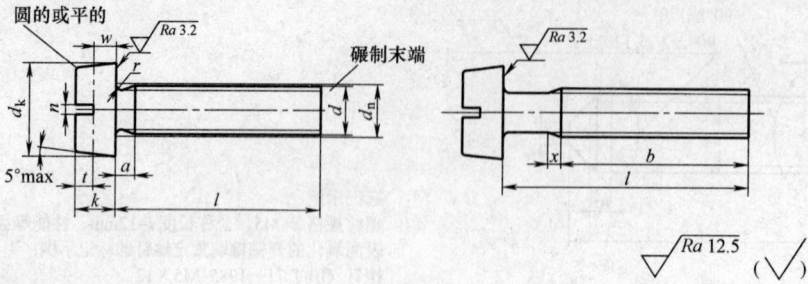

标记示例：

螺纹规格 d=M5、公称长度 l=20mm、性能等级为 4.8 级、不经表面处理的 A 级开槽圆柱头螺钉的标记：

螺钉 GB/T 65—2000　M5×20

（单位：mm）

螺纹规格 d			M1.6	M2	M2.5	M3	M4	M5	M6	M8	M10
P[①]			0.35	0.4	0.45	0.5	0.7	0.8	1	1.25	1.5
a	max		0.7	0.8	0.9	1	1.4	1.6	2	2.5	3
b	min		25	25	25	25	38	38	38	38	38
d_k			3.00	3.80	4.50	5.50	7.00	8.50	10.00	13.00	16.00
d_n	max		2	2.6	3.1	3.6	4.7	5.7	6.8	9.2	11.2
k			1.10	1.40	1.80	2.00	2.60	3.30	3.9	5.0	6.0
n		公称	0.4	0.5	0.6	0.8	1.2	1.2	1.6	2	2.5
		max	0.60	0.70	0.80	1.00	1.51	1.51	1.91	2.31	2.81
		min	0.46	0.56	0.66	0.86	1.26	1.26	1.66	2.06	2.56
r	min		0.1	0.1	0.1	0.1	0.2	0.2	0.25	0.4	0.4
t	min		0.45	0.6	0.7	0.85	1.1	1.3	1.6	2	2.4
w	min		0.4	0.5	0.7	0.75	1.1	1.3	1.6	2	2.4
x	max		0.9	1	1.1	1.25	1.75	2	2.5	3.2	3.8

l[②]			每 1000 件钢螺钉的质量（ρ=7.85kg/dm³）≈kg								
公称	min	max									
8	7.71	8.29	0.14	0.254	0.422	0.692	1.33	2.3	3.56		
10	9.71	10.29	0.163	0.291	0.482	0.78	1.47	2.55	3.92	7.85	
12	11.65	12.35	0.186	0.329	0.542	0.868	1.63	2.8	4.27	8.49	14.6
16	15.65	16.35	0.232	0.402	0.662	1.04	1.95	3.3	4.98	9.77	16.6
20	19.58	20.42		0.478	0.782	1.22	2.25	3.78	5.69	11	18.6
25	24.58	25.42			0.932	1.44	2.64	4.4	6.56	12.6	21.1
30	29.58	30.42			1.66	3.02	5.02	7.45	14.2	23.6	
40	39.5	40.5				3.8	6.25	9.2	17.4	28.6	
50	49.5	50.5					7.5	10.9	20.6	33.6	

① P—螺距。

② 公称长度在阶梯虚线以上的螺钉，制出全螺纹（$b=l-a$）。

表 10-14　六角头压紧螺钉（摘自 JB/T 8006.2—1999）

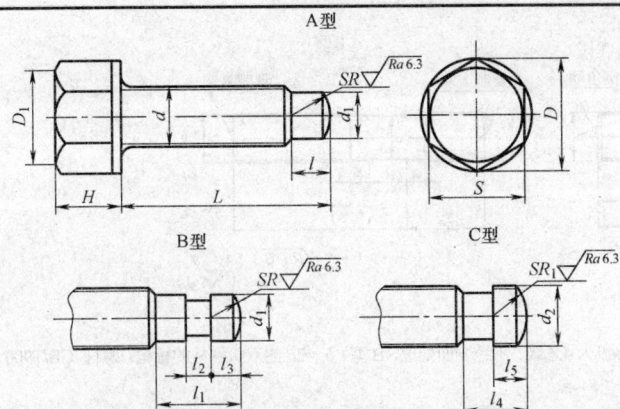

A 型

B 型　　　　C 型

（1）材料：45 钢，按 GB/T 699—1999 的规定。

（2）热处理：35～40HRC。

标记示例：d=M16、L=60mm 的 A 型六角头压紧螺钉：

螺钉 AM16×60　JB/T 8006.2—1999

$\sqrt{Ra\,12.5}$ $(\sqrt{\ })$ （单位：mm）

d	M8	M10	M12	M16	M20	M24	M30	M36
$D\approx$	12.7	14.2	17.59	23.35	31.2	37.29	47.3	57.7
$D_1\approx$	11.5	13.5	16.5	21	26	31	39	47.5
H	10	12	16	18	24	30	36	40
S	11	13	16	21	27	34	41	50
d_1	6	7	9	12	16	18		
d_2	M8	M10	M12	M16	M20	M24		
l	5	6	7	8	10	12		
l_1	8.5	10	13	15	18	20		
l_2	2.5			3.4		5		
l_3	2.6	3.2	4.8	6.3	7.5	8.5		
l_4	9	11	13.5	15	17	20		
l_5	4	5	6.5	8	9	11		
SR_1	8	10	12	16	20	25		
SR	6	7	9	12	16	18		
L	25							
	30	30						
	35	35	35					
	40	40	40	40				
	50	50	50	50	50			
		60	60	60	60	60		
			70	70	70	70		
			80	80	80	80	80	
			90	90	90	90	90	
			100	100	100	100	100	100
				110	110	110	110	110
				120	120	120	120	120
						140	140	140

表10-15　双头螺柱（摘自 GB/T 900—1988）

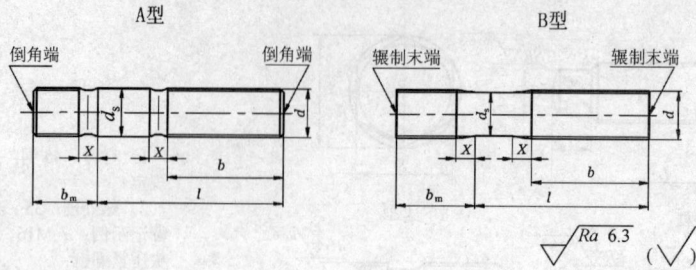

A型　　　　　　　　　　　　　　　　　B型

标记示例：

两端均为粗牙普通螺纹，$d=10$mm、$l=50$mm、性能等级为 4.8 级、不经表面处理、B 型、$b_m=2d$ 的双头螺柱的标记：螺柱 GB/T900—1988 M10×50

旋入机体一端为粗牙普通螺纹，旋螺母一端为螺距 $P=1$mm 的细牙普通螺纹，$d=10$mm、$l=50$mm、性能等级为 4.8 级、不经表面处理、A 型、$b_m=2d$ 的双头螺柱的标记：螺柱 GB/T 900—1988 A M10-M10×1×50

旋入机体一端为过盈配合螺纹，旋螺母一端为粗牙普通螺纹，$d=10$mm、$l=50$mm、性能等级为 8.8 级、镀锌钝化、A 型、$b_m=2d$ 的双头螺柱的标记：螺柱 GB/T900—1988 AYM10-M10×50-8.8-Zn D

（单位：mm）

螺纹规格 d		M2	M2.5	M3	M4	M5	M6	M8	M10	M12	(M14)	M16
b_m		4	5	6	8	10	12	16	20	24	28	32
d_s	max	2	2.5	3	4	5	6	8	10	12	14	16
X	max	1.5 P										

l			b										
公称	min	max	M2	M2.5	M3	M4	M5	M6	M8	M10	M12	(M14)	M16
12	11.10	12.90	6										
16	15.10	16.90		8									
20	18.95	21.05			6	8	10						
25	23.95	26.05	10	11				14	16				
30	28.95	31.05				12	14			16	16	18	20
35	33.75	36.25					16				20	25	
40	38.75	41.25						18					30
45	43.75	46.25							22				
50	48.75	51.25								26			
60	58.5	61.5	0							30	34		38
80	78.5	81.5											
90	88.25	91.75											
100	98.25	101.75											
120	118.25	121.75								32	36	40	44

注：1. P——粗牙螺距。

2. 当 $(b-b_m)\leqslant 5$mm 时，旋螺母一端应制成倒圆端。

三、垫圈

夹具中使用的垫圈标准件主要有：转动垫圈、球面垫圈、锥面垫圈、快换垫圈和平垫圈等，参见表 10-16～表 10-20。

表 10-16　转动垫圈（摘自 JB/T 8008.4—1999）

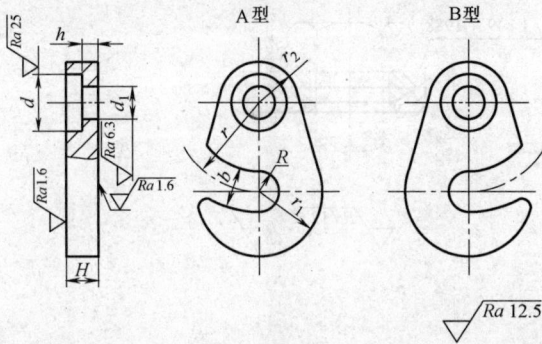

（1）材料：45 钢，按 GB/T 699—1999 的规定。
（2）热处理：35～40HRC。
标记示例：公称直径=8mm、r =22mm 的 A 型转动垫圈：
垫圈　A8×22　JB/T 8008.4—1999

（单位：mm）

公称直径（螺钉直径）	r	r_1	H	d	d_1		h		b	r_2
					基本尺寸	极限偏差 H11	基本尺寸	极限偏差		
10	26	20	10	18	10	+0.090 0	4		12	13
	35	26						0 −0.100		
12	32	25							14	
	45	32								
16	38	28	12	22	12	+0.110 0	5		18	15
	50	36								
20	45	32	14				6		22	
	60	42								

表 10-17　球面垫圈（摘自 GB/T 849—1988）

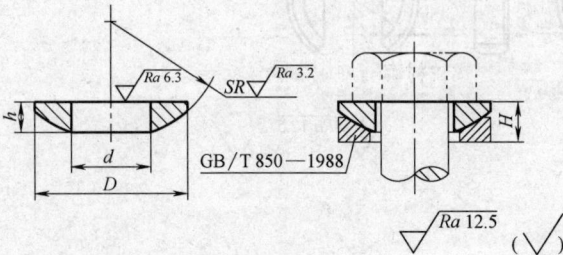

（1）材料：45 钢，按 GB/T 699—1999 的规定。
（2）热处理：40～48HRC。
（3）垫圈应进行表面氧化处理。
标记示例：
规格为 16mm、材料为 45 钢、热处理硬度 40～48HRC、表面氧化的球面垫圈：
垫圈　16　GB/T 849—1988

（单位：mm）

规格（螺纹大径）	d		D		h		SR	$H\approx$
	max	min	max	min	max	min		
12	13.24	13.00	24.00	23.48	5.00	4.70	20	7
16	17.24	17.00	30.00	29.48	6.00	5.70	25	8
20	21.28	21.00	37.00	35.38	6.60	6.24	32	10

217

表 10-18 锥面垫圈（摘自 GB/T 850—1988）

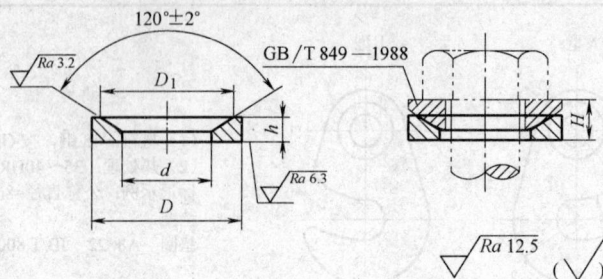

（1）材料：45 钢，按 GB/T 699—1999 的规定。

（2）热处理：40～48HRC。

（3）垫圈应进行表面氧化处理。

标记示例：规格为 16mm、材料为 45 钢、热处理硬度 40～48HRC、表面氧化的锥面垫圈：

垫圈 16 GB/T 850—1988

（单位：mm）

规格 （螺纹大径）	d		D		h		D_1	$H\approx$
	max	min	max	min	max	min		
12	16.43	16	24	23.48	4.7	4.40	23.5	7
16	20.52	20	30	29.48	5.1	4.80	29	8
20	25.52	25	37	36.38	6.6	6.24	34	10

表 10-19 快换垫圈（摘自 JB/T 8008.5—1999）

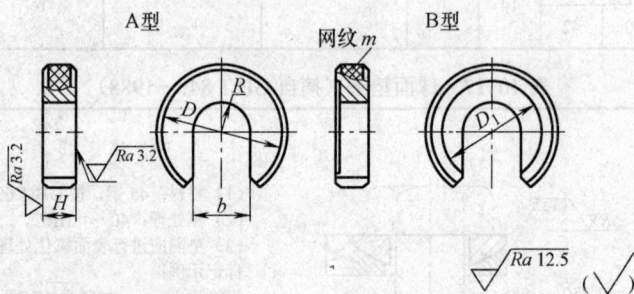

（1）材料：45 钢，按 GB/T 699—1999 的规定。

（2）热处理：35～40HRC。

标记示例：

公称直径=6mm、D=30mm 的 A 型快换垫圈：

垫圈 A6×30 JB/T 8008.5—1999

（单位：mm）

公称直径 （螺纹直径）	b	D		H	m	D_1
12	13	40	50	8		26
16	17	50	70	10	0.4	32
20	21	80	100	12		42

表 10-20　平垫圈（摘自 GB/T 97.1—2002）

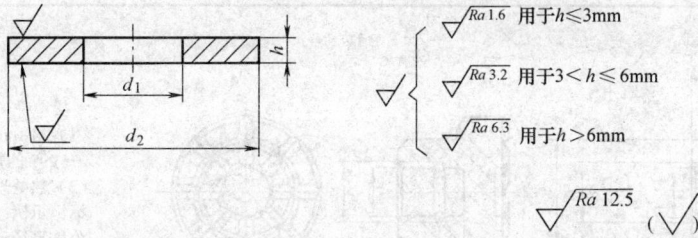

标记示例：

　标准系列、公称规格 8mm、由钢制造的硬度等级为 200HV 级、不经表面处理、产品等级为 A 级的平垫圈的标记：

　垫圈 GB/T 97.1—2002　8

　标准系列、公称规格 8mm、由 A$_2$ 组不锈钢制造的硬度等级为 200HV 级、不经表面处理、产品等级为 A 级的平垫圈的标记：

　垫圈　GB/T 97.1—2002　8　A$_2$

（单位：mm）

公称规格 (螺纹大径 d)	内径 d_1		外径 d_2		厚度 h		
	公称（min）	max	公称（max）	min	公称	max	min
6	6.4	6.62	12	11.57	1.6	1.8	1.4
8	8.4	8.62	16	15.57	1.6	1.8	1.4
10	10.5	10.77	20	19.48	2	2.2	1.8
12	13	13.27	24	23.48	2.5	2.7	2.3
16	17	17.27	30	29.48	3	3.3	2.7
20	21	21.33	37	36.38	3	3.3	2.7
24	25	25.33	44	43.38	4	4.3	3.7
30	31	31.39	56	55.26	4	4.3	3.7
36	37	37.62	66	64.8	5	5.6	4.4

四、压块

夹具中使用的光面压块、槽面压块标准件，参见表 10-21、表 10-22。

表 10-21　光面压块（摘自 JB/T 8009.1—1999）

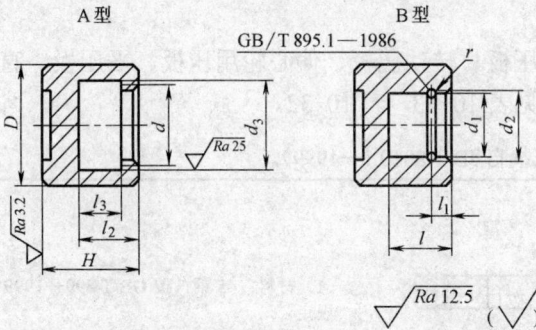

（1）材料：45 钢，按 GB/T 699—1999 的规定。
（2）热处理：35～40HRC。
标记示例：
公称直径=12mm 的 A 型光面压块：
压块　A12　JB/T 8009.1—1999

（单位：mm）

公称直径 (螺纹直径)	D	H	d	d_1	d_2 基本尺寸	d_2 极限偏差	d_3	l	l_1	l_2	l_3	r	挡圈 GB/T 895.1—1986
8	16	12	M8	6.3	6.9	+0.100 0	10	7.5	3.1	8	5	0.4	6
10	18	15	M10	7.4	7.9		12	8.5	3.5	9	6		7
12	20	18	M12	9.4	10		14	10.5	4.2	11.5	7.5		9
16	25	20	M16	12.5	13.1	+0.120 0	18	13	4.4	13	9	0.6	12
20	30	25	M20	16.5	17.5		22	16	5.4	15	10.5	1	16

219

表 10-22　槽面压块（摘自 JB/T 8009.2—1999）

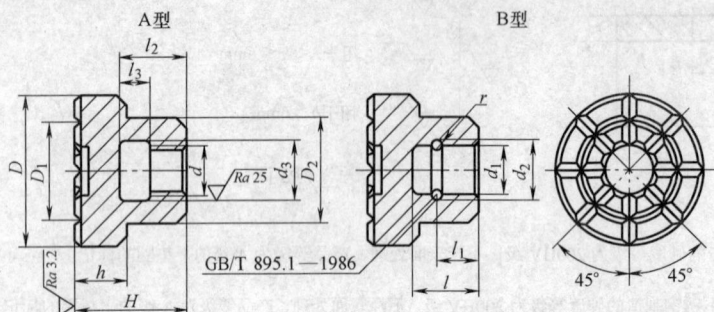

（1）材料：45 钢，按 GB/T 699—1999 的规定。
（2）热处理：35～40HRC。
标记示例：
公称直径=12mm 的 A 形槽面压块：
压块 A12　JB/T 8009.2—1999

（单位：mm）

公称直径（螺纹直径）	D	D_1	D_2	H	h	d	d_1	d_2 基本尺寸	d_2 极限偏差	d_3	l	l_1	l_2	l_3	r	挡圈 GB/T 895.1—1986
8	20	14	16	12	6	M8	6.3	6.9		10	7.5	3.1	8	5		6
10	25	18	18	15	8	M10	7.4	7.9	+0.100 0	12	8.5	3.5	9	6	0.4	7
12	30	21	20	18	10	M12	9.5	10		14	10.5	4.2	11.5	7.5		9
16	35	25	25	20	12	M16	12.5	13.1	+0.120 0	18	13	4.4	13	9	0.6	12
20	45	30	30	25		M20	16.5	17.5		22	16	5.4	15	10.5	1	16
24	55	38	36	28	14	M24	18.5	19.5	+0.280 0	26	18	6.4	17.5	12.5		18

五、压板

夹具中使用的压板标准件主要有：移动压板、转动压板、偏心轮用压板、平压板、直压板、铰链压板、回转压板、钩形压板等，参见表 10-23～表 10-32。

表 10-23　移动压板（摘自 JB/T 8010.1—1999）

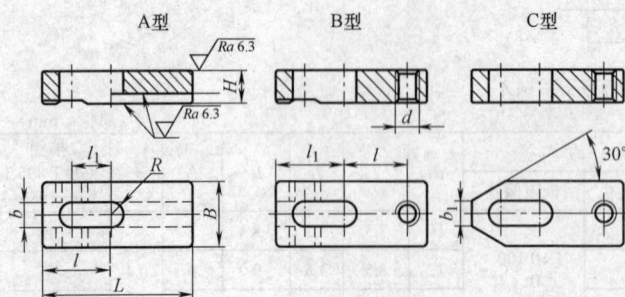

（1）材料：45 钢，按 GB/T 699—1999 的规定。
（2）热处理：35～40HRC。
标记示例：
公称直径=6mm、L=45mm 的 A 型移动压板：
压板 A6×45　JB/T 8010.1—1999

（单位：mm）

（续）

公称直径（螺纹直径）	L			B	H	l	l₁	b	b₁	d
	A 型	B 型	C 型							
12	70	—	—	32	14	30	15	14	12	M12
		80			16	35	20			
		100			18	45	30			
		120		36	22	55	43			
16	80	—	—		18	35	15	18	16	M16
		100		40	22	44	24			
		120			25	54	36			
		160		45	30	74	54			
20	100	—	—		22	42	18	22	20	M20
		120		50	25	52	30			
		160			30	72	48			
		200		55	35	92	68			

表 10-24　转动压板（摘自 JB/T 8010.2—1999）

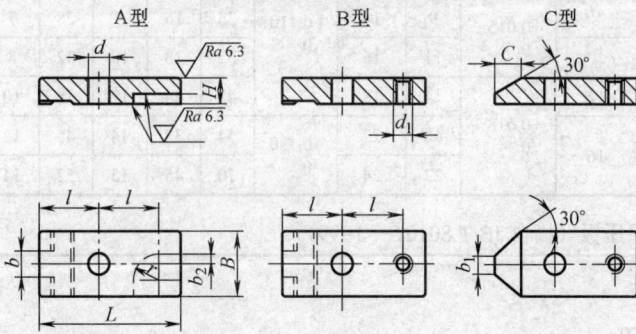

（1）材料：45 钢，按 GB/T 699—1999 的规定。
（2）热处理：35～40HRC。
标记示例：
公称直径=6mm 、L=45mm 的 A 型转动压板：
压板　A6×45　JB/T 8010.2—1999

$\sqrt{Ra\,12.5}$ （$\sqrt{}$）　　　　（单位：mm）

公称直径（螺纹直径）	L			B	H	l	d	d₁	b	b₁	b₂	r	C
	A 型	B 型	C 型										
12	70	—	—	32	14	30	14	M12	14	12	6	16	—
		80			16	35							14
		100			20	45							17
		120		36	22	55							21
16	80	—	—		18	35	18	M16	18	16	8	17.5	—
		100		40	22	44							14
		120			25	54							17
		160		45	30	74							21
20	100	—	—		22	42	22	M20	22	20	10	20	—
		120		50	25	52							12
		160			30	72							17
		200		55	35	92							26

表 10-25 偏心轮用压板（摘自 JB/T 8010.7—1999）

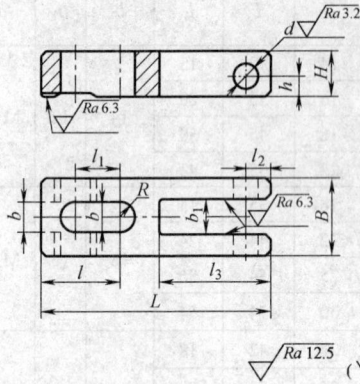

（1）材料：45 钢，按 GB/T 699—1999 的规定。
（2）热处理：35～40HRC。
标记示例：
公称直径=8mm、L=70mm 的偏心轮用压板：
压板 8×70 JB/T 8010.7—1999

（单位：mm）

公称直径（螺纹直径）	L	B	H	d 基本尺寸	d 极限偏差 H7	b	b_1 基本尺寸	b_1 极限偏差 H11	l	l_1	l_2	l_3	h
6	60	25	12	6	+0.012 0	6.6	12	+0.110 0	24	14	6	24	5
8	70	30	16	8	+0.015 0	9	14		28	16	8	28	7
10	80	36	18	10		11	16		32	18	10	32	8
12	100	40	22	12	+0.018 0	14	18		42	24	12	38	10
16	120	45	25	16		18	22	+0.130 0	54	32	14	45	12
20	160	50	30			22	24		70	45	15	52	14

表 10-26 平压板（摘自 JB/T 8010.9—1999）

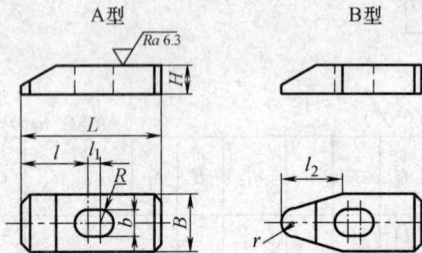

A 型   B 型

（1）材料：45 钢，按 GB/T 699—1999 的规定。
（2）热处理：35～40HRC。
标记示例：
公称直径=20mm、L=200mm 的 A 型平压板：
压板 A20×200 JB/T 8010.9—1999

（单位：mm）

公称直径（螺纹直径）	L	B	H	b	l	l_1	l_2	r
10	60	25	12	12	28	7	26	6
	80	30	16		38		35	
12		32		15				8
	100	40	20		48		45	
16	120	50	25	19	52	15	55	10
	160				70		60	
20	200	60	28	24	90	20	75	12
	250	70	32		100		85	

表 10-27 直压板（摘自 JB/T 8010.13—1999）

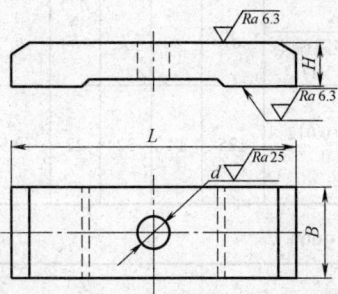

（1）材料：45 钢，按 GB/T 699—1999 的规定。
（2）热处理：35～40HRC。
标记示例：
公称直径=8mm 、L=80mm 的直压板：
　压板 8×80 JB/T 8010.13—1999

$\sqrt{Ra\ 12.5}$ (√) （单位：mm）

公称直径（螺纹直径）	L	B	H	d
12	80	32	20	14
12	100	32	20	14
12	120	32	20	14
16	100	40	25	18
16	120	40	25	18
16	160	40	25	18
20	120	50	32	22
20	160	50	32	22
20	200	50	32	22

表 10-28 铰链压板（摘自 JB/T 8010.14—1999）

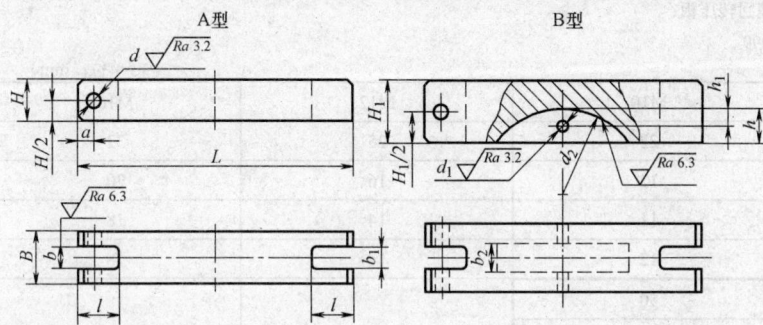

A 型　　　　　　　B 型

（1）材料：45 钢，按 GB/T 699—1999 的规定。
（2）热处理：A 型 T215，B 型 35～40HRC。
标记示例：
b=8mm 、L=100mm 的 A 型铰链压板：压板 A8×100 JB/T 8010.14—1999

$\sqrt{Ra\ 12.5}$ (√) （单位：mm）

b 基本尺寸	b 极限偏差 H11	L	B	H	H_1	b_1	b_2	d 基本尺寸	d 极限偏差 H7	d_1 基本尺寸	d_1 极限偏差 H7	d_2	a	l	h	h_1
10	+0.090 0	120	24	18	20	10	10	6	+0.012 0	3	+0.010 0	63	7	18	10	6.2
10	+0.090 0	140	24	18	20	10	14	6	+0.012 0	3	+0.010 0	63	7	18	10	6.2
12	+0.110 0	160	32	22	26	12	10	8	+0.015 0	4	+0.012 0	80	9	22	14	7.5
12	+0.110 0	180	32	22	26	12	14	8	+0.015 0	4	+0.012 0	80	9	22	14	7.5
12	+0.110 0	180	32	22	26	12	18	8	+0.015 0	4	+0.012 0	80	9	22	14	7.5
14	+0.110 0	200	32	26	32	14	10	10	+0.015 0	5	+0.012 0	100	10	25	18	9.5
14	+0.110 0	220	32	26	32	14	14	10	+0.015 0	5	+0.012 0	100	10	25	18	9.5
14	+0.110 0	220	32	26	32	14	18	10	+0.015 0	5	+0.012 0	100	10	25	18	9.5

（续）

b		L	B	H	H₁	b₁	b₂	d		d₁		d₂	a	l	h	h₁
基本尺寸	极限偏差 H11							基本尺寸	极限偏差 H7	基本尺寸	极限偏差 H7					
18	+0.110 0	220	40	32	38	18	14	12	+0.018 0	6	+0.012 0	125	14	32	22	10.5
	+0.130 0	250					16									

表 10-29　回转压板（摘自 JB/T 8010.15—1999）

A型　　　　　　　　　　　　　　　　　B型

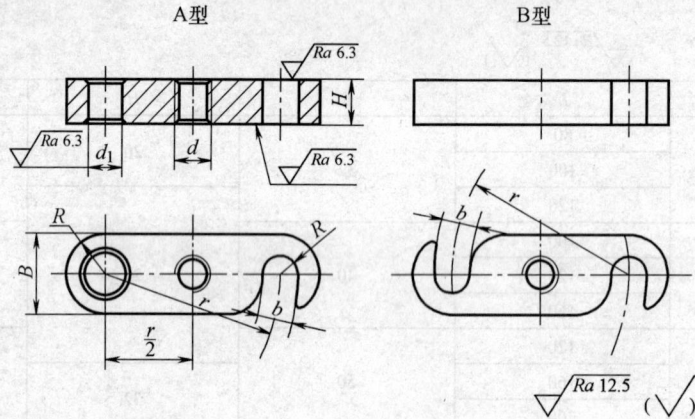

（1）材料：45 钢，按 GB/T 699—1999 的规定。

（2）热处理：35～40HRC。

标记示例：d=M10、r=50mm 的 A 型回转压板：

压板　AM10×50　JB/T 8010.15—1999

（单位：mm）

d	M10	M12	M16
B	22	25	32
H（h11）	12	16	20
b	11	14	18
d₁（H11）	12	14	18
r	50		
	55		
	60	60	
	65	65	
	70	70	
	75	75	
	80	80	80
	85	85	85
	90	90	90
		100	100
			110
			120

224

表 10-30　钩形压板（摘自 JB/T 8012.1—1999）

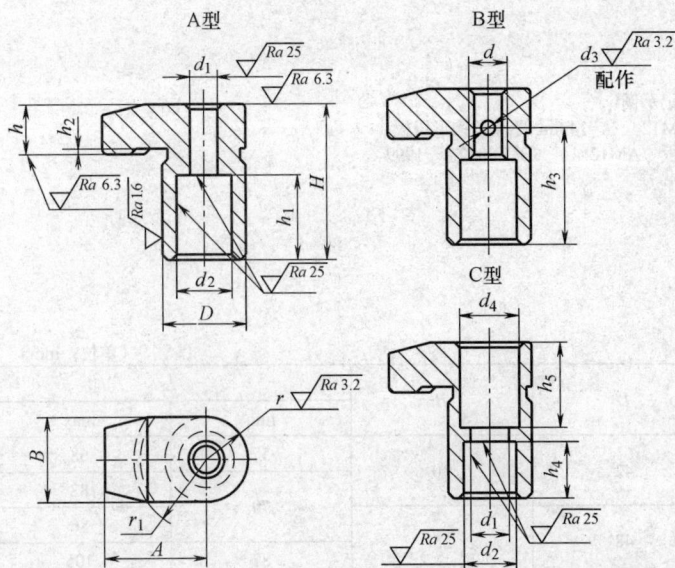

A 型　　　B 型　　　C 型

（图中标注：d_1、d_2、d_3、d_4、h、h_1、h_2、h_3、h_4、h_5、H、D、B、A、r、r_1，配作；表面粗糙度 Ra 25、Ra 6.3、Ra 1.6、Ra 3.2）

（1）材料：45 钢，按 GB/T 699—1999 的规定。
（2）热处理：35～40HRC。
标记示例：
公称直径=13mm 、A=35mm 的 A 型钩形压板：
压板 A13×35 JB/T 8012.1—1999
d=M12 、A=35mm 的 B 型钩形压板：
压板 BM12×35　JB/T 8212.1—1999

$\sqrt{Ra\,12.5}$　（ $\sqrt{}$ ）

（单位：mm）

参数														
A 型、C 型　d_1	6.6		9		11		13		17		21		25	
B 型　d	M6		M8		M10		M12		M16		M20		M24	
A	18		24		28		35		45		55		65	75
B	16		20		25		30		35		40		50	
D　基本尺寸	16		20		25		30		35		40		50	
D　极限偏差 f9	−0.016 −0.059				−0.020 −0.072				−0.025 −0.087					
H	28		35		45		58	55	70	90	80	100	95	120
h	8		10		11		13	16	20	22	28	30	32	35
r　基本尺寸	8		10		12.5		15		17.5		20		25	
r　极限偏差 h11	0 −0.090						0 −0.110				0 −0.130			
r_1	14	20	18	24	22	30	26	36	35	45	42	52	50	60
d_2	10		14		16		18		23		28		34	
d_3　基本尺寸	2				3				4		5		6	
d_3　极限偏差 H7	+0.010 0								+0.012 0					
d_4	10.5		14.5		18.5		22.5		25.5		30.5		35	
h_1	16	21	20	28	25	36	30	42	40	60	45	60	50	75
h_2	1								1.5				2	
h_3	22		28		35		45	42	55	75	60	75	70	95
h_4	8	14	11	20	16	25	20	30	24	40	24	40	28	50
h_5	16		20		25		30		40		50		60	
配用螺钉	M6		M8		M10		M12		M16		M20		M24	

表10-31　钩形压板（组合）（摘自 JB/T 8012.2—1999）

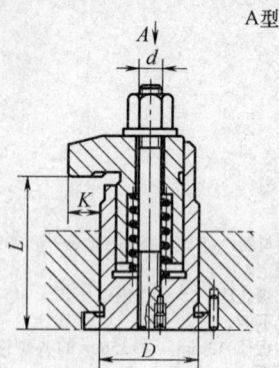

A型

标记示例：
d=M12、K=14mm 的 A 型钩形压板：
压板　AM12×14　JB/T 8012.2—1999

（单位：mm）

d	K	D	B	L	
				min	max
M12	14	42	30	57	68
	24			70	82
M16	21	48	35		86
	31			87	105
M20	27.5	55	40	81	100
	37.5			99	120

表10-32　侧面钩形压板（组合）（摘自 JB/T 8012.5—1999）

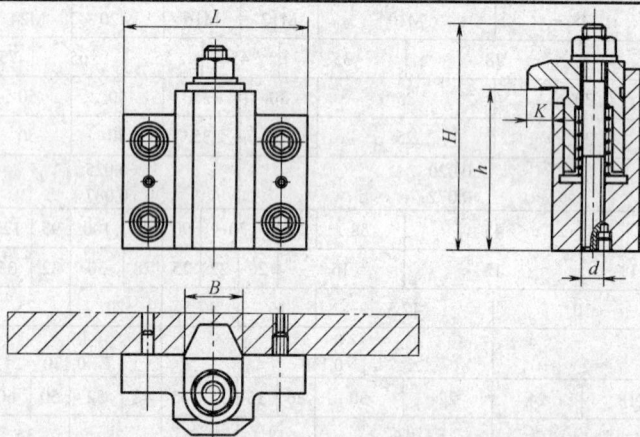

标记示例：
d=M6、K=13 的侧面钩形压板：
压板　M6×13　JB/T 8012.5—1999

（单位：mm）

d	K	B	L	H	h	
					min	max
M10	11.5	25	72	90	48	58
	18.5			105	58	70
M12	15	30	84	104	57	68
	25			124	70	82
M16	21.5	35	100	132		85
	31.5			152	87	105
M20	27	40	108	160	81	100
	37			180	99	120

六、偏心轮

夹具用标准圆偏心轮、叉形偏心轮参见表 10-33～表 10-34，标准偏心轮用垫板参见表 10-35。

表 10-33 圆偏心轮（摘自 JB/T 8011.1—1999）

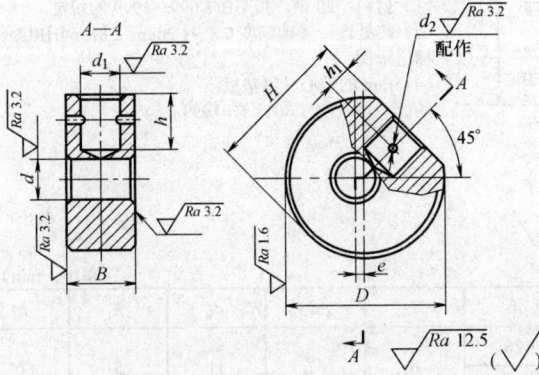

（1）材料：20 钢，按 GB/T 699—1999 的规定。
（2）热处理：渗碳深度 0.8～1.2mm，58～64HRC。
标记示例：
D=32mm 的圆偏心轮：
偏心轮 32 JB/T 8011.1—1999

（单位：mm）

D	e 基本尺寸	e 极限偏差	B 基本尺寸	B 极限偏差 d11	d 基本尺寸	d 极限偏差	d₁ 基本尺寸	d₁ 极限偏差	d₂ 基本尺寸	d₂ 极限偏差	H	h	h₁
25	1.3	±0.200	12	−0.050 −0.160	6	+0.060 +0.030	6	+0.012 0	2	+0.010 0	24	9	4
32	1.7		14		8	+0.076 +0.040	8	+0.015 0	3		31	11	5
40	2		16		10		10				38.5	14	6

表 10-34 叉形偏心轮（摘自 JB/T 8011.2—1999）

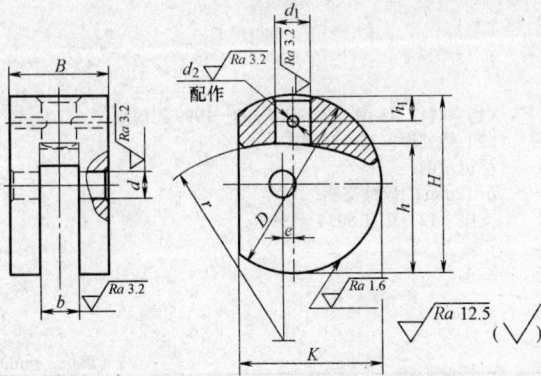

（1）材料：20 钢，按 GB/T 699—1999 的规定。
（2）热处理：渗碳深度 0.8～1.2mm，58～64HRC。
标记示例：
D=50mm 的叉形偏心轮：
偏心轮 50 JB/T 8011.2—1999

（单位：mm）

D	e 基本尺寸	e 极限偏差	B	b	d 基本尺寸	d 极限偏差 H7	d₁ 基本尺寸	d₁ 极限偏差 H7	d₂ 基本尺寸	d₂ 极限偏差 H7	H	h	h₁	K	r
25	1.3		14	6	4	+0.012 0	5	+0.012 0	1.5	+0.010 0	24	18	3	20	32
32	1.7		18	8	5		6		2		31	24	4	27	45
40	2		25	10	6		8	+0.015 0	3		39	30	5	34	50
50	2.5	±0.200	32	12	8	+0.015 0	10		3	+0.012 0	49	36	6	42	62
65	3.5		38	14	10		12	+0.018 0	4		64	47	8	55	70
80	5		45	18	12	+0.018 0	16		5	+0.012 0	78	58	10	65	88
100	6		52	22	16		20	+0.021 0	6		98	72	12	80	100

表 10-35　偏心轮用垫板（摘自 JB/T 8011.5—1999）

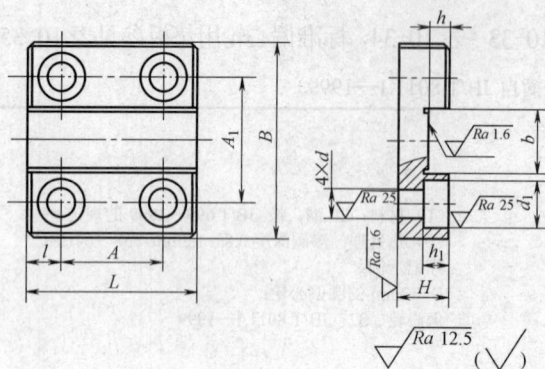

（1）材料：20 钢，按 GB/T 699—1999 的规定。
（2）热处理：渗碳深度 0.8～1.2mm，58～64HRC。
标记示例：
$b=15mm$ 的偏心轮用垫板：
垫板　15　JB/T 8011.5—1999

（单位：mm）

b	L	B	H	A	A_1	l	d	d_1	h	h_1
13	35	42		19	26					
15	40	45	12	24	29	8	6.6	11	5	6
17	45	56	16	25	36	10	9	15	6	8

七、支座

夹具用标准铰链支座参见表 10-36。

表 10-36　铰链支座（摘自 JB/T 8034—1999）

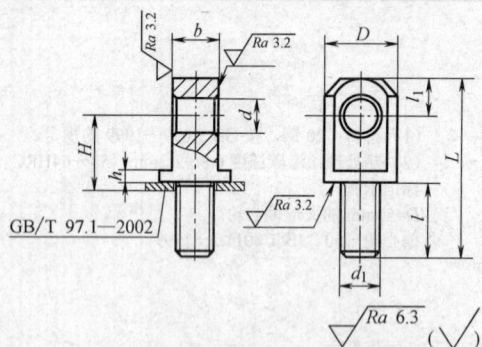

（1）材料：45 钢，按 GB/T 699—1999 的规定。
（2）热处理：35～40HRC。
标记示例：
$b=12mm$ 的铰链支座：
支座　12　JB/T 8034—1999

（单位：mm）

b 基本尺寸	b 极限偏差 d11	D	d	d_1	L	l	l_1	$H\approx$	h
6	-0.030 -0.105	10	4.1	M5	25	10	5	11	2
8	-0.040 -0.130	12	5.2	M6	30	12	6	13.5	2
10	-0.040 -0.130	14	6.2	M8	35	14	7	15.5	3
12	-0.050 -0.160	18	8.2	M10	42	16	9	19	3
14	-0.050 -0.160	20	10.2	M12	50	20	10	22	4
18		28	12.2	M16	65	25	14	29	5

八、快速夹紧装置

夹具用标准快速夹紧装置参见表 10-37。

表 10-37　快速夹紧装置

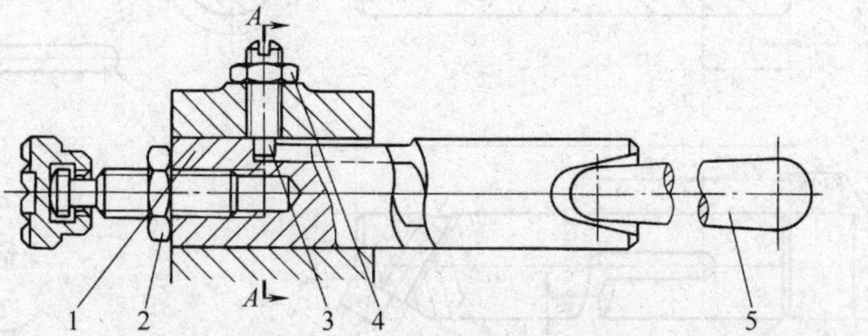

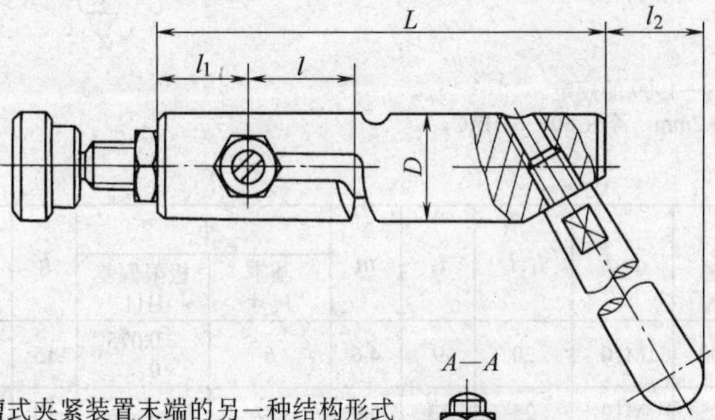

楔槽式夹紧装置末端的另一种结构形式

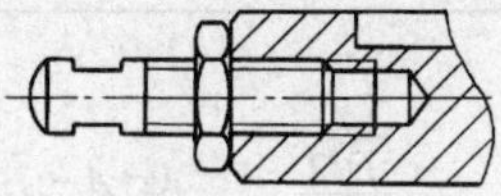

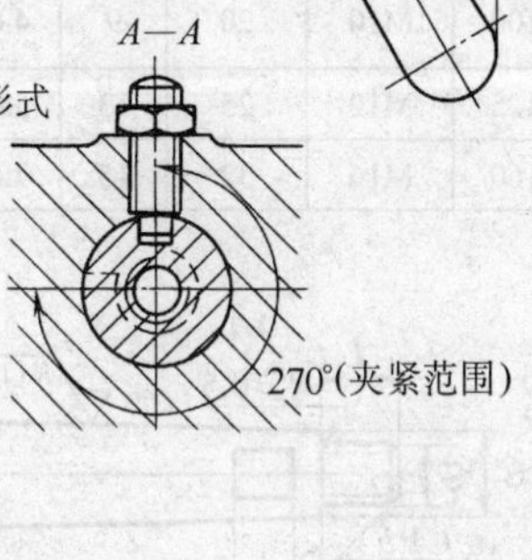

270°(夹紧范围)

(单位：mm)

主要尺寸					件号	1	2	3	4	5
					名称	顶杆	螺母	螺钉	螺母	手柄
D ($\frac{H9}{f9}$)	l	L	l_1	$l_2\approx$	数量	1	1	1	1	1
					标准		GB/T 6170—2000	GB/T 75—1985	GB/T 6170—2000	
25	30	100	20	32		25	M10	M8×28	M8	80
32	40	125	25	40	尺寸	32	M12	M10×35	M10	100
40	50	160	32	50		40	M16	M12×45	M12	125

229

（续）

件1　顶杆

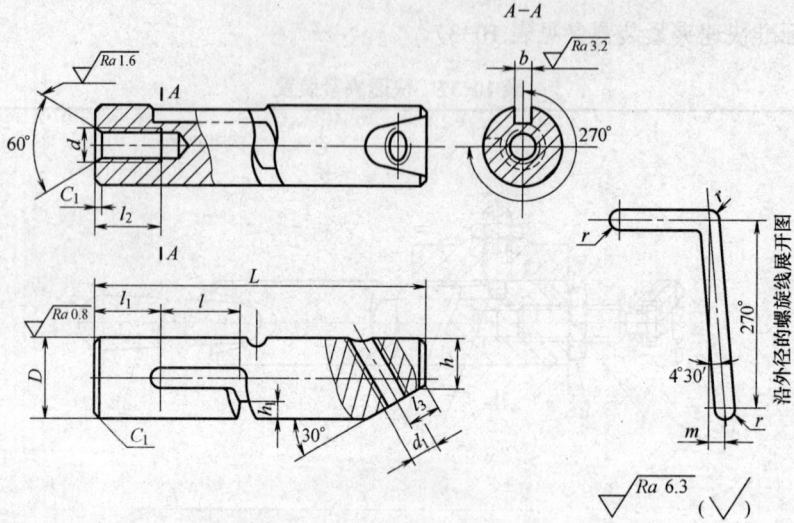

（1）材料：20 钢，按 GB/T 699—1999 的规定。
（2）热处理：渗碳深度 0.8～1.2mm，淬火 60～64HRC。
（3）螺纹按 7 级精度制造。

（单位：mm）

D		l	L	$d=d_1$	$l_1=l_2$	l_3	m	b		h	h_1	C	C_1	r
基本尺寸	极限偏差 f9							基本尺寸	极限偏差 H11					
25	-0.020 -0.072	30	100	M10	20	9	4.6	6	+0.075 0	15	5	1.5	2.5	3
32	-0.025 -0.087	40	125	M12	25	13	5.9	7	+0.090 0	18	6	2	4	3.5
40		50	160	M16	32	15	7.4	9		25	7			4.5

件2　手柄

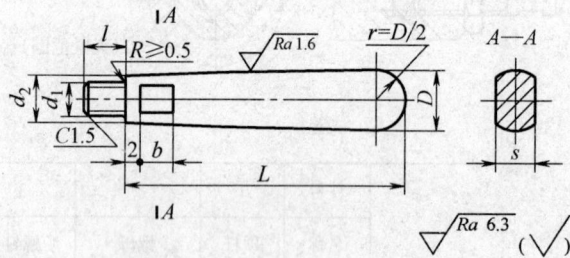

（1）材料：Q235—A·F。
（2）螺纹按 7 级精度制造。
（3）锐边倒角。

（单位：mm）

L	l	d_1	d_2	D	s		b
					基本尺寸	极限偏差 h12	
80	13	M10	12	10	10	0 -0.150	8
100	16	M12	14	20	12	0 -0.180	10
125	20	M16	18	25	14		10

九、操作件及其他标准元件

夹具常用标准操作件有滚花把手、星形把手等，参见表 10-38、表 10-39。本书还列出了夹具常用的其他标准元件，如导板（参见表 10-40）、压入式螺纹衬套（表 10-41）、铰链轴（表 10-42）、圆柱螺旋压缩弹簧（表 10-43）、法兰式气缸（表 10-44）和膜片式气缸（表 10-45）等。

表 10-38 滚花把手（摘自 JB/T 8023.1—1999）

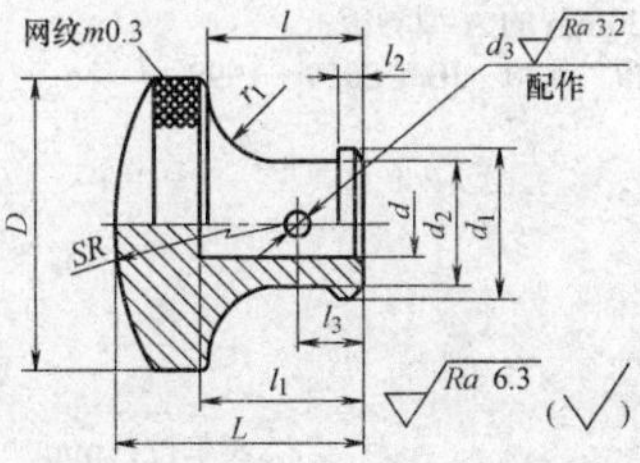

材料：Q235-A，按 GB/T 700—2006 的规定。
标记示例：
d=8mm 的滚花把手：
把手 8 JB/T 8023.1—1999

（单位：mm）

d 基本尺寸	d 极限偏差 H9	D(滚花前)	L	SR	r_1	d_1	d_2	d_3 基本尺寸	d_3 极限偏差 H7	l	l_1	l_2	l_3
6	+0.030 0	30	25	30	8	15	12	2	+0.010 0	17	18	3	6
8	+0.036 0	35	30	35		18	15			20	20		8
10		40	35	40	10	22	18	3		24	25	5	10

表 10-39 星形把手（摘自 JB/T 8023.2—1999）

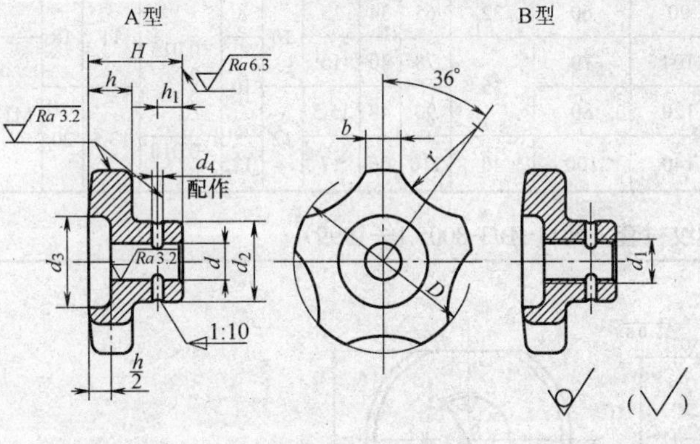

（1）材料：ZG45，按 GB/T 11352—2009 的规定。
（2）零件表面应经喷砂处理。
标记示例：
d=10mm 的 A 型星形把手：
把手 A10 JB/T 8023.2—1999
d_1=M10 的 B 型星形把手：
把手 BM10 JB/T 8023.2—1999

（单位：mm）

d 基本尺寸	d 极限偏差 H9	d_1	D	H	d_2	d_3	d_4 基本尺寸	d_4 极限偏差 H7	h	h_1	b	r
6	+0.030 0	M6	32	18	14	14	2	+0.010 0	8	5	6	16
8	+0.036 0	M8	40	22	18	16			10	6	8	20
10		M10	50	26	22	25	3		12	7	10	25
12	+0.043 0	M12	65	35	24	32			16	9	12	32
16		M16	80	45	30	40	4	+0.012 0	20	11	15	40

表 10-40 导板（摘自 JB/T 8019—1999）

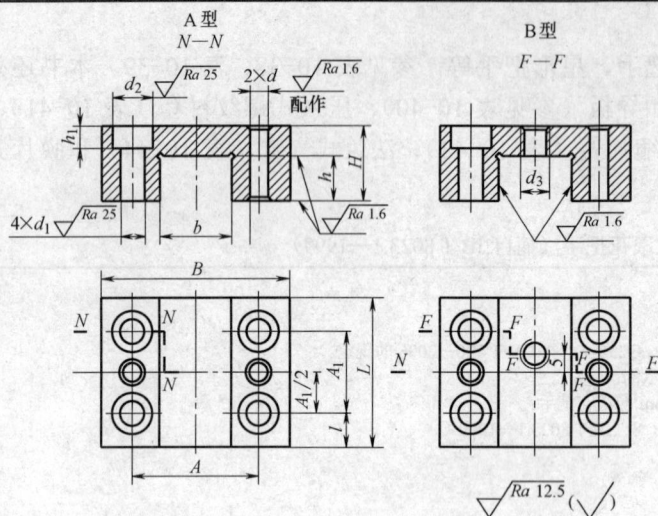

（1）材料：20 钢，按 GB/T 699—1999 的规定。
（2）热处理：渗碳深度 0.8～1.2mm，58～64HRC。
标记示例：
b=20mm 的 A 型导板：
导板 A20 JB/T 8019—1999

（单位：mm）

b		h		B	L	H	A	A_1	l	h_1	d		d_1	d_2	d_3
基本尺寸	极限偏差 H7	基本尺寸	极限偏差 H8								基本尺寸	极限偏差 H7			
18	+0.018 0	10	+0.022 0	50	38	18	34	22	8	6	5	+0.012 0	6.6	11	M8
20	+0.021 0	12		52	40	20	35		9						
25		14	+0.027 0	60	42	25	42	24			6				
34	+0.025 0	16		72	50	28	52	28	11				9	15	M10
42				90	60	32	65	34	13	10	8	+0.015 0			
52	+0.030 0	20	+0.033 0	104	70	35	78	40	15		10		11	18	
65				120	80		90	48	15.5	12			13.5	20	M12
80		25		140	100	40	110	66	17		12	+0.018 0			

表 10-41 压入式螺纹衬套（摘自 JB/T 8005.1—1999）

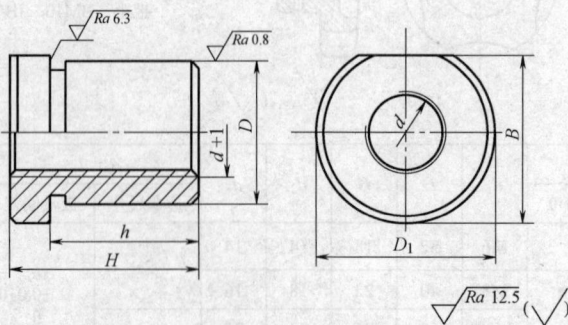

标记示例：
d= M16，H=32mm 的压入式螺纹衬套：衬套 M16×32 JB/T 8005.1—1999
d=Tr16×4 左、H=32mm 的压入式螺纹衬套：衬套 Tr16×4 左×32 JB/T 8005.1—1999

（单位：mm）

（续）

d 普通螺纹	d 梯形螺纹	D 基本尺寸	D 极限偏差 r6	D_1	H	h	B
M6	—	12		18	10	8	16
					12	10	
M8		14	+0.034 +0.023	20	16	12	18
M10		16		22	20	16	20
M12		20		26	25	20	24
M16	Tr16×4 左	25	+0.041 +0.028	32	32	25	30
M20	Tr20×4 左	30		38	40	32	36
M24	Tr24×5 左	35		42	50	40	40
M30	Tr30×6 左	42	+0.050 +0.034	50	60	50	48
M36	Tr36×6 左	50		60	72	60	56

表 10-42　铰链轴（摘自 JB/T 8033—1999）

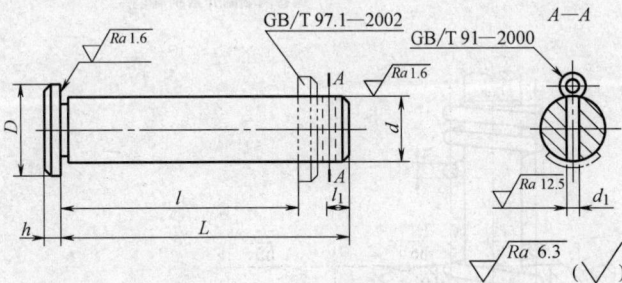

（1）材料：45 钢，按 GB/T 699—1999 的规定。

（2）热处理：35～40HRC。

标记示例：

d=10mm 、偏差为 f9、L=45mm 的铰链轴：

铰链轴　10f9×45　JB/T 8033—1999

（单位：mm）

d (h6 , f9)	5	6	8	10	12	16	20	25
D	8	9	12	14	18	21	26	32
d_1	1	1.5		2		2.5	3	4
l	$L-4$	$L-5$		$L-7$	$L-8$	$L-10$	$L-12$	$L-15$
l_1	2	2.5		3.5	4.5	5.5	6	8.5
h	2			2.5		3		5
L	20	20	20					
	25	25	25	25				
	30	30	30	30	30			
	35	35	35	35	35	35		
	40	40	40	40	40	40		

（续）

			45	45	45	45	45		
			50	50	50	50	50	50	
				55	55	55	55	55	
				60	60	60	60	60	60
				65	65	65	65	65	65
						70	70	70	70
						75	75	75	75
					80	80	80	80	80
相配件	垫圈 GB/T 97.1—2002	B5		B6		B8	B10	B12	B16	B20	B24
	开口销 GB/T 91—2000	1×8		1.5×10		1.5×16	2×20		2.5×25	3×30	4×35

表 10-43　圆柱螺旋压缩弹簧（摘自 GB/T 2089—2009）

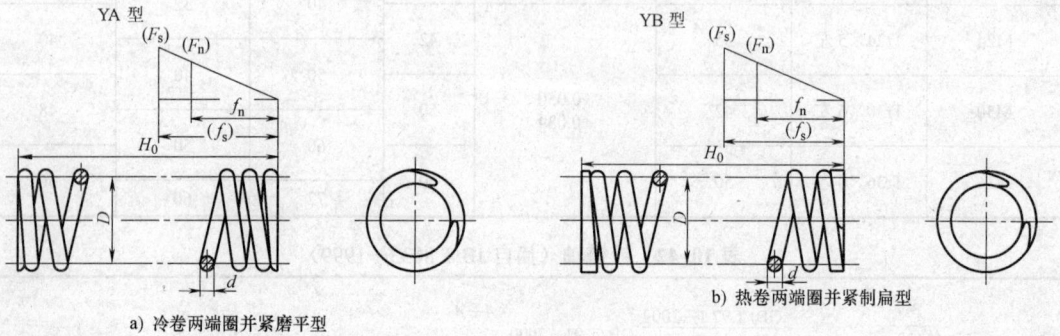

a) 冷卷两端圈并紧磨平型

b) 热卷两端圈并紧制扁型

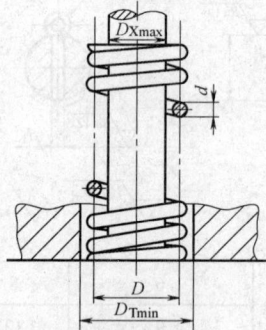

c) 芯轴或套筒的设置

d	D	$F_n/$ N	$D_{Xmax}/$ mm	$D_{Tmin}/$ mm	n=2.5 圈				n=4.5 圈				n=6.5 圈			
					$H_0/$ mm	$f_n/$ mm	$F'/$ (N/mm)	$m/$ 10^{-3}kg	$H_0/$ mm	$f_n/$ mm	$F'/$ (N/mm)	$m/$ 10^{-3}kg	$H_0/$ mm	$f_n/$ mm	$F'/$ (N/mm)	$m/$ 10^{-3}kg
0.5	3	14	1.9	4.1	4	1.5	9.1	0.07	7	2.8	5.1	0.09	10	4.0	3.5	0.12
	3.5	12	2.4	4.6	5	2.1	5.8	0.08	8	3.8	3.2	0.11	12	5.5	2.2	0.14
	4	11	2.9	5.1	6	2.8	3.9	0.09	9	5.2	2.1	0.12	14	7.3	1.5	0.16
	4.5	9.6	3.4	5.6	7	3.6	2.7	0.10	10	6.4	1.5	0.14	16	9.6	1.0	0.18
	5	8.6	3.9	6.1	8	4.3	2.0	0.11	12	7.8	1.1	0.16	18	11	0.8	0.20

（续）

d	D	F_n/N	D_{Xmax}/mm	D_{Tmin}/mm	n=2.5 圈				n=4.5 圈				n=6.5 圈			
					H_0/mm	f_n/mm	F'/(N/mm)	m/10^{-3}kg	H_0/mm	f_n/mm	F'/(N/mm)	m/10^{-3}kg	H_0/mm	f_n/mm	F'/(N/mm)	m/10^{-3}kg
	4.5	68	2.9	6.1	7	1.6	43	0.39	10	2.8	24	0.56	14	4.0	17	0.74
	5	62	3.4	6.6	8	1.9	32	0.43	11	3.4	18	0.62	15	5.2	12	0.82
	6	51	4	8	9	2.8	18	0.52	12	5.1	10	0.75	18	7.3	7.0	0.98
1.0	7	44	5	9	10	3.7	12	0.61	14	6.9	6.4	0.87	21	10	4.4	1.14
	8	38	6	10	12	4.9	7.7	0.69	17	8.8	4.3	1.00	25	13	3.0	1.31
	9	34	7	11	13	6.3	5.4	0.78	20	11	3.0	1.12	29	16	2.1	1.47
	10	31	8	12	15	7.8	4.0	0.87	22	14	2.2	1.25	35	21	1.5	1.63
	10	215	7	13	13	3.4	63	3.46	20	6.1	35	5.00	28	9.0	24	6.54
	12	179	8	16	15	4.8	37	4.15	24	9.0	20	6.00	32	13	14	7.84
2.0	14	153	10	18	17	6.7	23	4.85	26	12	13	7.00	38	17	8.9	9.15
	16	134	12	20	19	8.9	15	5.54	30	16	8.6	8.00	42	23	5.9	10.46
	18	119	14	22	22	11	11	6.23	35	20	6.0	9.00	48	28	4.2	11.77
	20	107	15	25	24	14	7.9	6.92	40	24	4.4	10.00	55	36	3.0	13.07
	12	339	7.5	17	16	3.8	89	6.49	24	6.8	50	9.37	32	10	34	12.26
	14	291	9.5	19	17	5.2	56	7.57	28	9.4	31	10.93	38	13	22	14.30
	16	255	12	21	19	6.7	38	8.65	30	12	21	12.50	40	18	14	16.34
2.5	18	226	14	23	20	8.7	26	9.73	30	15	15	14.06	48	23	10	18.39
	20	204	15	26	24	11	19	10.81	38	19	11	15.62	52	28	7.4	20.43
	22	185	17	28	26	13	14	11.90	42	23	8.1	17.18	58	33	5.6	22.47
	25	163	20	31	30	16	10	13.52	48	30	5.5	19.53	70	43	3.8	25.53
	16	661	11	22	22	4.6	145	16.96	32	8.3	80	24.49	45	12	56	32.03
	18	587	13	24	22	5.8	102	19.08	35	10	56	27.56	48	15	39	36.03
	20	528	14	27	24	7.1	74	21.20	38	13	41	30.62	50	19	28	40.04
	22	480	16	29	26	8.6	56	23.32	40	15	31	33.68	55	21	21	44.04
3.5	25	423	19	32	28	11	38	26.50	45	20	21	38.27	65	28	15	50.05
	28	377	22	35	32	14	27	29.68	50	25	15	42.86	70	38	10	56.05
	30	352	24	37	35	16	22	31.80	55	29	12	45.93	75	42	8.4	60.06
	32	330	25	40	38	18	18	33.92	60	33	10	48.99	80	47	7.0	64.06
	35	302	28	43	40	22	14	37.09	65	39	7.7	53.58	90	57	5.3	70.07
	25	1154	17	33	30	7	158	54.07	48	13	88	78.11	65	19	61	102.1
	28	1030	20	36	32	9	112	60.56	52	17	62	87.48	70	24	43	114.4
	30	962	22	38	35	11	91	64.89	55	19	51	93.73	75	27	35	122.6
5.0	32	902	23	41	38	12	75	69.21	58	21	42	99.98	80	31	29	130.7
	35	824	26	44	40	14	58	75.70	60	26	32	109.3	85	37	22	143.0
	38	759	29	47	42	17	45	82.19	65	30	25	118.7	90	44	17	155.3
	40	721	31	49	45	18	39	86.52	70	34	21	125.0	100	48	15	163.4

（续）

d	D	F_n/N	D_{Xmax}/mm	D_{Tmin}/mm	n=2.5 圈				n=4.5 圈				n=6.5 圈			
					H_0/mm	f_n/mm	F'/(N/mm)	m/10^{-3}kg	H_0/mm	f_n/mm	F'/(N/mm)	m/10^{-3}kg	H_0/mm	f_n/mm	F'/(N/mm)	m/10^{-3}kg
5.0	45	641	36	54	50	24	27	97.33	80	43	15	140.6	115	64	10	183.9
	50	577	41	59	55	29	20	108.1	95	52	11	156.2	130	76	7.6	204.3

注：d—材料直径（mm）；D—弹簧中径（mm）；F_n—最大工作负荷(N)；F_s—试验负荷（N）；

D_{Xmax}—最大芯轴直径(mm)；D_{Tmin}—最小套筒直径（mm）；n—有效圈数（圈）；H_0—自由高度（mm）；f_n—最大工作变形量（mm）；F'—弹簧刚度（N/mm）；m—弹簧单件质量（10^{-3}kg）。

（1）材料　采用冷卷工艺时，选用材料性能不低于 GB/T 4357—2009 中 C 级碳素弹簧钢丝；采用热卷工艺时，选用材料性能不低于 GB/T 1222 —2007 的 60Si2MnA 的材料。如采用其他种类的材料，在计算中应采用其相应的力学性能参数。

（2）芯轴及套筒　弹簧高径比 $b=H_0/D > 3.7$ 时，应考虑设置芯轴或套筒，见表 10-43 中图 c。

（3）制造精度　冷卷或热卷弹簧的制造精度分别按 GB/T 1239.2—2009 或 GB/T 23934—2009 规定的 2、3 级精度选用。

（4）表面处理　弹簧表面需要处理时在订货合同中注明，表面处理的介质、方法应符合相应的环境保护法规，应尽量避免采用可能导致氢脆的表面处理方法。

（5）弹簧其他技术要求　弹簧其他技术要求可按 GB/T 1239.2—2009 或 GB/T 23934—2009 的规定。

（6）标记方法　弹簧的标记由类型代号、规格、精度代号、旋向代号和标准号组成，规定如下。

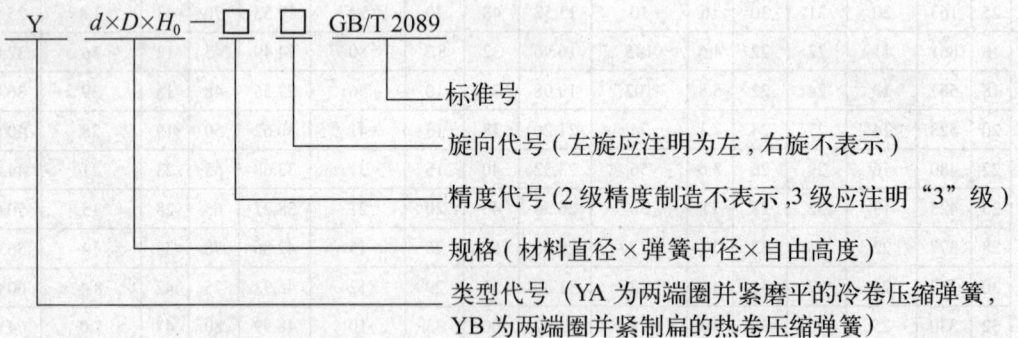

标记示例：

示例 1：

YA 型弹簧，材料直径 1.2mm，弹簧中径为 8mm，自由高度 40mm，精度等级为 2 级，左旋的两端圈并紧磨平的冷卷压缩弹簧。

标记：YA1.2×8×40 左 GB/T 2089—2009。

示例 2：

YB 型弹簧，材料直径为 30mm，弹簧中径为 160mm，自由高度 200mm，精度等级为 3

级，右旋的并紧制扁的热卷压缩弹簧。

标记：YB 30×160×200-3　GB/T 2089—2009

十、气缸（表 10-44、表 10-45）

表 10-44　法兰式气缸

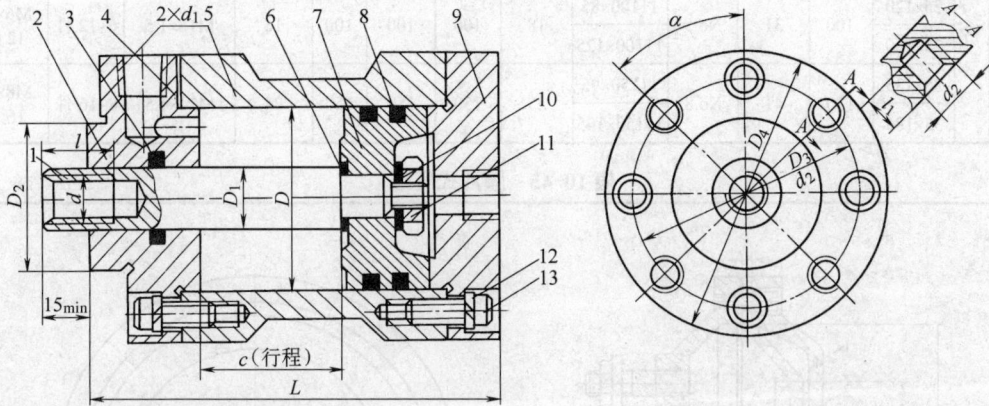

注：P—气压为 0.4MPa 时活塞上的推力。

D	c（行程）	P	D_1	D_2 基本尺寸	D_2 极限偏差	D_3	D_4	d	d_1（英寸）	d_2 基本尺寸	d_2 孔数	L≈	l	l_1	α
50	35	750	20	48	0 −0.050	64	80	M16×1.5		M8		120	20	15	45°
	70											155			
75	35	1700	22	53		86	105		Z1/4″		4	125			
	70											160			
100	35	3100	25	62	0 −0.060	105	135	M20×1.5				134	25		50°
	75									M10		174			
150	40	7000	35	75		142	187	M24×1.5	Z3/8″			150	30	18	22°30′
	90											200			

件　号	1	2	3	4	5	6	7	8	9	10	11	12	13
名　称	活塞杆	前盖	密封圈	垫片	缸筒	垫片	活塞	密封圈	后盖	垫圈	螺母	垫圈	螺钉
数　量	1	1	1	2	1	1	1	2	1	1	1	见下	见下
标准				橡胶石棉板		橡胶石棉板				GB/T 858—1988	GB/T 812—1988	GB/T 93—1987	GB/T 70.1—2008

（续）

件 号		1	2	3	4	5	6	7	8	9	10	11	12	13
50	规	20×112	50	24	No.1	1150×80	14	50	50	50	12	M12×1.25	6~8 件	M6×22 8 件
		20×147				1150×115								
75		22×115	75	26	No.3	1175×80	14	75	75	75	12			
	格	22×150				1175×115								
100		25×120	100	31	No.5	11100×85	18	100	100	100	16	M16×1.5	6~12 件	M6×22 12 件
		25×160				11100×125								
150		35×135	150	41	No.8	11150×95	25	150	150	150	24	M24×1.5	8~16 件	M8×25 16 件
		35×185				11150×145								

表 10-45 膜片式气缸

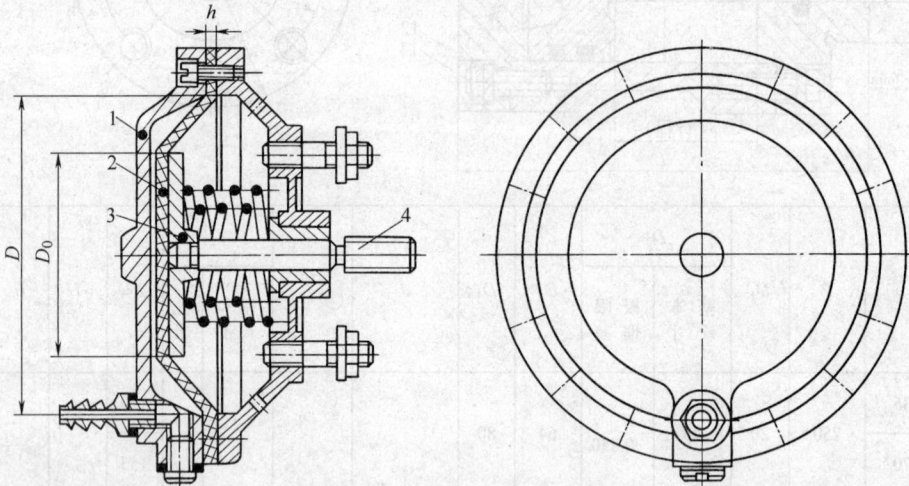

1—壳体 2—膜片 3—托盘 4—活塞杆

（单位：mm）

膜片有效直径 D	膜片厚度	托 盘 直 径 D_0	
		夹布橡胶	耐油橡胶
125	2~3	90	115
160	3~4	115	150
200	4~5	140	180
250	5~6	175	235
320	6~8	225	300
400	8~10	280	375

注：此表是按 $D_0 \approx 0.7 D$（夹布橡胶）和 $D_0 = D - 2t - (2 \sim 4)$mm（耐油橡胶）决定的。

第十一章　夹具体的设计

第一节　概述

一、夹具体设计的基本要求

夹具体是夹具的基础件，夹具上的所有组成部分都必须最终通过这一基础件连接成一个有机整体。设计夹具体时应满足如下基本要求：

（1）足够的刚度和强度　设计夹具体时，应保证在夹紧力和切削力等外力作用下，不产生过大的变形和振动。必要时，可在适当位置设置若干条加强筋。

（2）夹具安装稳定　机床夹具通过夹具体安装在机床工作台上，安装应稳定，为此，机床夹具重心和切削力等力的作用点应处在夹具安装基面内。机床夹具高度越大，要求夹具体底平面面积也越大。为使夹具体平面与机床工作台接触良好，夹具体底平面中间部位应适当挖空。

（3）夹具体结构工艺性良好　设计时应注意夹具体的毛坯制造工艺性、机械加工工艺性和装配的工艺性。

（4）便于清除切屑　为防止加工中切屑聚积在定位元件工作表面或其他装置中，影响工件的正确定位和夹具的正常工作，在设计夹具体时，要考虑切屑的排除问题。

二、夹具体材料及制造方法

夹具体可用铸造或焊接方法制造。由于铸造夹具体具有下列特点，所以得到了较广泛的应用。

1）铸造工艺性良好，几乎不受零件大小、形状、重量和结构复杂程度的限制；

2）铸造夹具体吸振性良好，可减小或避免其受力而产生振动；

3）铸造夹具体承受抗压能力大，可承受较大的切削力、夹紧力等力的作用。

铸造夹具体材料，一般采用 HT150 或 HT200 两种。夹具体应进行时效处理，以消除内应力。

三、夹具体外形尺寸

夹具体制造属单件生产，通常都是参照类似的结构，按经验类比法确定其结构尺寸。实际上在绘制夹具总图时，根据工件、定位元件、夹紧装置、对刀—导向元件以及其他辅助机构和装置在总体上的布置，夹具体的外形尺寸便已大体确定。表 11-1 列出了夹具体结构尺寸的经验数据，表 11-2 列出了铣床夹具的夹具体座耳结构尺寸。

表 11-1　夹具体结构尺寸的经验数据

夹具体结构部分	经验数据
夹具体壁厚 h	15～25mm
夹具体加强筋厚度	$(0.7～0.9)h$
夹具体加强筋高度	不大于 $5h$
夹具体壁与壁连接的铸造圆角	$R=1/5～1/10$（h_1+h_2） 式中　h_1、h_2——圆角相连处壁厚

表 11-2　铣床夹具的夹具体座耳结构尺寸

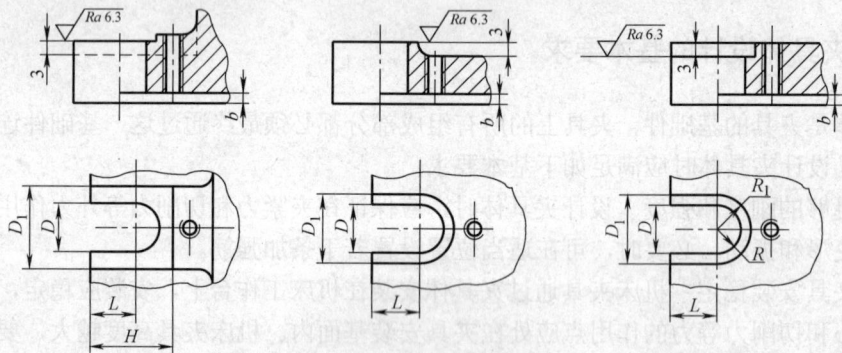

（单位：mm）

螺栓直径 d	D	D_1	R	R_1	L	H	b
8	10	20	5	10	16	28	4
10	12	24	6	12	18	32	4
12	14	30	7	15	20	36	4
16	18	38	9	19	25	46	6

注：b 为定位键安装槽深度尺寸。

第二节　夹具体结构

一、夹具体找正基面

夹具体在坐标镗床上镗孔时，需要设置找正基面确定坐标尺寸。有的夹具装在机床工作台上时，也需要按夹具体上的找正基面找正其正确位置。因此，在夹具体上应根据需要相应设置找正基面，如图 11-1 所示。

二、夹具体排屑措施

切屑在加工中应顺利地排除到夹具外，否则将会影响工件正确定位。一般在设计夹具体时，应采取必要的排屑措施，使操作者便于清除切屑。

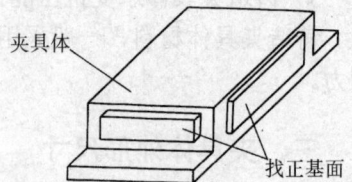

图 11-1　夹具体上的找正基面

如图 11-2 所示，若加工中产生切屑不多时，可在夹具体上适当设置容屑沟（图 11-2a）

或设计较大容屑空间（图 11-2b），即所设计的定位元件工作表面与夹具体表面之间需要留出一定的距离。若加工时产生的切屑比较多，夹具体上应设计出排屑斜面或缺口（图 11-2c），使切屑自动地由斜面处滑出而排至夹具外，即使切屑不能全部自动排出，也便于操作者清除。

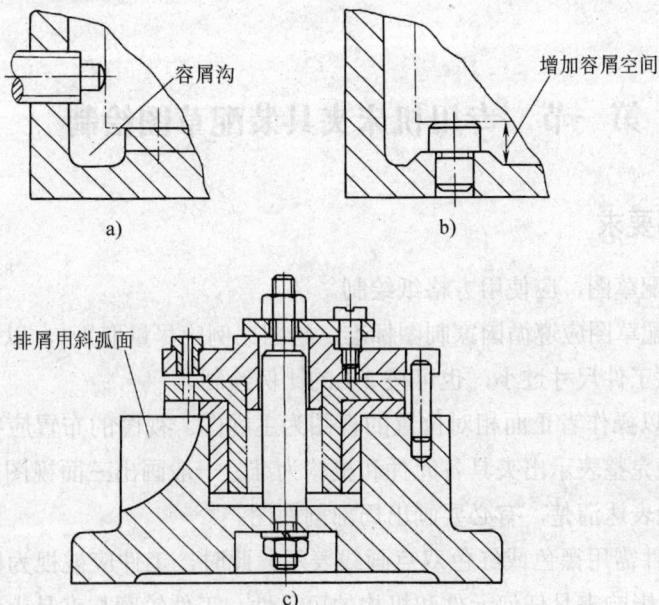

图 11-2 夹具体排屑措施

第三节 铸造夹具体的技术要求

铸造夹具体的技术要求，一般有如下规定：

1）铸件不许有裂纹、气孔、砂眼、缩松、夹渣等铸造缺陷。浇口、冒口、结疤、粘砂应清除干净。

2）铸件在机械加工前应经时效处理。

3）未注明的铸造圆角 R（3~5）mm。

4）铸造起模斜度（铸件在垂直分型面的表面需有铸造斜度）。

铸造夹具体零件的尺寸公差取值参见表 11-3。

表 11-3 夹具体零件的尺寸公差参考表

夹具体零件的尺寸（角度）	公 差 数 据
相应于工件未注尺寸公差的直线尺寸	±0.1mm
相应于工件未注角度公差的角度	±10′
相应于工件标注公差的直线尺寸或位置公差	(1/2~1/5)工件相应公差
夹具体上找正基面与安装工件的平面间的垂直度	0.01mm
找正基面的直线度与平面度	0.005mm
紧固件用的孔中心距公差	±0.1mm　 L≤150mm ±0.15mm　 L>150mm

第十二章 专用机床夹具总装配图绘制

第一节 专用机床夹具装配草图绘制

一、绘制草图要求

1）绘制夹具装配草图，应使用方格纸绘制。

2）绘制夹具装配草图应遵循国家制图标准，绘图比例应尽量取 1:1，以便使图形有良好的直观性。如被加工工件尺寸过小，也可按 2:1 的比例绘制。

3）绘制时，应以操作者正面相对位置的视图为主视图。视图的布置应符合国家制图标准，视图多少应以能完整表示出夹具各元件和机构为准。一般画出三面视图。如果局部结构在三面视图上还不能表达清楚，有必要画出局部剖面图。

4）画图时，工件需用黑色或红色双点画线表示。此时，工件应被视为假想件，即视为透明体，它在图中不影响夹具任何元件和机构的可见性，工件轮廓与夹具上的任何图线彼此独立，不相干涉。

二、绘制草图的顺序

首先用双点画线绘出工件轮廓外形和主要表面的三个视图，其中主要表面是指定位基准（定位基面）、夹紧表面和被加工表面；然后在几个视图中，围绕工件依次绘出定位元件、导向元件或对刀装置、夹紧装置（机构）及其他元件或机构；最后绘制出夹具体，从而把夹具的各组成元件及机构连成一体。

三、绘制装配草图应注意的若干问题

1）应按加工位置画出工件轮廓图，如果工件零件图上的投影面与夹具图的投影面不一致时，则要经过投影改造。在工件各视图之间应留有足够的距离，以免在最后绘出夹具体时出现相碰或无法标注尺寸等情况。

2）夹具上确定工件正确位置的定位面，必须是定位元件上的定位表面，而不允许用铸件夹具体上的表面与工件直接接触或配合实现定位。因为夹具体为铸件，其耐磨性较差，且磨损之后难以修复，影响定位精度。图 12-1a 所示工件端面的定位方案不正确；图 12-1b 所示工件端面的定位方案正确。

3）夹具制造属于单件生产的性质，夹具装配精度要求较高，所以常用调整、修配及装配后组合加工等方法来保证夹具的装配精度，设计时应注意应用这些工艺特点。

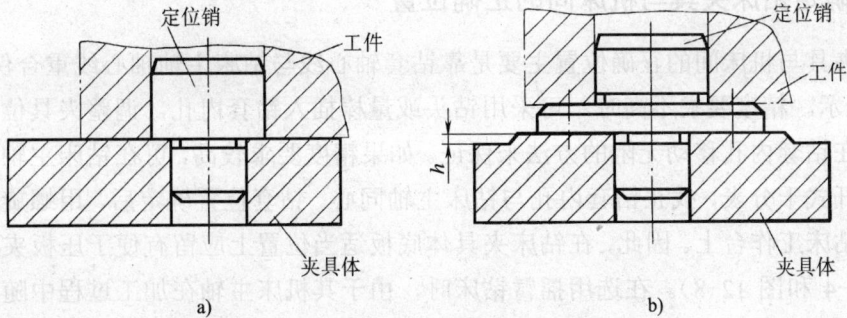

图 12-1　定位基面必须与定位元件接触（配合）

a) 不正确　b) 正确

4）为减少加工表面面积及减少加工行程次数，夹具体上与夹具零件相接触的结合面一般应设计成等高的凸台。凸台高度 h 一般高出非加工铸造表面 3～5mm 为宜（图 12-1b）。若结合面采用其他加工方法加工时，其结构尺寸也可设计成沉孔或凹槽（图 12-2 的 ϕD 沉孔）。

5）夹具体上各元件应与夹具体有可靠的联接。为保证工人操作安全，联接螺钉一般都采用内六角圆柱头螺钉（GB/T 70.1—2008）。若夹具元件的相对位置精度要求不高时，只用内六角圆柱头螺钉联接紧固即可；若夹具元件的相对位置精度要求较高时，可用两个圆柱销（GB/T 119.2—2000）联接以确定其正确位置。如图 12-3 所示，V 形块与夹具体联接，由于 V 形块是定位元件，位置精度要求高，装配时是先将 V 形对称中心线的位置找正后拧紧两个内六角圆柱头螺钉，然后用组合加工的方法配钻铰加工两个圆柱或圆锥销孔，并且压入圆柱销或圆锥销，以确保 V 形块在工作过程中或拆卸后再装配时其位置不变，如钻模板、定位支承板、辅助支承用的某些支座等均是采用这种方法与夹具体联接紧固的。

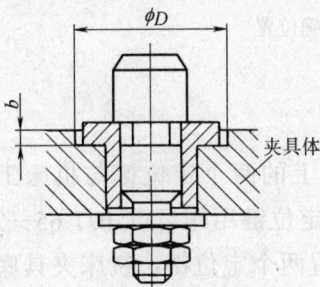

图 12-2　夹具体与夹具零件结合面结构

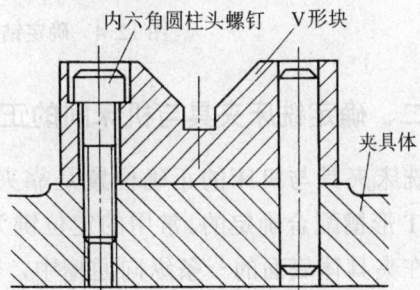

图 12-3　V 形块与夹具体联接

第二节　确定机床夹具与机床间的正确位置

为保证工件加工要求，不仅要使工件相对于机床夹具定位元件等要占据正确位置，而且还应使机床夹具相对于机床也占据正确的位置。

一、确定钻床夹具与机床间的正确位置

钻床夹具与机床间的正确位置主要是靠钻套轴心线与钻床主轴轴心线重合保证的，如图 12-4 所示。精度要求不高时，可采用钻头或量棒插入钻套内孔，调整夹具位置，使钻头或量棒在钻套内孔移动无阻的方法来保证。如果精度要求较高，可在钻床主轴上固定安装一个杠杆式千分表，找正钻套内孔与钻床主轴同心。钻套位置确定后，用螺旋压板将夹具压紧在钻床工作台上。因此，在钻床夹具体底板适当位置上应留有便于压板夹紧的表面（见图 12-4 和图 12-8）。在选用摇臂钻床时，由于其机床主轴在加工过程中随摇臂位置变化，所以夹具体底板可以采用座耳结构，此夹具不需调整位置，可以直接安装在摇臂钻床的工作台上。

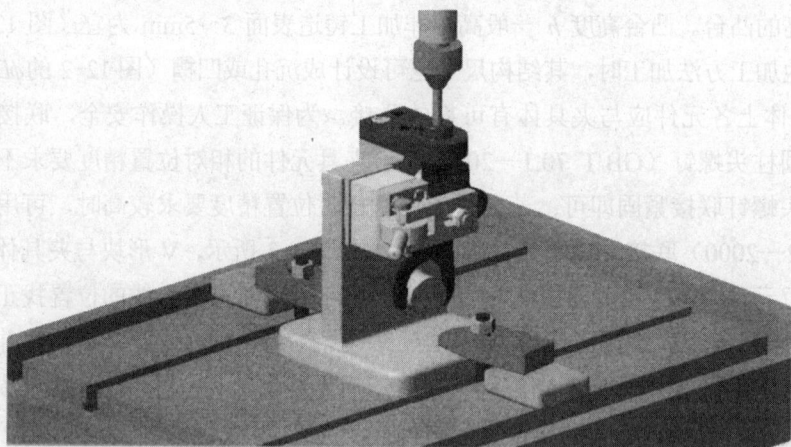

图 12-4　确定钻床夹具与机床间的正确位置

二、确定铣床夹具与机床间的正确位置

铣床夹具与机床的正确位置是靠夹具体底板底平面上的两个定位键与机床工作台上的 T 形槽配合确定的。常用的定位键为矩形断面结构，定位键用螺钉（GB/T 65—2000）联接在夹具体底面的一条纵向通槽中，一个夹具需要配置两个定位键。铣床夹具底座定位键与铣床工作台 T 形槽的配合连接如图 12-5 所示。定位键除起到夹具的定向作用外，还可以用来承受铣削时的切削扭转力矩，加强夹具在工作过程中的稳定性。因此，有时在铣削平面用的夹具中，夹具并不需要定向，但仍设置定位键。根据工件的加工精度不同，可选用表 12-1 中 A 型或 B 型定位键的两种不同的结构。对于一般要求的铣床夹具，可以采用 A 型结构。若加工精度要求较高，可采用侧面做成沟槽的 B 型结构，因为这种定位键的下半部尺寸 B_1 留有余量，能按所选机床工作台 T 形槽的实际宽度进行修配，达到精确的配合。

A—A 放大

$B\dfrac{H7}{h6}$

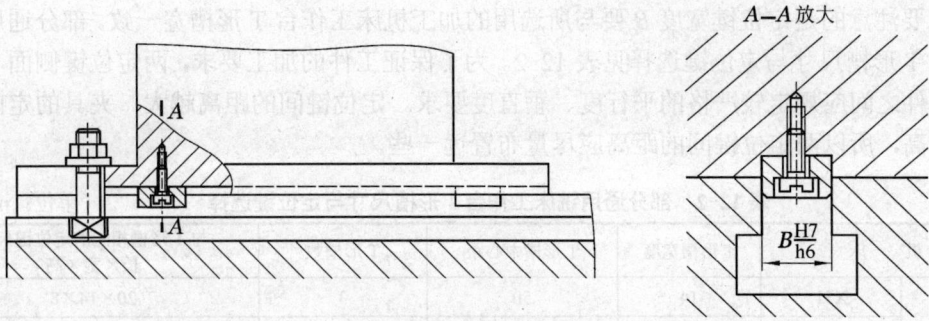

图 12-5　定位键应用示例

表 12-1　定位键（摘自 JB/T 8016—1999）

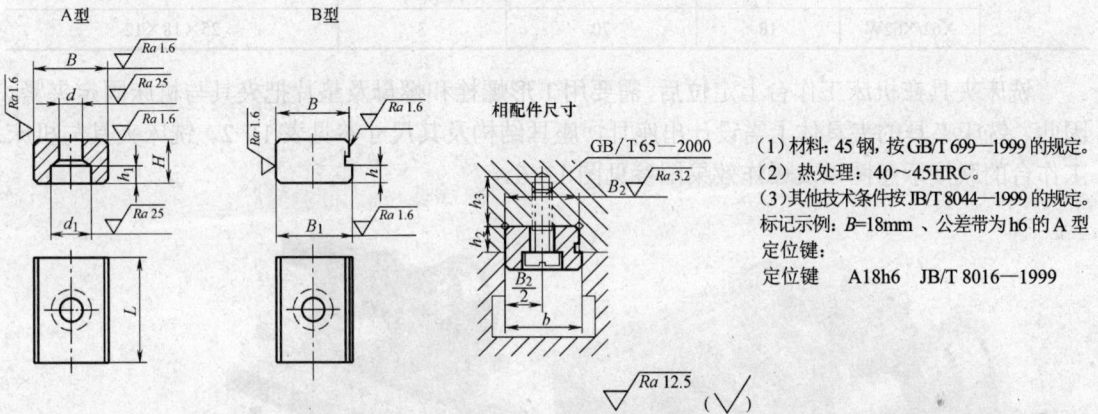

A 型　　　B 型　　　相配件尺寸

GB/T 65—2000

B_2 Ra 3.2

（1）材料：45 钢，按 GB/T 699—1999 的规定。
（2）热处理：40～45HRC。
（3）其他技术条件按 JB/T 8044—1999 的规定。
标记示例：B=18mm、公差带为 h6 的 A 型
定位键：
定位键　A18h6　JB/T 8016—1999

$\sqrt{}\ Ra\ 12.5$　$(\sqrt{})$

（单位：mm）

B			B_1	L	H	h	h_1	d	d_1	T形槽宽度	B_2			h	h_3	螺钉 GB/T 65—2000
基本尺寸	极限偏差 h6	极限偏差 h8								b	基本尺寸	极限偏差 H7	极限偏差 JS6			
8	0 −0.009	0 −0.022	8	14			3.4	3.4	6	8	8	+0.015 0	±0.0045		8	M3×10
10			10	16			4.6	4.5	8	10	10			4		M4×10
12			12		8	3	5.7	5.5	10	12	12	+0.018 0	±0.0055		10	M5×12
14	0 −0.011	0 −0.027	14	20						14	14					
16			16	25	10	4				(16)	16			5		M6×16
18			18				6.8	6.6	11	18	18				13	
20	0 −0.013	0 −0.033	20	32	12	5				(20)	20	+0.021 0	±0.0065	6		
22			22							22	22					

注：1. 尺寸 B_1 留磨量 0.5mm，按机床 T 形槽宽度配作，公差带为 h6 或 h8。

　　2. 括号内尺寸尽量不采用。

需要注意的是定位键宽度 B 要与所选用的加工机床工作台 T 形槽宽一致。部分通用铣床工作台 T 形槽尺寸与定位键选择见表 12-2。为了保证工件的加工要求，两定位键侧面与夹具定位元件之间应规定较严格的平行度、垂直度要求。定位键间的距离越大，夹具的定向安装精度越高，所以两定位键间的距离应尽量布置远一些。

表 12-2　部分通用铣床工作台 T 形槽尺寸与定位键选择　　　　　　（单位：mm）

机　　床		T 形槽宽度	T 形槽中心距	T 形槽数	与 T 形槽相配的定位键尺寸 长×宽×高
立式铣床	X51	14	50	3	20×14×8
	X52K	18	70	3	25×18×12
	X53K	18	90	3	25×18×12
卧式铣床	X60/X60W	14	45	3	20×14×8
	X61/X61W	14	50	3	20×14×8
	X62/X62W	18	70	3	25×18×12

铣床夹具在机床工作台上定位后，需要用 T 形螺栓和螺母及垫片把夹具与机床固定夹紧。因此，铣床夹具的夹具体上需设计出座耳，座耳结构及其尺寸参见表 11-2。铣床夹具与机床工作台的联接示意图以及爆炸效果图参见图 12-6。

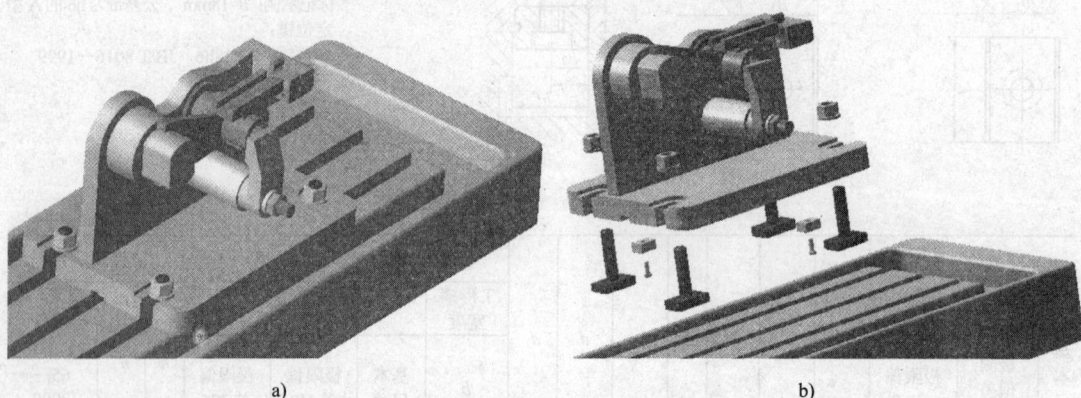

a)　　　　　　　　　　　　　　　　　　b)

图 12-6　铣床夹具与机床工作台的联接示意图以及爆炸效果图

a) 联接示意图　b) 爆炸效果图

第三节　专用机床夹具装配图绘制

绘制专用机床夹具装配图样除与绘制装配草图要求相同内容外，还要注意以下几点：

1）制图应符合《机械制图》国家标准 GB/T 4457～4460 之规定。

2）为避免夹紧机构活动件和铰链式钻模板活动（移动或翻转）时与夹具其他元件或机床、刀具发生相碰撞或干涉以及检查夹紧行程是否足够，需要用双点画线画出活动件活动的极限位置（范围）。

3）在装配图中，如机床夹具元件和机械零件采用的是标准件或标准机构，可不必将结构剖示出来表示内部构造。

4）装配图样绘制完后，按一定顺序引出各元件和零件的件号。一般件号从夹具体为件号 1 开始，顺时针引出各件号。如夹具元件在工作中需要更换（如钻、扩、铰的可换钻套），应在一条引出线端引出三个件号。

如果某几个零件在使用中需要更换，在视图中是以某个零件或元件画出的，为表达更换的零件或元件，可用局部剖面表示更换零件或元件的装配关系，并在技术要求或局部剖面图下面加以说明。

5）夹具装配图上应画出标题栏和零件明细栏（其格式参见附录 A 和附录 B），写明夹具名称及零件明细栏上所规定的零件或元件名称、数量、材料标准号及热处理硬度等内容。夹具非标准零件所采用的材料及热处理要求见表 12-3。在明细栏中专用件热处理硬度填写在备注中。标准件的标准编号也填写在备注中。专用件可自行或按企业标准编号列入图号一栏中。

表 12-3　专用机床夹具非标准零件推荐材料及热处理

零 件 名 称		材 料	热 处 理 要 求
夹具体及形状复杂的壳体		HT150 HT200	时效
定位销	$d \leqslant 16$	T8	淬火、回火 55～60HRC
	$d > 16$	20 钢	渗碳深度 0.8～1.2mm，淬火、回火 55～60HRC
V 形块		20 钢	渗碳深度 0.8～1.2mm，淬火、回火 58～64HRC
定位支承板		T8	淬火、回火 55～60HRC
		20 钢	渗碳深度 0.8～1.2mm，淬火、回火 55～60HRC
活动件用导向板		45 钢	淬火、回火 35～40HRC
各种压板		45 钢	淬火、回火 40～45HRC
钳口		20 钢	渗碳深度 0.8～1.2mm，淬火、回火 55～60HRC
虎钳丝杠		45 钢	淬火、回火 35～40HRC
有相对运动的导套		45 钢	淬火、回火 35～40HRC
可换定位销的衬套	$d \leqslant 25$	T8	淬火、回火 55～60HRC
	$d > 25$	20 钢	渗碳深度 0.8～1.2mm，淬火、回火 58～64HRC
夹紧用螺母		45 钢	淬火、回火 35～40HRC

第四节　专用机床夹具装配图样上应标注的尺寸和位置公差

一、装配图上应标注的尺寸

1. 夹具的轮廓尺寸
1）标出夹具的长、宽、高最大外轮廓尺寸。
2）标出操纵手柄等运动零部件极限位置处的最大轮廓尺寸。

2. 工件与定位元件间的联系尺寸
1）标出工件基准孔与夹具定位销的配合尺寸。
2）标出工件基准外圆与夹具定位套的配合尺寸。

3. 夹具与刀具的联系尺寸

1）标出导向元件（钻套）之间的位置尺寸，钻套的内径尺寸，钻套与定位元件之间的位置尺寸。

2）标出对刀块的塞尺尺寸。

3）标出对刀块工作面到定位元件定位表面的尺寸。

4. 夹具与机床的联系尺寸

1）标出联接螺钉中心位置尺寸和中心距。

2）标出定位键与机床工作台的 T 形槽的配合尺寸。

3）标出定位键之间的位置尺寸。

5. 装配尺寸及配合尺寸

1）标出定位元件与定位元件之间的装配尺寸。

2）标出钻套或可换定位件与衬套之间的配合尺寸。

3）标出定位销与夹具体、固定衬套与夹具体、铰链轴与支座和活动件等之间的配合尺寸。

夹具上定位元件之间的装配尺寸和导向元件之间的位置尺寸的尺寸公差，将直接影响工件上相应加工尺寸的加工精度。设计时，应根据工件上加工尺寸的公差来确定夹具上相应装配尺寸和位置尺寸的公差，一般可取工件加工尺寸公差的 1/3～1/5。

夹具上常用配合标注参见表 12-4、表 12-5 和表 12-6。

表 12-4　夹具上常用配合的选择

工 作 形 式	精 度 要 求		示　　例
	一 般 精 度	较 高 精 度	
定位元件与工件定位基准间	$\dfrac{H7}{h6}, \dfrac{H7}{g6}, \dfrac{H7}{f7}$	$\dfrac{H6}{h5}, \dfrac{H6}{g5}, \dfrac{H6}{f5}$	定位销与工件基准孔
有引导作用并有相对运动的元件间	$\dfrac{H7}{h6}, \dfrac{H7}{g6}, \dfrac{H7}{f7}$ $\dfrac{H7}{h6}, \dfrac{G7}{h6}, \dfrac{F7}{h6}$	$\dfrac{H6}{h5}, \dfrac{H6}{g5}, \dfrac{H6}{f6}$ $\dfrac{H6}{h5}, \dfrac{G6}{h5}, \dfrac{F6}{h5}$	滑动定位件 刀具与导套
无引导作用但有相对运动的元件间	$\dfrac{H7}{f9}, \dfrac{H9}{d9}$	$\dfrac{H7}{d8}$	滑动夹具底座板
没有相对运动的元件间	$\dfrac{H7}{n6}, \dfrac{H7}{p6}, \dfrac{H7}{r6}, \dfrac{H7}{s6}, \dfrac{H7}{u6}, \dfrac{H8}{t7}$（无紧固件） $\dfrac{H7}{m6}, \dfrac{H7}{k6}, \dfrac{H7}{js6}, \dfrac{H7}{m7}, \dfrac{H8}{k7}$（有紧固件）		固定支承钉 定位销

表 12-5　常用夹具元件的配合

配合件名称及图例

（续）

<table>
<tr><td colspan="5" style="text-align:center">配合件名称及图例</td></tr>
</table>

	削边销	$\phi Df7$ $\phi d \dfrac{H7}{n6}$	大尺寸定位销	$\phi Df7$ $\phi d \dfrac{H7}{n6}$
固定支承钉和定位销的典型配合	可换定位销	$\phi Df7$ $\phi d \dfrac{H7}{h6}$		$\phi Df7$ $\phi d \dfrac{H7}{h6}$
	盖板式钻模定位销		$\phi d \dfrac{H7}{n6}$	

表 12-6　固定式导套的配合

结 构 简 图	工 艺 方 法		配 合 尺 寸		
			d	D	D_1
ϕd　ϕD　ϕD_1	钻孔	刀具切削部分引导	$\dfrac{F8}{h6}, \dfrac{G7}{h6}$	$\dfrac{H7}{g6}, \dfrac{H7}{f7}$	$\dfrac{H7}{r6}, \dfrac{H7}{s6}, \dfrac{H7}{n6}$
		刀具柄部或刀杆引导	$\dfrac{H7}{f7}, \dfrac{H7}{g6}$		
	铰孔	粗铰	$\dfrac{G7}{h6}, \dfrac{H7}{h6}$	$\dfrac{H7}{g6}, \dfrac{H7}{h6}$	$\dfrac{H7}{r6}, \dfrac{H7}{n6}$
		精铰	$\dfrac{G6}{h5}, \dfrac{H6}{h5}$	$\dfrac{H6}{g5}, \dfrac{H6}{h5}$	
	镗孔	粗镗	$\dfrac{H7}{h6}$	$\dfrac{H7}{g6}, \dfrac{H7}{h6}$	
		精镗	$\dfrac{H6}{h5}$	$\dfrac{H6}{g5}, \dfrac{H6}{h5}$	

二、装配图上应标注的位置公差

1. 钻床夹具

1）钻套轴心线对夹具体底面的垂直度，参见表 12-7。

表 12-7　钻套中心对夹具安装基面的相互位置要求　　（单位：mm/100 mm）

工件加工孔对定位基面的垂直度要求	钻套轴心线对夹具安装基面的垂直度要求
0.05～0.10	0.01～0.02
0.10～0.25	0.02～0.05
0.25 以上	0.05

2）钻套轴心线对定位元件的同轴度、位置度、平行度、垂直度，参见表 12-8。

249

表 12-8 钻套中心距或导套中心到定位基面的制造公差 　　　　（单位：mm）

工件孔中心距或中心到基面的公差	钻套中心距或导套中心到定位基面的制造公差	
	平行或垂直时	不平行或不垂直时
±0.05～±0.10	±0.005～±0.02	±0.005～±0.015
±0.10～±0.25	±0.02～±0.05	±0.015～±0.035
0.25 以上	±0.05～±0.10	±0.035～±0.08

3）多个处于同一圆周位置上的钻套所在圆的圆心相对定位元件的轴心线的同轴度。

4）定位表面对夹具体底面的平行度或垂直度。

5）活动定位件（如活动 V 形块）的对称中心线对定位元件、钻套轴心线的位置度。

6）定位销的定位表面对支承面的垂直度（当定位表面较短时，可以不注）。

钻床夹具技术条件示例见表 12-9。

表 12-9　钻床夹具技术条件示例

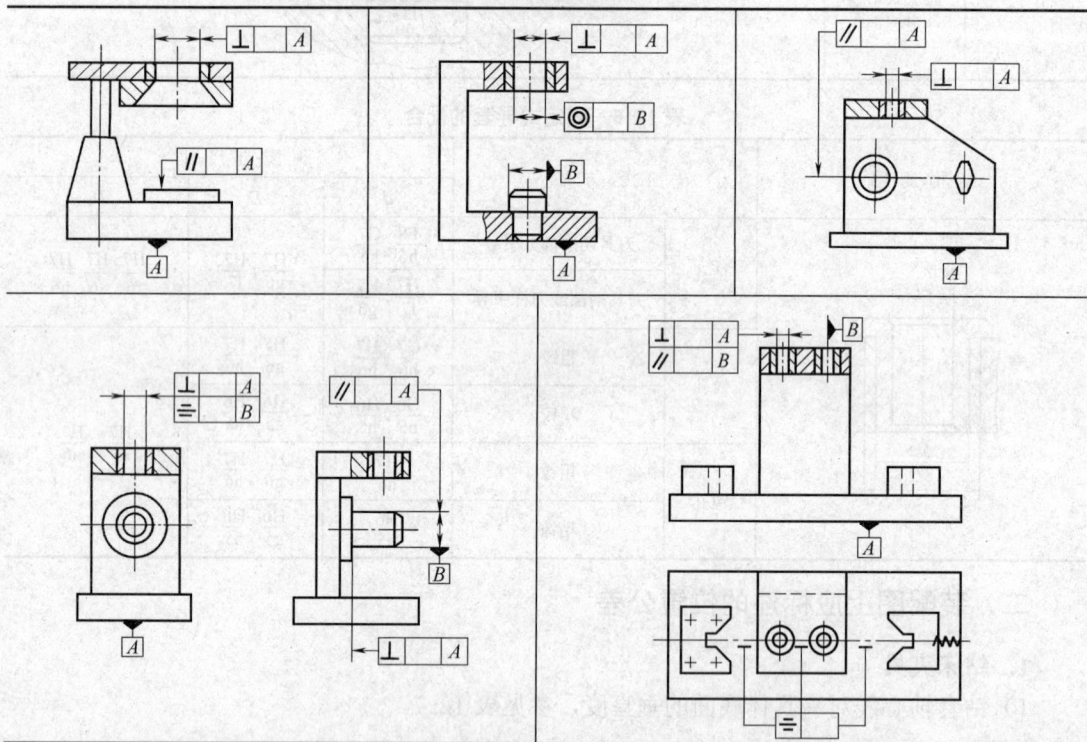

2. 铣床夹具

1）定位表面（或轴心线）对夹具体底面的垂直度、平行度。

2）定位元件间的平行度、垂直度。

3）对刀块工作面对定位表面的垂直度或平行度（参见表 12-10）。

4）对刀块工作面、定位表面（或轴线）对定位键侧面的平行度、垂直度（参见表 12-11）。

铣床夹具技术条件示例见表 12-12。

表 12-10 按工件公差确定夹具对刀块到定位表面制造公差 （单位：mm）

工件的公差	对刀块对定位表面的相互位置	
	平行或垂直时	不平行或不垂直时
～±0.10	±0.02	±0.015
±0.1～±0.25	±0.05	±0.035
±0.25 以上	±0.10	±0.08

表 12-11 对刀块工作面、定位表面和定位键侧面间的技术要求

工件加工面对定位基准的技术要求/mm	对刀块工作面及定位键侧面对定位表面的垂直度或平行度/（mm/100 mm）
0.05～0.10	0.01～0.02
0.10～0.20	0.02～0.05
0.20 以上	0.05～0.10

表 12-12 铣床夹具技术条件示例

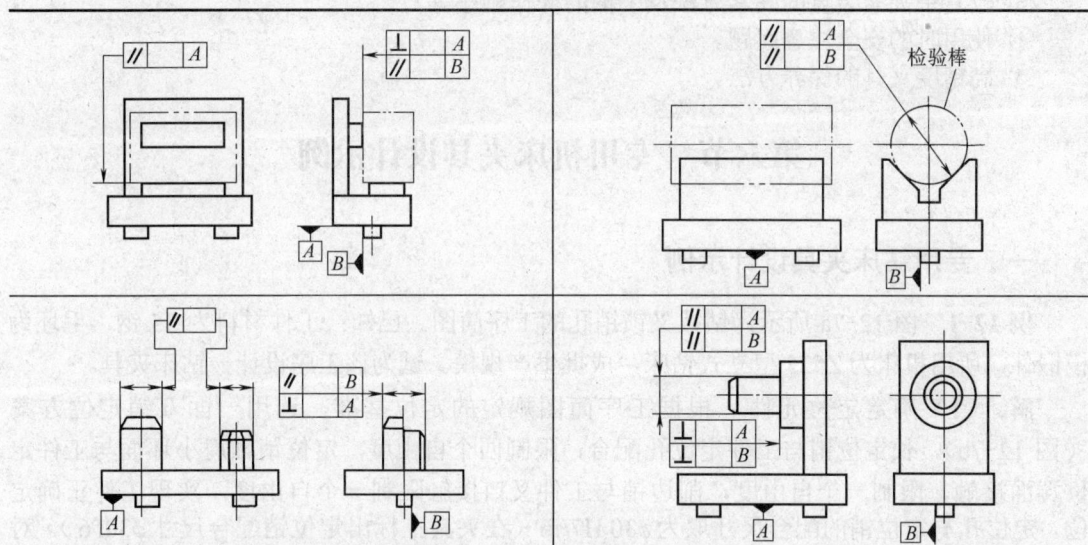

　　凡与工件加工要求有直接关系的位置公差数值，应取工件上相应加工要求的公差数值的 1/2～1/5；与工件无直接关系的可参考表 12-13 选取。

　　夹具装配图样中的各项位置公差，应尽量采用公差框图表示。

表 12-13 夹具技术条件参考数值 （单位：mm）

技 术 条 件	参 考 数 值
同一平面上的支承钉和支承板的等高公差	0.02
定位元件工作表面对夹具体底面的平行度或垂直度	0.02：100
钻套轴心线对夹具体底面的垂直度	0.05：100
定位元件工作表面对定位键槽侧面的平行度或垂直度	0.02：100
对刀块工作表面对定位元件工作表面的平行度或垂直度	0.03：100
对刀块工作表面对定位键槽侧面的平行度或垂直度	0.03：100

第五节 专用机床夹具装配图样技术要求

1）夹具装配图样中的某项位置公差，若用公差框图表示有困难时，可用文字说明写在技术要求中。

2）对于需要用特殊方法进行加工或装配才能达到要求的夹具，在其装配图技术要求中应注以制造说明。一般包括以下几方面：

① 必须先行装配或装配一部分以后再加工的表面（如一起磨平保证等高性等）。

② 夹具手柄的特定位置。

③ 制造时需要相互配作的零件。

3）使用说明写入技术要求中，主要内容包括：

① 多件夹具同时加工的零件数。

② 成组夹具加工多种零件的说明。

③ 较复杂夹紧装置的夹紧方法及手柄的操作顺序等。

④ 使用时的安全注意问题。

⑤ 高精度夹具的保养方法。

第六节 专用机床夹具设计示例

一、专用钻床夹具设计示例

例 12-1 图 12-7a 所示为钻拨叉锁销孔的工序简图。已知：工件材料为 35 钢，毛坯为模锻件，所用机床为 Z525 型立式钻床，成批生产规模。试为该工序设计一钻床夹具。

解：（1）确定定位元件 根据工序简图规定的定位基准，选用一面双销定位方案（图 12-7b），长定位销与工件定位孔配合，限制四个自由度，定位销轴肩小环面与工件定位端面接触，限制一个自由度，削边销与工件叉口接触限制一个自由度，实现工件正确定位。定位孔与定位销的配合尺寸取为 $\phi30$ H7/f6（在夹具上标出定位销配合尺寸 $\phi30$f6）。对于工序尺寸 $40^{+0.18}_{0}$ mm 而言，定位基准与工序基准重合，定位误差 $\Delta_{dw}(40)=0$；对于加工孔 $\phi8^{+0.015}_{0}$ mm 的位置度公差要求，定位基准与工序基准重合 $\Delta_{dw}(\oplus)=0$；加工孔径尺寸 $\phi8$ mm 由刀具直接保证，$\Delta_{dw}(\phi8)=0$。由上述分析可知，该定位方案合理、可行。

（2）确定导向装置 本工序要求对被加工孔依次进行钻、扩、铰等 3 个工步的加工，最终达到工序简图上规定的加工要求，夹具选用快换钻套作为刀具的导向元件，如图 12-7c 所示（快换钻套查表 9-10，钻套用衬套查表 9-11，钻套螺钉查表 9-12）。导向元件相对定位元件位置尺寸取工件相应尺寸 $40^{+0.18}_{0}$ 的平均尺寸作为基本尺寸，即基本尺寸=40.09，其公差取为工件相应尺寸公差的 1/2～1/5，本例取 0.18/3=0.06，按照偏差对称分布即可确定该尺寸为 40.09±0.03。钻套位置度公差值取为工件相应公差值的 1/5，即为 0.03mm（标注见图 12-7c）。

查表 9-13，确定钻套高度 $H=3d=3\times8$mm=24mm，排屑空间 $h=d=8$mm。

（3）确定夹紧机构 针对成批生产的工艺特征，此夹具选用偏心螺旋压板夹紧机构，如图 12-7d 所示。偏心螺旋压板夹紧机构中的各零件均采用标准夹具元件（参照表 10-3 图 4 并查表确定）。

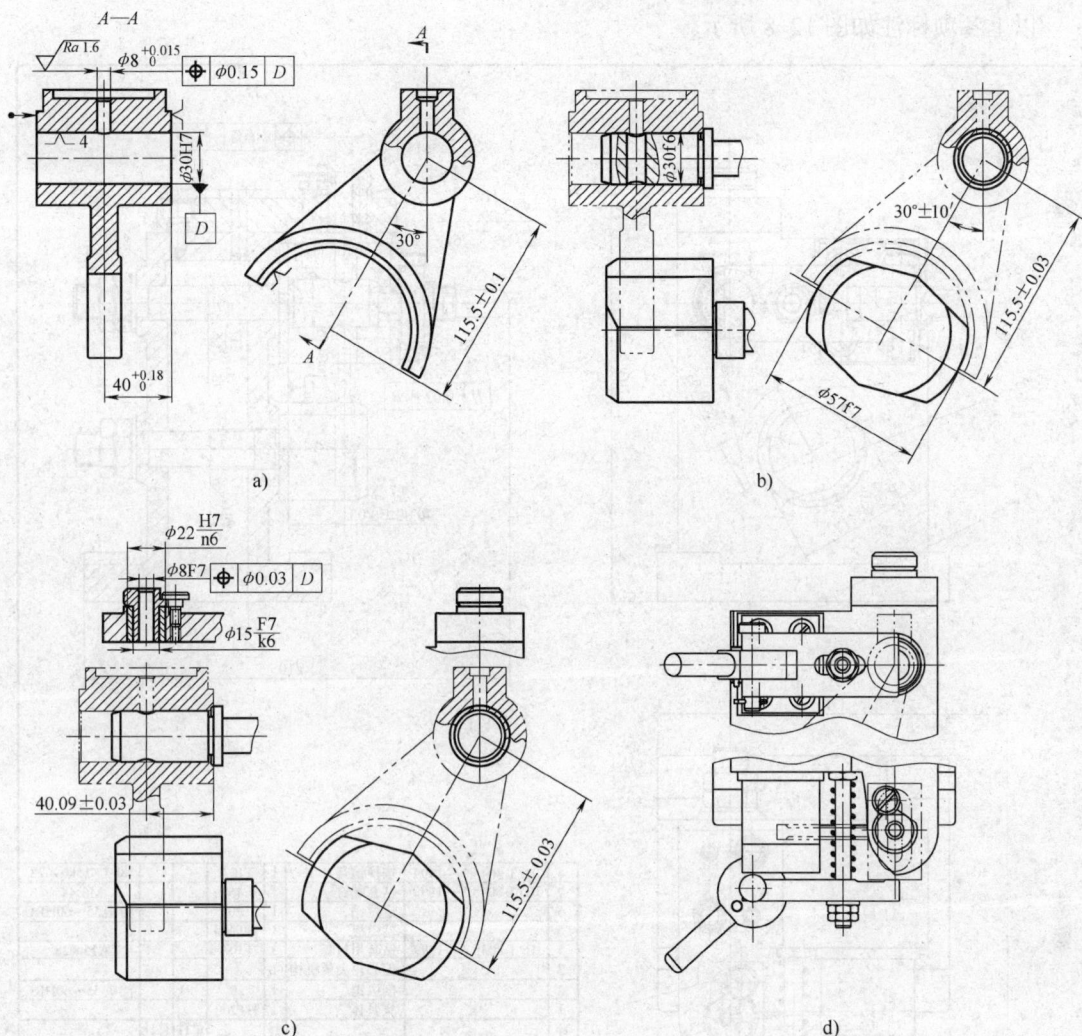

图 12-7 加工拨叉锁销孔夹具方案设计

（4）画夹具装配图（图 12-8）

（5）夹具装配图上标注尺寸、配合及技术要求

1）确定定位元件之间的尺寸，定位销与削边销中心距尺寸公差取工件相应尺寸公差的 1/3，偏差对称标注，标注尺寸 115.5±0.03。

2）根据工序简图上规定的被加工孔的加工要求，确定钻套中心线与定位销定位环面（轴肩）之间的尺寸取为（40.09±0.03）mm（其基本尺寸取为零件相应尺寸 $40^{+0.18}_{0}$ mm 的平均尺寸；其公差值取为零件相应尺寸 $40^{+0.18}_{0}$ mm 的公差值的 1/3，偏差对称标注）。

3）钻套中心线对定位销中心线的位置度公差取工件相应位置度公差值的 1/3，即取为 0.03mm。

4）定位销中心线与夹具底面的平行度公差取为 0.02mm。

5）关键件的配合尺寸分别为：$\phi8F7$、$\phi30f6$、$\phi57f7$、$\phi15\,F7/k6$、$\phi22\,H7/n6$、$\phi8\,H7/n6$ 和 $\phi16\,H7/k6$。

以上各项标注如图 12-8 所示。

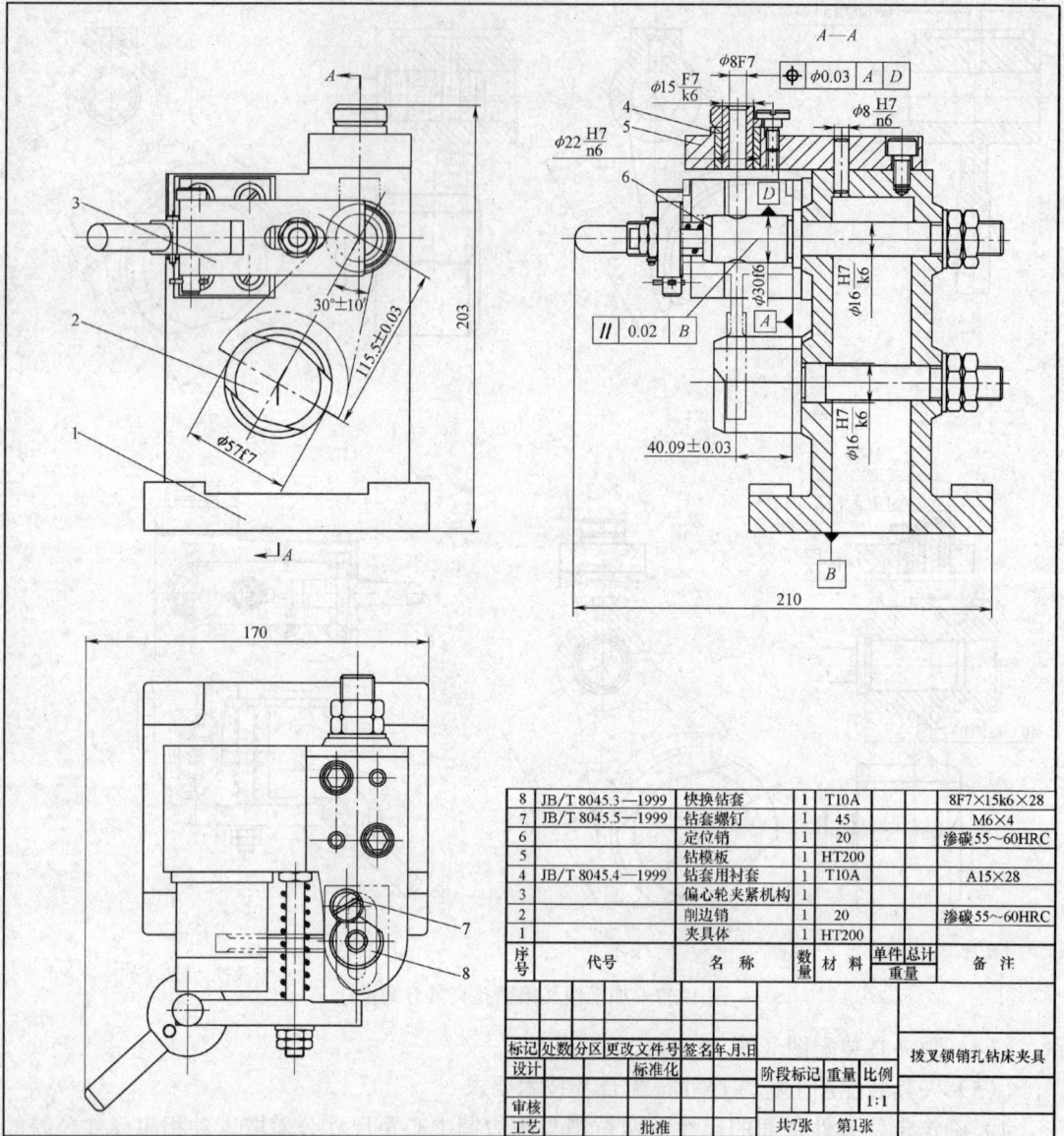

8	JB/T 8045.3—1999	快换钻套	1	T10A		8F7×15k6×28
7	JB/T 8045.5—1999	钻套螺钉	1	45		M6×4
6		定位销	1	20		渗碳55~60HRC
5		钻模板	1	HT200		
4	JB/T 8045.4—1999	钻套用衬套	1	T10A		A15×28
3		偏心轮夹紧机构	1			
2		削边销	1	20		渗碳55~60HRC
1		夹具体	1	HT200		
序号	代　号	名　称	数量	材　料	单件　总计　重量	备　注

标记	处数	分区	更改文件号	签名	年、月、日			拨叉锁销孔钻床夹具
设计			标准化			阶段标记	重量 比例	
审核								1:1
工艺			批准				共7张 第1张	

图 12-8　加工拨叉锁销孔钻床夹具

二、专用铣床夹具设计示例

例 12-2　图 12-9 所示为铣叶轮工件十字槽加工工序的工序简图。已知：工件材料为 HT150，毛坯为铸件，所用机床为 X61W 型卧式万能铣床，成批生产规模。试为该工序设计一铣床夹具。

解：（1）确定定位元件　根据工序简图规定的定位基准，选用平面与定位销组合定位方案。其中定位平面限制工件三个自由度，定位销限制工件两个自由度，实现工件正确定位。定位方案如表 12-14 所示。

定位孔与定位销的配合尺寸取 $\phi14\,H7/g6$，其中工件定位孔尺寸 $\phi14H7(\phi14^{+0.018}_{0}\,mm)$，

定位销尺寸 $\phi14g6(\phi14_{-0.017}^{-0.006}\text{mm})$。工序要求的槽对定位孔中心线的对称度公差为 0.2mm，根据表 8-14 其定位误差值 $\Delta_{\text{dw}}(=)=T_D+T_d+\Delta S=(0.018+0.011+0.006)\text{mm}=0.035\text{mm}$

$<\left(0.2\times\dfrac{1}{3}\right)\text{mm}=0.067\text{mm}$。因此，定位方案合理、可行。

（2）确定对刀装置　加工槽面需要在两个方向上确定刀具的加工位置，选用直角对刀块及平塞尺对刀，水平方向和垂直方向的塞尺厚度分别取 1mm 和 5mm。对刀方案如表 12-14 所示。

（3）确定夹紧机构　采用多位螺旋压板联动夹紧机构，通过拧紧右侧夹紧螺母使一对弯头压板同时压紧工件，实现夹紧。夹紧方案如表 12-14 所示。

（4）分度机构设计　采用分度机构实现工件两工位加工，以保证十字交叉槽的加工要求。选用可回转90°分度机构，以实现工件的两个工位。90°分度机构结构如表 12-14 图 4 所示。当一个方向的槽加工完成后，通过摆动手柄，由心轴带动分度盘回转，直到限位套中的圆柱销弹入分度盘的限位孔内，使分度盘不能继续转动为止，从而实现正确分度，保证工件处于第二个加工位置。然后，再进行另一方向的槽加工。

（5）确定定位键　铣床夹具采用两个标准定位键，使其固定在夹具体底面的同一直线位置的键槽中，用于确定铣床夹具相对于机床进给方向的正确位置。由于机床采用的是 X61W 型卧式万能铣床，查表 4-21 知，该机床工作台的 T 形槽宽为 $a=14$，为保证定位键的宽度与机床工作台 T 形槽的宽度相匹配，查表 12-1 确定采用基本尺寸为 14 的 A 型定位键。定位键在夹具上的安装位置及其联接如表 12-14 图 5 所示。

图 12-9　十字槽加工工序的工序简图

（6）画夹具装配图　通过夹具体把夹具各组成部分联接起来，并将联接部分剖视。座耳结构需要与选定机床和定位键相匹配，查表 11-2，取 $D=14$ 的座耳各尺寸。

（7）夹具装配图上标注尺寸、配合及技术要求

1）确定对刀块的位置尺寸。确定对刀面与定位元件定位表面之间的尺寸，水平方向尺寸为 [12/2（槽宽一半尺寸）+1（塞尺厚度尺寸）]=7mm，其公差取工件相应尺寸公差的 1/3。由于槽宽尺寸为自由公差，查公差表 IT14 级公差值为 0.36mm，则水平尺寸公差取 $\left(\dfrac{1}{3}\times0.36\right)\text{mm}=0.12\text{mm}$，对称标注为 7±0.06mm。同理确定垂直方向尺寸为 25±0.08 mm。

2）定位座的定位平面与夹具底面的平行度公差取为 0.02mm。

3）对刀块的垂直对刀面相对夹具底面及定位键侧面的垂直度公差取为 0.02mm。

4）关键件的配合尺寸分别为：$\phi14g6$、$\phi120\,H7/g6$ 和 $\phi10\,H7/g6$，20H7/h6。

铣十字交叉槽专用铣床夹具装配图见图 12-10。

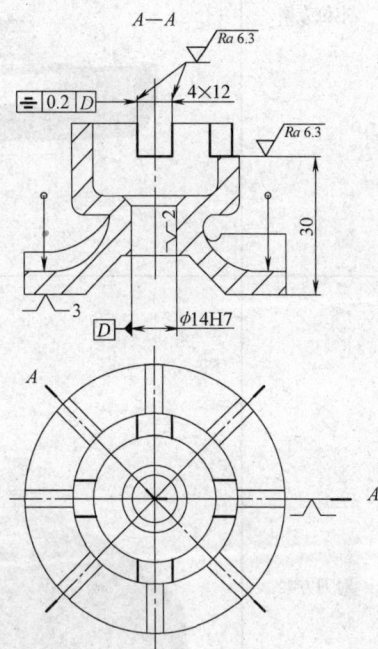

表 12-14 铣十字交叉槽专用铣床夹具各部分结构方案

名 称	三 维 图	二 维 图
定位方案	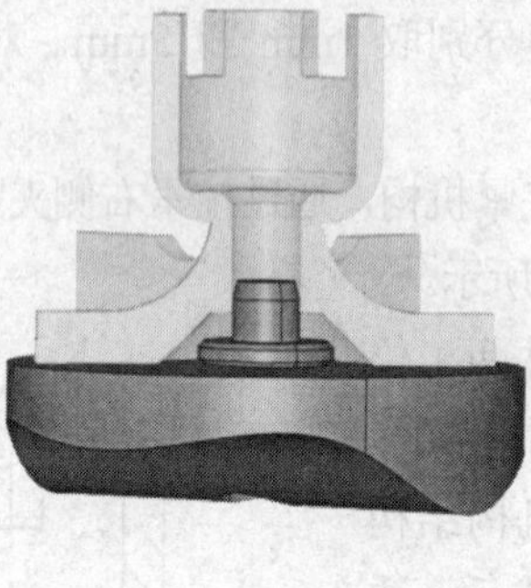	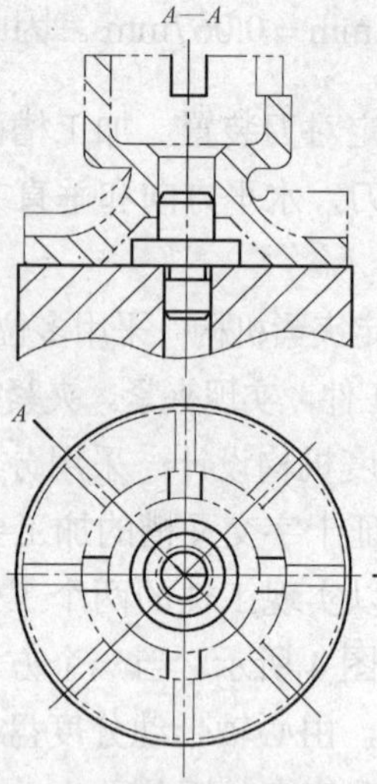
对刀方案	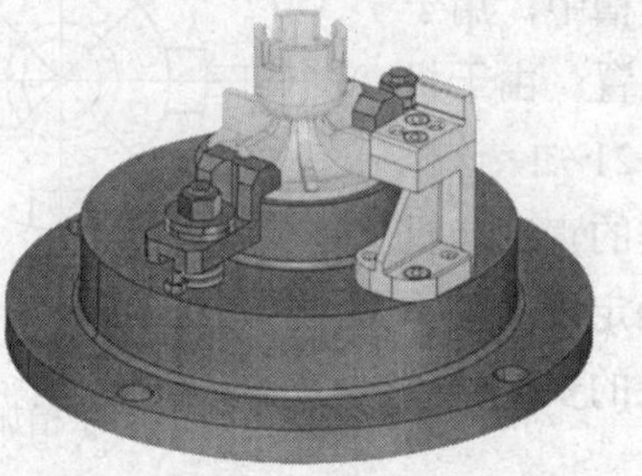	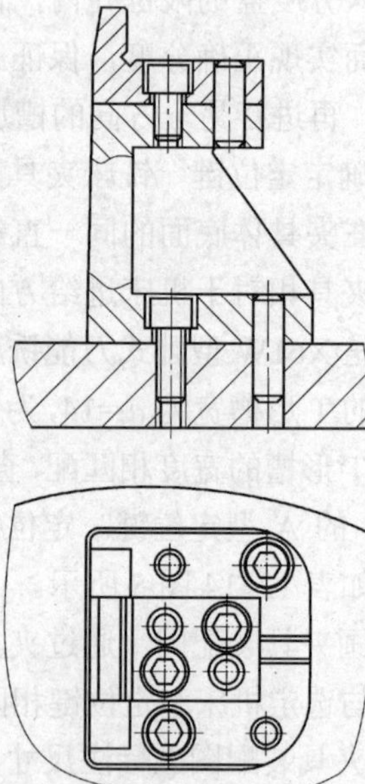
夹紧方案	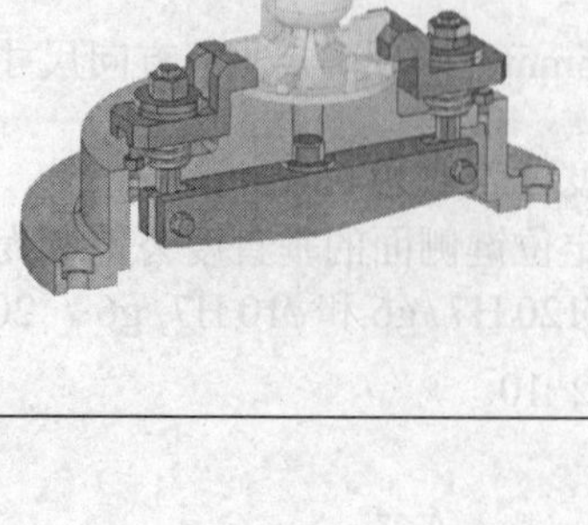	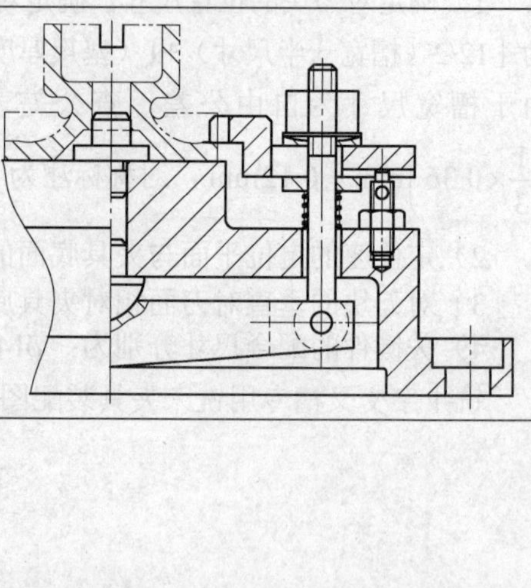

（续）

名　称	三　维　图	二　维　图
分度机构	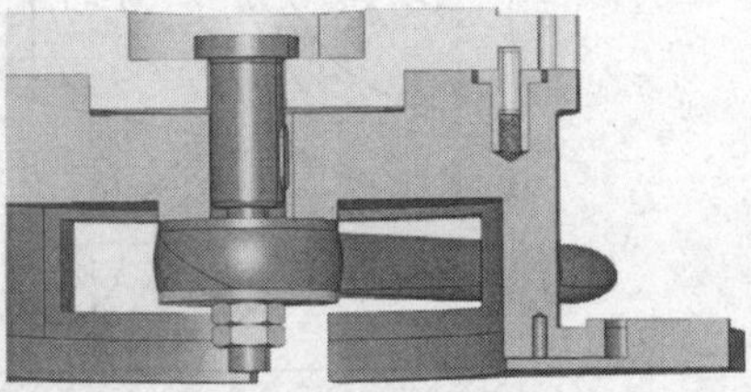	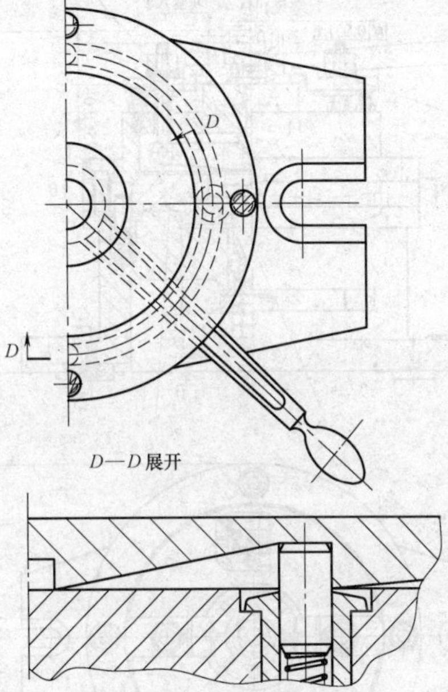
定位键联接	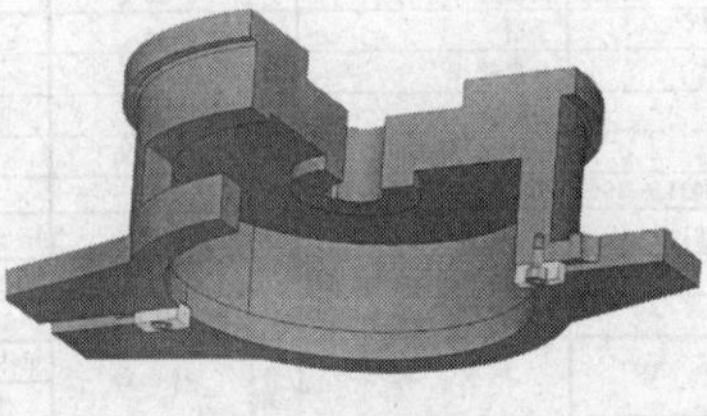	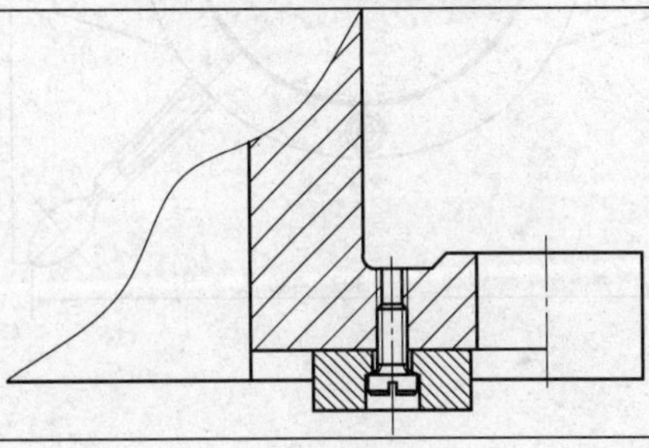
总装图	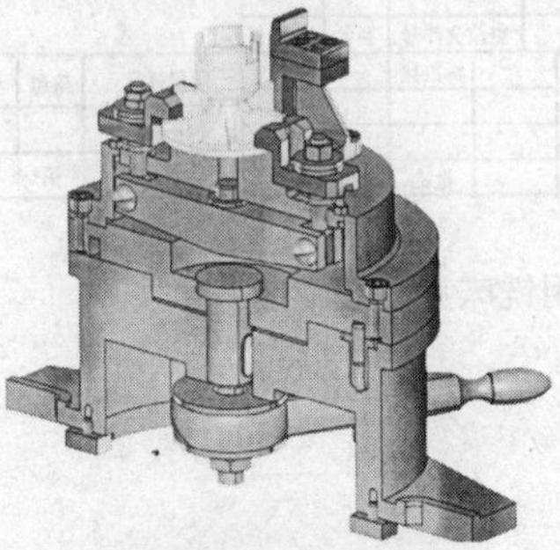 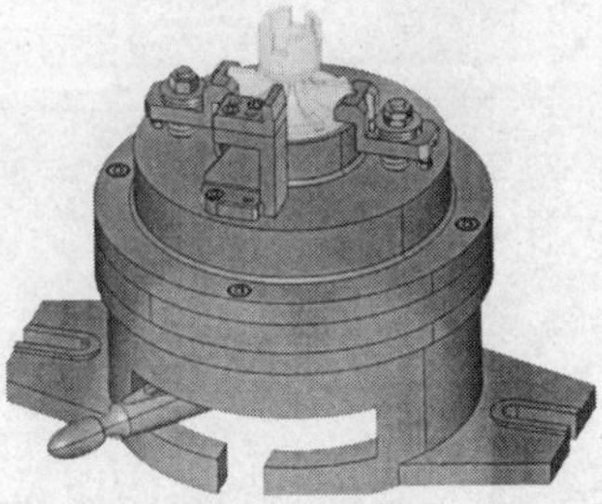	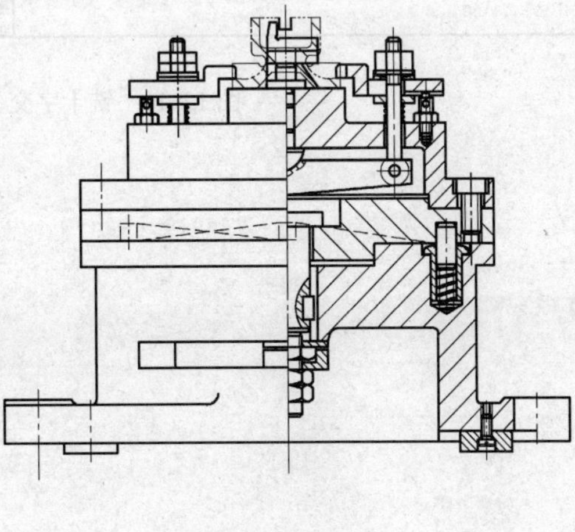

D—D展开

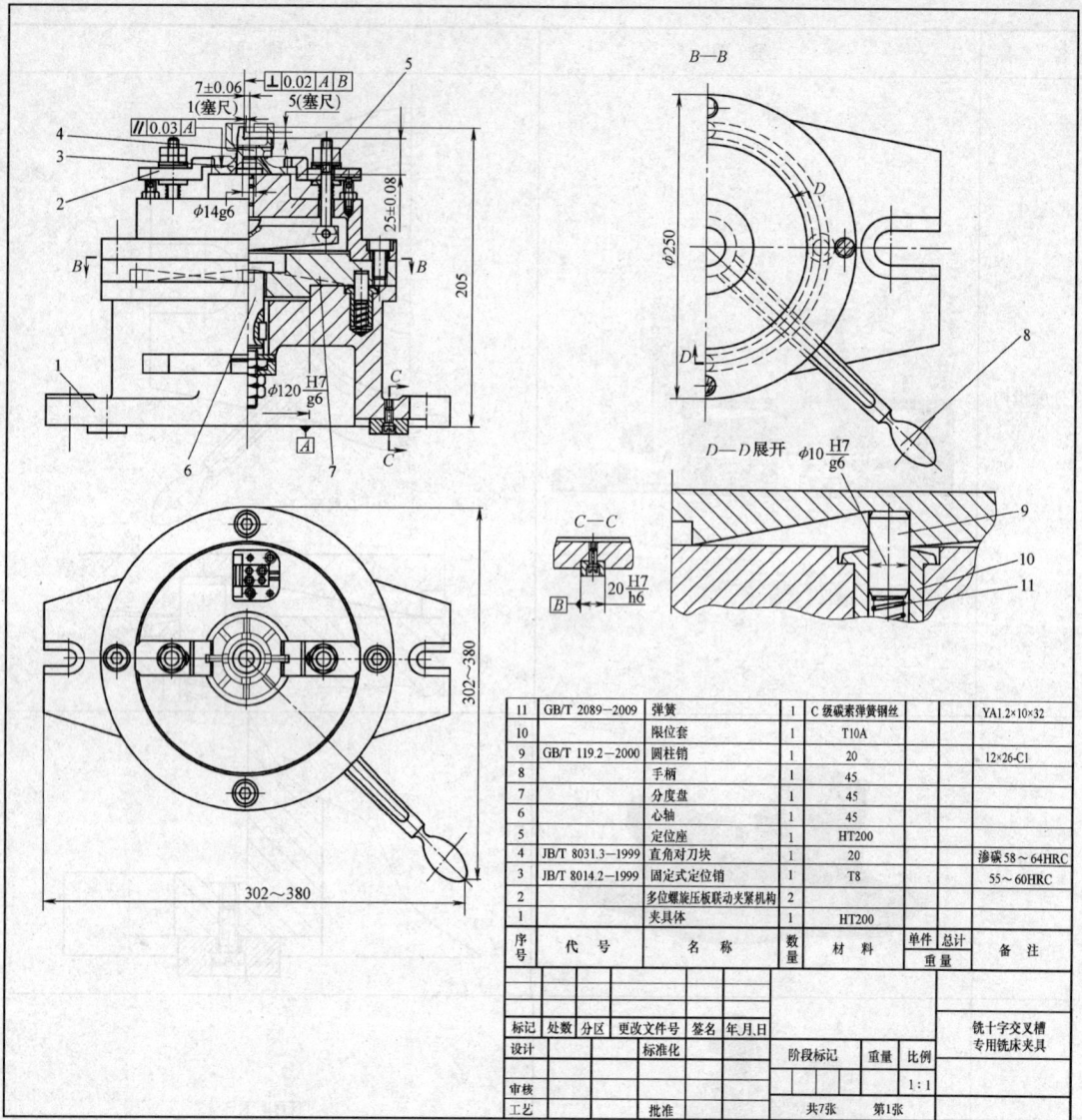

11	GB/T 2089—2009	弹簧	1	C 级碳素弹簧钢丝			YA1.2×10×32
10		限位套	1	T10A			
9	GB/T 119.2—2000	圆柱销	1	20			12×26-C1
8		手柄	1	45			
7		分度盘	1	45			
6		心轴	1	45			
5		定位座	1	HT200			
4	JB/T 8031.3—1999	直角对刀块	1	20			渗碳58～64HRC
3	JB/T 8014.2—1999	固定式定位销	1	T8			55～60HRC
2		多位螺旋压板联动夹紧机构	2				
1		夹具体	1	HT200			
序号	代 号	名 称	数量	材料	单件 总计 重量		备 注

标记	处数	分区	更改文件号	签名	年,月,日		铣十字交叉槽 专用铣床夹具
设计			标准化				
审核				阶段标记	重量	比例	
工艺			批准			1:1	
				共7张	第1张		

图 12-10　铣十字交叉槽专用铣床夹具装配图

第十三章 基于 CATIA 的机床夹具三维设计实例及设计技巧

随着计算机技术的快速发展，世界制造业已经进入数字化时代，将逐渐以先进的三维设计、制造一体化方式全面取代传统的二维设计和制造方式。考虑到 CATIA 是一个先进的集成化的软件系统，且近年来在我国高校、大型企业和科研院所得到较广泛的应用，因此，本书选用 CATIA 软件作为机床夹具设计平台。本章介绍基于 CATIA 的机床夹具三维设计实例及设计技巧。

第一节 机床夹具零件三维建模方法技巧实例

本节以夹具体为例，介绍基于 CATIA 的机床夹具零件三维建模方法技巧，夹具体实例模型如图 13-1 所示。建模步骤分述如下。

1）首先打开开始菜单，进入机械设计模块的零件设计模式，然后选定二维坐标平面，单击草绘器图标，进入动态草绘器状态，如图 13-2、13-3 所示。

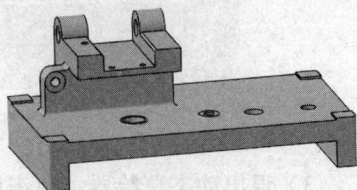

图 13-1 夹具体实例模型

图 13-2 进入零件设计模式

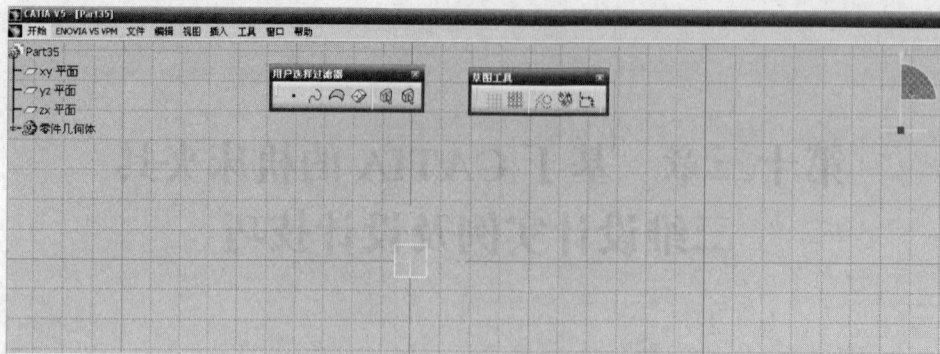

图 13-3　动态草绘器

2）在动态草绘器页面，绘制凸台草图，如图 13-4 所示。

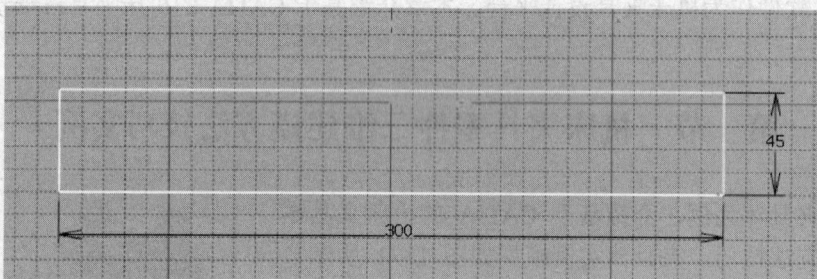

图 13-4　绘制凸台草图

3）退出动态草绘器。单击图标退出工作台 ⏛，进入三维建模空间状态。单击凸台 ⏛，定义长度 165mm，如图 13-5 所示。

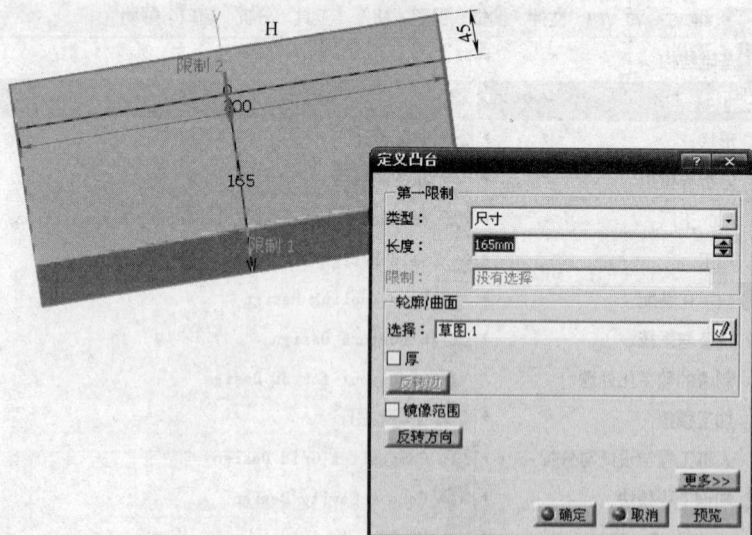

图 13-5　定义凸台示意图

4）再次进入草绘器 ，进入二维模式，绘制凹槽草图如图 13-6 所示。

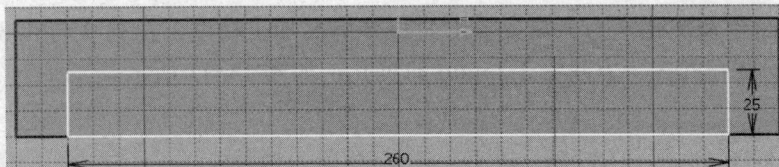

图 13-6　绘制凹槽草图

5）退出草绘器，进入三维建模空间状态。单击凹槽 ，定义深度 145mm，如图 13-7 所示。

6）绘制螺纹孔。进入草绘器 ，根据定位及夹紧元件所确定的夹具体螺纹孔位置，首先定义点 1，如图 13-8 所示。

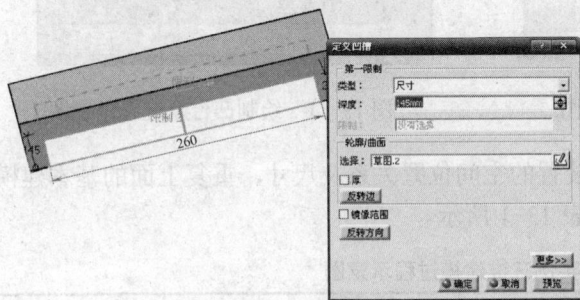

图 13-7　定义凹槽示意图

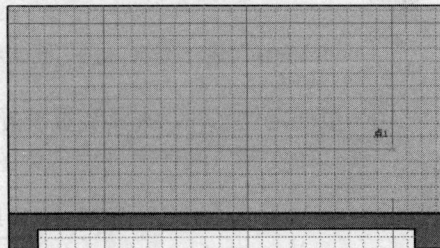

图 13-8　定义点 1 示意图

7）退出草绘器，单击孔 ，在点 1 位置定义 M16 螺纹孔，如图 13-9 所示。

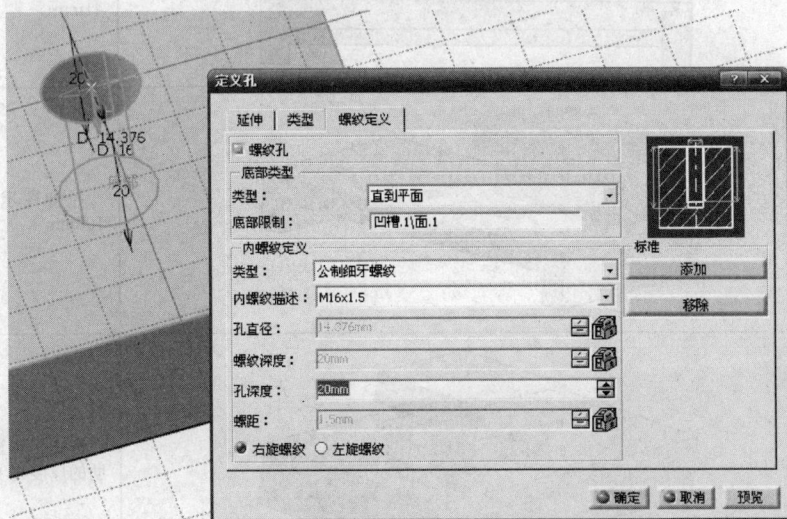

图 13-9　定义 M16 螺纹孔示意图

8）根据上述建孔方法分别建立"M20 螺纹孔"孔 2、"ϕ10 光孔"孔 3 及"ϕ22 光孔"孔 4，如图 13-10 所示。

9）绘制凸台及沉孔。为了减少加工面积并提高加工精度，在孔 4 与孔 3 上分别建高 2mm 的凸台，并在孔 3 下方建深 1.25mm 的沉孔，如图 13-11 所示。

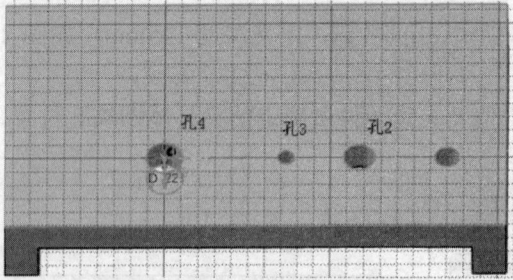

图 13-10　建立孔 2、孔 3、孔 4 示意图

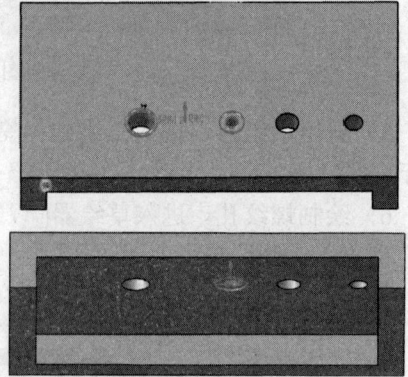

图 13-11　绘制凸台及沉孔示意图

10）根据定位元件、夹紧装置及导向装置的空间位置关系及尺寸，重复上面的基本建模方法，夹具体实例三维建模过程示意图见表 13-1 所示。

表 13-1　夹具体实例三维建模过程示意图

步　骤	示　图	说　明
1		在图示位置建立凸台，高 41mm
2		拉伸图示截面，长度为 100mm
3		在图示位置上建立两肋，肋的厚度为 15mm

（续）

步　骤	示　图	说　明
4	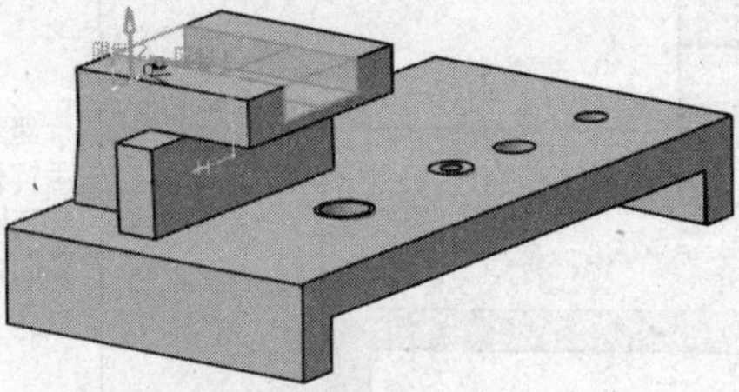	在图示位置建立 50mm × 16mm 凹槽
5		在图示位置建立高 16mm 的凸台
6		在凸台倒 R16mm 圆角，在对称位置以同样方式建凸台、倒圆角
7		在图示位置上建 ϕ32mm 的铰链轴孔
8		在图示位置倒 R10mm 的圆角
9	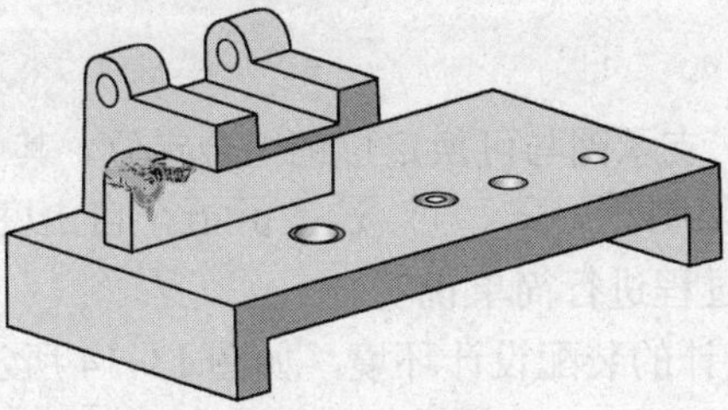	在图示位置建直径为 ϕ10mm、厚度为 0.5mm 的圆凸台，并在中心位置建 M10 的螺纹孔

（续）

步 骤	示 图	说 明
10	M8螺纹孔 支承钉孔 凸台 2×45°	建立完成图示 M8 螺纹孔与支承钉孔后，在图示位置倒角 *C*2，并在四角位置建立夹具安装用夹紧凸台 20mm× 20mm× 2mm
11		点击倒圆角 ，对需要倒角的边进行修改，建模完成

第二节　专用钻床夹具三维设计实例

本套夹具针对支座钻、扩、铰 φ14 孔工序的钻床夹具进行设计。支座的零件图如图 13-12 所示，工序图如图 13-13 所示。

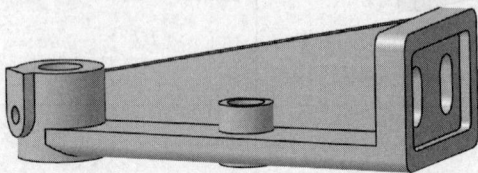

图 13-12　支座零件图

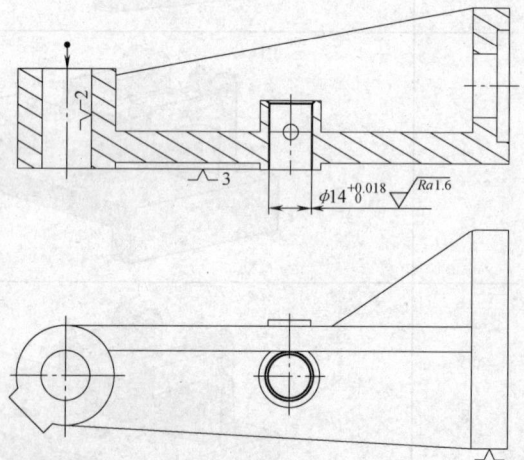

图 13-13　钻、扩、铰 f14 孔工序图

一、定位装置设计

根据定位方案，选择可调支承、支承圈与可换定位销组合定位。其中可调支承限制 $\vec{z}$ 自由度，支承圈与可换定位销组合共限制 $\vec{z}$、$\vec{x}$、$\vec{y}$、$\widehat{x}$、$\widehat{y}$ 五个自由度。

下面以支承圈安装为例对组装过程进行简单说明。

1）首先进入开始菜单中机械设计的装配设计环境，如图 13-14 所示。

图 13-14　进入装配设计模式

2）单击历史树中的 Product，使之高亮，然后单击现有部件 ⊡ 插入零件和支承圈，如图 13-15 所示。

3）单击相合约束 ⊘，选择图 13-16 所示的轴 1 和轴 2。

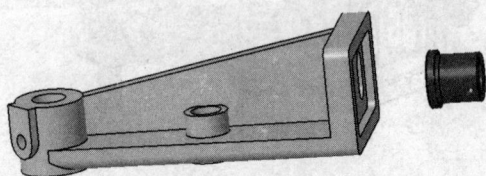

图 13-15　零件和支承圈

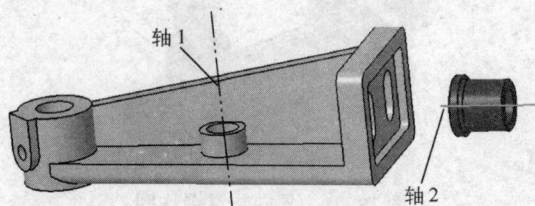

图 13-16　相合约束的两轴

4）单击接触约束 ⊞，选择图 13-17 所示的面 1 和面 2。

5）约束完成后，单击更新 ⊜，更新后如图 13-18 所示。

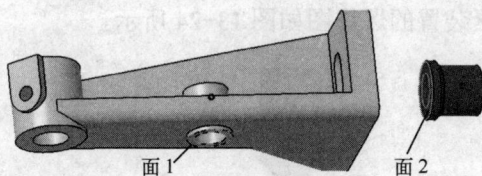

图 13-17　相合约束的两面

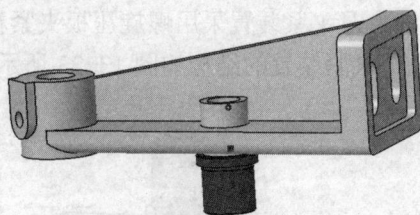

图 13-18　约束完成图

依此类推，依次装配可调支撑与可换定位销，如图 13-19 所示。

二、导向装置设计

本工序工步多，导向装置需要采用快换钻套，以利于更换适于麻花钻、扩孔钻和倒角刀等加工刀具的钻套。另外，采用铰链式钻模板，以便于铰孔加工时，翻起钻模板。

1）导向装置的结构如图 13-20 所示；导向装置爆炸图如图 13-21 所示。

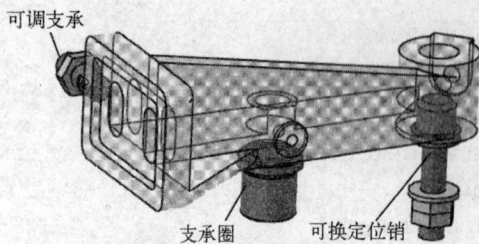

图 13-19 定位装置图

图 13-20 导向装置装配图

2）将导向装置装入，形成夹具装配图（1），如图 13-22 所示。

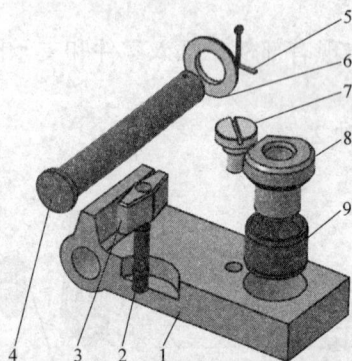

图 13-21 导向装置爆炸图

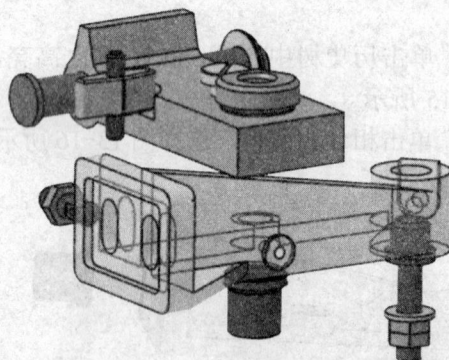

图 13-22 夹具装配图（1）

1—铰链钻模板 2—双头螺钉 3—菱形螺母 4—铰链轴

5—开口销 6—垫圈 7—钻套螺钉 8—快换钻套 9—衬套

三、夹紧装置设计

本夹具夹紧装置采用螺旋压板夹紧机构，其各元件均采用标准件。

1）夹紧装置的结构如图 13-23 所示；夹紧装置的爆炸图如图 13-24 所示。

图 13-23 夹紧装置装配图

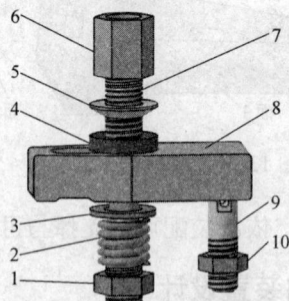

图 13-24 夹紧装置爆炸图

1、6、10—螺母 2—弹簧 3—平垫圈 4—锥面垫圈
5—球面垫圈 7—双头螺柱 8—移动压板 9—调节支撑

2）把夹紧装置装入，形成装配图（2），如图 13-25 所示。

四、夹具体设计并装入

夹具体设计参见本章第一节内容。夹具体模型建立后，将夹具体装入，完成装配。装配图如图 13-26 所示。

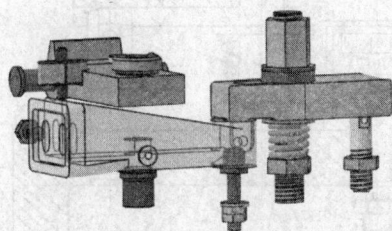

图 13-25　夹具装配图（2）

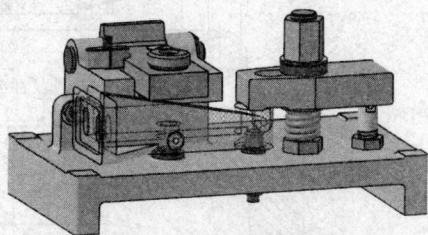

图 13-26　夹具装配图

五、将三维钻床夹具装配图转换生成工程图

1）在 CATIA 环境下生成三维钻床夹具投影图，如图 13-27 所示。

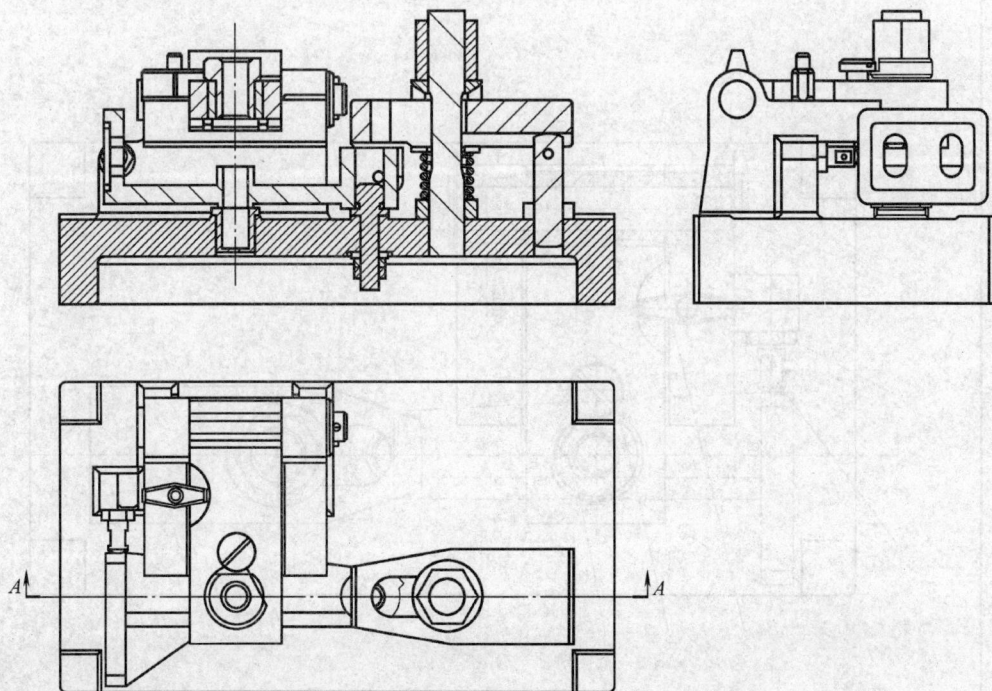

图 13-27　钻床夹具装配 CATIA 三维投影图

2）将生成的三维夹具投影图另存为 dwg 格式导入 CAD，经过修改得到的钻床夹具装配工程图如图 13-28 所示。

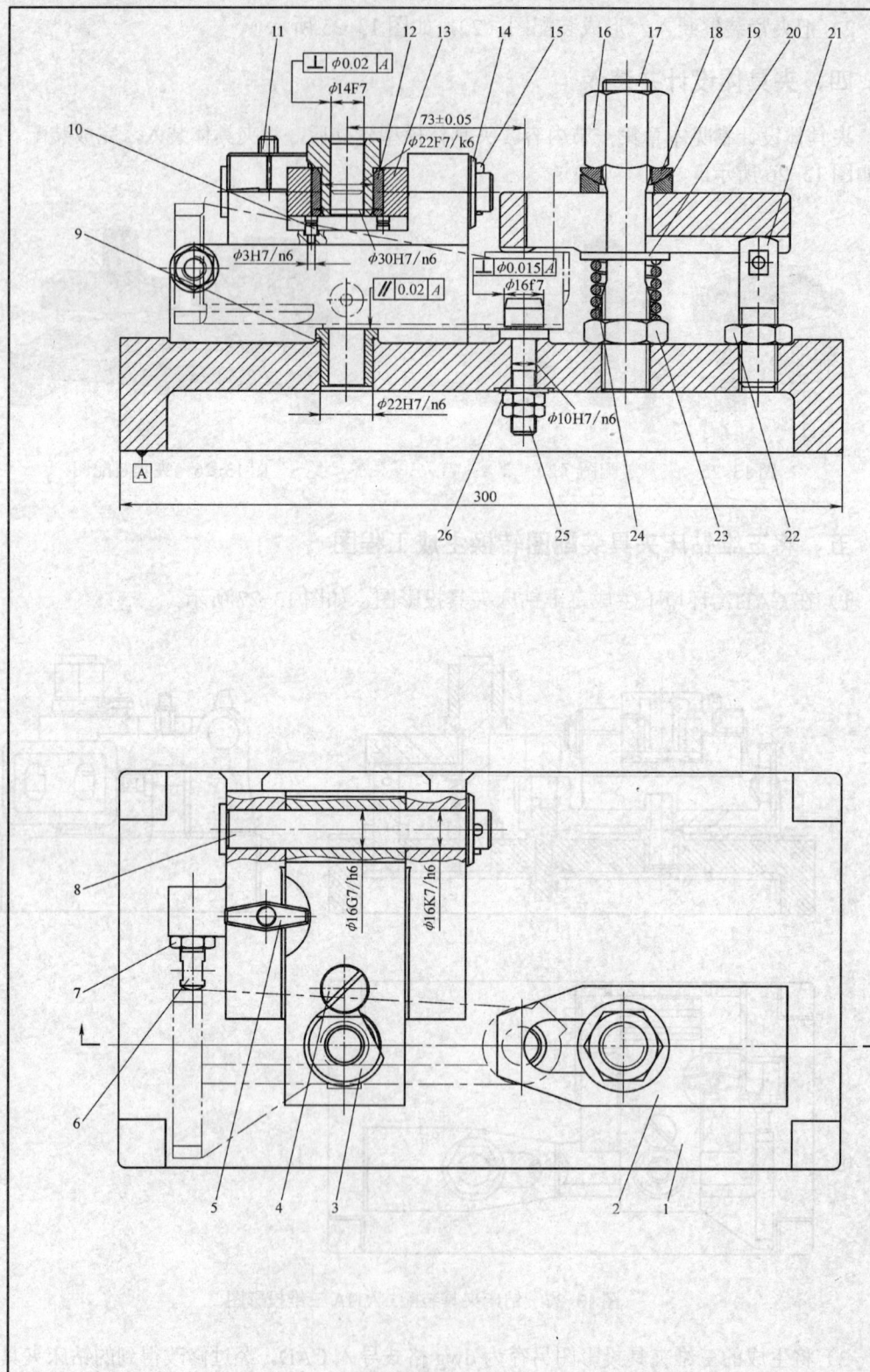

图 13-28 钻床

26	GB/T 97.1	平垫圈	1	Q235			
25	JB/T 8014.3—1999	可换定位销	1	T8			A16f7×26
24	GB/T 2089—1994	弹簧	1	60Mn			YA2.5×22×55
23	GB6172—2000	螺母	1	Q235			M20
22	GB6172—2000	螺母	1	Q235			M16
21	JB/T 8026.4—1999	调节支撑	1	45钢			M16×60
20	GB/T 97.1	平垫圈	1	Q235			
19	GB/T 850—1988	锥面垫圈	1	45钢			20
18	GB/T 849—1988	球面垫圈	1	45钢			20
17	GB/T900	双头螺柱	1	Q235			M20×46
16	GB/T900	螺母	1	Q235			
15	GB/T 91	开口销	1	Q235			5×36
14	GB/T97.1	平垫圈	1	Q235			
13	ZJ-03-03	铰链钻模板	1	HT150			
12	JB/T 8045.4—1999	衬套	1	20钢			A22×20
11	GB/T900	双头螺钉	1	45钢			M8×35
10	GB/T2226—91	支承钉	2	45钢			
9	ZJ-03-02	小支承圈	1	20钢			
8	JB/T8033—1999	铰链轴	1	45钢			16h6×110
7	GB6172—2000	螺母	1	Q235			M10
6	JB/T 8026.4—1999	调节支撑	1	45钢			M10×30
5	JB/T8004.6—1999	菱形螺母	1	45钢			M8
4	JB/T8045.5—1999	钻套螺钉	1	45钢			
3	JB/T8045.3—1999	快换钻套	1	20钢			14F7×22k6×20
2	JB/T 8010.1—1999	移动压板	1	45钢			A20×120
1	ZJ-03-01	夹具体	1	HT200			
序号	代　号	名　称	数量	材　料	单价	总计	备注
						重量	
标记	处数	分区	更改文件号	签名	年、月、日	φ14孔专用钻床夹具装配图	
设计			标准化				
审核				阶段标记	重量	比例	
工艺			批准			ZJ-03-01	
				共　张	第　张		

夹具装配图

第三节　专用铣床夹具三维设计实例

这里选取铣削拨叉叉口侧面工序所用铣床夹具为例进行设计。拨叉的零件图如图 13-29 所示，工序图如图 13-30 所示。

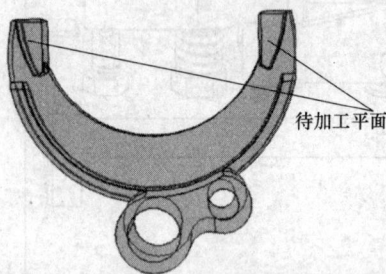

图 13-29　拨叉零件图

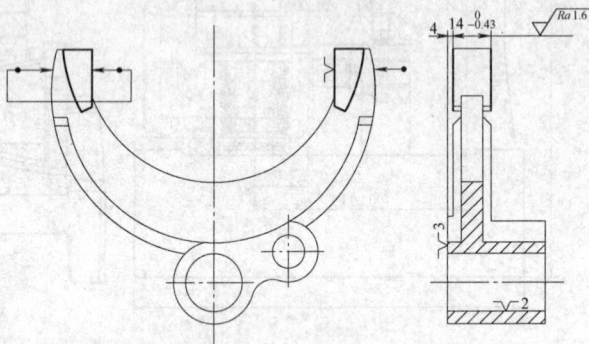

图 13-30　铣叉口侧面工序图

一、定位、对刀方案设计

根据图 13-30 所示定位方案，选用短定位销、支承平面和定位块等定位元件组合定位，其中短定位销限制 $\vec{y}$ 及 $\vec{z}$ 两个自由度；可换定位销的支承平面限制 $\vec{x}$、$\vec{y}$、$\vec{z}$ 三个自由度；定位（对刀）块限制 $\vec{x}$，其中定位（对刀）块由两销定位，两螺钉进行固定，其既是定位元件，同时也作为对刀元件。其侧面为对刀面，通过使用塞尺来实现刀具的对刀。

在夹具装配设计中，首先装上可换定位销、定位（对刀）块。其装配图如图 13-31 所示。下面以定位销的安装为实例加以说明。

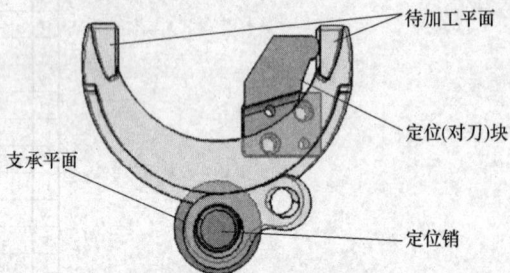

图 13-31　定位装置图

1）首先进入开始菜单中机械设计的装配设计环境，如图 13-32 所示。单击历史树中的 Product 使之高亮，然后单击现有部件 插入零件和定位销，如图 13-33 所示。

图 13-32　进入装配设计模式

图 13-33　零件和定位销

2）单击相合约束 ⚭，选择图 13-34 所示的轴 1 和轴 2。

3）单击接触约束 ⬚，选择图 13-35 所示的面 1 和面 2。

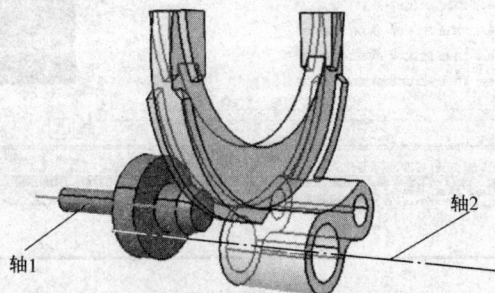

图 13-34 相合约束的两轴

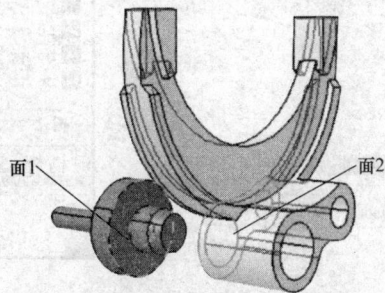

图 13-35 相合约束的两面

4）约束完成后，单击更新 ↻，更新后如图 13-36 所示。

依此类推，再装入定位（对刀）块，完成定位装置装配，如图 13-31 所示。

二、夹紧装置设计

采用联动螺旋压板夹紧装置，如图 13-37 所示，夹紧装置爆炸图如图 13-38 所示。

下面以标准件 M6×35 沉头螺钉为示例对标准件调入进行简单说明。

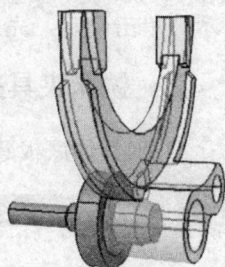

图 13-36 约束完成图

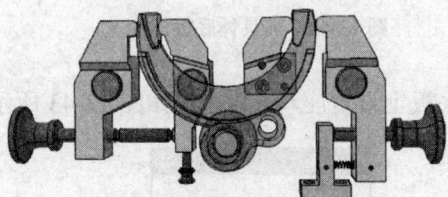

图 13-37 夹紧装置（含定位装置）装配图

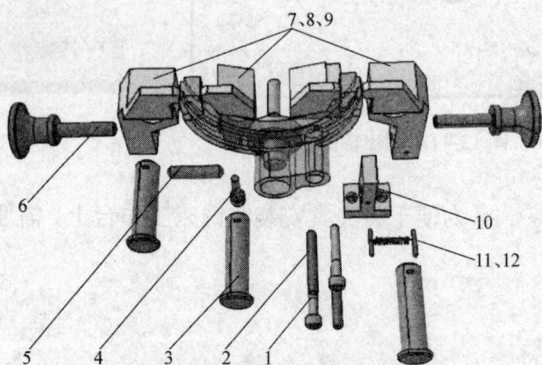

图 13-38 夹紧装置（含定位装置）爆炸图

1—内六角圆柱头螺钉 2—圆柱销 3—铰链轴 4—拉杆
5—顶杆 6—夹紧扳手 7、8、9—夹紧压板Ⅰ、Ⅱ、Ⅲ
10—挡块 11—弹簧 12—圆柱销

1）在装配设计环境中，按图 13-39 所示的路径进入标准零件库，标准零件库如图 13-40 所示。

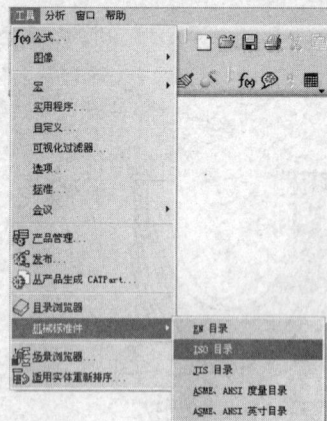

图 13-39　标准零件库路径图

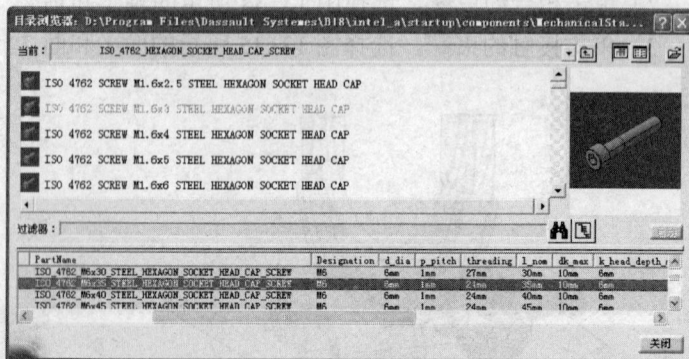

图 13-40　标准零件库

2）进入标准零件库后，选择所需规格的标准件双击鼠标，即可调出标准件，如图 13-41 所示。单击确定，完成标准件的调入。

三、铣床夹具夹具体建模简介

1）夹具体底板建模，如图 13-42 所示。

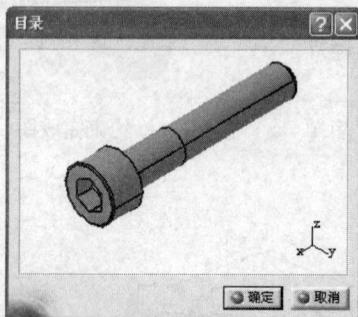

图 13-41　调出标准件对话框

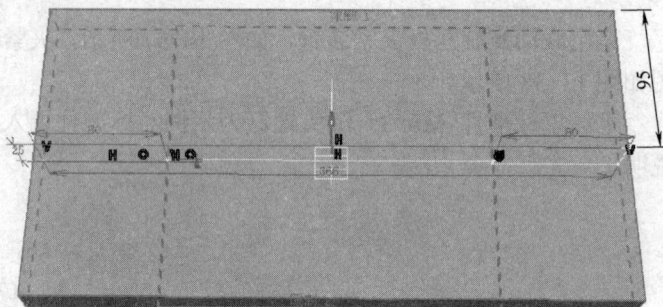

图 13-42　夹具体底板建模

2）为便于将夹具安装在铣床工作台上，需要在底板上设置座耳，其建模如图 13-43 所示。

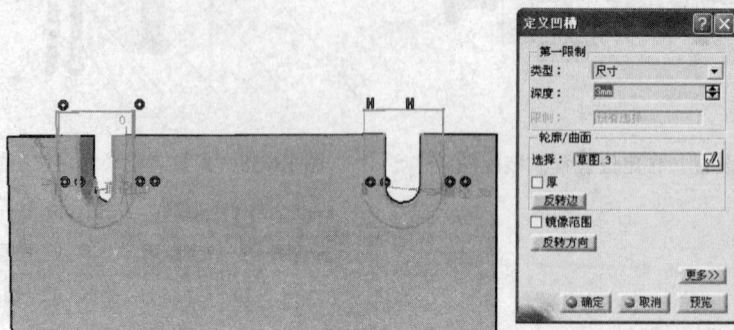

图 13-43　底板座耳建模

3）夹具体底板建模完成后，建模用于安装定位及夹紧装置的凸台和孔等表面，如图 13-44 所示。

图 13-44 安装定位及夹紧装置的凸台、孔建模

4）螺纹孔建模，以定位（对刀）块的连接孔为示例，如图 13-45、图 13-46 所示。

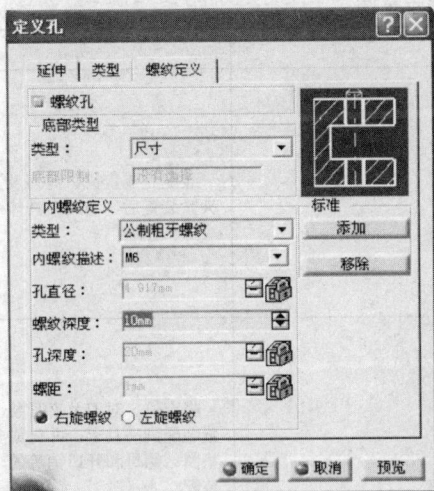

图 13-45 定义螺纹孔对话框

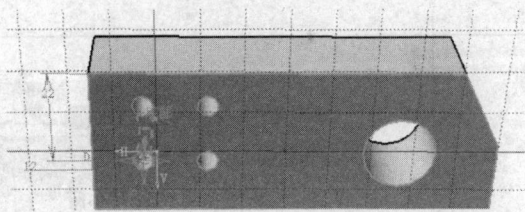

图 13-46 螺纹孔建模

5）定位键槽建模如图 13-47 所示。

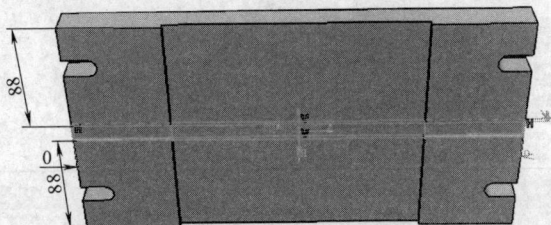

图 13-47 定位键槽建模

至此夹具体建模完成，其整体效果如图 13-48、图 13-49 所示。

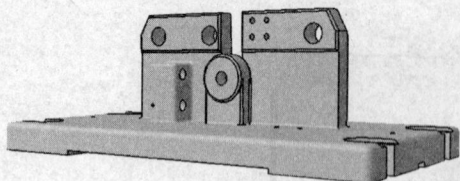

图 13-48 夹具体模型正面视图

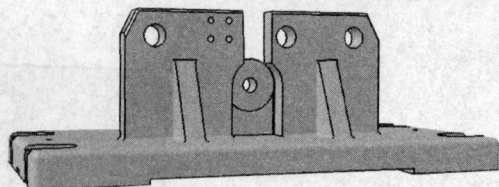

图 13-49 夹具体模型后面视图

四、铣床夹具装配

铣床夹具装配就是将定位、对刀及夹紧装置等与夹具体相连接，其步骤如表 13-2 所示。

表 13-2 铣床夹具装配过程示意图

步骤	示 意 图	说 明
1		装配完成定位、对刀及夹紧装置后，调入夹具体
2		将定位、对刀及夹紧装置装配到夹具上，并完成垫圈、螺母和开口销等的装配
3		使用内六角圆柱头螺钉将夹紧装置的挡块与夹具体连接；使用弹簧和圆柱销将夹紧装置的拉杆与夹具体连接
4		定位键是铣床夹具特有元件，其通过开槽螺钉与夹具体相连接

（续）

步　骤	示　意　图	说　明
5		夹具正面整体效果图
6		夹具背面整体效果图
7		夹具底面整体效果图

五、将三维铣床夹具装配图转换生成工程图

1）在 CATIA 环境下生成二维铣床夹具装配投影图。首先进入工程制图模块，其路径如图 13-50 所示。然后将夹具体的整体装配图进行投影，如图 13-51 所示。

图 13-50　工程制图路径

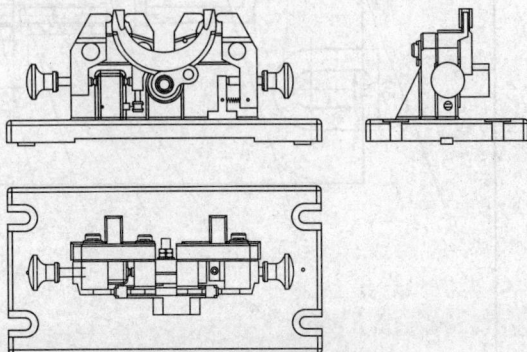

图 13-51　铣床夹具装配 CATIA 二维投影图

2）将生成的二维夹具投影图另存为 dwg 格式，导入 CAD 中，经过修改，得到的铣床夹具装配工程图如图 13-52 所示。

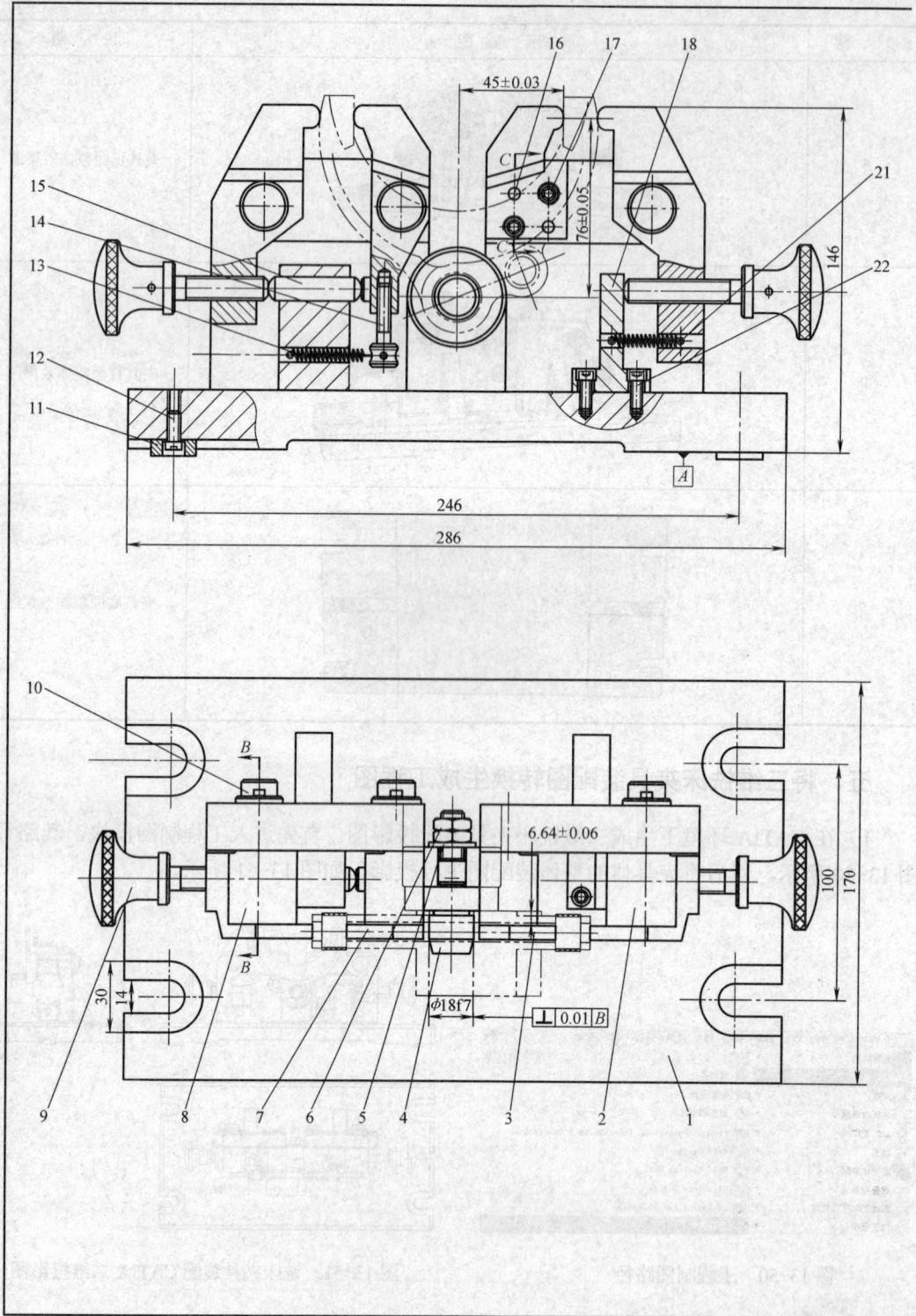

图 13-52 叉口侧面

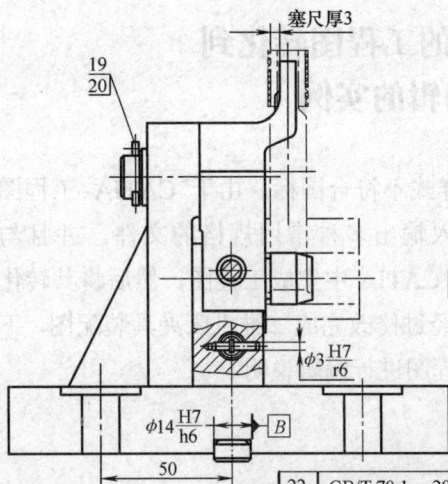

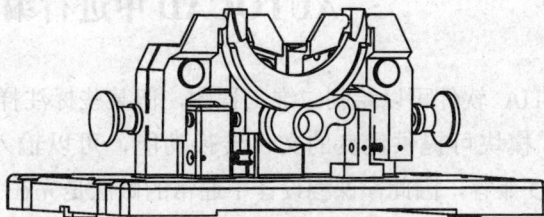

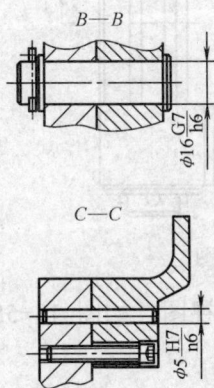

22	GB/T 70.1—2008	内六角圆柱头螺钉	4	45钢			M5×12
21	GB/T 119.1—2000	圆柱销	6	45钢			φ3×18
20	GB/T 97.1—2002	垫圈	3	A2			16-140HV
19	GB/T 91—2000	开口销	3	Q235			
18	XJ—04—08	挡块	1	45钢			
17	GB/T 70.1—2008	内六角圆柱头螺钉	2	45钢			M6×35
16	GB/T 119.1—2000	圆柱销	2	45钢			φ6×40
15	XJ—04—07	顶杆	1	45钢			
14	XJ—04—06	拉杆	1	45钢			
13	GB/T 2088—2009	弹簧	2	60Mn			0.6×5.5×35
12	GB/T 65—2000	开槽螺钉	2	45钢			M5×12
11	JB/T 8016—1999	定位键	2	45钢			
10	JB/T 8033—1999	铰链轴	3	45钢			16h6×55
9	JB/T 8023.1—1999	滚花把手	2	Q235			
8	XJ—04—05	夹紧压板3	1	45钢			35-40HRC
7	XJ—04—04	夹紧压板2	1	45钢			35-40HRC
6	GB/T 6172.1—2000	六角薄螺母	2	45钢			M10
5	GB/T 97.1—2002	垫圈	1	A2			10-140HV
4	JB/T 8014.3—1999	可换式定位销	1	T8			A18f 7×18
3	XJ—04—03	定位块（对刀件）	1	45钢			35-40HRC
2	XJ—04—02	夹紧压板1	1	45钢			35-40HRC
1	XJ—04—01	夹具体	1	HT200			
序号	代　号	名　称	数量	材　料	单件 重量	总计 量	备　注

标记	处数	分区	更改文件号	签名	年、月、日		专用铣床夹具装配图	
设计			标准化	签名	年、月、日			
						重量	比例	XJ—04—1
审核								
工艺				共　张	第　张			

铣床夹具装配图

第四节 基于 CATIA 创建的工程图转化到 AUTOCAD 中进行编辑的实例

CATIA 软件可以绘制二维工程图，但某些标注样式不符合国标。由于 CATIA 工程图 Drafting 模块可提供优良的文件转换功能，可以输入输出多种常用规格的文件，并且与 AutoCAD 兼容，因此，课程设计中通常的做法是先在 CATIA 中生成工程图，然后将其转化 为*.dwg 文件格式，再在 AutoCAD 环境下进行编辑，经过修改完成二维机床夹具装配图。下 文以图 13-28 所示钻床夹具中钻模板组件为实例对工程图进行编辑说明。

一、CATIA 中创建工程图

1）在 CATIA 环境下，首先进入开始菜单中机械设计下的工程制图，出现创建新工程图 对话框，选择需要的布局形式后单击确定，进入工程绘图环境。单击视图工具条中的正视图 命令后，单击主菜单中的窗口项，进入三维模型，选择主视图，如图 13-53 所示，确定正视 图，如图 13-54 所示。

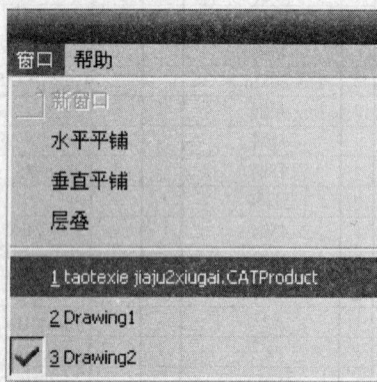

图 13-53 进入三维模型

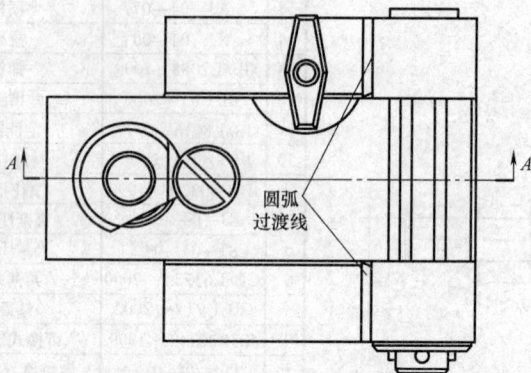

图 13-54 正视图

2）通过视图工具条中的偏移剖视图 按钮作图 13-54 所示的剖视图，如图 13-55 所示。

在生成的主视图和剖视图中，会有很多不符合国标的地方。比如在图 13-54 中的细实线 为圆弧过渡线，应该删掉；在图 13-55 中，A 处钻套螺钉是标准件应该作不剖处理；B 处菱 形螺母及双头螺柱、C 处支承钉等应作局部剖视处理，以表示出相互联接的情况；D 处圆弧 过渡线不应该存在；整个图形剖面线的角度不符合国标，对称结构缺少中心线等。为了便于 修改编辑，可以将工程图转入 AutoCAD 环境下进行修改。

3）打开需要转化的工程图文件，选取"文件另存为"命令。在另存为对话框的保存类 型中选择 dwg 类型保存，如图 13-56 所示。

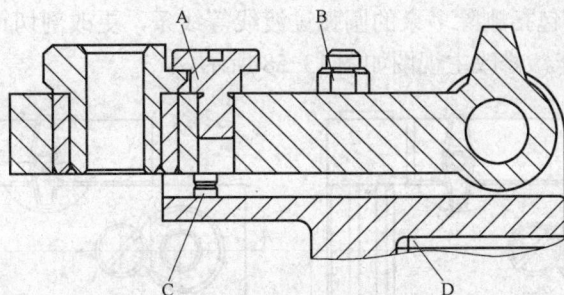

图 13-55　剖视图

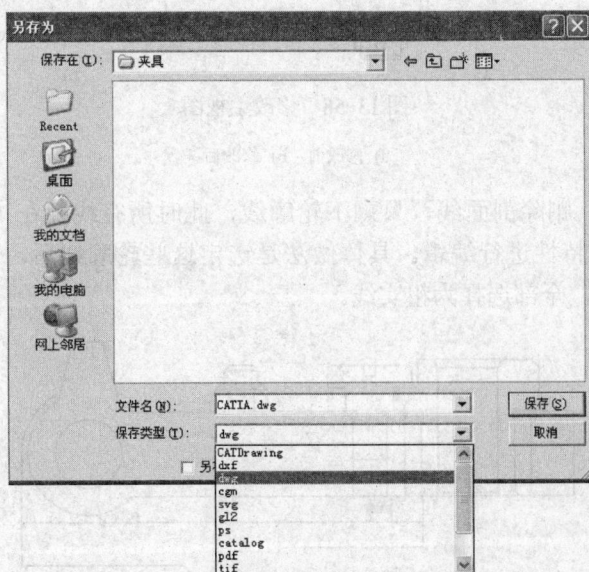

图 13-56　CATIA 工程图 dwg 格式的保存

二、AUTOCAD 环境下修改工程图

1）用 AUTOCAD 创建一个新的图文件，命名为所需的文件名如 Drawing 1.dwg，打开由 CATIA 转成的图文件（设文件名为 CATIA.dwg），复制 CATIA.dwg 里所有的元素到 Drawing 1.dwg 里进行编辑修改。如果直接在 CATIA.dwg 进行编辑修改，最后打印工程图时，会出现没有线宽的情况，而在 Drawing1 .dwg 里则打印正常。

2）根据需要建立图层，通常将黄色设置为粗实线，如图 13-57 所示。

图 13-57　创建图层

3）修改三视图，包括删除多余的圆弧过渡线等线条，更改剖切符号，编辑线宽，添加中心线等修改编辑工作，修改主视图如图 13-58 所示。

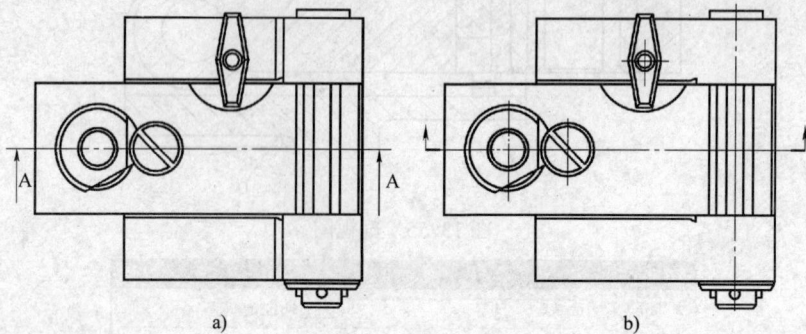

图 13-58 修改主视图

a) 修改前 b) 修改后

4）修改剖视图。删除剖面线，只剩下轮廓线，此时所有线都在 0 图层中，需要根据实际情况对这些线的特性进行编辑。具体做法是选定这些轮廓线后，选择其所属图层。如图 13-59 所示轮廓线，全部选择为粗实线。

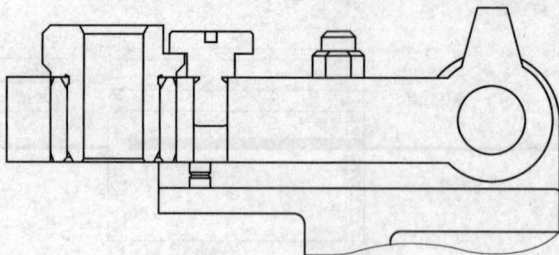

图 13-59 轮廓线示图

在剖视图中，画出中心线或对中心线的设置进行调整。钻模板转轴处的中心线特性未显示出来，如图 13-60a 所示。具体修改方法为：双击中心线，在弹出的对话框中（见图 13-60b）修改常规栏目下的线型比列，将值调整到合适值，如将 1 改为 0.25 后效果如图 13-60c 所示。

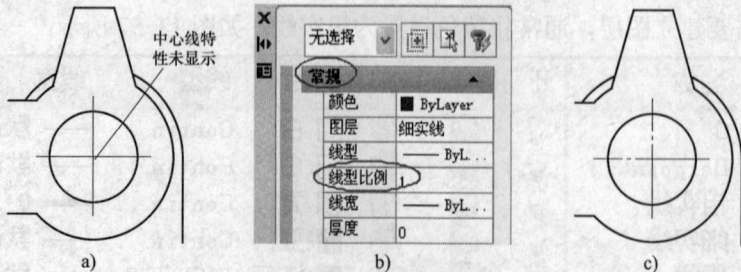

图 13-60 编辑中心线

a) 编辑前 b) 编辑方法 c) 编辑后

5）补充画出局部剖视图，并绘出剖面线，按照机械制图国家标准，将双头螺钉、支承钉等作局部剖视处理。绘制剖面线，注意：① 相邻两零件的剖面线方向应当相反或间隔不同；② 同一零件在各个剖视图中的剖面线方向和间隔应当相同。如图 13-61 所示，至此，图形绘制基本完成。

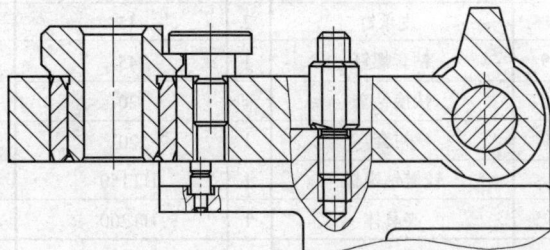

图 13-61　修改剖视图示例

三、AUTOCAD 环境下工程图标注尺寸、公差及技术要求

装配图中应标出必要的尺寸，这些尺寸是根据装配图的作用确定的，用来说明机器的性能、工作原理、装配关系和安装等要求。通常包括尺寸标注、公差配合标注、位置公差标注等。由于本图不涉及尺寸和位置公差的标注，只将公差配合标注在图中，如图 13-62 所示。

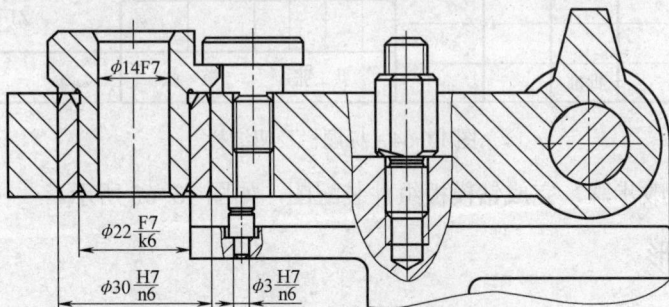

图 13-62　标注图形公差

四、标注零件序号及明细栏

1）按机械制图要求标注夹具各零件序号。在夹具装配图中通常将夹具体标为零件 1，钻模板组件零件序号标注见图 13-63。

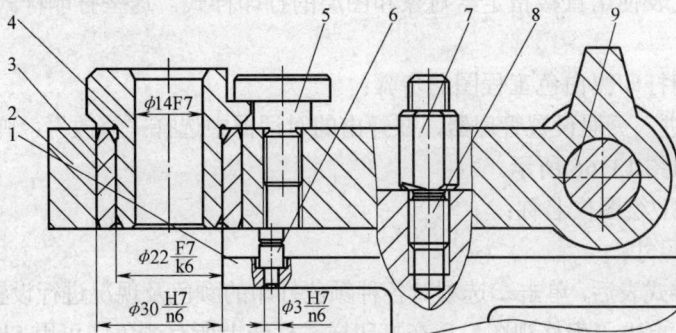

图 13-63　标注零件序号

2）创建标题栏及明细栏，如图 13-64 所示。

9	GB/T 8033—1999	铰链轴	1	45			16h6×110
8	GB/T 900—1988	双头螺柱	1	45			M8×35
7	JB/T 8004.6—1999	菱形螺母	1	45			M8
6	GB/T 2226—1991	支承钉	2	45			
5	JB/T 8045.5—1999	钻套螺钉	1	45			M8×5.5
4	JB/T 8045.3—1999	快换钻套	1	20			14F7×22k6×20
3	JB/T 8045.4—1999	衬套	1	20			A22×20
2	ZJ-03-03	铰链钻模板	1	HT150			
1	ZJ-03-01	夹具体	1	HT200			
序号	代 号	名 称	数量	材 料	单价	总计	备 注
					重 量		

标记	处数	分区	更改文件号	签名	年、月、日				钻模板组件
设计	×××		标准化			阶段标记	重量	比例	
									ZJ-03-01
审核									
工艺			批准			共 张	第 张		

图 13-64 标题栏及明细栏

经上述编辑修改步骤，完成钻模板组件装配图，如图 13-65 所示。

五、打印图形

工程图有两种打印样式：颜色相关样式和命名样式。一个图形只能使用同一类型的打印样式表。用户可通过输入 convertpstyles 命令在两种打印样式表之间转换。也可以在已设置图形的打印样式表类型后，修改所设置的类型。

对于颜色相关打印样式表，对象的颜色直接确定如何对其进行打印。这些打印样式表文件的扩展名为.ctb。

命名打印样式表使用直接指定给对象和图层的打印样式。这些打印样式表文件的扩展名为.stb。

下面简单介绍打印黑白色工程图的步骤：

1）单击文件进入页面设置管理器，在弹出的对话框中选择“修改”，弹出“页面设置—模型”对话框，如图 13-66 所示。

a．选择打印机/绘图仪名称；

b．选择图纸尺寸；

c. 选择打印样式表后，单击选项对各种颜色打印的颜色及现况进行设置，如选 acad.ctb，如图 13-67 所示，单击“表格视图”，在打印样式栏选上所有颜色（可用 Shift 键），在特性栏中选定颜色为黑色，线宽设为 0.15，另外再修改黄色（图形中设定的粗实线）的线宽设为 0.35；

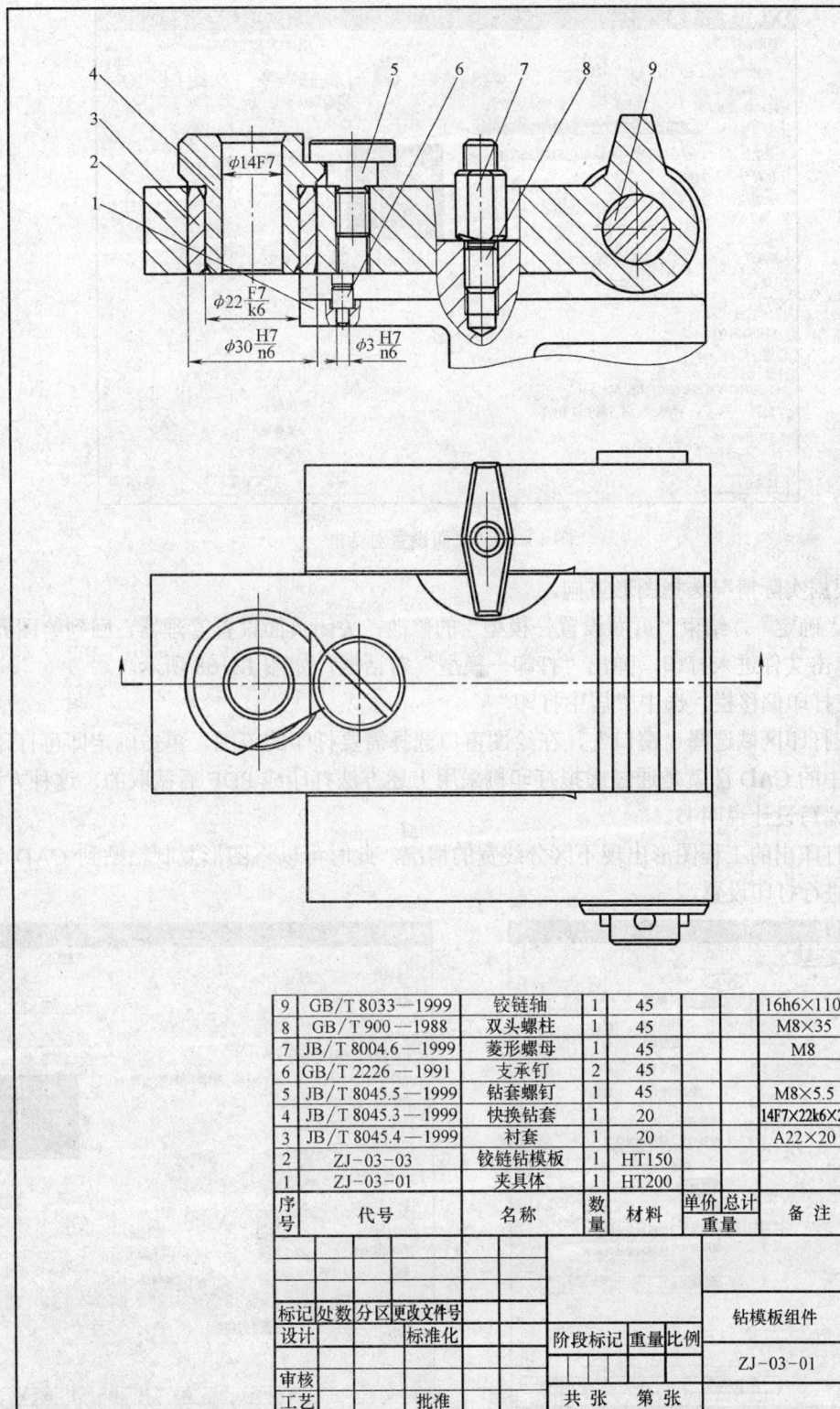

9	GB/T 8033—1999	铰链轴	1	45			16h6×110
8	GB/T 900—1988	双头螺柱	1	45			M8×35
7	JB/T 8004.6—1999	菱形螺母	1	45			M8
6	GB/T 2226—1991	支承钉	2	45			
5	JB/T 8045.5—1999	钻套螺钉	1	45			M8×5.5
4	JB/T 8045.3—1999	快换钻套	1	20			14F7×22k6×20
3	JB/T 8045.4—1999	衬套	1	20			A22×20
2	ZJ-03-03	铰链钻模板	1	HT150			
1	ZJ-03-01	夹具体	1	HT200			
序号	代号	名称	数量	材料	单价 重量	总计	备注
标记 处数 分区	更改文件号					钻模板组件	
设计		标准化		阶段标记	重量	比例	
审核							ZJ-03-01
工艺		批准		共 张　第 张			

图 13-65　钻模板组件装配图

283

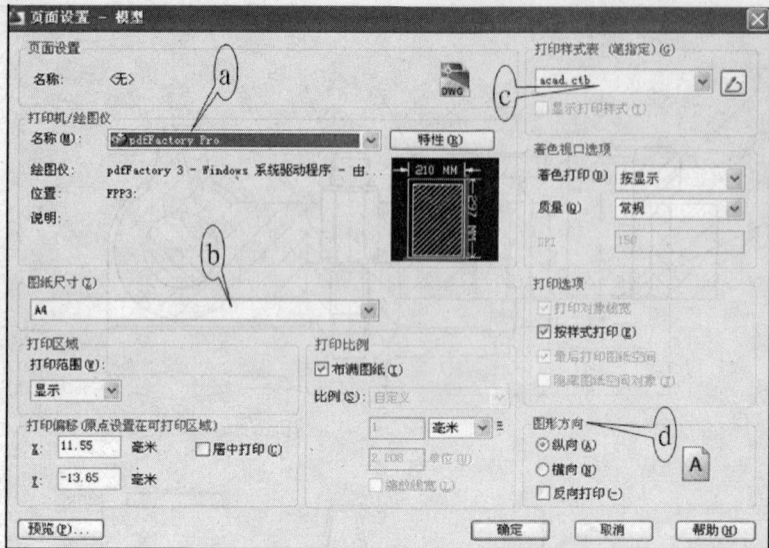

图 13-66　页面设置对话框

d. 根据实际情况选择图形方向。

单击"确定"，结束"页面设置—模型"的修改，关闭页面设置管理器，回到绘图界面。

2）单击文件进入打印，弹出"打印—模型"对话框，如图 13-68 所示。

a. 在打印偏移栏，选中"居中打印"；

b. 在打印区域选择"窗口"，在绘图窗口选择需要打印的范围，单击确定即可打印。

本文中的 CAD 图就是通过虚拟打印机采用上述方法打印成 PDF 后截取的，这种方法也便于截图编写设计说明书。

如果打印出的工程图形出现不区分线宽的情况，此时可以将图形复制粘贴到 CAD 新建的文件中进行打印设置。

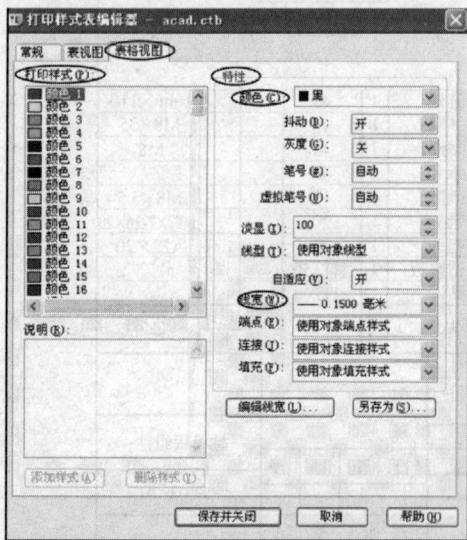

图 13-67　打印样式表对话框

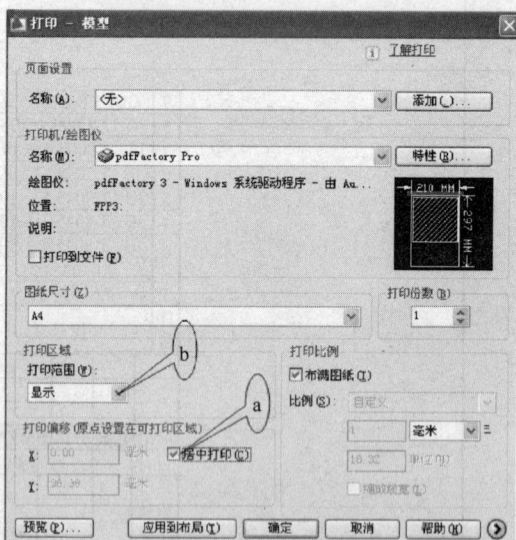

图 13-68　打印—模型对话框

附　　录

附录A　标　题　栏

标题栏（摘自 GB/T 10609.1—2008）的格式参见附录图1。

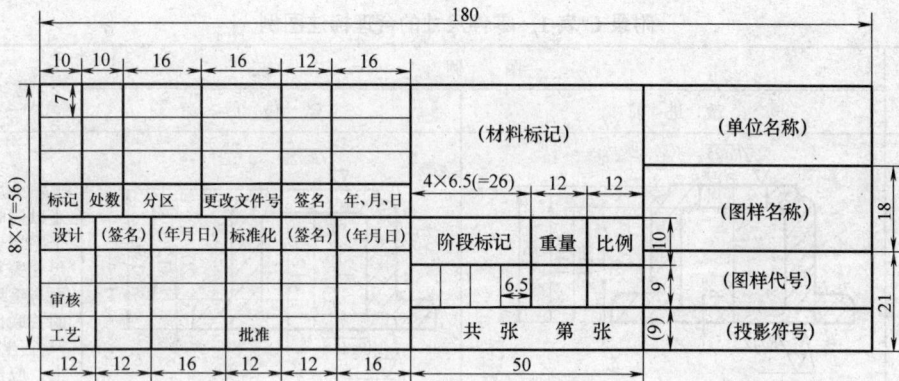

附录图1　标题栏

附录B　明　细　栏

明细栏（摘自 GB/T 10609.2—2009）一般配置在装配图中标题栏的上方，按由下至上的顺序填写，明细栏的格式参见附录图2。

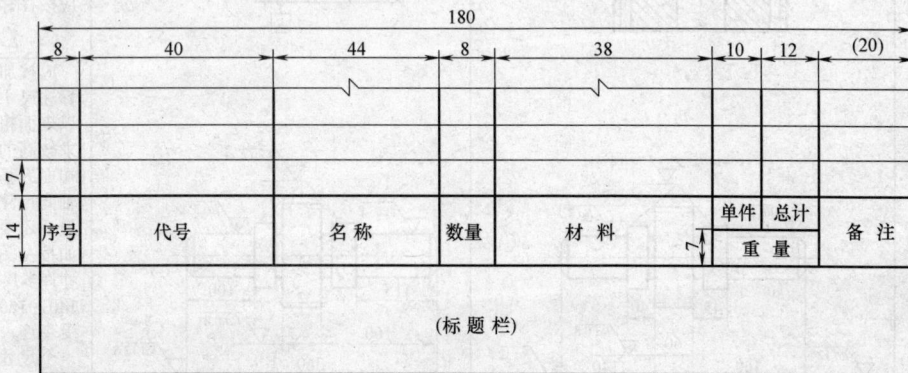

附录图2　明细栏

附录 C 结构工艺性

结构工艺性就是所设计的产品和零、部件在满足使用要求的前提下,制造、维修的可行性和经济性。也就是说,在一定的生产条件下,所设计的产品和零、部件,在保证使用性能的同时,能以较高的生产效率、较少的劳动量、较少的材料消耗和较低的成本制造出来,其中包括毛坯制造、热处理、机械加工、装配和修理。

附录 C 表 1 为零件尺寸的合理标注图例;附录 C 表 2 为零件结构的机械加工工艺性分析图例;附录 C 表 3 为产品结构的装配工艺性分析图例。

附录 C 表 1 零件尺寸的合理标注图例

序　号	图　例		说　明
	改 进 前	改 进 后	
1	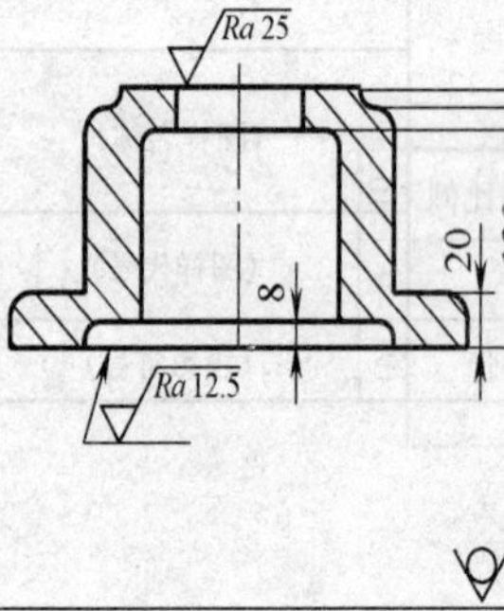	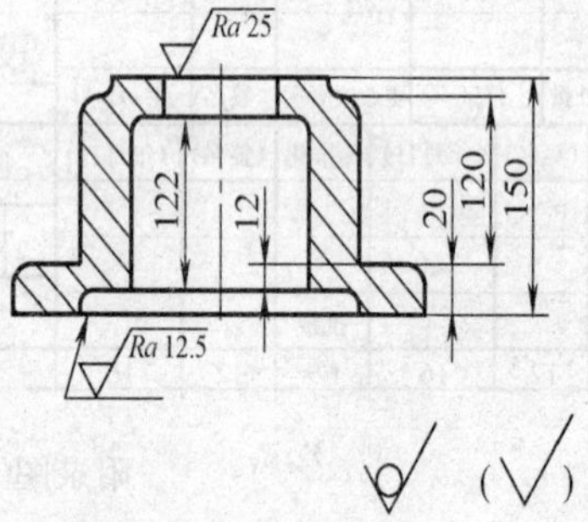	一个加工表面难以同时满足几个毛坯表面间的尺寸关系,加工面与毛坯面之间的关联尺寸,在一个坐标方向上,应当只标注一个
2	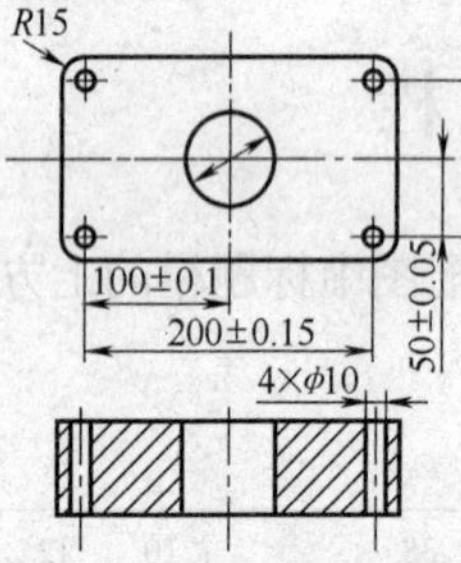	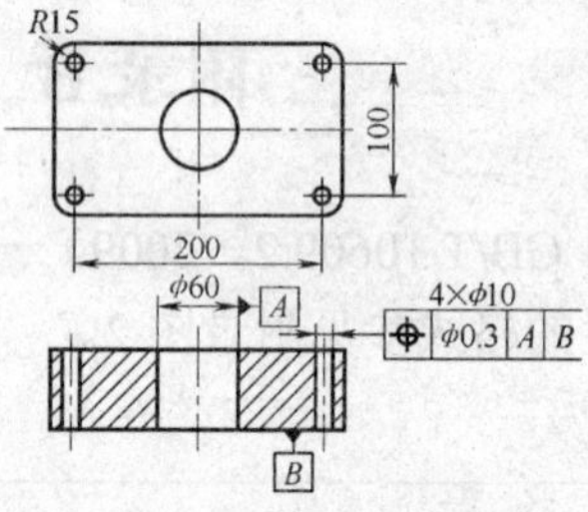	对于均布孔系,应保证孔的对称要求。左侧图的尺寸标注方式将导致左、右两侧 $\phi 10$ 小孔与 $\phi 60$ 大孔的中心距不对称,应按右图标注
3	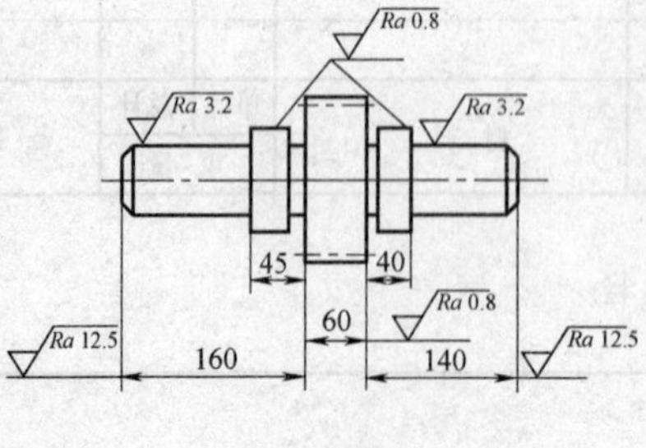	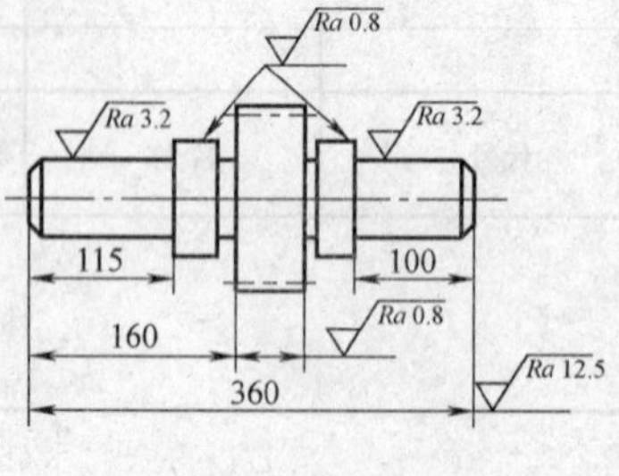	应按加工顺序标注尺寸,左图是以表面粗糙度要求较高的齿轮右端面为基准标注轴向尺寸,此面最后还要加工,如按左图标注尺寸许多尺寸(60,140,160)都将受牵连,保证了一尺寸,其他尺寸就保证不了,应按右图从车削端面标注尺寸

（续）

序 号	图 例		说 明
	改 进 前	改 进 后	
4	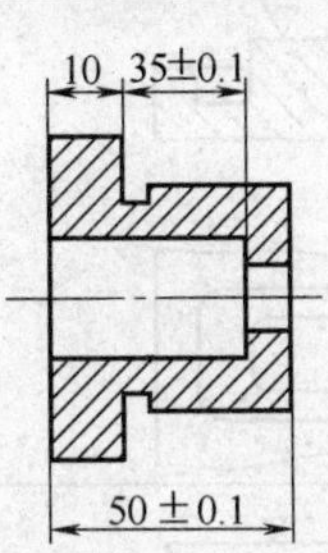	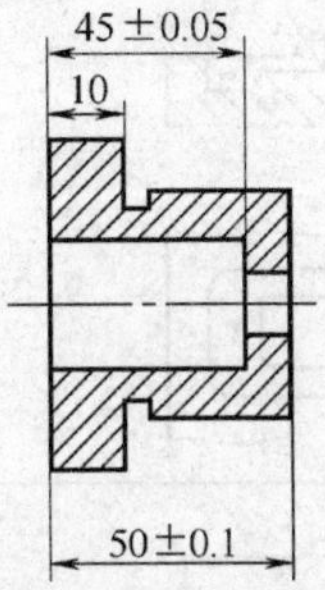	左图 35±0.1 的尺寸是内、外两表面之间的尺寸，难以测量，应按右图标注
5	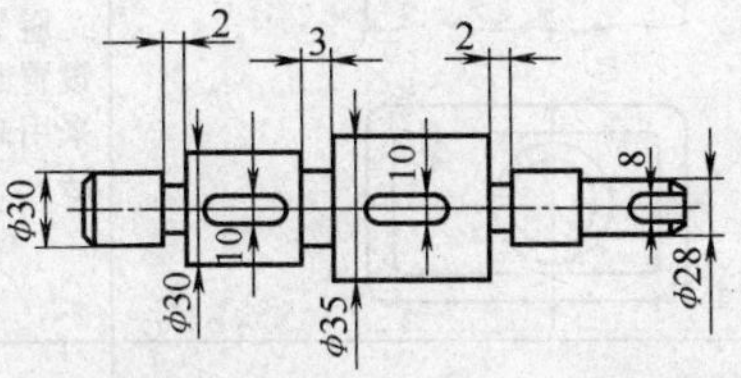	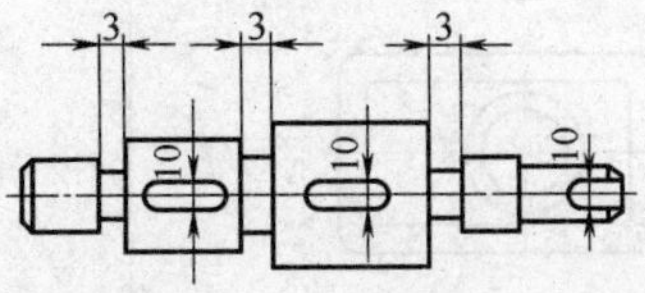	空刀槽、螺纹、键槽等结构要素，如果他们的尺寸值相差不大，应尽可能取统一数值，以减少刀具和量具的种类，简化工艺过程
6	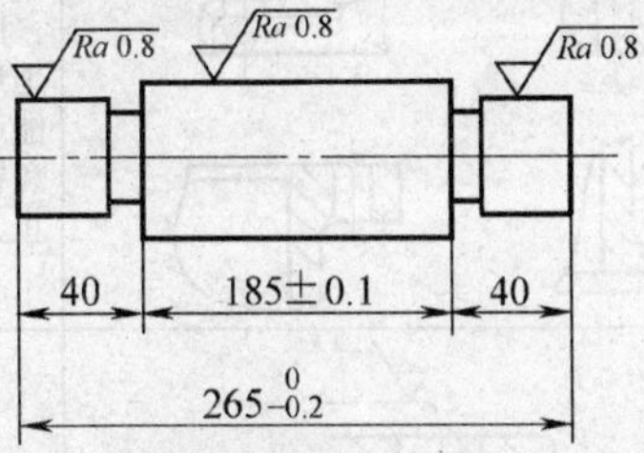	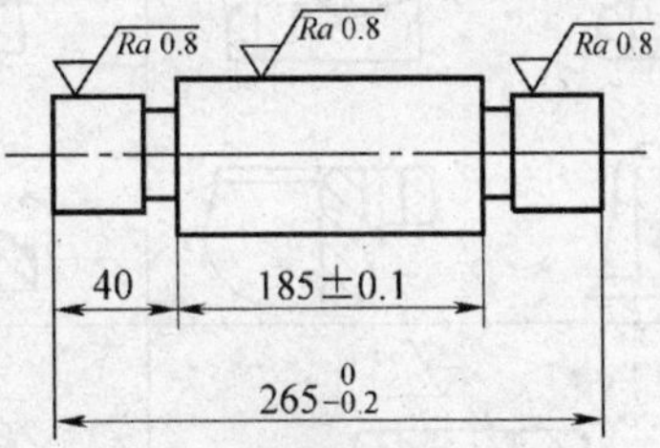	尺寸链中尺寸标注不允许封闭，应留有封闭环
7	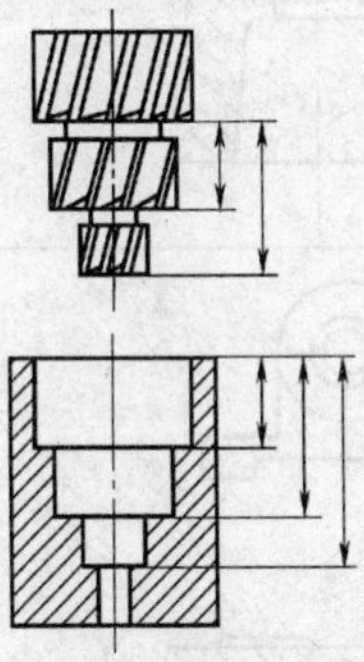	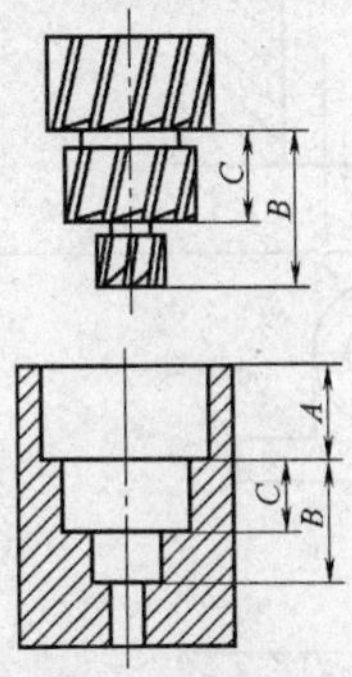	按刀具上的相应尺寸标注尺寸

附录 C 表 2 零件结构机械加工工艺性分析图例

序 号	图 例		说 明
	改 进 前	改 进 后	
1	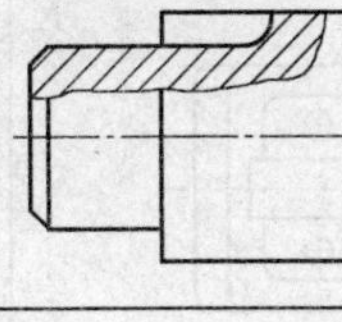	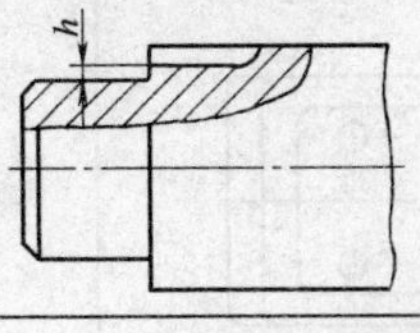	槽底面要求与外圆表面要求不同，不同加工要求的表面应明显分开，以改善刀具的工作条件

287

（续）

序 号	图 例		说 明
	改 进 前	改 进 后	
2			避免把加工面布置在低凹处，改进后可采用高效率的加工方法
3			避免在加工面中间设置凸台，改进后可采用高效率的加工方法
4			应考虑刀具能正常地进刀和退刀，尽可能避免在斜面上钻孔和钻不完整孔，以防止刀具损坏
5			避免加工深孔，使刀具具有良好的工作条件
6			保留加工表面的必要长度，将较大的支承表面挖空，将加工面铸出凸台，以减少加工面、提高效率、保证精度

（续）

序　号	图　例		说　明
	改　进　前	改　进　后	
7		$S>D/2$ 	尽可能采用标准刀具加工，尽量不用接长钻头等非标准刀具
8			尽可能使加工表面处于同一加工方向，以减少装夹次数
9			改进后的结构可多件合并加工，减少装夹次数，提高效率
10			多个加工表面应尽可能布置在同一平面上，以减少走刀次数和行程，提高效率
11			合理布置加强肋，提高工件的刚度
12			避免用立铣刀加工封闭槽以改善切削条件，尤其是切入时的切削条件

（续）

序 号	图 例		说 明
	改 进 前	改 进 后	
13			加工阶梯孔时要有退刀槽，以提高加工精度，减少切削刀具的磨损
14			阶梯孔尽量不用平端面过渡，以提高生产率，便于采用通用刀具
15			内螺纹在孔口应有倒角，以便于正确引入螺纹刀具，使开始的螺纹圈有较大的强度，且有利于保证螺纹精度，在组合机床上加工易于保证攻螺纹的深度
16			螺纹孔应能使螺纹刀具便于通过，从而提高生产率，改善刀具工作条件
17	$B>2D_1$ $D_1>D_2$	$B<2D$	槽的圆角半径要与槽的宽度相应，以便于采用一种刀具加工，减少行程次数和工时
18			棱边的结构应便于采用高效的加工方法，以便于减少加工工时，采用多位夹具和同时加工多个零件

附录 C 表 3　产品结构的装配工艺性图例

序　号	图　例		说　明
	改 进 前	改 进 后	
1			具有装配位置精度的零件,联接时应有装配定位基面
2			改进前轴承座需用专用工具装拆。轴承座改进后装拆较为方便
3			为了便于卸下轴承,箱体孔台肩处的直径应大于轴承外圈的直径
4			定位销孔应尽可能钻通,便于取出定位销
5			改进前齿轮 1 上的两定位螺钉 2 在花键轴 3 上的定位孔需在装配时钻出。改进后花键轴 3 上增加一沉割槽,用两只半圆隔套 4 实现齿轮 1 的轴向定位,避免了装配时的机械加工配作

（续）

序　号	图　例		说　明
	改 进 前	改 进 后	
6			改进前变速箱箱体有内壁面,作为齿轮两端面的定位面,它需要加工;改进后用倒挡轴的台肩作为齿轮一个端面的定位面,既便于刀具进入加工内壁面,还减少了箱体内壁的一个加工面

参 考 文 献

[1] 王先逵. 机械加工工艺手册[M]. 北京：机械工业出版社，2008.

[2] 叶伟昌. 机械工程及自动化简明设计手册[M]. 北京：机械工业出版社，2010.

[3] 于骏一，邹青. 机械制造技术基础[M]. 北京：机械工业出版社，2009.

[4] 包善斐，王龙山，于骏一. 机械制造工艺学[M]. 长春：吉林科学技术出版社，1995.

[5] 丁儒林，陈家彬. 汽车厂实习教程[M]. 哈尔滨：哈尔滨工业大学出版社，1989.

[6] 王宝玺. 汽车制造工艺学[M]. 北京：机械工业出版社，2007.

[7] Hiram E Grant. 夹具—非标准夹紧装置[M]. 北京：机械工业出版社，1985.

[8] 徐知行. 汽车拖拉机制造工艺设计手册[M]. 北京：北京理工大学出版社，1997.

[9] 马贤智. 实用机械加工手册[M]. 沈阳：辽宁科学技术出版社，2002.

[10] 李益民. 机械制造工艺设计简明手册[M]. 北京：机械工业出版社，2002.

《机械制造技术基础课程设计指导教程》
第 2 版

邹青　呼咏　主编

读者信息反馈表

尊敬的老师：

　　您好！感谢您多年来对机械工业出版社的支持和厚爱！为了进一步提高我社教材的出版质量，更好地为我国高等教育发展服务，欢迎您对我社的教材多提宝贵意见和建议。另外，如果您在教学中选用了本书，欢迎您对本书提出修改建议和意见。

　　机械工业出版社教材服务网网址：http://www.cmpedu.com。

一、基本信息

姓名_____ 性别_____ 职称_____ 职务_____

邮编_____ 地址_____

任教课程 _____ 电话_____

电子邮件 _____ 手机_____

二、您对本书的意见和建议

　　（欢迎您指出本书的疏误之处）

三、您对我们的其他意见和建议

请与我们联系：

100037　机械工业出版社·高等教育分社　刘小慧 收

Tel：010-8837 9712，8837 9715，6899 4030（Fax）

E-mail：lxh9592@126.com